表 2　基礎物理定数

物理定数	記号	定数	単位	備考
電子の電荷	$-e$	−1.602176	10^{-19} C	
電子の静止質量	m_{e}	9.1093821	10^{-31} kg	
電子の比電荷	e/m_{e}	−1.758820	10^{-11} C/kg	
古典電子半径	r_{e}	2.81794028	10^{-15} m	
トムソン断面積	σ_{e}	0.66524587	10^{-28} m^2	
電子のコンプトン波長	λ_{C}	2.42631021	10^{-12} m	
電子の磁気モーメント	μ_{e}	−928.47637	10^{-26} J/T	
磁束量子	Φ_0	2.06783366	10^{-15} Wb	
量子ホール伝導度	e^2/h	3.87404614	10^{-5} S	
真空中の光速度	c	2.99792458	10^{8} m/s	
真空の誘電率	ε_0	8.854187817	10^{-12} F/m	$10^7/4\pi c^2$ F/m
真空の透磁率	μ_0	1.25663706	10^{-6} H/m	$4\pi \times 10^{-7}$ H/m
プランクの定数	h	6.6260689	10^{-34} J・s	
プランクの定数	$\hbar$	1.05457162	10^{-34} J・s	$h/2\pi$
プランク質量	m_{P}	2.17651	10^{-8} kg	
プランク距離	l_{P}	1.61619	10^{-35} m	
陽子の静止質量	m_{p}	1.6726216	10^{-27} kg	
陽子の磁気モーメント	μ_{p}	1.41060666	10^{-26} J/T	
中性子の質量	m_{n}	1.6749272	10^{-27} kg	
中性子の磁気モーメント	μ_{n}	−0.96623641	10^{-26} J/T	
重陽子の質量	m_{d}	3.3435834	10^{-27} kg	
重陽子の磁気モーメント	μ_{d}	0.43307348	10^{-26} J/T	
ボーア磁子	μ_{B}	9.2740091	10^{-24} J/T	
核磁子	μ_{N}	5.0507832	10^{-27} J/T	
微細構造定数	α^{-1}	137.0359996		
ボーアの半径	a_0	0.529177208	10^{-10} m	
アボガドロ定数（1 モル分子の分子数）	N_{A}	6.0221417	10^{23} mol^{-1}	
ロシュミット数	n_0	2.686780	10^{25} m^{-3}	
万有引力定数	G	6.67428	10^{-11} $\mathrm{m}^3/(\mathrm{kg}\cdot\mathrm{s}^2)$	
ファラデー定数	F	96485.339	C/mol	$F = N_{\mathrm{A}} \times e$
1 キログラム分子の気体定数	R	8.314472	J/(kmol・K)	
ボルツマン定数	k_{B}	1.380650	10^{-23} J/K	
ステファン－ボルツマン定数	σ	5.67040	10^{-8} $\mathrm{W}/(\mathrm{m}^2\cdot\mathrm{K}^4)$	
輻射定数	c_1	3.7417715	10^{-16} $\mathrm{W}\cdot\mathrm{m}^2$	
	c_2	0.01438777	m・K	
ヴィーンの変位則定数	b	2.897772	10^{-3} m・K	

工学の基礎

電気磁気学

（修 訂 版）

芝浦工業大学名誉教授

工 学 博 士

松 本　　聡 著

裳 華 房

ELECTROMAGNETISM

by

Satoshi MATSUMOTO, DR. ENG.

SHOKABO

TOKYO

ま え が き

科学技術の進歩により，われわれ人類は他の生物が獲得できない多種多様な生活手段を自由に獲得できるようになった．これを力強く支えているものが電気エネルギーである．

電気エネルギーは，今日の社会の至るところで照明や熱・動力源などとして使われている．また，日常生活ではテレビやラジオあるいはインターネットを通して情報を得たり，携帯電話やメールでお互いに連絡をとり合っている．このような情報のやりとりや情報処理にも，電気エネルギーは欠かせない．

技術の形にはいろいろなものがあるが，今日の電気に関する技術は高度化されていると共に洗練され，日常生活をより豊かなものにしている．一方，電気に関連する種々の現象を支配している自然法則は，電荷による電気現象と磁気現象であり，これらは普遍的な自然現象である．

例えば，電気エネルギーを送る時には電線を使うが，携帯電話は電線がなくても電気エネルギーを介して情報のやりとりができる．一見不思議であるが，どちらにも，電気エネルギーは場を介して伝送されるという共通の自然法則が存在する．今後，さらにより良い生活手段を獲得するためには，われわれはまず，これらの自然法則を正確に理解すると共に工学的応用能力を養う必要がある．

自然法則の中でも，特に電気磁気学は理路整然とした体系を有しており，その全容を知るに至ったときには，その見事な体系の美しさに深い感動を覚える．

さて，これらの自然法則は，誰がどのようにして見つけ出し理論体系を築いたのであろうか．電気磁気学はわずか３つの法則，すなわちクーロンの法則，アンペール－マクスウェルの法則，ファラデーの法則の上に組み立てられている．一方，これらの基本法則とは別に，クーロンの法則のみを基に特殊相対性理論を導入して，電気磁気学を体系化することも可能である．電磁波はマクスウェルの方程式で記述できるが，マクスウェルが光も電磁波であると見抜いた先見の明には改めて敬服する．ガラスやプラスチックでできた光ファイバーの中を電磁波である光が，光速に近い速度で情報伝達をしており，今日では，われわれはこの恩恵に浴している．

改めて，自然法則のすばらしさに感動すると共に，理論体系の見事さに驚く．しっかり勉強することが，先人の偉業に報いる唯一のご恩返しと思う今日この頃である．

しかしながら電気磁気学は内容が多岐に亘るため，初学者には理解に苦しむことが多い．また，電気磁気学を教える立場の教員にとっても，電気と磁気の対応を意識しながら理論を展開しマクスウェルの方程式に至る場合と，マクスウェルの方程式を公理として初めに受け入れ，これを出発点として上記の法則を説明する２つの方法があり，どちらを選択するかを悩むことも多い．

このため，本書では第１章において電気磁気学の全体像を述べ，その後，各論に入る構成とした．また，本書は大学や高等専門学校において教科書として使われることを前提に各章の初めに，（日本技術者教育認定機構（JABEE）の分野別要件を参考にしながら）学習の到達目標を掲げると共に，自分で学習の達成度を確認できるよう，章末にまとめと演習問題をとり上げた．

内容は，学生あるいは技術者として最低限身につけておいて欲しいと思うものを優先的に選択した．また，電気磁気学は電気工学分野では基礎科目であると同時に，応用面では多岐の分野にわたる．したがって，なるべく多くの実用例を紹介しながら電気磁気学の基礎を学べるよう心掛けた．

さらに，裳華房のホームページ（https://www.shokabo.co.jp/）において，本書に収まりきれなかった内容（付録・章末問題詳細解答）を別途公開することにより，読者の方々への便宜をはかる工夫を施した．

本書が，学生のみならず社会で活躍されている技術者の皆さんの学習に，少しでも役に立てば大きな喜びである.

この書を出版するに当たり，室岡義広先生には執筆の薦めを，また，渋谷義一先生には原稿に対して多くのご助言とご好意による多数の作図例の提供を，それぞれしていただきました．さらに，吉田貴寿君，長場大地君，荻谷崇洋君，鈴木正太郎君には，原稿のチェックをしていただきました．裳華房の石黒浩之氏には，拙稿に対し何度も懇切丁寧なご助言をいただき大変お世話になりました．ここに記して心から厚くお礼を申し上げます.

2017 年 夏

松本　聡

用語について

A．本書では，全体を通して用語や記号を統一するよう心掛けた．

主な記号は以下の通りである．なお，用語に対応する英語は索引に示した．

電荷と電気（静電界）	電流と磁気（静磁界）	電磁界
V[V]：導体・電極の電位	U_{m}[A]：磁位	
ϕ[V]：空間の電位	ϕ[T·m, Wb/m]：磁気ポテンシャル	
	$\boldsymbol{A}$[Wb/m，T·m]：ベクトルポテンシャル	
e[C]：素電荷		
Q[C]：点電荷	Q_{m}[A·m]：点磁荷（E–B 対応）	
	$q_{\mathrm{m}} = \mu_0 Q_{\mathrm{m}}$[Wb]：点磁荷（$E$–$H$ 対応）	
σ[C/m^2]：面電荷密度	σ_{m}[A/m]：面磁荷密度	
ρ[C/m^3]：体積電荷密度	$\rho_{\mathrm{m}} = \mathrm{div}\,\boldsymbol{M}$[A/m^2]：体積磁荷密度	
λ[C/m]：線電荷密度		
$q = \int_{\mathrm{V}} \rho\, dv$ [C]：電荷		
	I[A]：電流	
	$\boldsymbol{i} = \boldsymbol{J} + \dfrac{\partial \boldsymbol{D}}{\partial t}$[A/m^2]：電流密度	$\boldsymbol{i}_d = \dfrac{\partial \boldsymbol{D}}{\partial t}$[A/m^2]：変位電流密度
	$\boldsymbol{J} = \boldsymbol{J}_0 + \kappa \boldsymbol{E}$[A/m^2]：電流密度	
	$\boldsymbol{J}_0$[A/m^2]：外部からの電流密度	
	I_{m}[A]：磁化電流	
	$\boldsymbol{J}_{\mathrm{m}}$[A/m^2]：磁化電流密度	
	$\boldsymbol{K}$[A/m]：面電流密度	
	$\boldsymbol{K}_{\mathrm{m}}$[A/m]：磁化面電流密度	
η [Ω·m]：体積抵抗率，抵抗率，固有抵抗		
κ[S/m]：導電率，$\kappa = 1/\eta$		
$\boldsymbol{E} = -\mathrm{grad}\,\phi$[V/m]：電界	$\boldsymbol{H} = -\mathrm{grad}\,U_{\mathrm{m}}$[A/m]：磁界	
$\boldsymbol{D} = \varepsilon \boldsymbol{E}$[C/m^2]：電束密度	$\boldsymbol{B} = \mu \boldsymbol{H} = \mu_0(\boldsymbol{H} + \boldsymbol{M})$ [T，Wb/m^2]：磁束密度	

電荷と電気（静電界）	電流と磁気（静磁界）	電磁界
$\varepsilon=\varepsilon_0\,\varepsilon_s$[F/m]：誘電率 $\Phi_e=\int_S \boldsymbol{D}\cdot\boldsymbol{n}\,dS$ [C]：電束 $\phi_e=\int_S \boldsymbol{E}\cdot\boldsymbol{n}\,dS$ [Vm]：電気力線束 $\boldsymbol{P}=\dfrac{\Sigma\boldsymbol{p}}{\Delta v}$[C/m^2]：電気分極 $\boldsymbol{p}$[C·m]： 電気双極子モーメント	$\mu=\mu_0\,\mu_s$[H/m]：透磁率 $\Phi_m=\int_S \boldsymbol{B}\cdot\boldsymbol{n}\,dS$ [Wb]：磁束 $\boldsymbol{P}_m(=\mu_0\boldsymbol{M})$[Wb/m^2]，[T]：磁気分極（磁化） $\boldsymbol{p}_m=Q_m\boldsymbol{\delta}$[Am^2]：磁気モーメント，[A・m^2]：磁気双極子モーメント，磁気モーメント $\boldsymbol{M}=\chi_m\boldsymbol{H}=\lim_{\Delta V\to 0}\dfrac{\Delta\boldsymbol{p}_m}{\Delta V}$[A/m]：磁化 $m=IS$[A・m^2]： 微小体積中の磁気モーメント（$\boldsymbol{m}=\boldsymbol{p}_m$） $m_p=\mu_0 m$[Wb・m]，[Am^2]	
R[Ω]：抵抗 U[V]：起電力 w_e[J/m^3]： 静電エネルギー密度 W_e[J]：静電エネルギー	R_m[A/Wb]：磁気抵抗 N：減磁率 NI[A]：起磁力 w_m[J/m^3]：磁気エネルギー密度 W_m[J]：磁気エネルギー n[1/m]：単位長さ当りの巻数	w[J/m^3]： 電磁界エネルギー密度 W[W]：電気エネルギー（電力） $\boldsymbol{S}$[W/m^2]：ポインティングベクトル

g：電磁運動量密度，T_{ik}：マクスウェル応力（電磁運動量流）

B．自然現象や理論を記述する場合，「公理」，「法則」，「定理」の相互関係を理解しておく必要がある．

（1）公理：自明であると否とを問わず，ある命題（理論）の前提となる仮定．論証がなくても，自明の真理として承認されている仮定．

例：逆２乗則

（2）法則：一定の条件の下に成立するところの普遍的・必然的関係（実験則）

例：クーロンの法則，ガウスの法則，アンペール－マクスウェルの法則，オームの法則，アンペール周回積分の法則，ビオ－サバールの法則，ファラデーの法則，ノイマンの法則，エネルギー保存の法則，ジュールの法則，レンツの法則など

（3）定理：すでに真なりと証明された一般的命題．すなわち，公理または定義を基礎として証明された一定の理論的命題．ある理論体系において，その公理や定義を基にして証明された命題で，それ以降の推論の前提となるもの．

例：ガウスの定理，グリーンの定理，ストークスの定理，トムソンの定理，クーロンの定理，ポインティングの定理，ヘルムホルツの定理など

C．凡例

（1）量記号は斜体文字（イタリック体），単位記号は立体文字で示した．

（2）量記号の後に単位記号を付す場合は，両者の区別を明確にするため，単位記号を括弧内に立体文字で示した．（例）V [V], I [A]

（3）点，線，面，体積，素子，物を英文字を使って指示する場合は，立体文字を用いた．

例：点 P，曲線に沿う積分路 C，曲面 S，体積 V，コイル C

ただし，慣例として抵抗 R，コンデンサ C，自己インダクタンス L，相互インダクタンス M のように，それらの素子がもつ電気的な量で素子を示す場合は，この限りでない．

（4）単位は，国際単位系（SI 単位系）によることを原則とした．

（5）自然対数は ln，常用対数は log で示した．

（6）ベクトル量は斜体，ボールド体を用いた．

（7）関数や演算子は立体文字とした．grad，div，rot，sin，cos

目　　次

第1章　電気磁気学の体系

第2章　電荷と電界

第3章　電位と仕事

第4章　静電誘導と静電容量

第5章　誘電体

第6章　電流と抵抗

第7章　磁界

第8章　磁性体

第9章　ベクトルポテンシャルと磁位

第10章　電磁誘導とインダクタンス

第11章　電磁界を表す方程式

第12章　電気エネルギーと仮想変位

コ ラ ム

第1章 電気磁気学の体系

学習目標

a) 電磁界の源は電荷と電流であり，電荷の流れが電流であることを理解する．
b) 電界Eと電位ϕ，磁界Hと磁束密度Bについて概要を説明できる．
c) マクスウェルの方程式から電磁波が導かれることを理解する．
d) 時間変化しない電磁界は，電界と磁界がお互いに独立した世界を作っていることを知る．
e) 電気エネルギーは，静電エネルギーと磁気エネルギーから成り立っていることを知る．
f) 電気磁気学に出てくる物理量の単位が，「国際単位系」により組み立てられていることを理解し説明できる．

キーワード

電荷，クーロンの法則，アンペール－マクスウェルの法則，ファラデーの法則，電荷の保存則，ガウスの法則，ローレンツ力，変位電流，マクスウェルの方程式，電磁波，電気エネルギー，電磁ポテンシャル，国際単位系

1.1 電気磁気学の基本法則

物質がもつ電気量を**電荷**（electric charge）とよぶ．電気と磁気に関する現象を引き起こす根源は電荷にある．電荷には正電荷と負電荷があり，それ

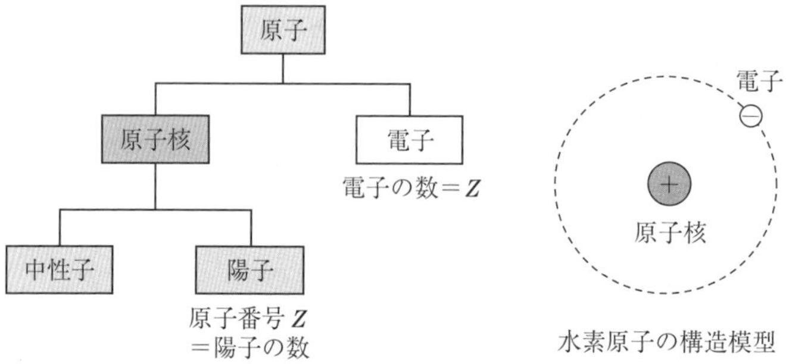

図 1.1　物質の階層構造

ぞれが単独で存在できる．図 1.1 に示すように物質は原子から構成され，原子は原子核と電子とからできている．さらに，原子核と電子はそれぞれ正と負の電荷をもつ．単独で存在できる電荷に対しては，電荷の間に力がはたらく．この力を説明するために考え出されたものが電界，電気力線，電位，磁界，磁力線，磁位である．電気磁気学の体系を図 1.2 に示すが，電気磁気学は次の 3 つの実験則から成り立っている．

（1）　**クーロンの法則**

静止している電荷間には力がはたらく．これは電荷が存在すると電界が発生し，この電界ともう一方の電荷との間に力がはたらくことを意味している．

（2）　**アンペール - マクスウェルの法則**

電荷の移動は電流となるが，電流間には力がはたらく．これは電流が流れるとその周囲に磁界が発生し，周囲の物質は磁化される．この結果，磁化された物質間に力がはたらく．すなわち，それぞれの電流間に力がはたらく．

なお，電流には電荷の移動による電導電流，磁性体の磁化による磁化電流，電界の時間変化に対応して流れる変位電流があるが，力がはたらくのは真電荷が動く場合に限られる．すなわち，変位電流には力がはたらかない．

（3）　**ファラデーの法則**

磁界により空間あるいは物質は磁化される．磁化された空間あるいは物質

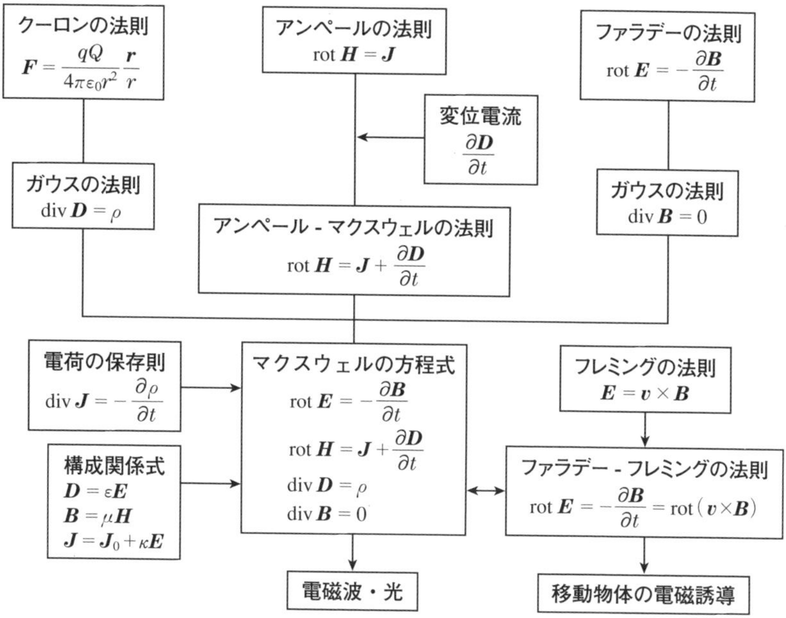

図 1.2　電気磁気学の体系
（小柴正則 著：「基礎からの電磁気学」（培風館，2008 年）より一部改変ののち許可を得て転載）．

からは磁束が発生するが，磁束が時間的に変化すると，この空間あるいは物質内の任意の閉ループ内に誘導起電力が生じる．また，その誘導起電力に対応した電界が発生する．さらに，その電界により物質の導電率に対応して電流が流れる．これらの法則は，どのような系に対しても成り立つ．

上記の 3 つの実験則の他に，以下が成立する必要がある．

（4）　電荷の保存則

電流の流入や流出があると電荷の移動が起こる．また，すべての物質は原子からできており，通常の状態では電子の数と陽子の数は同じであり，電気的に中性である．もし，原子から負電荷が抜けると，その物質は正に帯電する．逆に，正電荷が抜けると負に帯電する．このような現象は**電荷分離**

(charge separation) とよばれ，電荷の発生や消滅が起こる．閉じた系において，すべての物質に関わる流入，流出，発生，消滅に関わる電荷の総和は常に不変である．

しかしながら電荷の保存則は，コンデンサを含む閉じた系に対して電流が不連続となるため成り立たないという矛盾が生じた．この問題は，マクスウェルが仮定した変位電流を導入することにより，矛盾なく説明できることが証明された．この変位電流を含めたアンペールの法則を「拡張されたアンペールの法則」，あるいは「アンペール - マクスウェルの法則」とよぶことがある．なお，アンペールの法則は，時間的に変化する電気磁気現象に対しては，物理学の基本法則でもある．

ついでに，電気磁気学で出てくるガウスの法則と**ローレンツ力** (Lorentz force) について述べる．

ガウスの法則はクーロンの法則から導かれる．これについては 2.7 節で述べる．一方，ローレンツ力は，① クーロンの法則，② 電荷の保存則，ならびに ③ ローレンツ収縮から導出できる．これについては 7.9 節で述べる．

ローレンツ力と電荷と磁極の相互作用を利用して，ビオ - サバールの法則が導出される．これにより，磁化の本質は電流ループにあることが示される．さらに，電荷と磁極が相対的に等速度運動をするとすれば，アンペールの法則とファラデーの法則が導出される．

以上の結論として，電磁界を構成する電界 $\boldsymbol{E}$ と磁束密度 $\boldsymbol{B}$ は，電荷 q に対するローレンツ力で定義されるベクトル場である．つまり電荷にはたらく力は，電界の他に電荷の移動速度と磁束密度の積にも依存し，両者の和で表される．すなわち次式が成り立つ．

$$\boldsymbol{F} = q(\boldsymbol{E} + \boldsymbol{v} \times \boldsymbol{B}) \quad [\mathrm{N}] \tag{1.1}$$

ここで，$\boldsymbol{v}$ は電荷の速度である．この式は，静電界はクーロンの法則，磁束密度はビオ - サバールの法則で決まることを意味している．なお，右辺第 2 項の磁束密度による力を**ローレンツ磁気力** (Lorentz magnetic force) という．

一方，正電荷と負電荷はそれぞれが単独で存在できるのに対して，単極性の磁荷は存在せず，必ずＮ極とＳ極がペアになって存在するという事実がある．物質の磁性については，原子核と原子核の周りにある電子が高速で回転することによって流れる**環状電流**（loop current，電子スピン）が作る**磁気モーメント**（magnetic moment）によるものであることがわかってきたが，現在も研究課題が多い．

1．2　マクスウェルの方程式

マクスウェルは上記の３つの実験則に変位電流の概念を加えて，1864年に電気磁気学現象に関する統一的な理論体系をまとめ上げた．これは，以下の「マクスウェルの方程式」と称される微分方程式で記述される．なお，式の右側（もしくは下）に，それぞれ単独でよばれている法則名を記述した．

$$\mathrm{rot}\,\boldsymbol{H} = \boldsymbol{J} + \frac{\partial \boldsymbol{D}}{\partial t} \tag{1.2}$$

アンペール－マクスウェルの法則

$$\mathrm{rot}\,\boldsymbol{E} = -\frac{\partial \boldsymbol{B}}{\partial t} \quad \text{ファラデーの法則} \tag{1.3}$$

$$\mathrm{div}\,\boldsymbol{B} = 0 \quad \text{磁束密度に関するガウスの法則} \tag{1.4}$$

$$\mathrm{div}\,\boldsymbol{D} = \rho \quad \text{電束密度に関するガウスの法則} \tag{1.5}$$

ここで，$\boldsymbol{H}$は磁界，$\boldsymbol{D}$は電束密度，tは時間を表す．電流ベクトル$\boldsymbol{J}$は，媒質の導電率κによって流れる電導電流密度$\kappa\boldsymbol{E}$と外部から加えられた電流密度$\boldsymbol{J}_0$の和であり，次式で表される．

$$\boldsymbol{J} = \kappa\boldsymbol{E} + \boldsymbol{J}_0 \tag{1.6}$$

また，電束密度$\boldsymbol{D}$と電界$\boldsymbol{E}$との間には誘電率εを用いて次式の関係がある．

$$\boldsymbol{D} = \varepsilon \boldsymbol{E} \tag{1.7}$$

静電界では，電位 ϕ と電界 $\boldsymbol{E}$ との間に次式が成り立つ．

$$\boldsymbol{E} = -\operatorname{grad}\phi \tag{1.8}$$

さらに，静電界 $\boldsymbol{E}$ の回転密度は 0 であり保存場となる．すなわち，

$$\operatorname{rot}\boldsymbol{E} = 0 \tag{1.9}$$

である．

静電界に対するスカラポテンシャルならびに電界については，第 2 章ならびに第 3 章で述べる．

一方，磁界は常に非保存的であり，その回転は 0 ではない．この場合，磁束密度 $\boldsymbol{B}$ は時間変化がある場合にも，磁界の**ベクトルポテンシャル**（vector potential）$\boldsymbol{A}$ を用いて

$$\boldsymbol{B} = \operatorname{rot}\boldsymbol{A} \tag{1.10}$$

と表される．したがって，ベクトルポテンシャル $\boldsymbol{A}$ がわかれば，磁束密度 $\boldsymbol{B}$ が計算できる．さらに $\boldsymbol{B} = \mu\boldsymbol{H}$ の関係から，磁界は次式で与えられる．

$$\boldsymbol{H} = \frac{1}{\mu}\operatorname{rot}\boldsymbol{A} \tag{1.11}$$

ここで，μ は透磁率である．静磁界に対するベクトルポテンシャルならびに磁束密度の計算方法については，第 9 章で述べる．

また，(1.8)，(1.9) を (1.3) に代入し，$\operatorname{rot}(\operatorname{grad}\phi) = 0$ を考慮すれば次式が得られる．

$$\boldsymbol{E} = -\frac{\partial \boldsymbol{A}}{\partial t} - \operatorname{grad}\phi \tag{1.12}$$

この ϕ をスカラポテンシャルという．時間変化がない場合は**静電界**（electrostatic field）と称され，(1.12) の右辺第一項は 0 となり (1.8) に一致する．

上記で解説したスカラポテンシャル ϕ と，ベクトルポテンシャル $\boldsymbol{A}$ を合わせて**電磁ポテンシャル**（electromagnetic potentials）という．電磁界の解法にはマクスウェルの方程式を直接解く方法と，電磁ポテンシャルを用いて

解く方法の2通りがある．電磁ポテンシャルが計算できる場合には，後者の方法が簡単に計算できることが多い．これについては第11章で述べる．

なお，速度 $\boldsymbol{v}$ で物体が移動する場合は，次式の**ファラデー－フレミングの法則**（Farady – Fleming's law）が成り立つ．

$$\mathrm{rot}\,\boldsymbol{E} = -\frac{\partial \boldsymbol{B}}{\partial t} = \mathrm{rot}(\boldsymbol{v} \times \boldsymbol{B}) \tag{1.13}$$

なお磁性体中では，磁化の強さ M を用いて磁界は $\boldsymbol{H} = (\boldsymbol{B}/\mu_0) - \boldsymbol{M}$ で定義される．

本書では，電界 $\boldsymbol{E}$ と磁束密度 $\boldsymbol{B}$ を電気磁気学の基本的な量として扱い，電束密度 $\boldsymbol{D}$ と磁界 $\boldsymbol{H}$ の使用を必要最小限にとどめて解説する．

1.3 電 磁 波

前節で述べたマクスウェルの方程式から，電磁波が導かれる．光や電波も電磁波である．マクスウェルは1864年に電磁波の存在を理論的に予言し，真空中における電磁波の伝搬速度 c が真空の誘電率を ε_0，真空の透磁率を μ_0 として，

$$c = \frac{1}{\sqrt{\varepsilon_0 \mu_0}} \tag{1.14}$$

で与えられることを示した．この速度は真空中における光速に一致することから，マクスウェルは光が電磁波であると結論づけた．洞察力の鋭さに改めて敬服する．

c の値は測定により定められ

$$c = 2.99792458 \times 10^8\ \mathrm{m/s}$$

が得られている．

そして電磁波は，位置ベクトル $\boldsymbol{r}$ および速度ベクトル $\boldsymbol{v}$ と時間 t との積 $\boldsymbol{v}t$ の関数として，

$$f(\boldsymbol{r}-\boldsymbol{v}t)+g(\boldsymbol{r}+\boldsymbol{v}t) \tag{1.15}$$

で与えられる.

マクスウェルがその存在を予言した電磁波は，1887年ヘルツにより実験的に確認（検証，証明）された．同時に，電磁波が存在するためには変位電流が存在する必要があり，その正当性も併せて証明されたことになる.

1.4 電気エネルギー

電圧 V，電流 I はスカラ量であり，単相回路の電気エネルギー（電力）P は $P=VI$ で計算される．これに対して，電界や磁界，あるいは電束密度や磁束密度はベクトル量である．これ以降に出てくるように，2つのベクトル $\boldsymbol{A}$ と $\boldsymbol{B}$ の内積 $\boldsymbol{A}\cdot\boldsymbol{B}$ を**スカラ積**（scalar product）という.

空間に電界 $\boldsymbol{E}$，電束密度 $\boldsymbol{D}$ が存在する場合，単位体積当り

$$w_{\mathrm{e}}=\int_0^{D}\boldsymbol{E}\cdot d\boldsymbol{D}\quad[\mathrm{J/m^3}] \tag{1.16}$$

のエネルギーがその空間に蓄えられている．これを電界のエネルギー密度，あるいは静電エネルギー密度という.

一方，空間に磁界 $\boldsymbol{H}$，磁束密度 $\boldsymbol{B}$ が存在する場合，単位体積当り

$$w_{\mathrm{m}}=\int_0^{B}\boldsymbol{H}\cdot d\boldsymbol{B}\quad[\mathrm{J/m^3}] \tag{1.17}$$

のエネルギーがその空間に蓄えられている．これを磁界のエネルギー密度，あるいは磁気エネルギー密度という.

さらに，電界や磁束密度に時間変化がある場合，上記の電気エネルギーは電磁波として空間を伝搬する．このとき電磁界のエネルギー密度は

$$w=\frac{1}{2}\varepsilon_0E^2+\frac{1}{2\mu_0}B^2\quad[\mathrm{J/m^3}] \tag{1.18}$$

となる．電磁波の伝播方向も考慮すると，電磁界のエネルギーは単位時間当

り次式の**ポインティングベクトル** (Poynting vector) により伝搬していく．

$$\boldsymbol{S} = \boldsymbol{E} \times \boldsymbol{H} \quad [\mathrm{W/m^2}] \tag{1.19}$$

ポインティングベクトルによる電磁界エネルギーは大きさと向きをもっており，これを空間全体で積分した値が，電気回路における電圧と電流との積である皮相電力，すなわち有効電力と無効電力の和に対応している．

空間や物質内に電気エネルギーが蓄えられると，導体やこの周囲にある物質に力がはたらく．この力は**マクスウェルの応力** (Maxwell's stress) とよばれ，電界の向きには引き合う力が，またその垂直方向には反発する力がはたらいている．これは仮想変位の原理を用いて計算できる．これについては第12章で述べる．

1．5　電気磁気学における単位の決め方

国際単位系では，第7章で述べるように1 mの間隔で同じ大きさの電流を流したとき，両者の間にはたらく力が，単位長さ当り 2×10^{-7} N になる電流の大きさを1 Aと定義する．この定義に従えば，真空の透磁率は $\mu_0 = 4\pi \times 10^{-7}$ H/m になる．

一方，電荷 q_1 と電荷 q_2 との間にはたらく力はクーロン力と速度に依存する力であるローレンツ力 (1.1) により，次式で与えられる．

$$\boldsymbol{F}_{12} = q_1(\boldsymbol{E} + \boldsymbol{v} \times \boldsymbol{B}) \tag{1.20}$$

ここで，$\boldsymbol{v}$ は電荷 q_1 と q_2 の相対的な速度である．

$\boldsymbol{E}$ と $\boldsymbol{B}$ は電荷 q_2 が作る電界と磁束密度で，それぞれ次式で与えられる．

$$\boldsymbol{E} = k_{\mathrm{e}} q_2 \frac{\boldsymbol{r}}{r^3} \tag{1.21}$$

$$\boldsymbol{B} = k_{\mathrm{m}} q_2 \boldsymbol{v} \times \frac{\boldsymbol{r}}{r^3} \tag{1.22}$$

ここで，k_e, k_m は単位のとり方により決まる定数である．

1861 年にマクスウェルは真空中の電磁波の速度 c が，

$$\frac{k_e}{k_m} = c^2 \tag{1.23}$$

によって決まることを発見した．ε_0 を真空の誘電率，μ_0 を真空の透磁率として，$k_e = k/\varepsilon_0$，$k_m = k\mu_0$ とおけば，k は自由に選べる．1882 年にヘビサイドは，$k = 1/4\pi$ とすれば，基本方程式に単位球の表面積 4π が現れないことを唱え，これをローレンツが採用した．

よって，国際単位系で表すと，

$$k_e = \frac{1}{4\pi\varepsilon_0} \tag{1.24}$$

$$k_m = \frac{\mu_0}{4\pi} \tag{1.25}$$

となる．

1.6 国際単位系（SI 単位系）

現在の世界共通の単位システムは，**国際単位系** (The International System of Units) または **SI 単位系** (SI units) とよばれている．これらは**基本単位** (coherent units) と**組立単位** (derived units) から構成されている．基本単位は文字通り基本となる単位であり，表 1.1 に示すように長さ [m]，質量 [kg]，時間 [s]，電流 [A]，温度 [K]，物質量 [mol]，光度 [cd] の 7 つからなる．また補助単位を表 1.2 に示す．

組立単位は，すべてが基本単位および他の組立単位を基に組み立てられている．組立単位には固有の名称をもつものもある．電気磁気学で使用される固有の名称を持つ量と組立単位を表 1.3 に示す．また，表 1.4 に固有の名称をもたない組立単位を示す．

表 1.1　SI 基本単位
（国際度量衡総会で採択された定義などを参考に作成）

量	単位の名称	単位記号	制定年	定義
長さ	メートル meter	m	1983	真空中で光が 1 秒の 299,792,458 分の 1 の時間に進む行程の長さ
質量	キログラム kilogram	kg	1889	国際キログラム原器（プラチナ 90%，イリジウム 10%の合金でできた直径，高さとも 39 mm の円柱状分銅）の質量．
時間	秒 second	s	1967	セシウム 133 原子の基底状態において，2 つの超微細構造準位間の遷移に対応する放射の周期 9,192,631,770 倍に等しい時間
電流	アンペア ampere	A	1948	真空中に 1 メートルの間隔で平行に置かれた，無限に小さい円形断面を有する無限に長い 2 本の直線状導体のそれぞれを流れ，これらの導体の 1 メートルにつき 2×10^{-7}（千万分の 2）ニュートンの力を及ぼし合う**直流**（direct current）電流
熱力学温度	ケルビン kelvin	K	1976	水の三重点（水，氷，水蒸気が共存する点）の熱力学温度の，273.16 分の 1 の温度
物質量	モル mole	mol	1971	0.012 kg（12 g）の炭素 12 の中に存在する，原子の数と等しい構成要素を含む系の物質量
光度	カンデラ candela	cd	1979	周波数 540 テラヘルツの単色光を放射する光源の，その放射の方向における放射強度が，683 分の 1 ワット毎ステラジアンである光源の光度

表 1.2　補助単位（無次元の組立単位）

量	単位の名称	記号
平面角	ラジアン radian	rad
立体角	ステラジアン steradian	sr

表 1.3　電気磁気学で使用される固有の名称をもつ SI 組立単位
(国立天文台 編：「理科年表 平成 22 年版」(丸善出版，2010 年) より許可を得て転載)

量	単位の名称	単位記号	他の表し方	SI 基本単位による表し方
電気量，電荷	クーロン (coulomb)	C		s・A
電圧，電位，起電力	ボルト (volt)	V	W/A，J/C	m^2・kg・s^{-3}・A^{-1}
電力，仕事率	ワット (watt)	W	J/s	m^2・kg・s^{-3}
周波数	ヘルツ (hertz)	Hz		s^{-1}
電気抵抗	オーム (ohm)	Ω	V/A	m^2・kg・s^{-3}・A^{-2}
コンダクタンス	ジーメンス (siemens)	S	A/V	m^{-2}・kg^{-1}・s^3・A^2
静電容量	ファラド (farad)	F	C/V	m^{-2}・kg^{-1}・s^4・A^2
磁束	ウェーバ (weber)	Wb	V・s，T・m^2	m^2・kg・s^{-2}・A^{-1}
磁束密度	テスラ (tesla)	T	Wb/m^2 N/(m・A)	kg・s^{-2}・A^{-1}
インダクタンス	ヘンリー (henry)	H	Wb/A	m^2・kg・s^{-2}・A^{-2}
力	ニュートン (newton)	N		m・kg・s^{-2}
圧力・応力	パスカル (pascal)	Pa	N/m^2	m^{-1}・kg・s^{-2}
エネルギー・仕事・熱量	ジュール (joule)	J	N・m	m^2・kg・s^{-2}

表 1.4　固有の名称をもたない組立単位
(国立天文台 編：「理科年表 平成 22 年版」(丸善出版，2010 年) より許可を得て転載)

量	単位	記号	SI 基本単位による表し方
面積	平方メートル	m^2	m^2
体積	立方メートル	m^3	m^3
速さ	メートル毎秒	m/s	m・s^{-1}
密度	キログラム毎立方メートル	kg/m^3	kg・m^{-3}
電界	ボルト/メートル	V/m	m・kg・s^{-3}・A^{-1}
電束密度	クーロン/平方メートル	C/m^2	m^{-2}・s・A
磁界	アンペア/メートル	A/m	m^{-1}・A
誘電率	ファラッド/メートル	F/m	m^{-3}・kg^{-1}・s^4・A^2
透磁率	ヘンリー/メートル	H/m	m・kg・s^{-2}・A^{-2}
導電率	ジーメンス/メートル	S/m	m^{-3}・kg^{-1}・s^3・A^2
抵抗率	オーム・メートル	Ω・m	m^3・kg・s^{-3}・A^{-2}
磁位	テスラ・メートル	T・m	m・kg・s^{-2}・A^{-1}

第1章のまとめ

・電気と磁気に関する現象を引き起こす根源は電荷にあり，電荷には正電荷と負電荷がある．(1.1節)

・電気磁気学の基本法則は，クーロンの法則，アンペール-マクスウェルの法則，ファラデーの法則から成り立っている．(1.1節)

・電荷にはローレンツ力がはたらく．(1.1節)

・電気磁気学の基本法則に変位電流の概念を加えると，マクスウェルの方程式が微分方程式として得られる．(1.2節)

・マクスウェルの方程式の解は電磁波となり，光も電磁波として扱われる．(1.3節)

・電気磁気学における物理量は電界，電束密度，電位，磁界，磁束密度であり，これらは電磁ポテンシャルを用いてお互いに関係づけがなされている．(1.2節)

・電気エネルギーは静電エネルギーと磁気エネルギーの和である．(1.4節)

・電磁波によって運ばれる電気エネルギーは，ポインティングベクトルとして表すことができる．(1.4節)

・電気磁気学における単位は，国際単位系 (SI 単位系) により構成されている．(1.5節)，(1.6節)

章末問題

【1.1】 電気回路学と電気磁気学との違いは何かを考察せよ．(1.4節)

【1.2】 電気磁気学の体系はどのようになっているかをまとめよ．(1.1節)

【1.3】 電磁波とは何か．(1.3節)

【1.4】 国際単位系とは何か．(1.6節)

【1.5】 電圧，電流，電力，エネルギーの単位は，それぞれボルト［V］，アンペア［A］，ワット［W］，ジュール［J］である．これらはいずれも人物に因んで名づけられたものである．どのような人物が関わっていたかを調べてみよ．

【1.6】 抵抗（ならびにインピーダンス，リアクタンス），インダクタンス，コンデンサ，コンダクタンス（ならびにアドミタンス，サセプタンス）の単位は，それぞれオーム［Ω］，ヘンリー［H］，ファラッド［F］，ジーメンス［S］である．これらはいずれも人物に因んで名づけられたものである．どのような人物が関わっていたかを調べてみよ．

【1.7】 電荷，磁束密度，磁束の単位は，それぞれクーロン［C］，テスラ［T］，ウェーバ［Wb］である．これらはいずれも人物に因んで名づけられたものである．クーロン，テスラやウェーバはどのような人物であったかを調べてみよ．

第2章 電荷と電界

学習目標

a) 電荷間にはたらく力の法則とその重ねの理を説明できる.
b) 電界の概念および電気力線を理解し説明できる.
c) 点電荷や複数の点電荷,線電荷,体積電荷おのおのによる電界が計算できる.
d) ガウスの法則(積分形式)を理解し,対称性の良い電荷分布について,この法則から電界を計算できる.
e) ガウスの定理を理解し,ガウスの法則の積分形式からその微分形式を導ける.
f) 電気力線の発散を説明できる.
g) ストークスの定理を説明・計算できる.

キーワード

クーロンの法則,重ねの理(重ね合わせの原理),電界,電気力線,ガウスの法則,電束,電束密度,線電荷,リング電荷,体積電荷,ストークスの定理

2.1 クーロンの法則

フランスの物理学者クーロン(Charles Augustin de Coulomb, 1736–1806)は1777年の春に,細い線にトルクを加えてねじることにより,ねじれ

の角度がトルクの大きさに比例することを利用したねじり秤（torsion balance，図 2.2 を参照）を発明し，磁石間の反発力が，万有引力の法則と同様に距離の 2 乗に反比例することを実験で示した．

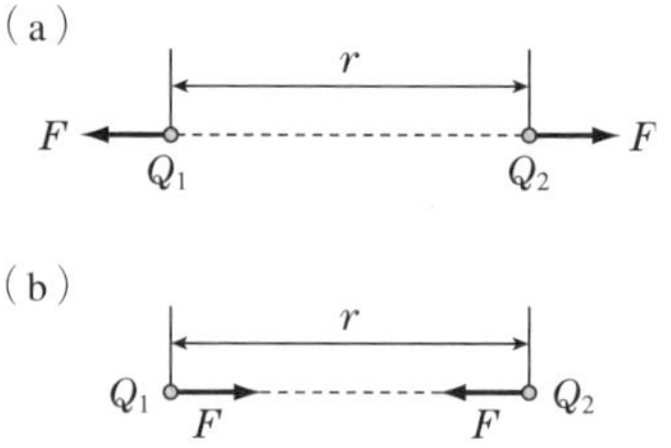

図 2.1　クーロンの法則．(a) Q_1，Q_2 が同符号，(b) Q_1，Q_2 が異符号．

同じ年の秋には，静止している 2 つの点電荷に対し，これら 2 つの電荷量の積に比例し，2 つの電荷間の距離の 2 乗に反比例する**静電力**（electrostatic force）がはたらくことを実験的に見出した．この静電力を**クーロン力**（Coulomb force）とよぶ．クーロン力の向きは図 2.1 に示すように 2 つの点電荷を結ぶ直線の方向で，異種の電荷間では引力となり，同種の電荷間では斥力となる．電荷がこのような性質をもつことを，**クーロンの法則**（Coulomb's law）という．このときの力の大きさは次式で与えられる．

$$F = k_e \frac{Q_1 Q_2}{r^2} \tag{2.1}$$

ここで，k_e は比例定数である．また Q_1, Q_2 は 2 つの点電荷の電気量であり，r は 2 つの電荷間の距離である．$\boldsymbol{r}$ を Q_1 から Q_2 へ向かう位置ベクトルとすれば $r = |\boldsymbol{r}|$ であり，クーロン力は力の大きさと力の向きを表す単位ベクトル $\boldsymbol{r}/r$ を用いて，ベクトル $\boldsymbol{F}$ として次式で表される．

$$\boldsymbol{F} = k_e \frac{Q_1 Q_2}{r^2} \frac{\boldsymbol{r}}{r} = k_e \frac{Q_1 Q_2}{r^3} \boldsymbol{r} \tag{2.2}$$

この式は万有引力の法則と同じように，電荷間に距離の逆 2 乗に比例した力がはたらくことを意味している．また，力の向きはニュートンの作用・反作用の法則に等しい．これを**逆 2 乗則**（law of inverse square）とよぶ．

万有引力やクーロン力について，逆 2 乗則が成り立つことは実験により確認されているが，実際に電荷間の力を直接測定することは今日でも難しい．

また，クーロンの法則は電荷の保存則も表すと考えられるが，この理論的裏づけも現在のところ得られていない．このため，クーロンの法則が電気磁気学の公理として受け入れられている．

電荷の大きさはクーロン［C］という単位で表す．1個の電子は大きさが 1.602176×10^{-19} C の負電荷をもつ．通常，これを $-e$ で表し**電気素量**(elementary charge) ということもある．

(2.1) の比例定数 k_e は単位のとり方で決まり，力をニュートン［N］，電荷をクーロン［C］，距離をメートル［m］とすれば，真空中では $k_e = 1/4\pi\varepsilon_0$［m/F］となる．$\varepsilon_0$ は**真空の誘電率** (permittivity of free space) であり大きさは $8.85418782 \times 10^{-12}$，単位は上式から［$C^2 \cdot N^{-1} \cdot m^{-2}$］になるが，静電容量の単位ファラッド［F］を使うと［F/m］となる．この式を (2.2) に代入すれば，クーロンの法則は次式となる．

$$\boldsymbol{F} = \frac{q_1 q_2}{4\pi\varepsilon_0 r^2}\frac{\boldsymbol{r}}{r} = \frac{q_1 q_2 \boldsymbol{r}}{4\pi\varepsilon_0 r^3} \quad [\mathrm{N}] \tag{2.3}$$

このように，電気現象を生ずる源は電荷であり，電荷の大きさは距離と力を測定することにより計算できる．また電荷には正と負の2種類があり，同種の電荷の間では反発力が，異種の電荷間には吸引力がはたらく．どうして同符号の電荷間には反発力が，また異符号の電荷間には吸引力がはたらくのかは未だにわからない．

なお $k_e = 1/4\pi\varepsilon_0$ を計算するとき，π も ε_0 も複雑な値であるので，k_e を 9×10^9［m/F］と近似することがある．この場合の誤差は0.14%である．

例題 2.1

水素原子は1個の陽子を中心に1個の電子が，半径約 0.53 Å (オングストローム，1 Å $= 10^{-10}$ m) で円軌道上を回転していると考えることができる．このとき，電子にはたらくクーロン力と重力を求めよ．

解　クーロン力は

$$F = \frac{1}{4\pi\varepsilon_0}\frac{Q_1 Q_2}{r^2} \approx 9 \times 10^9 \times \frac{(1.60218 \times 10^{-19})^2}{(0.53 \times 10^{-10})^2} \approx 8.2 \times 10^{-8} \quad [\mathrm{N}]$$

であり，重力は

$$mg = 9.11 \times 10^{-31} \times 9.8 = 8.9 \times 10^{-30}\,[\mathrm{N}]$$

である．

クーロン力は，電子から陽子の方向に作用し，重力に比べて桁違いに大きい．

コラム　静止した電荷間にはたらく力

種類の異なる物質をこすると**静電気**（static electricity）が発生し，吸引力がはたらくことは古代ギリシャ時代から知られていた．

フランクリン（Benjamin Franklin, 1706－1790）は1755年に，帯電した銀製の容器の外に置いたコルクが容器に引きつけられるのに，容器の中に吊り下げたときは容器に引きつけられないことを発見した．それを手紙で知ったプリーストリー（Joseph Priestley, 1733－1804）は，金属容器では電荷が容器の外側表面に分布することを確かめた．

また彼は，ニュートンが示した球殻状の質量の内部では物体に万有引力がはたらかないことをヒントに，万有引力と電気力の類似性に着目し，電荷間にはたらく力は万有引力と同じく逆2乗則が成り立つと推測した．電荷間の逆2乗則を最初に発見したのはロビソン（John Robison, 1739－1805）である．彼は1769年に同種電荷，異種電荷の導体球間にはたらく力が，それぞれ逆2乗則に近い斥力と引力となることを見出した（公表は1801年および1822年）．

図2.2は，クーロンの法則の発見（1785年）に用いられたクーロンのねじり秤である．検出器の振れがゼロとなる量を外部から印加し，零位法による精密測定を可能としている．また図2.3は，ヘンリー・キャベンディシュ（Henry Cavendish, 1731－1810，イギリスの化学者・物理学者）によって1797年から1798年にかけて行われた，実験室内の質量間にはたらく万有引力の測定，および地球の比重の測定を目的とした実験に用いられたねじり秤である．大鉛球がフレームから吊り下げられ，プーリーで小鉛球の近くまで回転できるようになっている．クーロンはキャベンディシュの実験以前にねじり秤を考案し，クーロンの法則を見出した．

キャベンディシュが，これとは別に逆 2 乗則の証明を 1772 年に行っていたことが後に判明したが，クーロンの実験と入念な研究は，時代を超えた不変的な価値をもつものである．

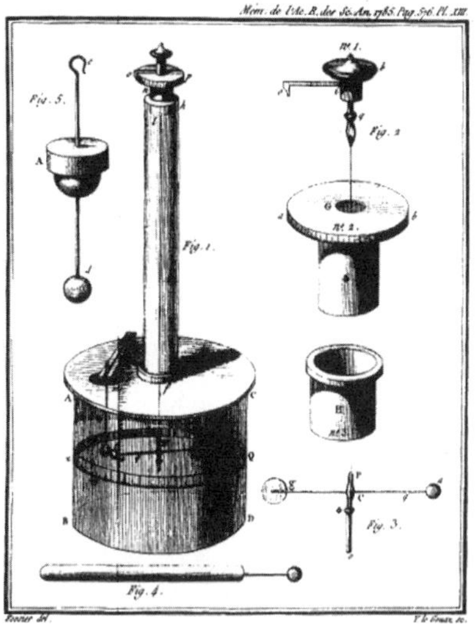

図 2.2　クーロンのねじり秤（wikipedia より）

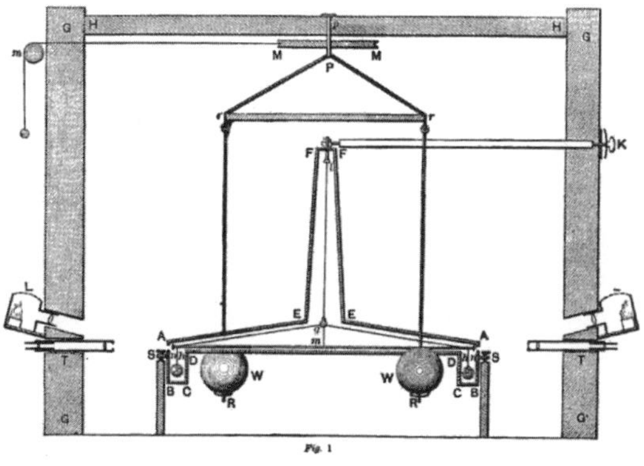

図 2.3　キャベンディシュによって組み立てられたねじり秤（wikipedia より）

電荷間にはたらく静電力は，電荷と電荷との間には何も存在していないはずなので，空間を越えて直接的に作用していると考えられる．このような考え方を**遠隔作用論** (theory of action at a distance) という．これに対して，電荷は周囲の空間を変化させ，その変化が空間を伝わり，他の電荷には，この変化した空間の作用を受けると考えることもできる．このような考え方を**近接作用論** (theory of action through medium) という．電界はこうした空間の変化を表すものである．

ただし，遠隔作用論では静電界の考え方に立脚しているため，電磁波が有限な時間をかけて伝わることをうまく説明できない．これに対して近接作用論では，空間の変化に時間がかかると考えるため，電磁波の伝播の遅れを無理なく説明できる．このように，電界は空間の電気的な状態を表す「界 (field)」または「場 (field)」の概念が重要となってくるが，どちらの理論も同じものである．

2. 2　クーロン力に関する重ねの理

複数の要因による結果が，それぞれの要因による結果の和として表されるとき，このような原理を**重ねの理** (principle of superposition)，あるいは**重ね合わせの原理**が成り立つという．

例えば，n 個の点電荷 $Q_1, Q_2, \cdots Q_n$ が，点電荷 q に及ぼすクーロン力は，点電荷 q とそれぞれの点電荷との距離が $r_1, r_2, \cdots, r_n$ にあるとすれば，それぞれが別々にはたらく力のベクトル和で与えられる．すなわち，

$$
\begin{aligned}
\boldsymbol{F} &= \frac{1}{4\pi\varepsilon_0}\frac{qQ_1}{r_1^2}\frac{\boldsymbol{r}_1}{r_1} + \frac{1}{4\pi\varepsilon_0}\frac{qQ_2}{r_2^2}\frac{\boldsymbol{r}_2}{r_2} + \cdots + \frac{1}{4\pi\varepsilon_0}\frac{qQ_n}{r_n^2}\frac{\boldsymbol{r}_n}{r_n} \\
&= \frac{q}{4\pi\varepsilon_0}\sum_{i=1}^{n}\frac{Q_i}{r_i^3}\boldsymbol{r}_i \qquad (2.4)
\end{aligned}
$$

となる．この場合，点電荷 q にはたらくクーロン力は，それぞれの電荷によるクーロン力が3次元ベクトルとなるため，それぞれの成分をベクトル合成

したものとなる.

(2.4) は，電荷が離散的に分布する場合のクーロン力であるが，電荷が連続的に分布する場合にも重ねの理が成り立つ.

例題 2.2

電荷が 2 個の場合について，クーロン力のベクトル和を考えてみよ.

解　図 2.4 に示すように，2 つの点電荷を結ぶ直線を x 軸にとる．電荷が正の場合，点 P の場所にある点電荷 q には Q_1, Q_2 それぞれの点電荷による力が作用する．このベクトル和が，点 P の場所にある点電荷 q に作用するクーロン力となる.

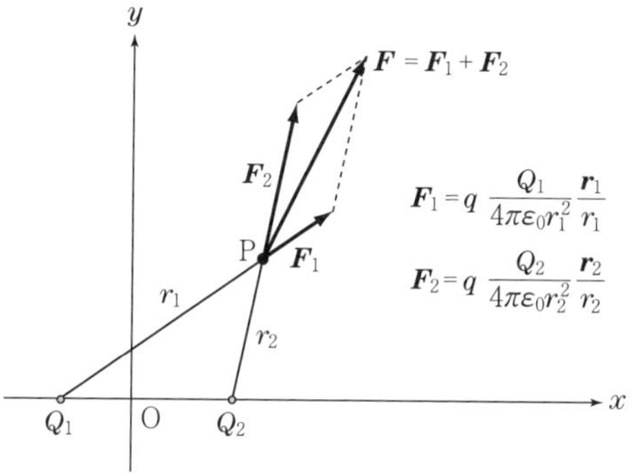

図 2.4　2 個の点電荷によるクーロン力のベクトル和

2. 3 電　界

図 2.5 において，原点に点電荷 $+Q$ を配置し，点電荷 $+Q$ から距離 r の点 P に点電荷 q を置く．電荷間には

$$\boldsymbol{F} = q\frac{Q}{4\pi\varepsilon_0 r^2}\frac{\boldsymbol{r}}{r} = q\boldsymbol{E} \quad \text{[N]} \tag{2.5}$$

のクーロン力がはたらく.

ここで，

$$\boldsymbol{E} = \frac{Q}{4\pi\varepsilon_0 r^2}\frac{\boldsymbol{r}}{r} = \frac{Q}{4\pi\varepsilon_0 r^3}\boldsymbol{r} \quad [\mathrm{V/m}] \tag{2.6}$$

であり，これを**電界** (electric field) と定義する．

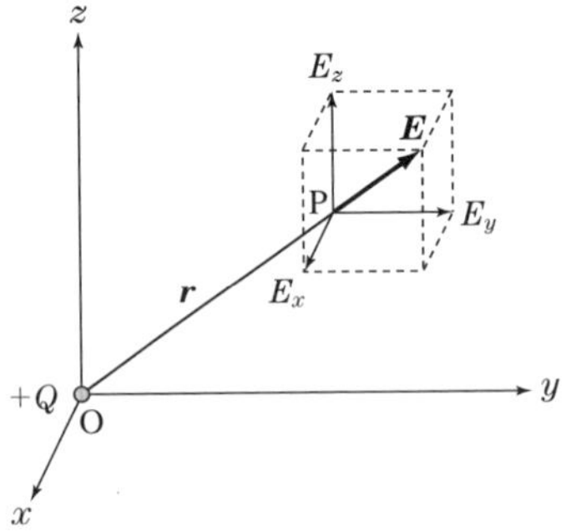

図 2.5　点電荷による電界

電界の単位は静電力 F[N] を電荷 q[C] で割るので [N/C] である．しかし，実際にはこれはほとんど用いられず，電圧の単位 [V] を用いて [V/m] が用いられる．これは，力に距離を掛けたものはエネルギーであり，これを 1 C 当りに直したものが電圧なので [V] = [N・m/C] の関係があるためである．これより電界の単位は [V/m] となる．

なお (2.5) から明らかなように，電荷が存在すると周囲の空間には電界ができる．したがって電界を厳密に考えると，点電荷を新たに電界の中に置くことにより元の電界は変化してしまう．この変化を最小にするためには，できる限り微小な電荷 q を導入すればよい．すなわち，電界を厳密に定義しようとする場合，電界内の 1 点に置かれた微小電荷 q[C] に作用する力が $\boldsymbol{F}$ [N] であるとき，電界は

$$\boldsymbol{E} = \lim_{q \to 0}\frac{\boldsymbol{F}}{q} \quad [\mathrm{N/C}] = [\mathrm{V/m}] \tag{2.7}$$

として定義される．

通常は，電界を生じる源が微小電荷に比べて十分に大きいと仮定し，電界

内に置かれた電荷 q には (2.5) による力がはたらくと考える．このような微小電荷を点電荷という．点電荷と見なせる電荷を**単位電荷** (unit charge) または**試験電荷**とよぶことがある．また，力はベクトルで表されるので電界もベクトルとなる．

点電荷 Q が座標の原点にあるとき，電界ベクトルは直角座標における単位ベクトル $\boldsymbol{i}, \boldsymbol{j}, \boldsymbol{k}$ を用いると，次式で与えられる．

$$\boldsymbol{E} = \frac{Q}{4\pi\varepsilon_0 r^2}\frac{\boldsymbol{r}}{r} = \frac{Q\boldsymbol{r}}{4\pi\varepsilon_0 r^3} = \frac{Q(x\boldsymbol{i} + y\boldsymbol{j} + z\boldsymbol{k})}{4\pi\varepsilon_0(x^2 + y^2 + z^2)^{3/2}} = \boldsymbol{i}E_x + \boldsymbol{j}E_y + \boldsymbol{k}E_z \tag{2.8}$$

一般に任意の点 P$(\boldsymbol{r})$ の電界が $\boldsymbol{E}(\boldsymbol{r})$ であるとき，位置 $\boldsymbol{r} = \boldsymbol{r}_0$ に点電荷 q を置くと，この電荷には

$$\boldsymbol{f} = q\,\boldsymbol{E}_0(\boldsymbol{r}_0) \tag{2.9}$$

のクーロン力がはたらく．ただし，

$$\boldsymbol{E}_0(\boldsymbol{r}_0) = \boldsymbol{E}(\boldsymbol{r}) - \frac{q(\boldsymbol{r}_0)}{4\pi\varepsilon_0}\frac{\boldsymbol{r} - \boldsymbol{r}_0}{|\boldsymbol{r} - \boldsymbol{r}_0|^3} \tag{2.10}$$

である．$\boldsymbol{E}_0(\boldsymbol{r}_0)$ は点電荷自身が作る電界を除いた電界を表しているので，$\boldsymbol{E}_0(\boldsymbol{r}_0)$ は次のようにも書くことができる．

$$\boldsymbol{E}_0(\boldsymbol{r}_0) = \lim_{\delta r \to 0}\left\{\boldsymbol{E}(\boldsymbol{r}_0 + \delta\boldsymbol{r}) - \frac{q(\boldsymbol{r}_0)}{4\pi\varepsilon_0}\frac{\delta\boldsymbol{r}}{|\delta\boldsymbol{r}|^3}\right\} \tag{2.11}$$

2．4　複数の点電荷が作る電界

点電荷の数が増した場合は重ねの理により，それぞれの電荷が作る電界ベクトルを合成すればよい．これは図 2.4 の例から容易に類推できる．

例題 2.3

2つの点電荷 Q と $-Q$ が，原点を中心として x 軸上に距離 a 離れて置かれているとき，点 P (x, y, z) の電界を求めよ．

解　図2.6において，

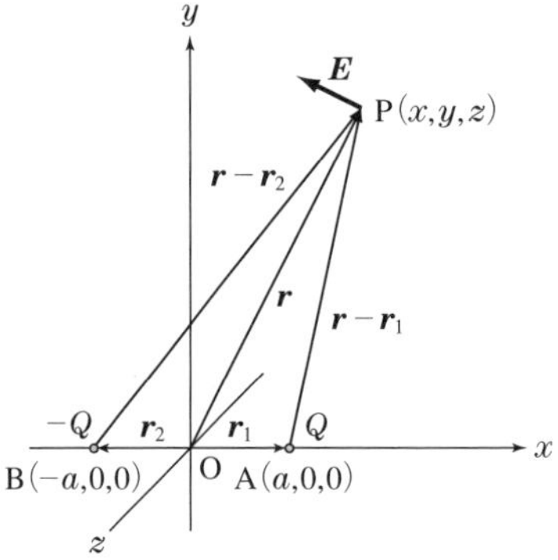

図2.6　2つの点電荷による電界

$$\left.\begin{aligned} &\boldsymbol{r} = x\boldsymbol{i} + y\boldsymbol{j} + z\boldsymbol{k},\ \boldsymbol{r}_1 = a\boldsymbol{i},\ \boldsymbol{r}_2 = -a\boldsymbol{i} \\ &|\boldsymbol{r} - \boldsymbol{r}_1| = |(x-a)\boldsymbol{i} + y\boldsymbol{j} + z\boldsymbol{k}| = \{(x-a)^2 + y^2 + z^2\}^{1/2} \\ &|\boldsymbol{r} - \boldsymbol{r}_2| = |(x+a)\boldsymbol{i} + y\boldsymbol{j} + z\boldsymbol{k}| = \{(x+a)^2 + y^2 + z^2\}^{1/2} \end{aligned}\right\} \quad (2.12)$$

であるので，点 P の電界は次のようになる．

$$\begin{aligned} \boldsymbol{E} &= \frac{Q}{4\pi\varepsilon_0}\left[\frac{\boldsymbol{r} - \boldsymbol{r}_1}{|\boldsymbol{r} - \boldsymbol{r}_1|^3} - \frac{\boldsymbol{r} - \boldsymbol{r}_2}{|\boldsymbol{r} - \boldsymbol{r}_2|^3}\right] \\ &= \frac{Q}{4\pi\varepsilon_0}\left[\frac{(x-a)\boldsymbol{i} + y\boldsymbol{j} + z\boldsymbol{k}}{\{(x-a)^2 + y^2 + z^2\}^{3/2}} - \frac{(x+a)\boldsymbol{i} + y\boldsymbol{j} + z\boldsymbol{k}}{\{(x+a)^2 + y^2 + z^2\}^{3/2}}\right] \end{aligned} \quad (2.13)$$

これより，電界の x 成分，y 成分，ならびに z 成分を求めると次のようになる．

$$\left.\begin{aligned}E_x &= \frac{Q}{4\pi\varepsilon_0}\left[\frac{x-a}{\{(x-a)^2+y^2+z^2\}^{3/2}} - \frac{x+a}{\{(x+a)^2+y^2+z^2\}^{3/2}}\right]\\E_y &= \frac{Q}{4\pi\varepsilon_0}\left[\frac{y}{\{(x-a)^2+y^2+z^2\}^{3/2}} - \frac{y}{\{(x+a)^2+y^2+z^2\}^{3/2}}\right]\\E_z &= \frac{Q}{4\pi\varepsilon_0}\left[\frac{z}{\{(x-a)^2+y^2+z^2\}^{3/2}} - \frac{z}{\{(x+a)^2+y^2+z^2\}^{3/2}}\right]\end{aligned}\right\} \quad (2.14)$$

y 軸上 $(x = z = 0)$ では次式となる．

$$E_x = -\frac{Qa}{2\pi\varepsilon_0(a^2+y^2)^{3/2}}, \qquad E_y = E_z = 0$$

2．5　電荷の分布と電界に対する重ねの理

2.5.1　電荷の分布

電荷は静電エネルギーが最小になるよう分布する．これを**トムソンの定理**（Thomson's theorem）という．

電荷の分布について，フランスの物理学者クーロンは，

（1）　電荷はすべて導体の上に，その導体の形態に応じて分布する．

（2）　導体に電荷を与えると電荷は導体の表面に分布するが，導体の内部には入り込まない．

という2つの法則を発見した．また，空気や気体分子も帯電可能であると説明した．さらに帯電した導体が，その導体を支持する絶縁物以外にも空気を通して電荷が失われることを発見した．

実は，キャベンディシュが1772年にこの法則を見出していたが，人間嫌いの彼は未発表のままであった．キャベンディシュの研究資料は，1870年に設立されたキャベンディシュ研究所の初代所長マクスウェル（James Clerk Maxwell，1831－1879）によって1879年に公表された．

電気磁気学では，電気磁気現象を巨視的に捉える．このため，電荷はその

分布状態により次のように区別する．

（1）**点電荷**：Q [C]

1点に集中して存在する電荷であり，単位はクーロン [C] である．

（2）**線電荷**：λ [C/m]

線状に分布する電荷であり，単位長さ当りの電荷量で表される．

（3）**面電荷**：σ [C/m^2]

面状に分布する電荷であり，単位面積当りの電荷量で表される．

（4）**体積電荷**：ρ [C/m^3]

ある体積内に連続的に電荷が分布しているとき，微小体積 Δv 内の電荷量を Δq とすると，$\rho = \lim_{\Delta v \to 0} \Delta q / \Delta v$ により単位体積当りの電荷量で表される．

2.5.2　各種電荷による電界

点電荷による電界は (2.6) で与えられるが，これ以外の電荷による電界は以下のようになる．

（1）**線電荷による電界**

図 2.7 に示すように，曲線 C 上に線電荷密度 λ[C/m] の線電荷が位置 $\boldsymbol{r}'$ の関数 $\lambda(\boldsymbol{r}')$ として与えられた場合，微小区間 dl' の電荷は $\lambda(\boldsymbol{r}')\,dl'$ で与えられる．これが位置 $\boldsymbol{r}$ の点に作る微小電界は点電荷の場合と同じ考えで計算できるので，曲線全体では微小電界を積分することにより，位置 $\boldsymbol{r}$ の点に作る電界を計算できる．すなわち次式が成り立つ．

$$\boldsymbol{E}(\boldsymbol{r}) = \frac{1}{4\pi\varepsilon_0}\int_{\mathrm{L}} \frac{\lambda(\boldsymbol{r}')\,dl'}{|\boldsymbol{r}-\boldsymbol{r}'|^2}\,\frac{\boldsymbol{r}-\boldsymbol{r}'}{|\boldsymbol{r}-\boldsymbol{r}'|} = \frac{1}{4\pi\varepsilon_0}\int_{\mathrm{L}} \lambda(\boldsymbol{r}')\,\frac{\boldsymbol{r}-\boldsymbol{r}'}{|\boldsymbol{r}-\boldsymbol{r}'|^3}\,dl' \tag{2.15}$$

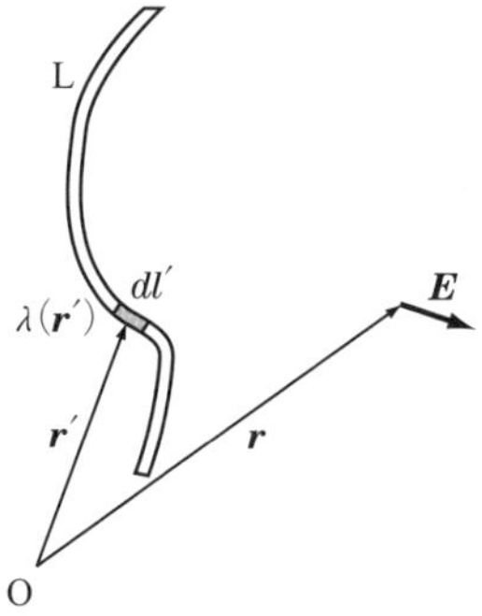

図 2.7　線電荷

（2）　**面電荷による電界**

図 2.8 に示すように，曲面上に面電荷密度 σ[C/m^2] の面電荷が位置 $\boldsymbol{r}'$ の関数 $\sigma(\boldsymbol{r}')$ として分布している場合，位置 $\boldsymbol{r}$ の点に作られる電界は，微小面積 dS' 上の電荷が作る微小電界の和となる．すなわち次式が成り立つ．

$$\boldsymbol{E}(\boldsymbol{r}) = \frac{1}{4\pi\varepsilon_0}\int_{\mathrm{S}} \sigma(\boldsymbol{r}')\, \frac{\boldsymbol{r}-\boldsymbol{r}'}{|\boldsymbol{r}-\boldsymbol{r}'|^3}\, dS' \tag{2.16}$$

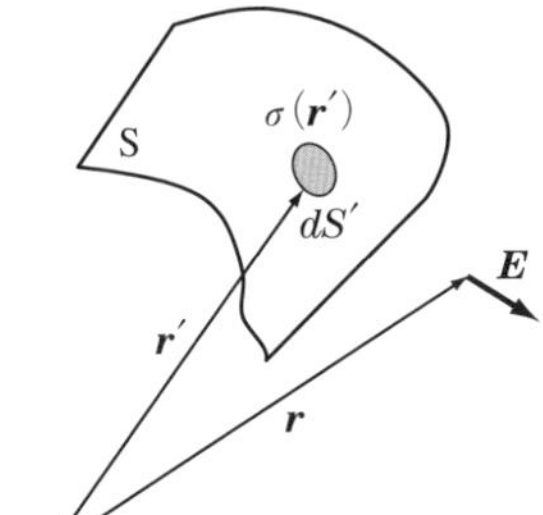

図 2.8　面電荷

（3）　**体積電荷による電界**

図 2.9 に示すように，位置 $\boldsymbol{r}'$ の近傍に体積電荷密度が ρ[C/m^3] である体積電荷が関数 $\rho(\boldsymbol{r}')$ として分布しているとする．$\rho(\boldsymbol{r}')$ は位置 $\boldsymbol{r}'$ の近傍の単位体積中に含まれる電荷を意味するので，微小体積 $\varDelta V$ にある体積電荷が位置 $\boldsymbol{r}$ の点に作る電界 $\varDelta E(\boldsymbol{r})$ は，(2.6) より次式で与えられる．

$$\varDelta \boldsymbol{E}(\boldsymbol{r}) = \frac{1}{4\pi\varepsilon_0}\rho(\boldsymbol{r}')\frac{\boldsymbol{r}-\boldsymbol{r}'}{|\boldsymbol{r}-\boldsymbol{r}'|^3}\varDelta V \tag{2.17}$$

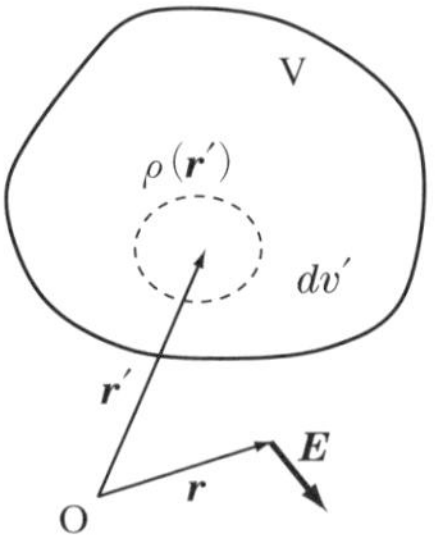

図 2.9　体積電荷

したがって，体積電荷全体が作る電界は，微小体積内の電荷が作る電界を積分することにより得られる．すなわち次式となる．

$$\boldsymbol{E}(\boldsymbol{r}) = \frac{1}{4\pi\varepsilon_0}\int_{\mathrm{V}}\rho(\boldsymbol{r}')\frac{\boldsymbol{r}-\boldsymbol{r}'}{|\boldsymbol{r}-\boldsymbol{r}'|^3}dv' \tag{2.18}$$

2.5.3　各種電荷による電界の解析式

(1)　無限長直線電荷

図 2.10 に示すように，線電荷密度 λ[C/m] が一様である直線電荷に沿って z 軸をとる．計算点 P から z 軸へ垂線を下ろして長さ x とし，これに重なるように x 軸をとる．z 軸上の線要素 dz 部分の電荷が点 P に作る電界 $d\boldsymbol{E}$ は，

$$d\boldsymbol{E} = \frac{\lambda\, dz}{4\pi\varepsilon_0}\frac{x\boldsymbol{i}-z\boldsymbol{k}}{|x^2+z^2|^{3/2}} \tag{2.19}$$

である．ここで対称性から電界の z 成分 E_z は 0 である．

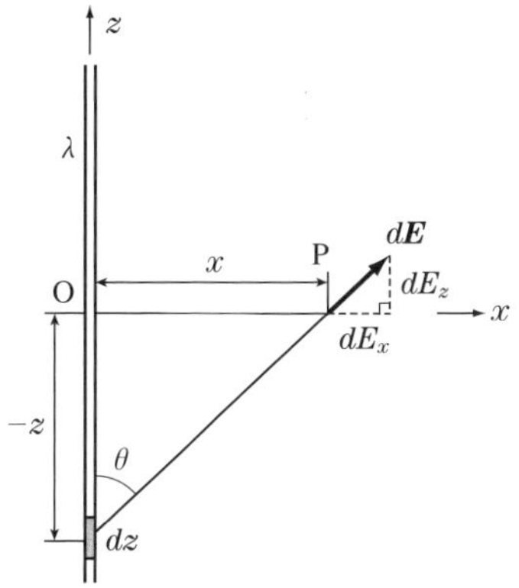

図 2.10　無限長直線電荷による電界

また，電界は z 軸について回転対称なので，電界は x 方向成分 E_x を求めるだけで良い．ここで

$$dE_x = \frac{\lambda}{4\pi\varepsilon_0}\frac{x}{(x^2+z^2)^{3/2}}dz \tag{2.20}$$

であるので，x 方向の電界は z について上式を積分すれば良い．すなわち，

$$E_x = \int_{-\infty}^{\infty}(dE_x)\,dz = \frac{\lambda}{4\pi\varepsilon_0}\int_{-\infty}^{\infty}\frac{x}{(x^2+z^2)^{3/2}}dz = \frac{2\lambda}{4\pi\varepsilon_0}\int_0^{\infty}\frac{x}{(x^2+z^2)^{3/2}}dz \tag{2.21}$$

となる，$z = x\tan\theta$ とおいて変数変換を行うと次式が得られる．

$$\begin{aligned} E_x &= \frac{\lambda\cdot x^2}{2\pi\varepsilon_0 x^3}\int_0^{\pi/2}\frac{1/\cos^2\theta}{1/\cos^3\theta}d\theta = \frac{\lambda}{2\pi\varepsilon_0 x}\int_0^{\pi/2}\cos\theta\,d\theta \\ &= \frac{\lambda}{2\pi\varepsilon_0 x} \end{aligned} \tag{2.22}$$

よって，無限長直線電荷が作る電界が求まった．

（2）　リング電荷

図 2.11 に示すように，xy 平面上に線電荷密度が λ[C/m] である半径 a の細いリング電荷がある．図のようにリングの中心を座標の原点にとり，リン

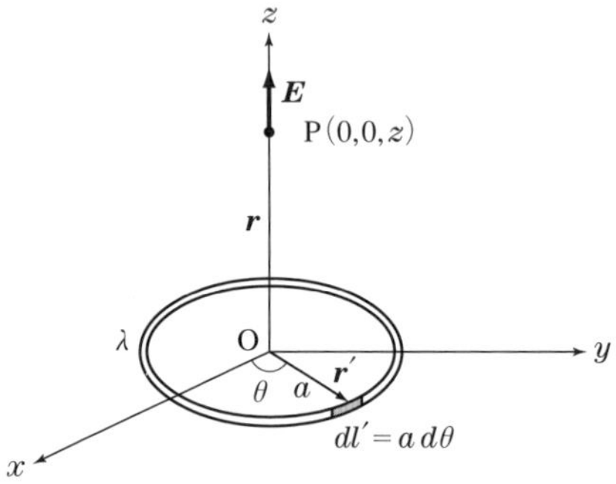

図 2.11　リング電荷による電界

グの中心から z の位置にある点Pの電界を考える．

点Pの座標 $\boldsymbol{r}$ は $(0, 0, z)$，リング状の微小円弧 dl' の座標 $\boldsymbol{r}'$ は $(a\cos\theta, a\sin\theta, 0)$ である．また，$dl' = a\,d\theta$ である．

したがって，求める電界は

$$
\begin{aligned}
\boldsymbol{E}(\boldsymbol{r}) &= \frac{1}{4\pi\varepsilon_0}\oint_{\mathrm{C}} \frac{\lambda(\boldsymbol{r}')(\boldsymbol{r}-\boldsymbol{r}')}{|\boldsymbol{r}-\boldsymbol{r}'|^3}\,dl' \\
&= \frac{\lambda}{4\pi\varepsilon_0}\int_0^{2\pi} \frac{-a(\cos\theta\,\boldsymbol{i}+\sin\theta\,\boldsymbol{j})+z\boldsymbol{k}}{(a^2+z^2)^{3/2}}\,a\,d\theta \\
&= \frac{\lambda a}{4\pi\varepsilon_0(a^2+z^2)^{3/2}}\left\{-\boldsymbol{i}\int_0^{2\pi} a\cos\theta\,d\theta - \boldsymbol{j}\int_0^{2\pi} a\sin\theta\,d\theta + z\boldsymbol{k}\int_0^{2\pi} d\theta\right\} \\
&= \frac{\lambda a z}{2\varepsilon_0(a^2+z^2)^{3/2}}\,\boldsymbol{k}
\end{aligned}
$$

となる．すなわち，

$$
\boldsymbol{E}(0, 0, z) = \left(0,\ 0,\ \frac{\lambda a z}{2\varepsilon_0(a^2+z^2)^{3/2}}\right) \qquad (2.23)
$$

である．

（3）　球面電荷

面電荷密度が σ[C/m^2] である一様な半径 a の球がある．これを**球面電荷**（sphere surface charge）という．図 2.12 のように座標を定め，球表面に幅が $a\,d\theta$，半径が $a\sin\theta$ のリングを考える．この部分の面電荷が，z 軸上で中心から r の距離の点 P に作る電界 dE は，前問のリング電荷が作る電界の式

$$E_z = \frac{\lambda a z}{2\varepsilon_0 (a^2 + z^2)^{3/2}} \tag{2.24}$$

に対して

$$\lambda \rightarrow \sigma a\, d\theta, \qquad a \rightarrow a \sin\theta, \qquad z \rightarrow r - a\cos\theta$$

のおきかえを行えばよい．

すなわち，

$$dE = \frac{\sigma a^2 \sin\theta (r - a\cos\theta)}{2\varepsilon_0 (a^2 + r^2 - 2ar\cos\theta)^{3/2}}\, d\theta \tag{2.25}$$

となり，点 P の電界は上式を $\theta = 0$ から π まで積分すれば良い．ここで，変数 θ に関して次のように変数変換を行う．

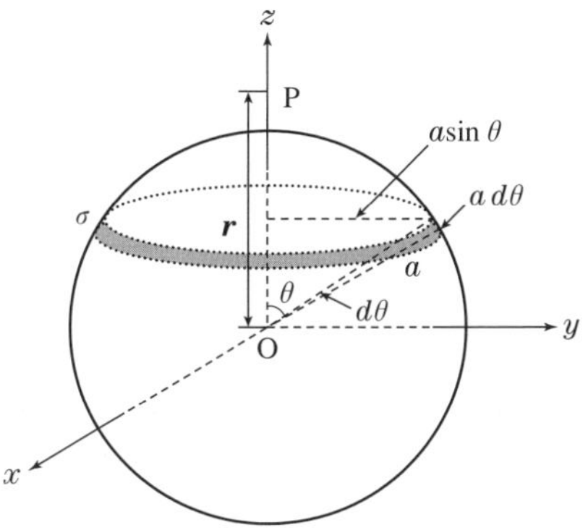

図 2.12　球面電荷による電界

$$\left.\begin{aligned} a^2 + r^2 - 2ar\cos\theta = u \\ 2ar\sin\theta\, d\theta = du \end{aligned}\right\} \tag{2.26}$$

このとき，u の積分範囲は $(a-r)^2$ から $(a+r)^2$ となる．また，

$$r - a\cos\theta = r + \frac{u - a^2 - r^2}{2r} = \frac{u + r^2 - a^2}{2r}$$

である．

したがって，点Pの電界 E は

$$E = \int_0^\pi \frac{\sigma a^2 \sin\theta(r - a\cos\theta)}{2\varepsilon_0(a^2 + r^2 - 2ar\cos\theta)^{3/2}}\, d\theta = \frac{\sigma a^2}{2\varepsilon_0}\int_{(a-r)^2}^{(a+r)^2} \frac{1}{u^{3/2}}\frac{du}{2ar}\frac{u - r^2 - a^2}{2r}$$

$$= \frac{\sigma a}{8\varepsilon_0 r^2}\int_{(a-r)^2}^{(a+r)^2} \frac{u + r^2 - a^2}{u^{3/2}}\, du = \frac{\sigma a}{4\varepsilon_0 r^2}\left[u^{1/2} + (a^2 - r^2)u^{-1/2}\right]_{(a-r)^2}^{(a+r)^2}$$

$$= \frac{\sigma a}{4\varepsilon_0 r^2}\left[(a+r) + (a-r) - |a-r| - \frac{a^2 - r^2}{|a-r|}\right]$$

$$= \frac{\sigma a}{4\varepsilon_0 r^2}\left[2a - |a-r| - \frac{a^2 - r^2}{|a-r|}\right] \tag{2.27}$$

が得られる．

点Pが球の外部にあるときは $a - r < 0$ であるので，

$$E = \frac{\sigma a}{4\varepsilon_0 r^2}[2a + (a-r) + (a+r)] = \frac{\sigma a^2}{\varepsilon_0 r^2} \tag{2.28}$$

となる．全電荷量を Q とすると $Q = 4\pi a^2\sigma$ であるので

$$E = \frac{Q}{4\pi\varepsilon_0 r^2} \tag{2.29}$$

となる．これは球の中心に点電荷 Q があると考えたときの電界に等しい．

一方，点Pが球の内部にあるときは $a - r > 0$ であるので

$$E = \frac{\sigma a}{4\varepsilon_0 r^2}[2a - (a-r) - (a+r)] = 0 \tag{2.30}$$

となる．すなわち，球の内部には電界が生じない．

2.5.4 電界に対する重ねの理

電界は単位電荷にはたらく力で定義されるので，連続的に分布した電荷が存在する場合の電界は，クーロン力と同様に重ねの理で計算できる．例えば n 個の点電荷に加えて，線電荷密度 λ の曲線電荷，面電荷密度 σ の面電荷，体積電荷密度 ρ の体積電荷がそれぞれ位置の関数として，真空中の空間に分布しているとき，任意の点における電界は，その位置に単位電荷を置いたときにはたらく力に対する重ねの理により，これらのベクトル和となる．

すなわち，

$$
\begin{aligned}
\boldsymbol{E}(\boldsymbol{r}) &= \boldsymbol{E}_{\mathrm{Q}} + \boldsymbol{E}_{\lambda} + \boldsymbol{E}_{\sigma} + \boldsymbol{E}_{\rho} \\
&= \frac{1}{4\pi\varepsilon_0}\left(\sum_{i=1}^{n} Q_i(\boldsymbol{r}_i{}')\frac{\boldsymbol{r}-\boldsymbol{r}_i{}'}{|\boldsymbol{r}-\boldsymbol{r}_i{}'|^3} + \int_{\mathrm{C}}\lambda(\boldsymbol{r}')\frac{\boldsymbol{r}-\boldsymbol{r}'}{|\boldsymbol{r}-\boldsymbol{r}'|^3}\,dl\right. \\
&\qquad \left. + \int_{\mathrm{S}}\sigma(\boldsymbol{r}')\frac{\boldsymbol{r}-\boldsymbol{r}'}{|\boldsymbol{r}-\boldsymbol{r}'|^3}\,dS + \int_{\mathrm{V}}\rho(\boldsymbol{r}')\frac{\boldsymbol{r}-\boldsymbol{r}'}{|\boldsymbol{r}-\boldsymbol{r}'|^3}\,dv\right) \quad [\mathrm{V/m}]
\end{aligned}
\tag{2.31}
$$

となる．ただし右辺の各項は，左側から順に n 個の点電荷，線電荷，面電荷，体積電荷による電界である．点電荷による電界は前節で述べたが，それ以外の電荷による電界は，計算する際に電荷の位置 $\boldsymbol{r}'$ と計算する位置 $\boldsymbol{r}$ との位置関係に注意する必要がある．

2.6 電気力線

電界の様子を視覚的に理解するのに便利なものとして，**電気力線** (line of electric force) がある．電気力線は，電界の向きを滑らかに結んだ連続曲線であり，次の性質がある．

(1) 電気力線は正電荷から出て負電荷に集まる．

(2) 電気力線を表す曲線上のある1点における接線の方向は，その点における電界の向きに等しい．したがって，電気力線が交わることはない．

（3） 曲線の密度は電界の強さに比例し，電界 1[V/m] のところで 1 本/m^2 とする．これは後述するガウスの法則により，Q[C] の電荷から Q/ε_0 本の電気力線が出ることに対応する．

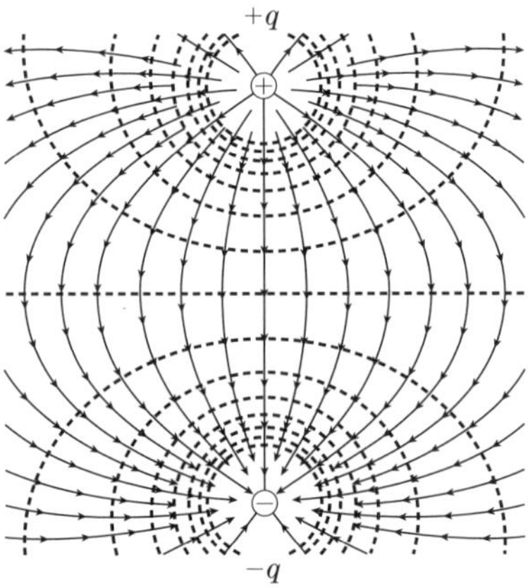

図 2.13　正負の点電荷による電気力線

図 2.13 に正負の点電荷による電気力線の様子を実線で示す．同図の破線は 3.4 節で述べる等電位線である．

電気力線と電気力線との間にはお互いに反発力がはたらいており，できるだけ外側に広がろうとする性質がある．

電気力線は電荷のない場所から突然出てきたり，急に折れ曲がったりすることはない．したがって，電気力線の密度の濃淡により電界の強弱を可視化できるので便利である．また，電気力線を流体の速度場における流線に対応させると，正電荷の位置から流体が湧き出し，負電荷の位置で吸い込まれていく，と見なすこともできる．

電気力線上の任意の位置を $\boldsymbol{r}$ とすると，電気力線上の線要素 $d\boldsymbol{r}$ は電気力線の性質により電界の方向と一致する．すなわち，$d\boldsymbol{r} \times \boldsymbol{E} = 0$ が常に成り立つ．また

$$\left.\begin{aligned} d\boldsymbol{r} &= \boldsymbol{i}\,dx + \boldsymbol{j}\,dy + \boldsymbol{k}\,dz \\ \boldsymbol{E} &= \boldsymbol{i}\,E_x + \boldsymbol{j}\,E_y + \boldsymbol{k}\,E_z \end{aligned}\right\} \tag{2.32}$$

と表されるので，次の微分方程式が成り立つ．

$$\frac{dx}{E_x} = \frac{dy}{E_y} = \frac{dz}{E_z} \tag{2.33}$$

この微分方程式を解くことにより電気力線が得られる．しかしながら，電

界を解析的に得られる形状は限られているため，一般の形状に対しては，数値的解法により電界と合わせて電気力線を計算することが行われる．

例題 2.4

原点に点電荷 Q があるとき，電気力線に対する微分方程式の解を求めよ．

解 点電荷が点 $\mathrm{P}(x, y, z)$ に作る電界の各成分は，(2.6) を参照して

$$E_x = \frac{Q}{4\pi\varepsilon_0}\frac{x}{r^3}, \qquad E_y = \frac{Q}{4\pi\varepsilon_0}\frac{y}{r^3}, \qquad E_z = \frac{Q}{4\pi\varepsilon_0}\frac{z}{r^3} \tag{2.34}$$

である．電気力線の微分方程式 (2.33) にこれらを代入すると，次式が得られる．

$$\frac{dx}{x} = \frac{dy}{y} = \frac{dz}{z} \tag{2.35}$$

この式の解の軌跡は，図 2.14 に示すように原点と計算点 (x, y, z) とを結ぶ直線ベクトルの延長線である．すなわち，原点を中心として放射状に伸びる直線が電気力線となる．

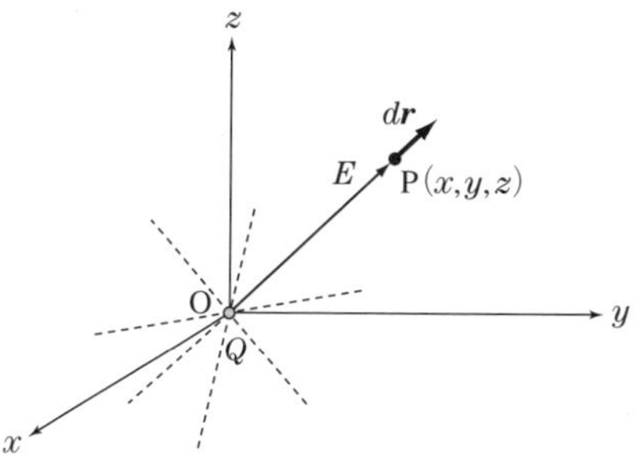

図 2.14 点電荷 Q による電気力線

2.7 ガウスの法則

2.7.1 電気力線の数

前節で述べた電気力線は,正電荷から出て負電荷に終わる連続曲線である.また,正電荷は電気力線の湧き出し,負電荷は吸い込みに対応している.さらに,電荷が存在する点を除いて電気力線が途中で途切れたり,交差したりすることはない.

図2.15（a）において,電界中の任意の面積要素 dS を考える.電界に垂直な単位面積を通過する電気力線の本数は電界の大きさに一致するので,電気力線に沿う管を考えてみる.これを**電気力管**（tube of electric force）,もしくは**電束管**（tube of electric flux density）という.また,電気力管の中にある電気力線を束ねたものを**電束**（electric flux,または**電気力線束**,line of electric flux density）という.面積要素に垂直な単位ベクトル（法線ベクトル）を $\boldsymbol{n}$,その点の電界を $\boldsymbol{E}$ とすると,電気力線の性質から面積要素を通る電気力線束 $d\phi_e$ は以下のようになる.

$$d\phi_e = \boldsymbol{E}\cdot\boldsymbol{n}\,dS \tag{2.36}$$

電気力線束は電界と法線ベクトルとの内積に面積要素を掛けたものであり,正であれば電気力線は面積要素の裏から表方向の向き,すなわち法線ベクトルと同じ向きになる.負であれば逆向きとなる.図2.15（b）に示した電気力管において,電気力線束の切り口と側面からなる閉曲面を考える.側面では電界の法線方向成分はないので,次式が成り立つ.

$$\int \boldsymbol{E}_0\cdot\boldsymbol{n}_0\,dS_0 = \int \boldsymbol{E}_1\cdot\boldsymbol{n}_1\,dS_1 = \int \boldsymbol{E}_2\cdot\boldsymbol{n}_2\,dS_2 \tag{2.37}$$

すなわち,電気力線束を切ったどの断面でも電気力線の数は一定である.対象とする範囲における電気力線の総数 ϕ_e は,対象とする部分の面積を S として S 面全体で積分することにより次式で与えられる.

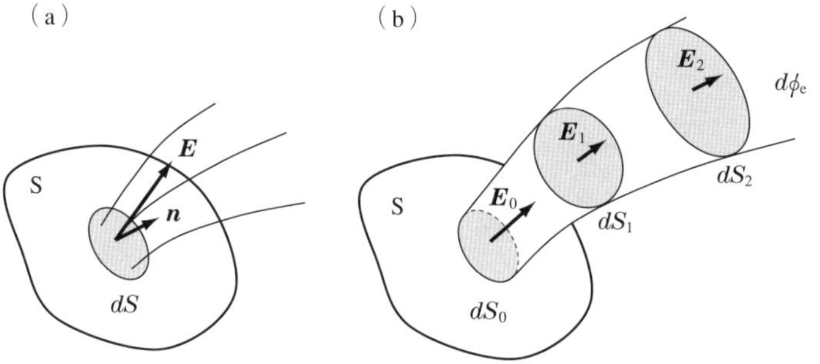

図 2.15　電気力線と電気力線束（電束）

$$\phi_e = \int_S d\phi_e = \int_S \boldsymbol{E}\cdot\boldsymbol{n}\,dS \tag{2.38}$$

ここで，電気力線の本数の決め方について考える．図 2.16(a)に示すように，点電荷が任意の閉曲面の内部にある場合と，図 2.16(b)に示すように任意の閉曲面の外部にある場合に分けて考える．

図 2.16(a)において，曲面上の任意の微小面積 dS から外向きに通過する電気力線の本数は，電気力線に垂直な面積要素が $\boldsymbol{n}\,dS$ であるので次式で表される．

$$d\phi_e = \boldsymbol{E}\cdot\boldsymbol{n}\,dS = \left(\frac{Q}{4\pi\varepsilon_0 r^3}\boldsymbol{r}\right)\cdot\boldsymbol{n}\,dS = \frac{Q}{4\pi\varepsilon_0}\left(\frac{\boldsymbol{r}\cdot\boldsymbol{n}}{r^3}\,dS\right) = \frac{Q}{4\pi\varepsilon_0}\,d\Omega \tag{2.39}$$

ここで，$d\Omega$ は微小立体角であり次式で定義される．

$$d\Omega = \frac{\boldsymbol{r}\cdot\boldsymbol{n}}{r^3}\,dS \tag{2.40}$$

したがって，閉曲面 S から出ていく電気力線の総本数は

$$\oint_S \boldsymbol{E}\cdot\boldsymbol{n}\,dS = \frac{Q}{4\pi\varepsilon_0}\oint_S d\Omega = \frac{Q}{4\pi\varepsilon_0}\cdot 4\pi = \frac{Q}{\varepsilon_0} \tag{2.41}$$

となる．

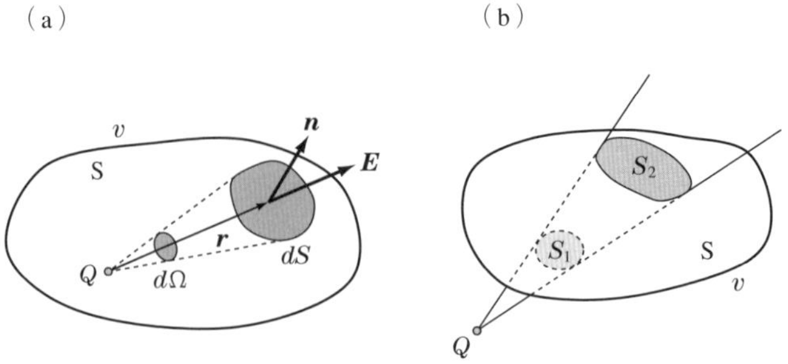

図 2.16　ガウスの法則.（a）閉曲面の内部にある点電荷，（b）閉曲面の外にある点電荷.

すなわち，Q[C] の電荷から Q/ε_0 本の電気力線が出ることになる．これを**ガウスの法則** (Gauss' law) という．n 個の電荷がある場合は，これらのすべての電荷を含む任意の閉曲面 S を考える．この場合，電気力線の数と電荷との間には，重ねの理により次の関係が成り立つ．

$$\int_S \boldsymbol{E}\cdot\boldsymbol{n}\,dS = \frac{1}{\varepsilon_0}\sum_{i=1}^{n} Q_i \tag{2.42}$$

上式は，任意の閉曲面 S を通って出て行く電気力線の数は，その閉曲面内に含まれる全電荷を誘電率で割ったものに等しいことを意味している．

クーロンの法則 (2.1) において，比例係数 k_e を $1/(4\pi\varepsilon_0)$ としたが，これは +1 C の電荷から 1 本の電束が出ることを意味する．したがって，真電荷 Q[C] からは Q 本の電束が発生する．また，面電荷密度 σ[C/m^2] からは単位面積当り σ 本の電束が発生する．すなわち，電気力線は電束を真空の誘電率 ε_0 で除した (電束/ε_0) 本発生する．したがって，電気力線の密度は電界の値と一致する．

一方，電荷が図 2.16(b) のように閉曲面の外にある場合は，電気力線の出入りがあり，その和は 0 である．なお閉曲面 S の内部には外の電荷による電界が生じる．もし閉曲面 S が導体の表面であれば，閉曲面内には電荷が存在しないので，ガウスの法則により導体内部には電界が生じない．

コラム　平面角と立体角

平面角（angle）：図 2.17 に示すように，中心が O である任意の円弧を半径 r が 1 である単位円に投影した場合，単位円が作る角度 θ を平面角という．半径 r，角度 θ の円弧の長さ l は $l = r\theta$ である．平面角の単位はラジアン［rad］である．

立体角（solid angle）：図 2.18 において，点 O から空間にある任意の閉曲面を眺めた場合に作られる錐体が，点 O を中心とする半径 1 の単位球によって切りとられる部分の面積を立体角という．面積要素 dS の法線 $\boldsymbol{n}$ と点 O からその面の中心 P を見た方向との角度を θ とすると，立体角 $d\Omega$ は次式で与えられる．

$$d\Omega = \frac{dS\cos\theta}{r^2} = \frac{\boldsymbol{r}\cdot\boldsymbol{n}dS}{r^3} \quad [\mathrm{sr}] \tag{2.43}$$

ここで $dS\cos\theta/r^2$ は，dS を底面とし O を頂点とする錐面が，O を中心とする単位半径の球面から切りとられる円錐の底面積に等しい．sr は立体角の単位であり，steradian（ステラジアン）の略である．単位球の立体角は単位球の表面積が $4\pi\cdot1^2$［m^2］であるから，次式のように 4π［sr］となる．

$$\oint_{\mathrm{S}} d\Omega = \oint \frac{\boldsymbol{r}\cdot d\boldsymbol{S}}{r^3} = 4\pi \quad [\mathrm{sr}] \tag{2.44}$$

円錐の底面の形が曲面でも凹凸面でも，円錐が単位球で切りとられる面の輪郭が同じであれば立体角は同じ値となる．

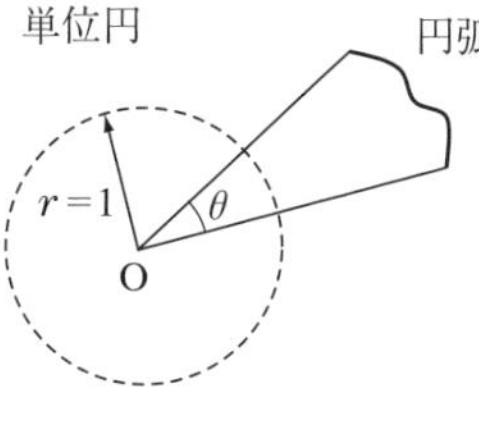

図 2.17　平面角

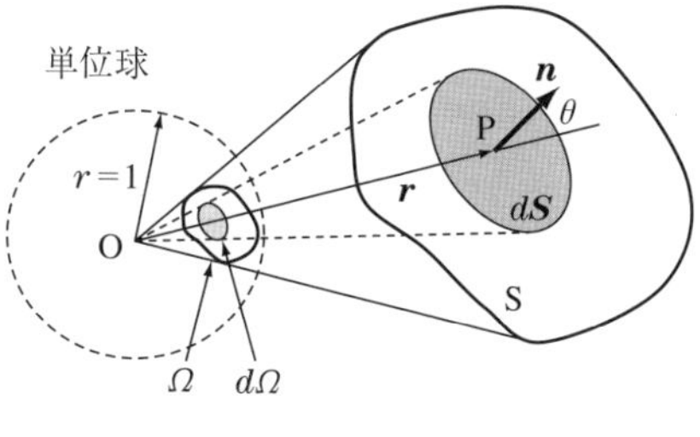

図 2.18　立体角

2.7.2　ガウスの法則を用いた電界計算

(1)　点電荷による電界

図 2.19 に示すように原点に点電荷 Q があるとき，ガウスの法則を用いて電界を求めてみる．

半径 r の閉曲面 S の表面積は $S = 4\pi r^2$ である．また，閉曲面 S から出ていく電気力線の総本数は，Q/ε_0 である．したがって (2.41) より，

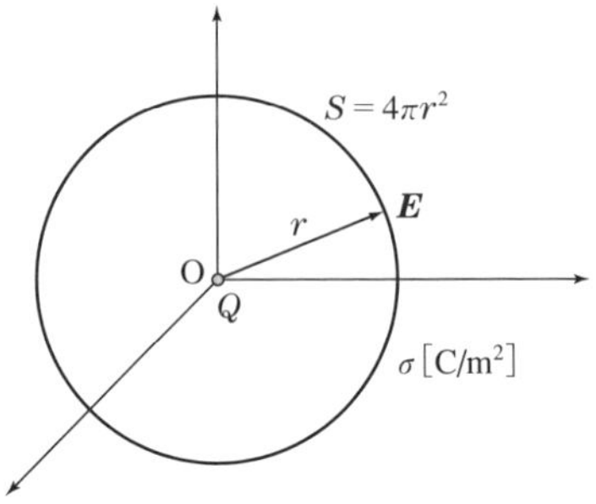

図 2.19　点電荷による電界

$$\oint_S \boldsymbol{E} \cdot \boldsymbol{n}\, dS = E \cdot 4\pi r^2 = \frac{Q}{\varepsilon_0} \qquad (2.45)$$

となる．式を変形し電界を求めると次式が得られる．

$$E = \frac{Q}{4\pi\varepsilon_0 r^2} \quad [\mathrm{V/m}] \qquad (2.46)$$

この式は，表面電荷密度 σ[C/m^2] かつ半径 r の球電極が有する全電荷 $Q = 4\pi r^2\sigma$[C] の電界と，原点に点電荷 Q として存在する場合の電界が等しいことを示している．

(2)　無限長直線電荷による電界

図 2.20 に示すように中心線に沿って，一様な線電荷密度 λ[C/m] をもつ無限長直線電荷があるとき，直線電荷を中心軸として半径 r の位置における

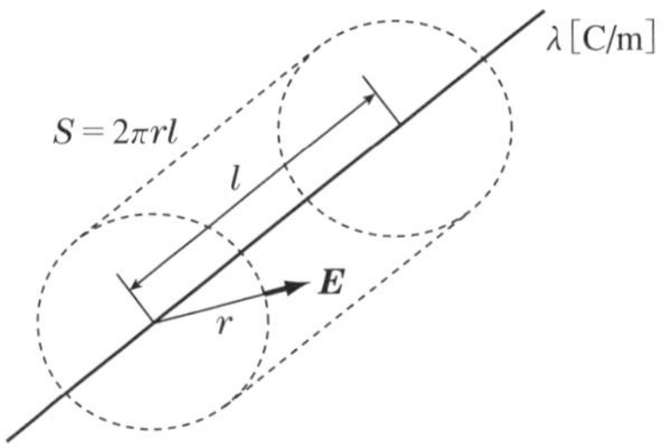

図 2.20　無限長線電荷による電界

電界をガウスの法則から考えてみる．

電界は中心線に対して対称であるから，半径 r の円筒の側面における電界を求めれば良い．半径 r，長さ l の円筒における側面の閉曲面 S の表面積は $2\pi rl$ である．また，閉曲面 S から出ていく電気力線の総本数は $\lambda l/\varepsilon_0$ である．

したがって (2.41) より，

$$\oint_S \boldsymbol{E}\cdot\boldsymbol{n}\,dS = E\cdot 2\pi rl = \frac{\lambda l}{\varepsilon_0} \tag{2.47}$$

となる．すなわち，電界は次のようになる．

$$E = \frac{\lambda}{2\pi\varepsilon_0 r}\quad [\mathrm{V/m}] \tag{2.48}$$

（3）　**面電荷による電界**

薄い無限平板に，単位面積当り σ [C/ m^2] の面電荷が一様に分布しているときの電界を考える．

図 2.21 に示すように平板を挟んで上下対称な円筒面 S を考え，これにガウスの法則を適用する．電気力線は平板に対して垂直に出る．円筒の側面の面積を S_1，平板に平行な両底面の面積を S_2, S_3 とする．円筒の側面 $\mathrm{S_1}$ では電気力線と法線は垂直であるので $\boldsymbol{E}\cdot\boldsymbol{n} = 0$ である．また，両底面 $\mathrm{S_2}$, $\mathrm{S_3}$ では $\boldsymbol{E}\cdot\boldsymbol{n} = E =$ 一定である．

ガウスの法則より

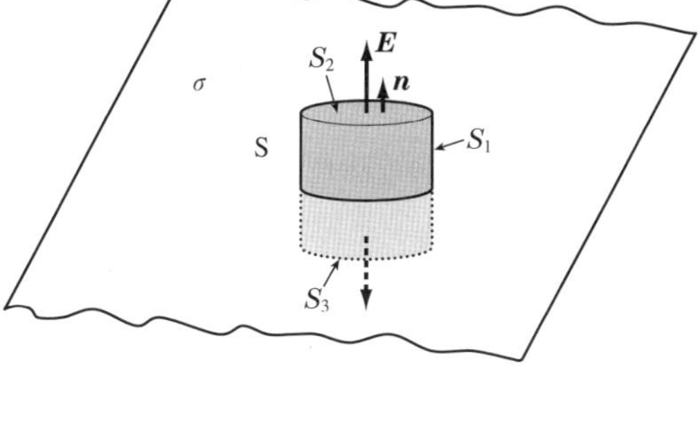

図 2.21　面電荷による電界

$$\int_S \boldsymbol{E}\cdot\boldsymbol{n}\,dS = \int_{S_2}\boldsymbol{E}\cdot\boldsymbol{n}\,dS + \int_{S_3}\boldsymbol{E}\cdot\boldsymbol{n}\,dS = E\left(\int_{S_2} dS + \int_{S_3} dS\right) = E\cdot 2S_2 \tag{2.49}$$

となる．一方，円筒面内に含まれる電荷は $Q=\sigma S_2$ である．

したがって，

$$\int_S \boldsymbol{E}\cdot\boldsymbol{n}\,dS = E\cdot 2S_2 = \frac{\sigma S_2}{\varepsilon_0} \tag{2.50}$$

である．これより以下が得られる．

$$E = \frac{\sigma}{2\varepsilon_0}\quad [\mathrm{V/m}] \tag{2.51}$$

この場合の電界は平板からの距離に無関係であり，しかも場所によらず一定である．このような電界を**平等電界**（uniform electric field），または**一様電界**という．

例題 2.5

半頂角[†] θ の円錐の頂点 O から底面を見込んだときの立体角 Ω を求めよ．

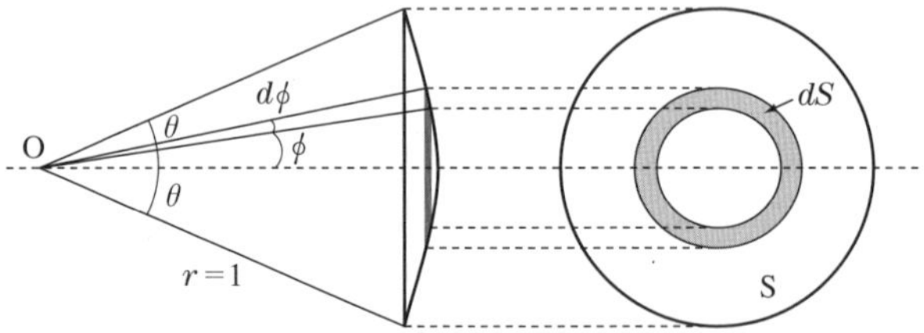

図 2.22　円錐による立体角

解　立体角は定義によって頂点を中心とする単位球面の面積に等しい．図 2.22 のように，ϕ と $\phi+d\phi$ の 2 つの円錐面により切りとられる円環状の面積要素 dS は

† 半頂角（half angle of right circular cone）とは円錐を投影したとき，円錐の側面と円錐の中心軸とがなす角度をいう．図 2.22 では，θ に当たる．

$2\pi \sin\phi \, d\phi$ となる．

したがって，立体角 Ω は

$$\Omega = \int_S dS = \int_0^\theta 2\pi \sin\phi \, d\phi = 2\pi(1 - \cos\theta) \quad [\mathrm{sr}] \tag{2.52}$$

となる．もし，$\theta = \pi$ であれば立体角 Ω は 4π [sr] となる．

コラム　ガウス

ガウス（Carl Friedrich Gauss，ドイツ語：Gauβ，ラテン語：Carolus Fridericus Gauss，1777－1855）はドイツの数学者，天文学者，物理学者である．研究内容は幅広く最小2乗法，正規分布，楕円関数，曲率などの数学や，電気磁気学にも彼の名がついた法則や手法が数多く存在する．18～19世紀最大の数学者の1人である．

2．8　電気力線の発散密度

閉曲面Sから出ていく電気力線の総本数を表す (2.41) は，積分形式で与えられており，**ガウスの法則の積分形** (integral form for Gauss' law) ともいう．一方，積分形式は，以下のように空間内のある点について成り立つ微分形式に変換できる．まず，(2.41) にガウスの定理を適用し，面積分を体積積分に変換する．すなわち，

$$\oint_S \boldsymbol{E} \cdot \boldsymbol{n} \, dS = \int_V \operatorname{div} \boldsymbol{E} \, dv \tag{2.53}$$

となる．

次に，全電荷 Q が体積電荷密度 ρ で体積V内に分布しているとすれば，右辺の全電荷は次式で与えられる．

$$Q = \int_V \rho \, dv \tag{2.54}$$

したがって，(2.53) は (2.54) と (2.41) との関係より次式となる．

$$\int_V \left(\mathrm{div}\,\boldsymbol{E} - \frac{\rho}{\varepsilon_0}\right) dv = 0 \tag{2.55}$$

この式は，任意の体積 V について成り立つことから次式が得られる．

$$\mathrm{div}\,\boldsymbol{E} = \frac{\rho}{\varepsilon_0} \tag{2.56}$$

これは**ガウスの法則の微分形**（differential form for Gauss' law）であり，**電気力線の発散密度**（Gauss' divergence theorem）を意味している．もし電荷が存在しない場合は $\mathrm{div}\,\boldsymbol{E} = 0$ となる．この場合，電気力線は連続している．

ベクトル関数 $\boldsymbol{A}$ の発散 div の意味は「湧き出し」あるいは「吸い込み」であり，$\mathrm{div}\boldsymbol{A} = \lim_{\Delta v \to 0} \int_S \boldsymbol{A} \cdot \boldsymbol{n}\, dS/\Delta v$ で定義される．電界の値と電気力線の密度は一致することから，物理的に電気力線束の密度の発散として定義される．(2.56) において単位電荷に作用する力として定義される電界に対して，形式上「電界の発散」という用語を使うこともある．

例題 2.6

厚さが d の無限平板に，単位体積当り ρ[C/m³] の電荷が一様に分布しているとき，平板内部および外部の電界を求めよ．

解　図 2.23 に示すように直交座標軸をとる．電界は (2.56) のガウスの法則から計算できる．対称性により電界は x 成分のみとなる．電荷は無限平板内にのみ一様に分布すると仮定しているので，電荷の有無によりそれぞれ次のようになる．まず電荷がある場合には，ガウスの法則により次式が成り立つ．

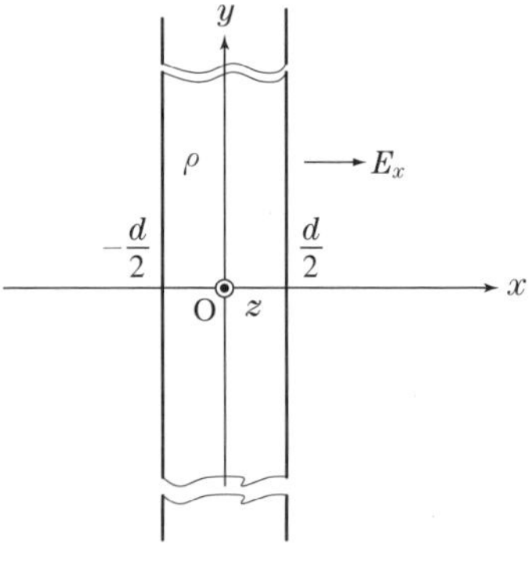

図 2.23　無限平板による電界

$$\frac{dE_x}{dx} = \frac{\rho}{\varepsilon_0} \quad \left(|x| \leq \frac{d}{2}\right) \tag{2.57}$$

また電荷がない領域に対しては，ガウスの法則より

$$\frac{dE_x}{dx} = 0 \quad \left(|x| > \frac{d}{2}\right) \tag{2.58}$$

が成り立つ．

E_x は，これを積分することにより求まる．

$$E_x = \int_0^x \frac{\rho}{\varepsilon_0} dx = \frac{\rho}{\varepsilon_0} x \quad \left(|x| \leq \frac{d}{2}\right) \tag{2.59a}$$

$|x| > d/2$ では，2.7.2 項の（3）で述べたように一様電界となる．すなわち，

$$E_x = 一定 = \begin{cases} \dfrac{\rho}{2\varepsilon_0} d & \left(x > \dfrac{d}{2}\right) \\ -\dfrac{\rho}{2\varepsilon_0} d & \left(x < -\dfrac{d}{2}\right) \end{cases} \tag{2.59b}$$

となる．

例題 2.7

半径 a の無限長円柱に，単位長さ当り λ の電荷が一様に分布している．円柱の内部および外部の電界および電束密度の発散を求めよ．

解　図 2.24 に示すように，円柱の中心軸を z 軸とする直交座標系をとると，電界は x 成分と y 成分だけの 2 次元場になる．円柱内では電荷が一様に分布していると仮定すると，電荷量は断面積に比例する．すなわち $r < a$ では電荷が $\lambda(r^2/a^2)$ となる．また円柱外では，電荷量が単位長さ当り λ となる．さらに，電界の方向は単位ベクトルと同じく $\boldsymbol{r}/r$ であり，電界はガウスの法則よりその大きさが $\lambda/2\pi\varepsilon_0 r$ であるから次のようになる．

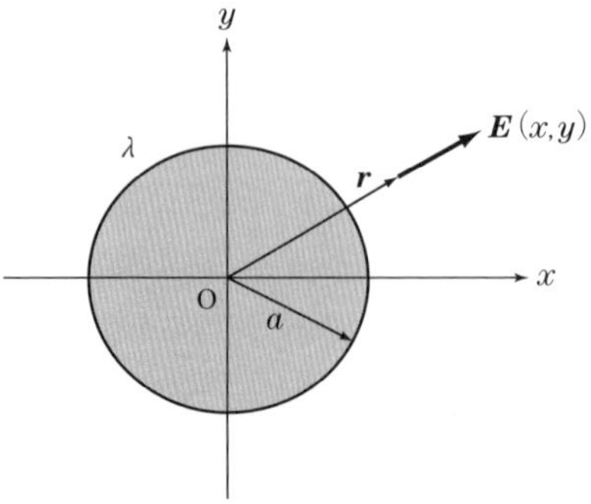

図 2.24　無限長円柱電荷による電束密度の発散

$$\boldsymbol{E}(x,\ y)=\begin{cases}\dfrac{\lambda}{2\pi\varepsilon_0 r}\left(\dfrac{\boldsymbol{r}}{r}\right)=\dfrac{\lambda(x\boldsymbol{i}+y\boldsymbol{j})}{2\pi\varepsilon_0 r^2} & (r>a)\\[2ex] \dfrac{\lambda r}{2\pi\varepsilon_0 a^2}\left(\dfrac{\boldsymbol{r}}{r}\right)=\dfrac{\lambda(x\boldsymbol{i}+y\boldsymbol{j})}{2\pi\varepsilon_0 a^2} & (r<a)\end{cases} \tag{2.60}$$

したがって，$r>a$ では，

$$\mathrm{div}\,\boldsymbol{E}=\frac{\partial E_x}{\partial x}+\frac{\partial E_y}{\partial y}=\frac{\lambda}{2\pi\varepsilon_0}\left[\frac{\partial}{\partial x}\left(\frac{x}{x^2+y^2}\right)+\frac{\partial}{\partial y}\left(\frac{y}{x^2+y^2}\right)\right]=0 \tag{2.61}$$

となる．また $r<a$ で

$$\mathrm{div}\,\boldsymbol{E}=\frac{\partial E_x}{\partial x}+\frac{\partial E_y}{\partial y}=\frac{\lambda}{2\pi\varepsilon_0 a^2}\left(\frac{\partial x}{\partial x}+\frac{\partial y}{\partial y}\right)=\frac{\lambda}{\pi\varepsilon_0 a^2} \tag{2.62}$$

が得られる．

ここで，体積電荷密度 $\rho=\lambda/\pi a^2$ を用いると

$$\mathrm{div}\,\boldsymbol{E}=\frac{\rho}{\varepsilon_0}\quad[\mathrm{V/m^2}] \tag{2.63}$$

となる．

2.9 電界の位置変化と時間変化

無限に大きな2枚の平行平板に，直流電圧を印加した場合には，電界の分布の形が平板からの距離や場所によらず一定となる．このような電界を一様電界，または平等電界という．

これに対して，無限に大きな平板以外の電極では，電界の大きさが電極の形状や位置によって異なり一様にはならない．

また，真空中に存在する電荷が静止しており，かつ時間的な変化もない場合，ある点の電界は常に一定であり位置的な変化や時間的な変化はない．このような電界を**静電界**（electrostatic field）という．

印加される電圧が直流以外の場合には，電界は波動として導体や空間を伝搬する．空間の大きさが波の伝搬する距離（速度 × 時間）と比較して大きい場合には，電界の大きさは場所の他に，波に含まれる周波数成分の影響を受けるため，静電界とはならず位置と時間の関数となる．

波動現象であっても，対象とする機器や空間の大きさが波長に比べて十分に小さい場合には電磁界の分布を一様と見なすことができ，静電界に準じた取扱いがなされる．このような場を準静電界とよぶことがある．電気回路学では，電磁界を集中定数回路または分布定数回路で近似することにより解析が行われる．

第2章のまとめ

・電荷：物質がもつ電気量で，あらゆる電気と磁気の根源になっている．（2.1節）

・クーロン力：同極性の電荷間には反発力がはたらき，異極性の電荷間には引力がはたらく．（2.1節）

・クーロンの法則：2 個の電荷間には電荷の積に比例し，逆 2 乗則に従う力がはたらく．(2.1 節)

・電界：空間の電気的状態を表すもので，電界 $\boldsymbol{E}$ の中に電荷 q を置くと $\boldsymbol{F} = q\boldsymbol{E}$ の力がはたらく．(2.3 節)

・重ねの理（重ね合わせの原理）：任意の点におけるクーロン力や電界は，空間に存在する個々の電荷が作るこれらの物理量のベクトル和になっている．(2.2 節)，(2.4 節)，(2.5 節)

・電気力線：正電荷を出発点として，電界の向きに沿って負電荷に至る経路を滑らかに結んだ連続曲線である．電気力線の数は出発点の電荷の大きさに比例する．(2.6 節)

・電気力管（または電束管）：電気力線に沿う細長い管をいい，この中に含まれる電気力線を電気力線束（または電束）という．(2.7 節)

・ガウスの法則：クーロンの法則から導かれ，Q [C] の電荷から，Q/ε_0 本の電気力線が出る．(2.7 節)

・ガウスの法則を用いると，一様な電荷密度をもつ線電荷，リング電荷，面電荷，球面電荷による電界を解析的に計算できる．(2.7 節)

章末問題

【2.1】 x 軸上に，2 個の点電荷が原点の両側に距離 d 離れて置かれている．電荷がどちらも Q であるとき，点 P (x, y, z) の電界を求めよ．(2.4 節)

【2.2】 体積電荷密度 ρ [C/m^3] の電荷が半径 a の球状に分布している．球内外の電界を求めよ．(2.8 節)

【2.3】 真空中に半径 a の薄い円板電極がある．円板の表面に，表面電荷密度 σ [C/m^2] を有する均一な電荷が分布していると仮定する．円板の中心から垂直方向に距離 d 離れた点に点電荷 Q を置いたとき，点電荷にはた

らく力を求めよ．(2.1節)，(2.7節)

【2.4】 2.5.2 項の（2）に示したように，リング電荷による z 軸上の電界は次式で与えられる．

$$E_z = \frac{\lambda a}{2\varepsilon_0} \frac{z}{(a^2 + z^2)^{3/2}}$$

z 軸上の電界が最大となる位置とその値を求めよ．(2.5節)

【2.5】 ベクトル関数が $\boldsymbol{A}(x, y, z) = (x^2y + xz)\boldsymbol{i} + (xy^3 + zy)\boldsymbol{j} + (yz^2 + x^2z)\boldsymbol{k}$ で与えられるとき，次の問いに答えよ．(2.8節)

（1） 点 P(x, y, z) における発散を求めよ．

（2） 点 P$(2, 1, 3)$ における発散を求めよ．

【2.6】 ベクトル関数が $\boldsymbol{A}(x, y, z) = \dfrac{1}{\sqrt{x^2 + y^2 + z^2}}(\boldsymbol{i} + \boldsymbol{j} + \boldsymbol{k})$ で与えられるとき，次の問いに答えよ．(2.8節)

（1） 点 P(x, y, z) における発散を求めよ．

（2） 点 P$(2, 1, 3)$ における発散を求めよ．

第3章 電位と仕事

学習目標

a) 電荷の位置エネルギー（ポテンシャル）として電位の概念を理解し，複数点電荷・連続電荷分布による電位が計算できる．
b) 電位と仕事との関係に習熟し，具体的な計算ができる．
c) 等電位線と電気力線を理解し説明できる．
d) 電気双極子を理解し説明できる．
e) ポアソンの式およびラプラスの式を理解し説明できる．

キーワード

電圧，電位，電位差，等電位線（面），電気力線，電気双極子，電気多重極子，電気2重層，ポアソンの式，ラプラスの式

3.1 電位と電位差

3.1.1 電位と仕事

電界 E 中の電荷 q には qE の力がはたらく．この力に逆らって，電荷 q を dl だけ動かすにはエネルギーが必要である．ここで，電荷 q の運動量の変化が無視できるように，非常にゆっくりかつ静かに動かす理想的な状態を仮定すると（これを準静的過程という），このとき，電荷になされた仕事（エネル

ギー) dW は次式で表される.

$$dW = -\boldsymbol{F}\cdot d\boldsymbol{l} = -q\boldsymbol{E}\cdot d\boldsymbol{l} \tag{3.1}$$

図3.1に示すように,曲線Cに沿ってこの電荷を点B ($\boldsymbol{r}_{\mathrm{B}}$) から点A ($\boldsymbol{r}_{\mathrm{A}}$) まで運ぶのに必要な仕事は,次式で与えられる.

$$W_{\mathrm{AB}} = -\int_{\mathrm{B}}^{\mathrm{A}} q\boldsymbol{E}\cdot d\boldsymbol{l} = q\int_{\mathrm{A}}^{\mathrm{B}} \boldsymbol{E}\cdot d\boldsymbol{l}\quad [\mathrm{J}] \tag{3.2}$$

ここで,1個の点電荷が作る電界を考えてみる.点電荷 Q が原点Oにある場合の電界は (2.6) で与えられる.すなわち,次式が得られる.

$$W_{\mathrm{AB}} = q\int_{\mathrm{A}}^{\mathrm{B}} \boldsymbol{E}\cdot d\boldsymbol{l} = q\int_{r_{\mathrm{A}}}^{r_{\mathrm{B}}} \frac{Q\boldsymbol{r}}{4\pi\varepsilon_0 r^3}\, d\boldsymbol{l} \tag{3.3}$$

なお,位置ベクトル $\boldsymbol{r}$ と微小線分ベクトル $d\boldsymbol{l}$ との内積は,電界の向きが位置ベクトル $\boldsymbol{r}$ の方向と一致すること,ならびに線積分の方向が電界の向きと同じであるので $\boldsymbol{r}\cdot d\boldsymbol{l} = r\,dr$ となる.したがって,(3.3) は

$$W_{\mathrm{AB}} = q\int_{r_{\mathrm{A}}}^{r_{\mathrm{B}}} \frac{Q\boldsymbol{r}}{4\pi\varepsilon_0 r^3}\, d\boldsymbol{l} = q\int_{r_{\mathrm{A}}}^{r_{\mathrm{B}}} \frac{Qr\,dr}{4\pi\varepsilon_0 r^3} = q\int_{r_{\mathrm{A}}}^{r_{\mathrm{B}}} \frac{Q\,dr}{4\pi\varepsilon_0 r^2} = \frac{qQ}{4\pi\varepsilon_0}\left(\frac{1}{r_{\mathrm{A}}} - \frac{1}{r_{\mathrm{B}}}\right) \tag{3.4}$$

が得られる.なお,仕事 W_{AB} は原点からの距離だけの関数となり,途中の道筋Cによらない.

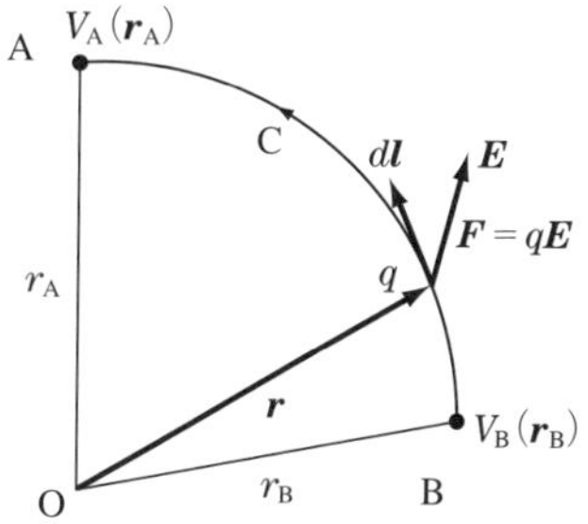

図3.1　2点間の電位差

特に,単位正電荷 +1C を点Bから点Aまで運ぶのに必要な仕事を,点Aの点Bに対する**電位差** (electric potential difference) あるいは**電圧** (voltage) という.これを式で表せば次のようになる.

$$V_{\mathrm{AB}} = -\int_{\mathrm{B}}^{\mathrm{A}} \boldsymbol{E}\cdot d\boldsymbol{l} = V_{\mathrm{A}} - V_{\mathrm{B}}\quad [\mathrm{V}] \tag{3.5}$$

単位はJ/Cであるが，これをV（ボルト）で表す．

また，点電荷Qから距離r離れた点の電圧$\phi(\boldsymbol{r})$は，無限遠の電圧を0とすると，単位電荷を無限遠から距離rまで移動させる場合のエネルギーである．よって，次式で与えられる．

$$\phi(\boldsymbol{r}) = -\int_{\infty}^{r} E\,dr = \frac{Q}{4\pi\varepsilon_0 r} \tag{3.6}$$

これを無限遠の基準電圧が0であるときの，位置$\boldsymbol{r}$における**電位**（electric potential）という．すなわち，点Aならびに点Bの電位はそれぞれ次式で与えられる．

$$V_{\mathrm{A}}(\boldsymbol{r}_{\mathrm{A}}) = -\int_{\infty}^{r_{\mathrm{A}}} E\,dr = \frac{Q}{4\pi\varepsilon_0 r_{\mathrm{A}}} \tag{3.7}$$

$$V_{\mathrm{B}}(\boldsymbol{r}_{\mathrm{B}}) = -\int_{\infty}^{r_{\mathrm{B}}} E\,dr = \frac{Q}{4\pi\varepsilon_0 r_{\mathrm{B}}} \tag{3.8}$$

このように，電位は位置のエネルギーに対応する物理量である．位置のエネルギーを**ポテンシャル**（potential）とよび，距離に反比例する電位を**クーロンポテンシャル**（Coulomb potential）とよぶこともある．

また微小な電荷Δqが，点Aと点Bとの電位差V_{AB}の下で得る仕事をΔWとしたとき，点Bから点Aの距離を限りなく微小とすることにより，その点における電位を次式で定義することもできる．

$$\phi(\boldsymbol{r}) = \lim_{\Delta q \to 0} \frac{\Delta W}{\Delta q} = \frac{dW}{dq} \tag{3.9}$$

したがって電位は，電荷がもつ位置エネルギーを単位電荷当りに直したものに等しい．なお，負の電荷である電子1個を，1Vの電位差がある位置まで電界の向きに沿って運ぶのに必要な仕事を1eVという．eVは電子ボルトまたはエレクトロンボルトという．すなわち，$1\,\mathrm{eV} = 1.60217 \times 10^{-19}\,\mathrm{J}$となる．このように，電荷が得たエネルギーは位置のエネルギー（ポテンシャルエネルギー）として蓄えられる．

なお，図 3.1 において点 A と点 B が一致した場合，これに必要な仕事は 0 となる．すなわち，任意の閉曲線 C に沿って一周する電界に関して次式が成り立つ．

$$\oint_{\mathrm{C}} \boldsymbol{E} \cdot d\boldsymbol{l} = 0 \tag{3.10}$$

このような性質をもつ場を**保存場** (conservative field) という．

ベクトル $\boldsymbol{E}$ の回転 (rotation) は，

$$(\mathrm{rot}\,\boldsymbol{E}) \cdot \boldsymbol{n} = \lim_{\Delta s \to 0} \frac{1}{\Delta s} \oint_{\Delta \mathrm{c}} \boldsymbol{E} \cdot d\boldsymbol{l} \tag{3.11}$$

で定義される．(3.10) が常に成立するためには，

$$\mathrm{rot}\,\boldsymbol{E} = 0 \tag{3.12}$$

である必要がある．(3.10) あるいは (3.12) は静電界に対して成り立つが，時間的に変化する電界では成り立たない．この式は，保存場を表す微分形の式であると同時に，静電界が非回転場すなわち渦なしの界 (場) であり，かつ保存場であることを意味している．

3.1.2　同軸円筒導体間の電界と電位

図 3.2 に示すように，内部導体の外半径を a，外部導体の内半径を b，内外導体間の誘電率を ε_0 とする同軸円筒導体がある．

内部導体に蓄えられている電荷を単位長さ当り λ[C/m] とすると，電気力

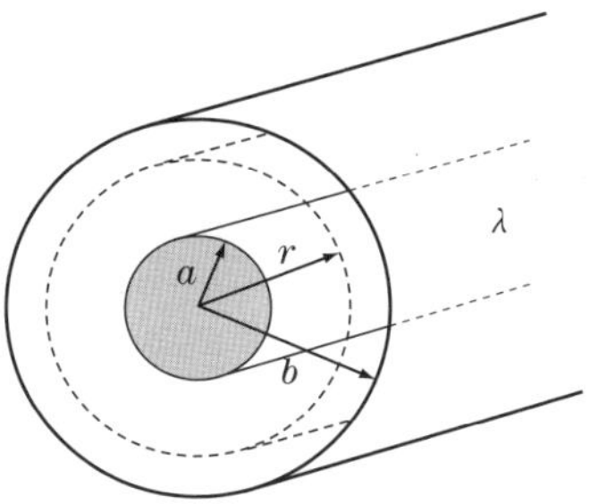

図 3.2　同軸円筒導体

線はガウスの法則から半径 r の仮想円筒の側面を均一に貫通するので，半径方向の電界 E_r について次式が成り立つ．

$$\oint_S E_r\, dS = E_r \times (2\pi r \times 1) = \frac{\lambda}{\varepsilon_0}$$

これより電界は次式で計算できる．

$$E_r = \frac{\lambda}{2\pi\varepsilon_0 r} \quad [\mathrm{V/m}] \tag{3.13}$$

電位差 V は電界を半径 r について，a から b まで積分したものであるから

$$V = \int_a^b E_r\, dr = \int_a^b \frac{\lambda}{2\pi\varepsilon_0 r}\, dr = \left[\frac{\lambda}{2\pi\varepsilon_0}\ln r\right]_a^b = \frac{\lambda}{2\pi\varepsilon_0}(\ln b - \ln a) = \frac{\lambda}{2\pi\varepsilon_0}\ln\frac{b}{a} \tag{3.14}$$

となる．この式より，線電荷密度 λ は

$$\lambda = \frac{2\pi\varepsilon_0 V}{\ln(b/a)} \tag{3.15}$$

となる．

これを電界の式に代入すれば，半径 r の位置における電界は次式となる．

$$E_r = \frac{V}{r\ln(b/a)} \tag{3.16}$$

この式より，電界は r が小さいほど大きくなるので，最大値は $r = a$ のときである．すなわち以下のようになる．

$$E_{\max} = \frac{V}{a\ln(b/a)} \tag{3.17}$$

次に，b を一定として $E_{\max}$ を最小にする a の値を求める．これは分母を最大にする a の値を求めることに等しい．すなわち，分母を a で微分し 0 となる a を求めればよい．

$$\frac{\partial}{\partial a}\left(a\ln\frac{b}{a}\right) = \frac{\partial}{\partial a}(a\ln b - a\ln a) = \ln b - \ln a - 1 = 0$$

これより $\ln(b/a) = 1$，$b = ae$ が得られる．また，$E_{\max} = V/a$ となる．ここで $e \approx 2.718$ である．

コラム　電位と位置エネルギー

図 3.3 に示すように電位が V [V] であり，かつ，静止している電荷 q は qV [J] のポテンシャルエネルギー（電気的な位置エネルギー）をもっている．また，質量 m の物体が高さ h に静止しているとき，この物体は mgh [J] の位置エネルギーをもっている．

電界は場所により変化するが，電界中に静止している電荷にはクーロン力がはたらく．したがって，電荷を電位 0 から電位 V まで持ち上げるのに必要な仕事量は $W_e = qV$ [J] である．

一方，海面から高さ h の斜面にある物体には，山の高さに関係なく一定の重力がはたらいている．質量 m の物体を高さ h まで持ち上げるのに必要な仕事量は，$W_h = mgh$ [J] となる．

このように，電気磁気学における「電位」と力学における「位置エネルギー」との間には，同じような関係が成り立つことがわかる．

なお，電位（電圧）の単位である「ボルト」は，(Il conte Alessandro Giuseppe Antonio Anastasio Volta, 1745 - 1827) の功績を称えてつけられた．

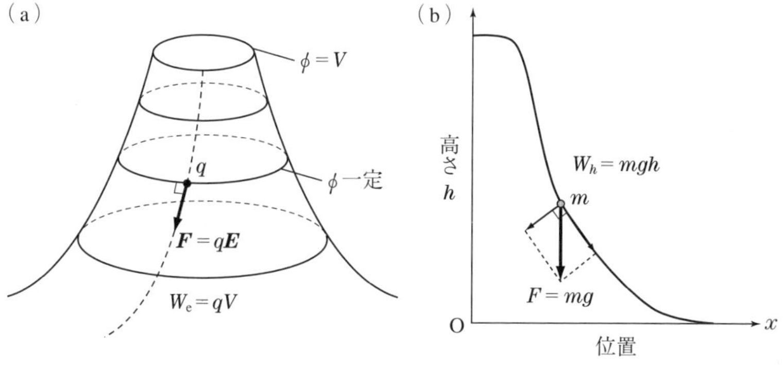

図 3.3　ポテンシャルエネルギー（位置エネルギー）の比較．（a）電荷によるポテンシャルエネルギー，（b）重力による位置エネルギー．

3.2 連続した電荷による電位

点電荷による電位は前述したように (3.6) で与えられる．電荷が連続して分布する場合の電界は 2.5 節で述べたが，電位についても重ねの理が成立する．例えば，n 個の点電荷が存在する場合は各点電荷が作る電位を加えれば良い．すなわち計算点 $\mathrm{P}(\boldsymbol{r})$ の電位 $\phi(\boldsymbol{r})$ は，電荷 Q_i と点 P との距離を r_i とすれば次式で計算できる．

$$\phi(\boldsymbol{r}) = \frac{1}{4\pi\varepsilon_0}\sum_{i=1}^{n}\frac{Q_i}{r_i} = \frac{1}{4\pi\varepsilon_0}\sum_{i=1}^{n}\frac{Q_i(\boldsymbol{r}_i)}{|\boldsymbol{r}-\boldsymbol{r}_i|} \tag{3.18}$$

また，線電荷密度 λ[C/m] の電荷が曲線 C 上に分布する場合，点 $\mathrm{P}(\boldsymbol{r})$ に作る電位 $\phi(\boldsymbol{r})$ は，線上に微小線分 dl' を考え，各微小線分の電荷 $\lambda(\boldsymbol{r}')dl'$ による電位を線全体で足し合わせたものになる．すなわち，次式で与えられる．

$$\phi(\boldsymbol{r}) = \frac{1}{4\pi\varepsilon_0}\int_{\mathrm{C}}\frac{\lambda(\boldsymbol{r}')}{|\boldsymbol{r}-\boldsymbol{r}'|}\,dl' \tag{3.19}$$

同様に，面電荷密度 σ[C/m^2] の面状電荷が領域 S に存在する場合は，位置 $\boldsymbol{r}'$ にある面に微小面積 dS' を考え，面電荷の $\sigma(\boldsymbol{r}')dS'$ が点 $\mathrm{P}(\boldsymbol{r})$ に作る電位を面全体の電荷に対して足し合わせればよい．すなわち，次式が得られる．

$$\phi(\boldsymbol{r}) = \frac{1}{4\pi\varepsilon_0}\int_{\mathrm{S}}\frac{\sigma(\boldsymbol{r}')}{|\boldsymbol{r}-\boldsymbol{r}'|}\,dS' \tag{3.20}$$

また，体積電荷密度 ρ[C/m^3] が体積 V の領域内に存在する場合は，位置 $\boldsymbol{r}'$ にある微小体積 dv' を考え，微小体積内の電荷 $\rho(\boldsymbol{r}')dv'$ が点 $\mathrm{P}(\boldsymbol{r})$ に作る電位について体積積分すればよい．すなわち，次式が得られる．

$$\phi(\boldsymbol{r}) = \frac{1}{4\pi\varepsilon_0}\int_{\mathrm{V}}\frac{\rho(\boldsymbol{r}')}{|\boldsymbol{r}-\boldsymbol{r}'|}\,dv' \tag{3.21}$$

なお，電位の定義式において，計算点が電荷に限りなく近づいた場合，電位すなわちエネルギーは無限大になってしまう．ある粒子に電荷を集めるために必要なエネルギーを自己エネルギーとよぶ．本来エネルギーには自己エネルギーも加えて考えるべきであるが，一方において自己エネルギーを粒子から取り出すことができない．このためこれを考慮する必要はないと考えられる．

3．3　電位の傾き（勾配）

ある点Pの電位を ϕ とし，点Pから x 方向に微小な長さ Δx だけ離れた点の電位 $\phi + \Delta\phi$ を考える．点Pにおける電界の x 方向成分を E_x とすると，電位の増加分 $\Delta\phi$ は電界の定義から

$$\Delta\phi = -E_x \Delta x$$

となる．ここで Δx を限りなく小さくとる．すなわち，次の式を計算する．

$$\lim_{\Delta x \to 0} \frac{\Delta\phi}{\Delta x} = \frac{\partial\phi}{\partial x} = -E_x \tag{3.22}$$

この式は電位の x 方向への勾配（傾き）を示す．$\partial\phi/\partial x$ は y, z 方向を変化させず，x 方向のみを変化させた場合の微係数で，ϕ を x で偏微分するという．同様に，y 方向，z 方向への傾きも求める．これらの傾きを各方向成分としてもつベクトルを，**電位の傾き**（勾配，potential gradient）または**電位傾度**とよぶ．これを grad ϕ（グラディエント ϕ）と書く．つまり，

$$\operatorname{grad}\phi = \boldsymbol{i}\frac{\partial\phi}{\partial x} + \boldsymbol{j}\frac{\partial\phi}{\partial y} + \boldsymbol{k}\frac{\partial\phi}{\partial z} \tag{3.23}$$

となる．

ここで，$\boldsymbol{i}, \boldsymbol{j}, \boldsymbol{k}$ はそれぞれ x, y, z 方向の単位ベクトルである．grad は，あるスカラ量に対して (3.23) のような演算を行ってベクトルを導く演算子である．電界は grad を用いて次のように書ける．

$$\boldsymbol{E} = -\operatorname{grad}\phi \tag{3.24}$$

この式は，(3.5) と対になるものである．すなわち，(3.5) は電界を積分したものが電位差であることを示している．これに対して，(3.24) は電位を偏

微分したものが電界になることを示している．このように，電界とは電圧（電位差）によって空間にできた「電位の勾配」といえる．

電界は，電位の高い方から低い方への向きを正としているので，(3.24) の右辺には負号がついている．

3.4 等電位面と電気力線

電位や電界の様子を視覚的に理解するのに便利なものとして，**等電位面** (equipotential surface) と**電気力線**がある．例を図 3.4 に示す．

等電位線 (equipotential line) は電位の等しい点を結んだ線であり，等電位面の断面である．これは位置エネルギーが等しい点を表しており，地図の等

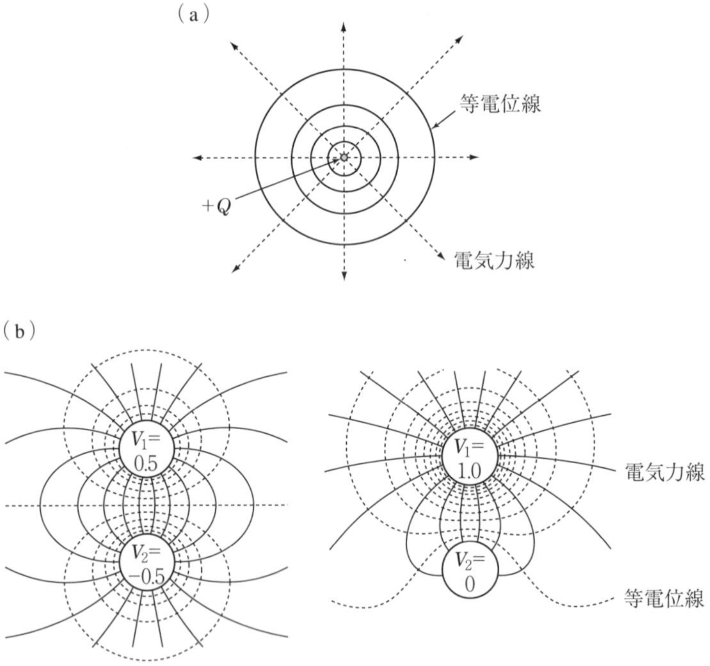

図 3.4　等電位線と電気力線．(a) 点電荷，(b) 2つの球電極．

高線に相当する．電気力線は電界の向きを滑らかに結んだ線であり，電気力線上のある1点における接線の方向は,その点における電界の向きに等しい．

図3.4（a）は，点電荷による等電位面が球面状に形成され，電気力線は放射状になっている様子の断面を示している．また，同図（b）は2つの球電極によるもので，同じ電位差であっても球電極の電位が異なると等電位線ならびに電気力線の形が異なることがわかる．この違いは，電位0の等電位面が無限遠の他に，図3.4（b）の左側では電極間の中央にあるが，同図右側では下側電極に位置することによる．

このように，等電位線と電気力線を描くと，両者は常に直交していることや，どちらも線の密度が高いところほど電位差または電界が大きいことが良くわかる．

なお，電気力線は電界の大きさを表すことができないが，電界ベクトルを用いると電界の大きさと向きの様子を知ることができる．

3. 5 電気双極子

図3.5に示すように，極めて短い距離 d [m] を隔てて置かれた，大きさが等しい正負の点電荷 $+q$[C], $-q$[C] の対を**電気双極子** (electric dipole) という．ここで，負の電荷から正の電荷に向かうベクトル $\boldsymbol{d}$ を用いて，次式のように**電気双極子モーメント** (electric dipole moment) を定義する．

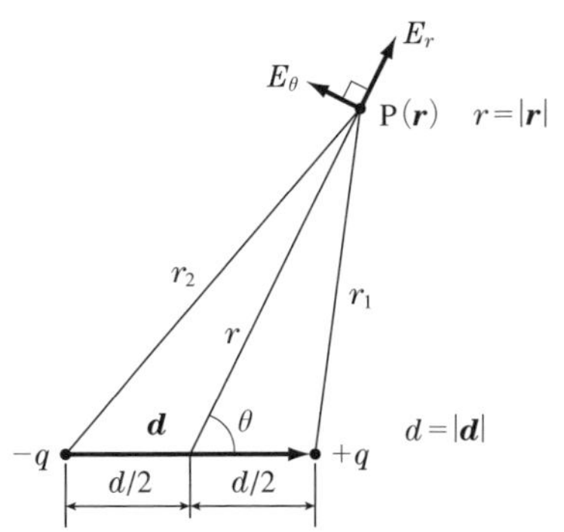

図3.5 電気双極子

$$\boldsymbol{p} = q\boldsymbol{d} \quad [\mathrm{Cm}] \tag{3.25}$$

点電荷が置かれた2点間の中心を原点とし，原点から電位を観測している位置Pに向かう位置ベクトルを$\boldsymbol{r}$とする球座標系を考える．また，点Pと正負電荷との距離をそれぞれr_1，r_2とする．点Pの電位は，正と負の電荷による電位の和となるので次式で与えられる．

$$\phi(\boldsymbol{r}) = \frac{1}{4\pi\varepsilon_0}\left(\frac{q}{r_1} - \frac{q}{r_2}\right) \tag{3.26}$$

ここで，$r = |\boldsymbol{r}|$とおき位置ベクトル$\boldsymbol{r}$と電気双極子のなす角をθとおくと，正の電荷と点Pとの距離r_1，ならびに負の電荷と点Pとの距離r_2は余弦定理により，それぞれ次式で与えられる．

$$r_1 = \sqrt{r^2 + \left(\frac{d}{2}\right)^2 - rd\cos\theta} \tag{3.27}$$

$$r_2 = \sqrt{r^2 + \left(\frac{d}{2}\right)^2 + rd\cos\theta} \tag{3.28}$$

これらの式を(3.26)に代入すると次式が得られる．

$$\phi(\boldsymbol{r}) = \frac{q}{4\pi\varepsilon_0 r}\left[\left\{1 - \frac{d}{r}\cos\theta + \left(\frac{d}{2r}\right)^2\right\}^{-1/2} - \left\{1 + \frac{d}{r}\cos\theta + \left(\frac{d}{2r}\right)^2\right\}^{-1/2}\right] \tag{3.29}$$

ここでテイラー展開式

$$(1 + x)^\alpha = 1 + \alpha x + \frac{\alpha(\alpha - 1)}{2!}x^2 + \cdots \tag{3.30}$$

を用いて，(3.29)を展開し3次の項以上を無視し，さらに，$r \gg d$と仮定すれば次式が成り立つ．

$$\begin{aligned}\phi(\boldsymbol{r}) &\approx \frac{q}{4\pi\varepsilon_0 r}\left[1 - \frac{1}{2}\left\{-\frac{d}{r}\cos\theta + \left(\frac{d}{2r}\right)^2\right\} - \left\{1 - \frac{1}{2}\left(\frac{d}{r}\cos\theta + \left(\frac{d}{2r}\right)^2\right)\right\}\right] \\ &= \frac{qd}{4\pi\varepsilon_0 r^2}\cos\theta = \frac{p}{4\pi\varepsilon_0 r^2}\cos\theta = \frac{1}{4\pi\varepsilon_0 r^2}\frac{\boldsymbol{r}}{r}\cdot\boldsymbol{p} = \frac{\boldsymbol{r}\cdot\boldsymbol{p}}{4\pi\varepsilon_0 r^3}\end{aligned} \tag{3.31}$$

すなわち，電気双極子による電位は次式で与えられる．

$$\phi(\boldsymbol{r}) = \frac{\boldsymbol{p} \cdot \boldsymbol{r}}{4\pi\varepsilon_0 r^3} = \frac{\boldsymbol{p}}{4\pi\varepsilon_0 r^2} \cdot \frac{\boldsymbol{r}}{r} \quad [\mathrm{V}] \tag{3.32}$$

点電荷による電位は，前述したように距離に反比例するが電気双極子の場合は距離の 2 乗に反比例する．

図 3.6 に示す球座標において，電気双極子が原点に z 軸方向を向いて位置するとき，電位を偏微分することにより，電界の r 方向と θ 方向成分は次のようになる．なお，φ 方向の電界成分は軸対称であるから 0 である．

$$E_r = -\frac{\partial \phi}{\partial r} = \frac{2p\cos\theta}{4\pi\varepsilon_0 r^3} = \frac{p\cos\theta}{2\pi\varepsilon_0 r^3} \tag{3.33}$$

$$E_\theta = -\frac{1}{r}\frac{\partial \phi}{\partial \theta} = \frac{p\sin\theta}{4\pi\varepsilon_0 r^3} \tag{3.34}$$

ここで (3.34)，すなわち電界の θ 成分 E_θ の計算において，r で割っている．この理由は，θ が $\Delta\theta$ 変化すると θ 方向の距離は $r\Delta\theta$ 変化するためである．

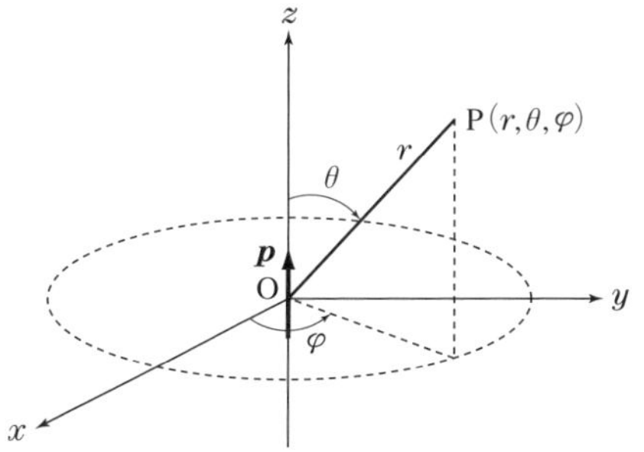

図 3.6　球座標表示による電気双極子

(3.32)，(3.33)，および (3.34) からわかるように，電気双極子による電位と電界は双極子モーメント $\boldsymbol{p} = q\boldsymbol{d}$ (電荷と距離の積) に比例する．また，電界は距離の 3 乗に反比例して減少する．したがって，電気双極子からの距離が大きくなるにつれて急速に電界が弱まる．

このような電気双極子モーメントを一様な電界 $\boldsymbol{E}$ 中に置くと，図 3.7 に

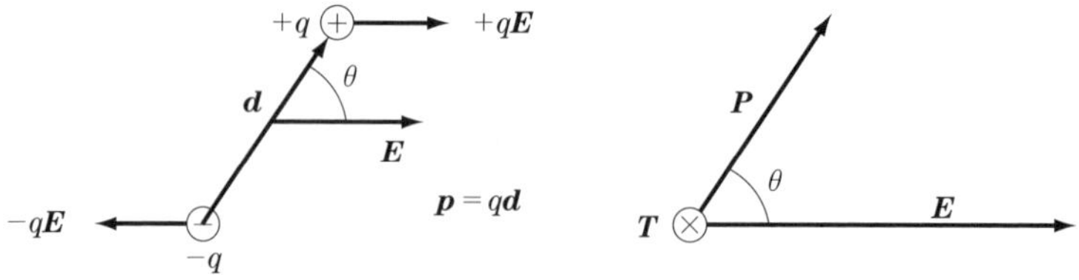

図 3.7　電気双極子にはたらくトルク

示すように回転力，いわゆる**トルク** (torque) T がはたらく．トルクの大きさは次式で与えられる．

$$\boldsymbol{T} = \boldsymbol{p} \times \boldsymbol{E} \quad [\mathrm{Nm}] \tag{3.35}$$

トルクは偶力のモーメントともいう．また，電界 $\boldsymbol{E}$ の中にある電気双極子 $\boldsymbol{p}$ がもつエネルギー U はそれぞれの電荷の位置エネルギーの和であり，次式で与えられる．

$$\begin{aligned} U(\boldsymbol{r}) &= +q\,\phi\left(\boldsymbol{r} + \frac{\boldsymbol{d}}{2}\right) - q\,\phi\left(\boldsymbol{r} - \frac{\boldsymbol{d}}{2}\right) \\ &= q\boldsymbol{d} \cdot \mathrm{grad}\,\phi = -\,\boldsymbol{p} \cdot \boldsymbol{E} \end{aligned} \tag{3.36}$$

図 3.7 において $\theta = 0$ である場合，すなわち双極子モーメントが電界と平行になる場合，エネルギーが最小となる．また，$\theta = \pi$ でエネルギーが最大となり，不安定な状態であることがわかる．

電気双極子は，物質の誘電特性や電磁波の発生メカニズムなどを考える上で大変重要である．

例えば，水素原子では正の水素イオン核と負の電子で構成されている．また，極性分子の一種である水 H_2O では，酸素原子の方が水素原子よりも電子を引きつける力が強い．このため酸素原子は負に，また水素原子は正に帯電する．これらは物質全体では電気的に中性を示すが，電荷が正と負のペアになって存在しているため，電界が加わると局所的に正と負の電荷の分布に偏りが生じる．このような状態は，電気双極子と見なすことにより理論的取り扱いが可能となる．

電気双極子について，積分形式のガウスの法則を適用すると積分領域内の電荷の総和は0であるので，一見，電位あるいは電界は0になるように思えるが，実はそうではないことがわかる．

3. 6　電気2重層

板状の薄い膜の表と裏の両面に，符号が異なる一様な面電荷が面電荷密度 $\pm\sigma$[C/m^2] で分布しているものを，**電気2重層** (electric double layer) という．電気2重層の厚みを t[m] とすると $\tau=\sigma t$ を電気2重層の強度とよぶ．τ を一定に保ったまま $t\to 0$ の極限をとると，電気双極子層となる．τ は単位面積当りの電気双極子に等しい．

電気双極子による電位は前述したように (3.32) で与えられるので，図3.8に示すように，電気双極子の向き $\boldsymbol{n}'$ を決めると電気双極子層が作る電位は次式で与えられる．

$$\phi(r)=\frac{\tau}{4\pi\varepsilon_0}\int_S\frac{\boldsymbol{r}-\boldsymbol{r}'}{|\boldsymbol{r}-\boldsymbol{r}'|^3}\boldsymbol{n}'\,dS' \tag{3.37}$$

ここで，点Pから面積要素 dS' を見た立体角 $d\Omega'$ は，

$$d\Omega'=\frac{\boldsymbol{r}-\boldsymbol{r}'}{|\boldsymbol{r}-\boldsymbol{r}'|^3}\boldsymbol{n}'\,dS' \tag{3.38}$$

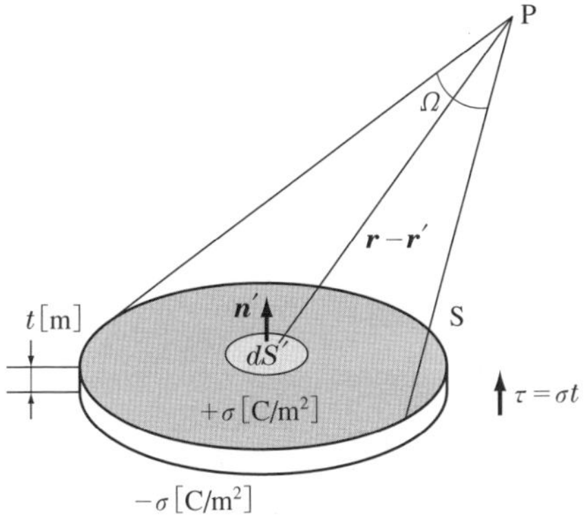

図3.8　電気2重層

であるから，電気２重層を見込む立体角を Ω[sr] とすると，点 P の電位 ϕ は次式で与えられる．

$$\phi(\boldsymbol{r}) = \frac{\tau}{4\pi\varepsilon_0}\Omega \quad [\mathrm{V}] \tag{3.39}$$

電気２重層は 1879 年にヘルムホルツ（Hermann Ludwig Ferdinand von Helmholtz, 1821 - 1894）が発見した現象で，電解液に導体を浸すと，導体と電解液の界面（interface）に電解液の溶媒１分子が並んだ薄い層が生じ，その外側の電解液に拡散層が広がる．この内層と外層をまとめて電気２重層とよぶ．

3.7 電気多重極子

図 3.9 に示すように，x 軸上において原点から距離 a の位置に正の電荷が，また y 軸上において，原点から距離 a の位置に負の電荷が交互に置かれている電荷配置を考える．これら４つの電荷は，お互いに逆方向を向いた２組の電気双極子と考えることができる．この場合の点 P の電位は，それぞれの電荷と点 P との距離を r_1, r_2, r_3, r_4 とすれば次式で与えられる．

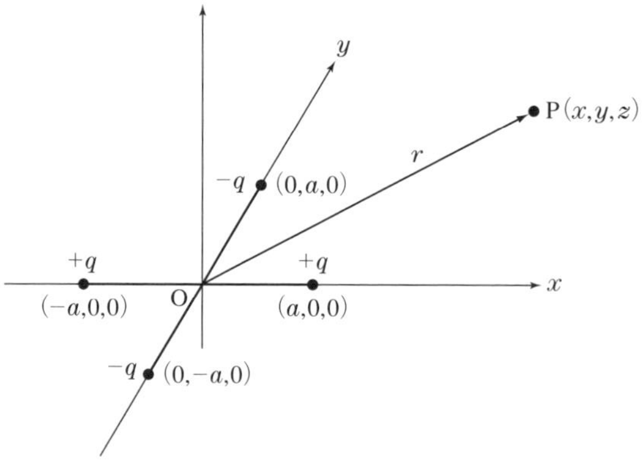

図 3.9　電気４重極子（$r \gg a$）．

$$\phi(\boldsymbol{r}) = \frac{q}{4\pi\varepsilon_0}\left(\frac{1}{r_1} - \frac{1}{r_2} + \frac{1}{r_3} - \frac{1}{r_4}\right) \tag{3.40}$$

ここで，

$$\left.\begin{aligned} r_1 &= \sqrt{(x-a)^2 + y^2 + z^2} \\ r_2 &= \sqrt{x^2 + (y-a)^2 + z^2} \\ r_3 &= \sqrt{(x+a)^2 + y^2 + z^2} \\ r_4 &= \sqrt{x^2 + (y+a)^2 + z^2} \end{aligned}\right\} \tag{3.41}$$

である．さらに $r = \sqrt{x^2 + y^2 + z^2}$ とおくと

$$\frac{1}{r_1} = \{(x^2 - 2ax + a^2) + y^2 + z^2\}^{-1/2} = \{x^2 + y^2 + z^2 + (-2ax + a^2)\}^{-1/2}$$

$$= \left\{r^2\left(1 + \frac{-2ax + a^2}{r^2}\right)\right\}^{-1/2} \tag{3.42}$$

であるので，電気双極子の場合と同様に，上式を多項式に展開し 2 次の微係数の項までとると次式が得られる．

$$\frac{1}{r_1} = \frac{1}{r}\left\{1 - \frac{1}{2}\left(\frac{-2ax + a^2}{r^2}\right) + \frac{-\frac{1}{2}\left(-\frac{1}{2} - 1\right)}{2\,!}\left(\frac{-2ax + a^2}{r^2}\right)^2 + \cdots\right\}$$

$$\approx \frac{1}{r}\left\{1 - \frac{1}{2}\left(\frac{-2ax + a^2}{r^2}\right) + \frac{3}{8}\left(\frac{4a^2x^2 - 4a^3x + a^4}{r^4}\right)\right\} \tag{3.43}$$

同様にして，次式を得る．

$$\frac{1}{r_2} \approx \frac{1}{r}\left\{1 - \frac{1}{2}\left(\frac{-2ay + a^2}{r^2}\right) + \frac{3}{8}\left(\frac{4a^2y^2 - 4a^3y + a^4}{r^4}\right)\right\} \tag{3.44}$$

$$\frac{1}{r_3} \approx \frac{1}{r}\left\{1 - \frac{1}{2}\left(\frac{2ax + a^2}{r^2}\right) + \frac{3}{8}\left(\frac{4a^2x^2 + 4a^3x + a^4}{r^4}\right)\right\} \tag{3.45}$$

$$\frac{1}{r_4} \approx \frac{1}{r}\left\{1 - \frac{1}{2}\left(\frac{2ay + a^2}{r^2}\right) + \frac{3}{8}\left(\frac{4a^2y^2 + 4a^3y + a^4}{r^4}\right)\right\} \tag{3.46}$$

これらの式を (3.40) に代入し，さらに $r=\sqrt{x^2+y^2+z^2}\gg a$ を仮定すると次式が得られる.

$$\phi(\boldsymbol{r})=\frac{q}{4\pi\varepsilon_0}\frac{3a^2(x^2-y^2)}{r^5}\quad[\mathrm{V}] \tag{3.47}$$

このように，向きが異なる2組の電気双極子がわずかに離れて存在する場合を，**電気4重極子** (electric quadrupole) という.

また図3.10のように，向きが異なる2組の電気4重極子がわずかに離れて存在する場合を，**電気8重極子** (electric octapole) という.

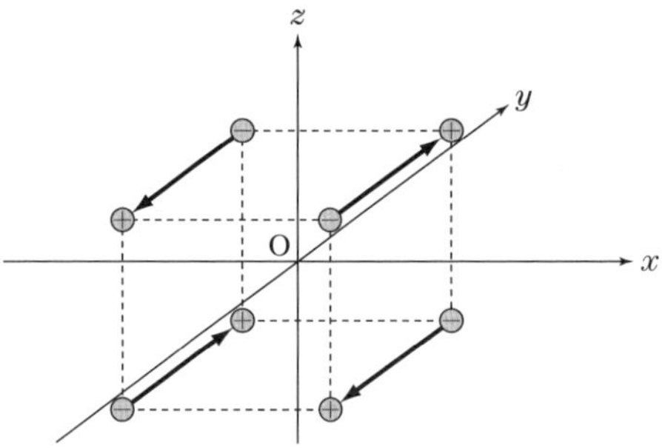

図3.10　電気8重極子

3.8　ポアソンの式とラプラスの式

これまで述べてきたように，電荷が体積密度 ρ[C/m^3] で分布している場において，ある点Pの近くの微小な体積 dv からは $\rho\,dv/\varepsilon_0$ の電気力線が出入りしている．単位体積では，任意の点から ρ/ε_0 本の電気力線が発生または消滅している.

すなわち，ガウスの法則により次式が成り立つ.

$$\int_S \boldsymbol{E}\cdot\boldsymbol{n}\,dS=\frac{1}{\varepsilon_0}\int_V \rho\,dv \tag{3.48}$$

左辺にガウスの定理を用いて微分形で表せば，次式となる.

$$\mathrm{div}\,\boldsymbol{E} = \frac{\rho}{\varepsilon_0} \tag{3.49}$$

一方，静電界は電位の勾配として表すことができ，かつ 3.1 節で述べたように，保存場であることから次式が成り立つ．

$$\boldsymbol{E} = -\mathrm{grad}\,\phi \tag{3.50}$$

$$\oint_{\mathrm{C}} \boldsymbol{E}\cdot d\boldsymbol{l} = 0 \tag{3.51}$$

電界が (3.50) で表されるとき，ベクトルの公式より次式が成立する．

$$\mathrm{rot}(\mathrm{grad}\,\phi) = 0 \tag{3.52}$$

ここで，(3.51) の回転はストークスの定理

$$\oint_{\mathrm{C}} \boldsymbol{E}\cdot d\boldsymbol{l} = \int_{\mathrm{S}} \mathrm{rot}\,\boldsymbol{E}\cdot\boldsymbol{n}\,dS \tag{3.53}$$

より $\mathrm{rot}\,\boldsymbol{E} = 0$ が自動的に満たされる．すなわち，(3.50) を (3.49) に代入することにより次式が成り立つ．

$$\mathrm{div}(\mathrm{grad}\,\phi) = -\frac{\rho}{\varepsilon_0} \tag{3.54}$$

これを**ポアソンの式** (Poisson's equation) という．

また，電荷のないところ，すなわち $\rho = 0$ では

$$\mathrm{div}(\mathrm{grad}\,\phi) = 0 \tag{3.55}$$

となる．(3.55) を**ラプラスの式** (Laplace's equation) という．

なお，div (grad ϕ) は $\nabla^2\phi$ と書かれることもある．例えば (3.54) は直交座標系の場合，

$$\nabla^2\phi = \mathrm{div}(\mathrm{grad}\,\phi) = \frac{\partial}{\partial x}\frac{\partial\phi}{\partial x} + \frac{\partial}{\partial y}\frac{\partial\phi}{\partial y} + \frac{\partial}{\partial z}\frac{\partial\phi}{\partial z}$$
$$= \frac{\partial^2\phi}{\partial x^2} + \frac{\partial^2\phi}{\partial y^2} + \frac{\partial^2\phi}{\partial z^2} = -\frac{\rho}{\varepsilon_0} \tag{3.56}$$

と表される．演算子 ∇^2 は 2 階の偏微分作用を表し，**ラプラシアン** (Laplacian）または**ラプラスの演算子**とよばれる．

コラム　ポテンシャル（位置エネルギー）とスカラ関数

ポテンシャルの概念を初めて導入したのはキャベンディシュで 1771 年のことである．ラグランジュ（Joseph－Louis Lagrange, 1736－1813）は，1773 年に万有引力をスカラ関数の勾配で表した．ラプラス（Pierre－Simon Laplace, 1749－1827）はフランスの科学者であり，ラプラスの式を 1782 年に提出した．ポアソン（Siméon Denis Poisson, 1781－1840）はフランスの数理物理学者であり，ポアソンの式を 1813 年に提出した．もともとラプラスの式は重力場に対するものであったが，それをポアソンが質量が連続的に存在する場に拡張した．そして，1812 年にクーロン力も万有引力と同じ形に表せるはずと考え，そのスカラ関数が満たすべき方程式を導いた．

……第 3 章のまとめ……

- 電位：電荷に対するクーロン力より，電荷がもつポテンシャル（位置エネルギー）として電位が定義される．無限遠の電位を 0 として基準電位を定める．（3.1 節）
- 電位の計算法：電界が既知であれば経路に沿って電界を積分すればよい．この方法を用いて，点電荷や線電荷による電位が計算できる．（3.1 節）
- ベクトル量を任意の閉曲線に沿って線積分したとき，その値が 0 である場を保存場という．（3.1 節）
- 電界：電位の傾きが電界である．（3.3 節）
- 電界と電位の関係：力学における「力とポテンシャルの関係」と同様である．（3.1 節）
- 等電位線：電位が同じ点を滑らかに結んだ線である．（3.4 節）

・等電位線と電気力線：これらは互いに直交する．また，電位や電界の様子を可視化することができる．(3.4 節)

・電気双極子（ダイポール）：大きさが同じである正負の電荷が微小距離離れて対をなしたもの．(3.5 節)

・電気双極子を電界中に置くと回転力（トルク）がはたらく．(3.5 節)

・電気 2 重層：面電荷密度が同じ大きさの正負の面電荷が層状に分布しているもの．(3.6 節)

・ラプラスの式：空間に電荷が存在しない場合の電位（静電界）を表す式．(3.8 節)

・ポアソンの式：空間に電荷が存在するときの電位（静電界）を表す式．(3.8 節)

・ポアソンの式またはラプラスの式は，ガウスの法則から導くことができる．(3.8 節)

章末問題

【3.1】 内球の半径 a，外球の内半径 b の球導体がある．導体間の電界ならびに電位を求めよ．(2.1 節)，(3.1 節)，(3.4 節)

【3.2】 真空中において，電極間の距離が d，電位差が V である平行平板電極間に体積密度 ρ [C/m^3] をもつ電荷が一様に分布しているときの電位と電界を求めよ．(2.5 節)，(3.2 節)

【3.3】 xy 面に平行な半径 r_1 のリング電荷が，z 軸を中心として z_1 の高さに置かれている．円周方向に単位長さ当り λ [C/m] の電荷をもつときの電位を求めよ．(2.5.2 項 (2))，(3.2 節)

【3.4】 長さ l の直線導体が線電荷密度 λ をもつとき，中央点を通る直線電荷への垂線上の電位を求めよ．(3.2 節)

【3.5】 接地面から高さ h の位置に中心をもつ，半径 a の導体球が作る電位を求めよ．ただし，導体球の電位を V_0 とする．(**4.3 節**)

【3.6】 体積電荷密度 ρ [C/m^3] の電荷が半径 a の球内に分布しているとき，球内外の電位を求めよ．(**2.8 節**)，(**3.2 節**)

【3.7】 線電荷密度 λ [C/m] をもつ無限長線電荷による電位を求めよ．

第4章 静電誘導と静電容量

学習目標

a) 静電誘導について現象を理解し説明できる.
b) 電気影像法について考え方を理解し,球導体および円柱導体による電界,電位,静電容量の計算を行うことができる.
c) 静電容量について理解し説明できる.
d) 電位係数,容量係数,静電誘導係数について理解し説明できる.
e) 静電遮蔽について原理を理解し説明できる.

キーワード

静電誘導,静電容量,電気影像法,電位係数,容量係数,静電誘導係数,静電遮蔽

4.1 静電誘導

導体の内部には,電子(自由電子,または伝導電子ともいう)など自由に動くことのできる**自由電荷** (free charge) が多数存在する.自由電荷は単に電荷とよぶことも多い.

電気を伝える物質があることを発見したのは,グレイ (Stephen Gray, 1666 - 1736) であり 1729 年のことである.グレイの研究を引き継いだデザ

ギュリエ（John Theophilus Desagulier, 1683－1744）は，金属などの限られた物質が電気を伝えることを発見し，それに**導体**（conductor）という名前をつけた．

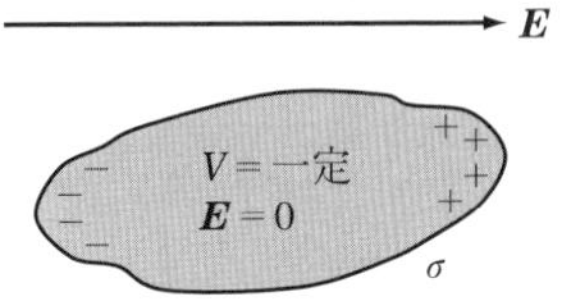

図 4.1　静電誘導

導体を電界中に置くと導体内の電荷は静電力を受け，図 4.1 に示すように正電荷は電界の向きと同じ方向に，負電荷は電界の向きと逆方向に移動する．その結果，導体表面に正負の電荷分布が生じる．このように，静電界中に置かれた導体の表面に電荷が現れる現象を**静電誘導**（electrostatic induction）という．また，このときに誘導される電荷を**誘導電荷**（induced charge）という．

導体内部では，外部からの電界と電荷の移動による電界のベクトル和が 0 になる**平衡状態**（equilibrium state）に達するまで電荷の移動が続く．平衡状態に達すると電荷の移動はなくなる．この時，導体の内部ではガウスの法則により電荷密度は 0 でなければならない．静電誘導により平衡に達した状態を**静電状態**（electrostatic state）ともいう．導体に電荷を与えた場合でも同様な現象が生じる．静電誘導は，イギリスのカントン（John Canton, 1718－1772）によって 1753 年に発見された．

静電誘導が平衡状態に達するまでにはある時間を要する．これを**緩和時間**（relaxation time）というが，この長さは物質の性質に依存する．特に，後述する誘電体（絶縁体ともいう）では平衡に達するまでの時間が長く，平衡に達する過程において現象自体が変わることがあるので注意が必要である．また，導体に沿って電磁波が伝搬する場合には，電磁波の伝搬速度が関係するのでこれを考慮する必要がある．

4．2　導体系の電荷と電位

静電界の中に置かれた導体に生じる静電誘導においては，次のような性質がある．

（1）　ガウスの法則により，導体内部の電界は0となる．

（2）　誘導電荷ならびに導体に外部から与えられた電荷は，すべて導体の表面に分布し導体の内部には存在できない．

（3）　導体内にある誘導電荷の総和は0である．

（4）　導体に電荷を与えると，導体全体が等電位となるよう導体表面に分布し等電位面の1つになる．

（5）　導体内部の電位は，導体表面の電位に等しい．

（6）　電気力線は導体表面に垂直に出入りし，導体内部には存在しない．

ここで，静電誘導により導体表面に面電荷密度 σ[C/m^2] が誘導されたとき，導体表面の電界を求めてみる．図4.2において，導体表面を貫くように底面積が $\varDelta S_1$ ならびに $\varDelta S_2$，側面積が $\varDelta S_3$，厚さが t の円柱を考える．ガウスの法則を適用すると，次式が成立する．

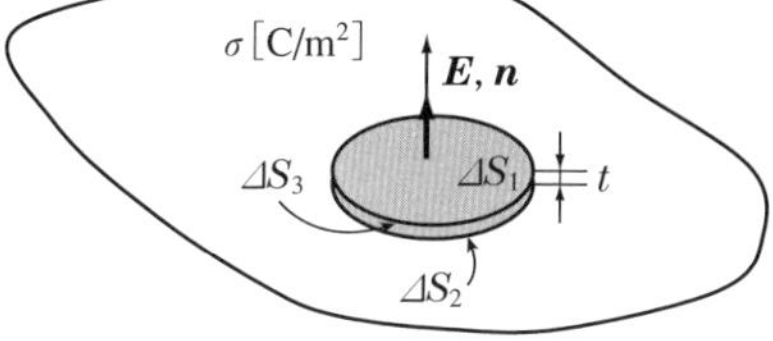

図4.2　導体表面の面電荷による電界

$$\int_{\varDelta S} \boldsymbol{E} \cdot \boldsymbol{n}\, dS = \int_{\varDelta S_1} \boldsymbol{E} \cdot \boldsymbol{n}\, dS + \int_{\varDelta S_2} \boldsymbol{E} \cdot \boldsymbol{n}\, dS + \int_{\varDelta S_3} \boldsymbol{E} \cdot \boldsymbol{n}\, dS = \frac{\sigma}{\varepsilon_0} \varDelta S_1 \tag{4.1}$$

なお，導体内にある円柱の底面 $\varDelta S_2$ は導体内部のため電界は0である．また側面 $\varDelta S_3$ では，導体の法線方向の電気力線はないため電界は0である．したがって，(4.1) より

$$\int_{\varDelta S_1} \boldsymbol{E} \cdot \boldsymbol{n}\, dS = E\,\varDelta S_1 = \frac{\sigma}{\varepsilon_0} \varDelta S_1 \tag{4.2}$$

が成り立つ．これより，導体表面の電界は法線方向のみであり

$$\boldsymbol{E} = \frac{\sigma}{\varepsilon_0}\boldsymbol{n} \tag{4.3}$$

となる．この大きさを E_n とすると，

$$\sigma = \varepsilon_0 E_n \tag{4.4}$$

が成り立つ. この式を**クーロンの定理** (Coulomb's theorem) という. (4.4) より電界がわかれば, 導体表面の電荷密度を知ることができる. 逆も同様である.

導体がもつ電荷 Q は，導体の表面を S とすれば

$$Q = \int_{\mathrm{S}} \sigma\, dS = \varepsilon_0 \int_{\mathrm{S}} \boldsymbol{E} \cdot \boldsymbol{n}\, dS \tag{4.5}$$

で与えられる．この式はガウスの法則そのものである．

任意の形をもつ導体表面の場合，電荷の分布 σ は未知となる．この場合は導体の外部領域での電位分布を，ラプラスの方程式 $\nabla^2\phi = 0$ から計算することになる．

境界条件として，導体表面で電位が既知であること，無限遠点で電位がゼロであることを用いる．この解が求まると (4.4) より電荷分布を計算できる．なお，これら 2 つの境界条件を満足するラプラスの方程式の解は，ただ 1 つであることが知られている．すなわち，以下となる．

（1） 電位分布が与えられたとき, これに対する電荷分布は 1 通りしかない.

（2） 導体の電荷が与えられたとき, 導体上の電荷分布は 1 通りしかない.

これをラプラス方程式の**解の一意性** (uniqueness of electrostatic solution)，または**一意性の原理**という．

4.3　電気影像法

4.3.1　電気影像法と境界条件

図 4.3 に示すように接地面より高さ h の位置に点電荷 $+Q$ がある場合，

接地面には静電誘導により逆極性の電荷（誘導電荷）が誘導される．この場合，点電荷 $+Q$ より出発した電気力線は接地面で終わっている．任意の点の電界を求めるには点電荷 $+Q$ と誘導電荷による電界を求めれば良いが，誘導電荷をあらかじめ知ることは一般には難しい．

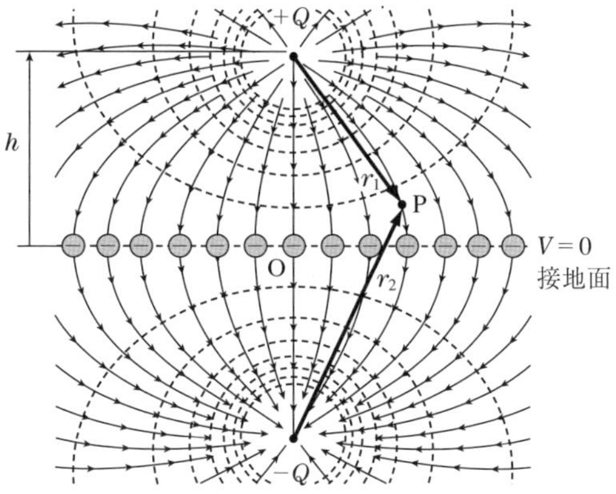

図 4.3 影像電荷と接地面

ここで，接地面上の電荷の代わりに接地面に対して対称な位置に点電荷 $-Q$ を置いてみる．この場合，$+Q$ と $-Q$ によって接地面の電位は 0 になる．また，接地面から上側の空間については，電荷分布や電気力線の形は電荷 $-Q$ を置く前と変わらない．さらに，ラプラスあるいはポアソンの式を満足し，これらの式の解になっている．したがって，接地面上の誘導電荷を $-Q$ の電荷でおきかえてもよい．

これは次節に述べる重ねの理からも，空間に存在する電荷群と接地面に対して対称な位置に逆極性の電荷群を置くことで，等価的に電位あるいは電界を計算できる．

接地面の電位は 0 であるが，このように境界が満足すべき条件を**境界条件** (boundary condition) という．導体が電位をもつ場合には導体表面の電位が境界条件となる．接地面に限らず，境界条件を満足するよう選んだ等価的な電荷を用いて静電界を求める方法を，**電気影像法** (electric image method) あるいは**鏡像法**とよぶ．また，等価な電荷を**影像電荷** (image charge) あるいは単に**影像** (image) とよぶ．

なお，影像電荷を仮定する場合，電界を計算しようとする空間の電荷分布が影像電荷を仮定した後も変わらないよう注意しなければならない．影像電荷には，ここで述べた点電荷の他にも線電荷，リング電荷，平板電荷，楕円体電荷，双極子電荷などが用いられる．

4.3.2 点電荷における電気影像法を用いた電界計算

図 4.3 に示した点電荷による電位を考える．また，接地面上の電荷分布も併せて導出してみる．

点 P の位置を，円筒座標を用いて $P(r, \theta, z)$ で表す．点電荷と影像電荷を結ぶ線が大地と交わる点を原点 O とする．θ 方向の電位については，軸対称であることから z 軸を含む任意の断面の電位分布と同じあるので，これを無視して考える．

接地面から h の高さにある点電荷 Q による電位は，3.1 節で述べたように次式で与えられる．

$$\phi(\boldsymbol{r}) = \frac{Q}{4\pi\varepsilon_0}\left(\frac{1}{r_1} - \frac{1}{r_2}\right) \tag{4.6}$$

ここで，

$$r_1 = \sqrt{r^2 + (z-h)^2}$$
$$r_2 = \sqrt{r^2 + (z+h)^2}$$

である．なお，接地面の電位は (4.6) において $z = 0$ とおけば 0 となり，電位が 0 という境界条件を満足している．解の一意性により，これ以外の解はないので (4.6) が電位を表す．

次に，電位から電界を計算してみる．点電荷による電界は (2.6) で与えられる．これを円筒座標に直すと次式となる．

$$\boldsymbol{E}(\boldsymbol{r}) = \frac{Q}{4\pi\varepsilon_0}\left\{\boldsymbol{e}_r\left(\frac{r}{r_1^3} - \frac{r}{r_2^3}\right) + \boldsymbol{e}_z\left(\frac{z-h}{r_1^3} - \frac{z+h}{r_2^3}\right)\right\} \tag{4.7}$$

(4.7) において，接地面では $z = 0$ であり対称性から $r_1 = r_2$ となるので，半径方向すなわち大地に平行な電界成分はない．また，接地面において電界

の垂直方向の成分は，(4.7) より

$$E_z = -\frac{Q}{4\pi\varepsilon_0}\frac{2h}{(r^2+h^2)^{3/2}} = -\frac{Q}{2\pi\varepsilon_0}\frac{h}{(r^2+h^2)^{3/2}} \tag{4.8}$$

である．一方，クーロンの定理から面電荷密度 σ は次のようになる．

$$\sigma = \varepsilon_0 E_z = -\frac{Q}{2\pi}\frac{h}{(r^2+h^2)^{3/2}} \tag{4.9}$$

したがって，接地面全体に誘導される電荷の総量は，上式を用いて次のように計算される．

$$q_{\mathrm{earth}} = \int_{\mathrm{S}} \sigma\, dS = \int_0^\infty \sigma \cdot 2\pi r\, dr = -\int_0^\infty \frac{Q}{2\pi}\frac{h}{(r^2+h^2)^{3/2}} 2\pi r\, dr \tag{4.10}$$

ここで，$r = h\tan\theta$ と変数変換を行うと次式が得られる．

$$q_{\mathrm{earth}} = -Q\int_0^{\pi/2} \frac{h^2\tan\theta}{h^3(1+\tan^2\theta)^{3/2}} h\sec^2\theta\, d\theta = -Q\int_0^{\pi/2} \sin\theta\, d\theta = -Q \tag{4.11}$$

これより，接地面上に誘起される電荷の総量は点電荷に等しく，符号が反対になることが確かめられた．

この解法は，1848 年にトムソン (William Thomson，後に Lord Kelvin となる．1824 - 1907) が境界値問題を解く方法の 1 つとして提案した．

また，電荷 Q にはたらく吸引力は，電荷と影像電荷との間にはたらく力 (これを**影像力** (image force) という) に等しい．すなわち

$$F = -QE = -Q\frac{Q}{4\pi\varepsilon_0(2h)^2} = -\frac{Q^2}{16\pi\varepsilon_0 h^2} \tag{4.12}$$

となる．

4.3.3 球導体における電気影像法を用いた電界計算

図 4.4 に示すように半径 a の球導体がある．球導体の中心を原点にとり，

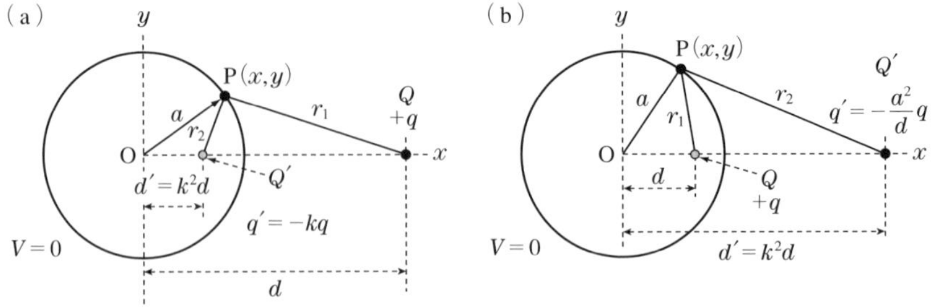

図 4.4　球導体内外の点電荷による静電界．(a) 球導体外の点電荷，(b) 球導体内の点電荷．(後藤憲一，山崎修一郎 共編：「詳解 電磁気学演習」(共立出版, 1976 年) より一部改変ののち許可を得て転載)

原点から距離 d 離れた位置に点電荷 $+q$ を置くとき，以下の条件に対する静電界を考える．

(1)　電位が 0 である球導体の外部に $+q$ の点電荷がある場合

図 4.4 (a) に示すように球の中心を原点にとる．原点から d' の距離にある x 軸上の点 Q' に q' の電荷を置く．任意の点 P(x, y) の電位は，それぞれの電荷からの距離を r_1, r_2 とすれば，次式で与えられる．

$$\phi(\boldsymbol{r}) = \frac{1}{4\pi\varepsilon_0}\left(\frac{q}{r_1} + \frac{q'}{r_2}\right) \tag{4.13}$$

ここで, q' を $q' = -kq$, この電荷の原点からの距離 d' を $d' = k^2 d$ とおくと, 上式は次のように変形できる.

$$\phi(\boldsymbol{r}) = \frac{q}{4\pi\varepsilon_0}\left(\frac{1}{\sqrt{(d-x)^2 + y^2}} - \frac{k}{\sqrt{(x-k^2 d)^2 + y^2}}\right) \tag{4.14}$$

球導体の電位 ϕ を 0 とおいて上式を整理すれば, 次の円の方程式が得られる.

$$x^2 + y^2 = (kd)^2 \tag{4.15}$$

この式は x 軸を中心軸として回転すれば，$\phi = 0$ の等電位面が球面になることがわかる.

また $k = a/d$ とおけば，球面半径は a，影像電荷は $q' = -qa/d$，影像電荷

の位置は $d' = a^2/d$ となる．球導体の電位を 0 とおくことは，球導体を大地に接地したことに等しい．これは球表面の電荷の総量は，大地との間で電位が 0 になるようやりとりが行われることを意味する．

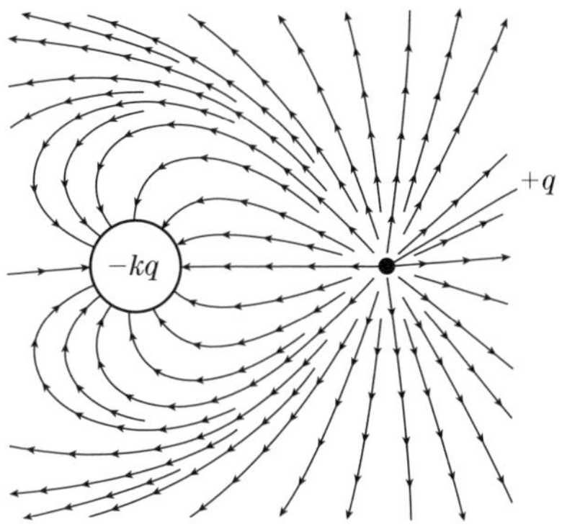

図 4.5 球導体外の電荷と球導体による電気力線

図 4.5 にこの場合の電気力線を示すが，電荷 $+q$ から出た電気力線はガウスの法則により電荷 $q' = -kq$ に相当する本数が球表面に達することがわかる．球の外側の電界は，点電荷と影像電荷それぞれが作る電界をベクトル合成したものになる．すなわち

$$\boldsymbol{E} = \frac{1}{4\pi\varepsilon_0}\left(\frac{q}{r_1{}^3}\boldsymbol{r}_1 + \frac{q'}{r_2{}^3}\boldsymbol{r}_2\right) = \frac{q}{4\pi\varepsilon_0}\left(\frac{\boldsymbol{r}_1}{r_1{}^3} - \frac{k\boldsymbol{r}_2}{r_2{}^3}\right) \qquad (4.16)$$

が得られる．ただし，

$$\left.\begin{aligned} \boldsymbol{r}_1 &= (x-d)\boldsymbol{i} + y\boldsymbol{j} \\ \boldsymbol{r}_2 &= (x-k^2d)\boldsymbol{i} + y\boldsymbol{i} \end{aligned}\right\} \qquad (4.17)$$

である．

球内部の電界は電荷が存在しないので 0 である．

（2） 電位が 0 である球導体の内部に $+q$ の点電荷がある場合

図 4.4（b）に示すように，球内部の原点から d' の距離にある x 軸上の点 Q' に q' の電荷を置く．任意の点 $\mathrm{P}(x, y)$ の電位は，q' を $q' = -kq$，この電荷の原点からの距離 d' を $d' = k^2d$ とおくと

$$\phi(\boldsymbol{r}) = \frac{q}{4\pi\varepsilon_0}\left(\frac{1}{\sqrt{(x-d)^2 + y^2}} - \frac{k}{\sqrt{(k^2d - x)^2 + y^2}}\right) \quad (4.18)$$

球導体の電位を 0 とおいて上式を整理すれば，次の円の方程式が得られる．

$$x^2 + y^2 = (kd)^2 \tag{4.19}$$

また $k = a/d$ とおけば，球面半径は a，影像電荷は $q' = -qa/d$，影像電荷の位置は $d' = a^2/d$ となり（1）の場合と同一の式になる．この場合，電荷 q から出た電気力線はすべての電気力線が球導体に達した後，ガウスの法則により電荷 kq に相当する電気力線が球導体を出て影像電荷に達する．また，電界は（1）と同じく (4.16) で与えられる．

（3） 絶縁された球導体の場合

球導体が非接地の場合，球導体に誘導される電荷の総和は0となる．また球導体の表面電位が一定であるので，これらの条件を同時に満足させるためには, 上で求めた影像電荷の他に球導体の中心Oに $q'' = -q'$ の電荷を考え，これら3者による電位を求めればよい．すなわち，電位と電界はそれぞれ次式で与えられる．

$$\begin{aligned}\phi(\boldsymbol{r}) &= \frac{1}{4\pi\varepsilon_0}\left(\frac{q + q'}{r_1} + \frac{q''}{r_2}\right)\\ &= \frac{q}{4\pi\varepsilon_0}\left(\frac{1 + k}{\sqrt{(x - d)^2 + y^2}} - \frac{k}{\sqrt{(k^2 d - x)^2 + y^2}} + \frac{k}{\sqrt{x^2 + y^2}}\right)\end{aligned} \tag{4.20}$$

$$\boldsymbol{E} = \frac{q}{4\pi\varepsilon_0}\left\{\frac{\boldsymbol{r}_1}{r_1{}^3} - k\frac{\boldsymbol{r}_2}{r_2{}^3} + k\frac{\boldsymbol{r}_3}{r_3{}^3}\right\} \tag{4.21}$$

ただし，

$$\begin{aligned}\boldsymbol{r}_1 &= (x - d)\boldsymbol{i} + y\boldsymbol{j}\\ \boldsymbol{r}_2 &= (x - k^2 d)\boldsymbol{i} + y\boldsymbol{j}\\ \boldsymbol{r}_3 &= x\boldsymbol{i} + y\boldsymbol{j}\\ k &= \frac{a}{d}\end{aligned}$$

である．

4.3.4 直線電荷における電気影像法を用いた電界計算

図4.6に示すように，単位長さ当り λ の電荷密度をもつ直線電荷が，接地面より高さ h の位置に水平に配置されているときの電界ならびに電位を考える．

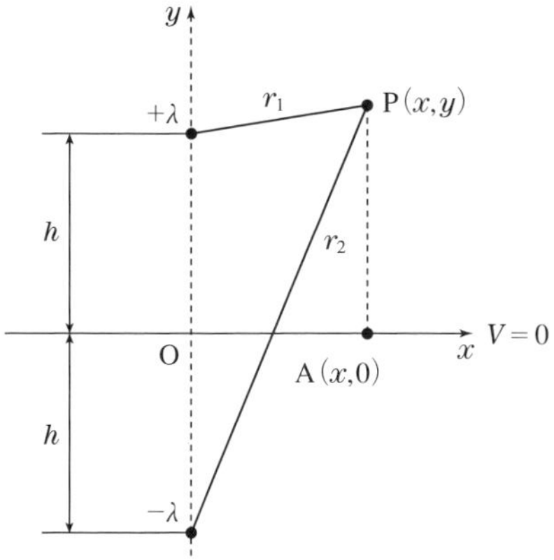

図4.6　線電荷が作る静電界

$+\lambda$ の電荷密度をもつ直線電荷と，これに対する影像電荷（電荷密度 $-\lambda$）が作る電界は，(2.48) より次式で与えられる．

$$
\begin{aligned}
\boldsymbol{E} &= \frac{\lambda}{2\pi\varepsilon_0}\left(\frac{\boldsymbol{r}_1}{r_1^2} - \frac{\boldsymbol{r}_2}{r_2^2}\right) \\
&= \frac{\lambda}{2\pi\varepsilon_0}\left\{\frac{\boldsymbol{i}x + \boldsymbol{j}(y-h)}{x^2+(y-h)^2} - \frac{\boldsymbol{i}x + \boldsymbol{j}(y+h)}{x^2+(y+h)^2}\right\} \\
&= \frac{\lambda}{2\pi\varepsilon_0}\left[\boldsymbol{i}\left\{\frac{x}{x^2+(y-h)^2} - \frac{x}{x^2+(y+h)^2}\right\}\right. \\
&\qquad\qquad \left. + \boldsymbol{j}\left\{\frac{y-h}{x^2+(y-h)^2} - \frac{y+h}{x^2+(y+h)^2}\right\}\right]
\end{aligned}
\tag{4.22}
$$

任意の点 P(x, y) の電位は，電位が 0 である x 軸上の点（接地面）を A$(x, 0)$ とすれば，この点の電位を基準電位として次式で与えられる．

$$\phi(x,\,y) = -\int_{A}^{P} \boldsymbol{E}\cdot d\boldsymbol{l} = -\int_{A}^{P}(E_x\,dx + E_y\,dy) = -\int_{0}^{y} E_y\,dy \quad (0 < y) \tag{4.23}$$

接地面では $E_x = 0$ であるから，上式に (4.22) に示される E_y を代入すれば，点 $\mathrm{P}(x, y)$ の電位は次のようになる．

$$\begin{aligned}\phi(x,\,y) &= -\int_{0}^{y} \frac{\lambda}{2\pi\varepsilon_0}\left\{\frac{y-h}{x^2+(y-h)^2} - \frac{y+h}{x^2+(y+h)^2}\right\} dy \\ &= -\frac{\lambda}{2\pi\varepsilon_0}\left[\frac{1}{2}\ln\{x^2+(y-h)^2\} - \frac{1}{2}\ln\{x^2+(y+h)^2\}\right]_0^y \\ &= \frac{\lambda}{4\pi\varepsilon_0}\ln\frac{x^2+(y+h)^2}{x^2+(y-h)^2} \end{aligned} \tag{4.24}$$

また，線電荷にはたらく力は，単位長さ当り次のようになる．

$$F = -\lambda E = -\frac{\lambda^2}{4\pi\varepsilon_0 h} \quad [\mathrm{N/m}] \tag{4.25}$$

4.3.5　円柱導体における電気影像法を用いた電界計算

図 4.7 に示すように，単位長さ当り λ の電荷をもつ半径 a の円柱導体が接地面に平行に置かれている．円柱導体の中心が，接地面から高さ y_0 の位置にあるときの電界ならびに電位を考えてみる．

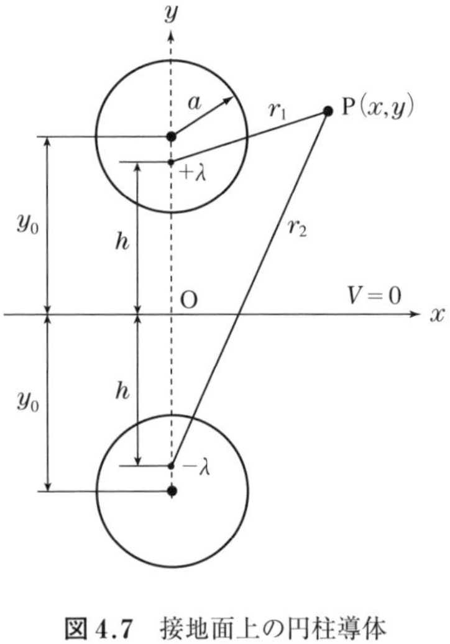

図 4.7　接地面上の円柱導体

接地面の電位は 0 であるので，円柱導体による電界（あるいは電位）は，これと影像による円柱導体が作る電界（あるいは電位）に等しい．一方，単位長さ当り $\pm\lambda$ の電荷をもつ平行な2本の直線電荷が作る電位は (4.24) で与えられるので，直線電荷による等電位面の断面が円となるように直線電荷の配置を決めれば，このときの電界が，円柱導体による電界（あるいは電位）に等しいことになる．

等電位面上では電位が一定であるので，(4.24) より次式が成り立つ．

$$\frac{x^2+(y+h)^2}{x^2+(y-h)^2}=u \quad (u>1) \tag{4.26}$$

ここで u は等電位線を表すパラメータである．式を変形すると次式が得られる．

$$x^2+\left(y-h\frac{u+1}{u-1}\right)^2=\frac{4u}{(u-1)^2}h^2 \tag{4.27}$$

ここで，

$$R^2=\frac{4u}{(u-1)^2}h^2 \tag{4.28}$$

とおくと次式が得られる．

$$x^2+(y-\sqrt{R^2+h^2})^2=R^2 \quad (a<R<\infty) \tag{4.29}$$

これより，等電位線は半径 R，中心 $(0, \sqrt{R^2+h^2})$ の円を描くことがわかる．

ここで，(4.29) に $R=a$ を代入すると次の関係が得られる．

$$y_0=\sqrt{h^2+a^2} \tag{4.30}$$

また，

$$h=\sqrt{y_0^2-a^2} \tag{4.31}$$

である．すなわち，円柱導体は電位 V_0 をもち，断面の中心が $(0, y_0)$，半径が a の円となることがわかる．また，線電荷密度は円柱下端 $(0, y_0-a)$ の電位が V_0 であるから，(4.24) より次式で与えられる．

$$\lambda=\frac{2\pi\varepsilon_0 V_0}{\ln\dfrac{\sqrt{a^2+h^2}-a+h}{\sqrt{a^2+h^2}-a-h}} \tag{4.32}$$

または，

$$\lambda = \frac{2\pi\varepsilon_0 V_0}{\ln \dfrac{y_0 - a + \sqrt{y_0^2 - a^2}}{y_0 - a - \sqrt{y_0^2 - a^2}}} \tag{4.33}$$

となる．

図 4.8 には等電位線と電気力線の様子を示す．円柱導体から出た電気力線はすべて影像側の円柱導体に達している．

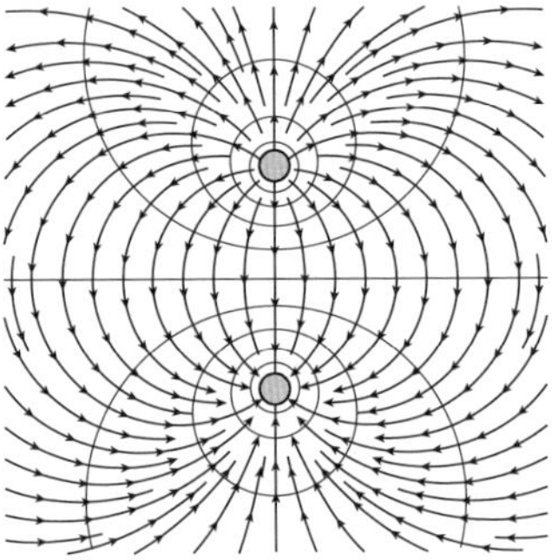

図 4.8　円柱導体による等電位線と電気力線

点 P の電界 $\boldsymbol{E}(x, y)$ ならびに電位 $\phi(x, y)$ は，(4.22) ならびに (4.24) に (4.29) を代入すれば，次のようになる．

$$\begin{aligned}\boldsymbol{E} &= (E_x, E_y) \\ &= \frac{V_0}{\ln \dfrac{\sqrt{a^2+h^2}-a+h}{\sqrt{a^2+h^2}-a-h}}\left[\boldsymbol{i}\left\{\frac{x}{x^2+(y-h)^2} - \frac{x}{x^2+(y+h)^2}\right\}\right. \\ &\qquad \left. + \boldsymbol{j}\left\{\frac{y-h}{x^2+(y-h)^2} - \frac{y+h}{x^2+(y+h)^2}\right\}\right]\end{aligned} \tag{4.34}$$

$$\phi(x, y) = \frac{1}{2}\frac{V_0}{\ln \dfrac{\sqrt{a^2+h^2}-a+h}{\sqrt{a^2+h^2}-a-h}} \ln \frac{x^2+(y+h)^2}{x^2+(y-h)^2} \tag{4.35}$$

また，導体間にはたらく力は線電荷間にはたらく力に等しい．すなわち，単位長さ当りの吸引力は次のようになる．

$$F = \lambda E = -\frac{2\pi\varepsilon_0 V_0}{\ln\dfrac{y_0 - a + \sqrt{y_0^2 - a^2}}{y_0 - a - \sqrt{y_0^2 - a^2}}} \frac{V_0}{\ln\dfrac{y_0 - a + \sqrt{y_0^2 - a^2}}{y_0 - a - \sqrt{y_0^2 - a^2}}} \frac{1}{2\sqrt{y_0^2 - a^2}}$$

$$= -\frac{\pi\varepsilon_0 V_0^2}{\left(\ln\dfrac{y_0 - a + \sqrt{y_0^2 - a^2}}{y_0 - a - \sqrt{y_0^2 - a^2}}\right)^2} \frac{1}{\sqrt{y_0^2 - a^2}} \tag{4.36}$$

もし $y_0 \gg a$ であれば，次式が成り立つ．

$$F = -\frac{\pi\varepsilon_0 V_0^2}{y_0 \{\ln(2y_0/a)\}^2} \quad [\mathrm{N/m}] \tag{4.37}$$

4. 4 重ねの理

4.4.1 電位係数

図 4.9 に示すように，n 個のお互いに独立した導体がある系を考える．それぞれの導体が電荷をもつとき，導体表面の電荷分布は静電誘導により互いに影響を受ける．すなわち，ある導体の電荷または電位が変化したとすれば，その影響はすべての導体に影響する．このような導体系においては，一意性の原理により

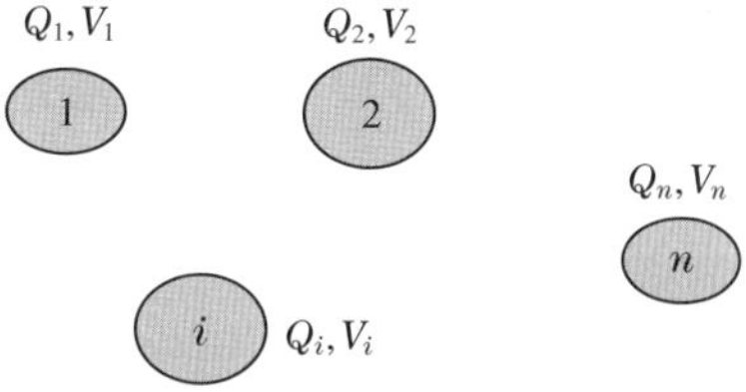

図 4.9 静電界の重ねの理

（1） それぞれの導体の電位は，それぞれの導体の電荷により一意的に決まる．

（2） それぞれの導体の電荷は，それぞれの導体の電位により一意的に決まる．

という性質がある．

それぞれの導体に 1, 2, …, n と番号をつけ，それぞれの導体がもつ電荷を $Q_1, Q_2, \cdots, Q_n$，また，それぞれの導体の電位を $V_1, V_2, \cdots, V_n$ とする．次に，それぞれの導体の電荷を $Q'_1, Q'_2, \cdots, Q'_n$ としたとき，それぞれの導体の電位が $V'_1, V'_2, \cdots, V'_n$ であるとする．ここで，各導体にそれぞれ $Q_1 + Q'_1, Q_2 + Q'_2, \cdots, Q_n + Q'_n$ の電荷を与えたとき，各導体の電位はそれぞれ $V_1 + V'_1, V_2 + V'_2, \cdots, V_n + V'_n$ となる．このような性質を導体系の電位に関する**重ねの理**という．

これらの性質を満たす，それぞれの導体の電位と電荷との関係は次のように表される．

$$\left.\begin{array}{l} V_1 = p_{11}Q_1 + p_{12}Q_2 + \cdots + p_{1n}Q_n \\ \cdot\ \cdot\ \cdot\ \cdot\ \cdot\ \cdot\ \cdot\ \cdot\ \cdot\ \cdot\ \cdot\ \cdot\ \cdot\ \cdot\ \cdot\ \cdot\ \cdot \\ V_i = p_{i1}Q_1 + p_{i2}Q_2 + \cdots + p_{in}Q_n \\ \cdot\ \cdot\ \cdot\ \cdot\ \cdot\ \cdot\ \cdot\ \cdot\ \cdot\ \cdot\ \cdot\ \cdot\ \cdot\ \cdot\ \cdot\ \cdot\ \cdot \\ V_n = p_{n1}Q_1 + p_{n2}Q_2 + \cdots + p_{nn}Q_n \end{array}\right\} \tag{4.38}$$

ここで V_i は i 番目の導体の電位である．また p_{ij} $(i, j = 1, 2, \cdots, n)$ は，導体の形状ならびに配置の仕方で決まる定数であり，**電位係数** (coefficient of potential) とよばれる．電位係数 p_{ij} は j 番目の導体の電荷を Q_j，その他の導体の電荷をすべて 0 としたときの i 番目の導体の電位 V_{ij} を与える係数であり，次式が成り立つ．

$$V_{ij} = p_{ij}Q_j \quad (i = 1, 2, \cdots, n) \tag{4.39}$$

それぞれの導体に，電荷 $Q_1, Q_2, \cdots, Q_n$ が同時に与えられたときの i 番目の導体の電位は，重ねの理を用いて次式のようになる．

$$V_i = \sum_{j=1}^{n} V_{ij} = \sum_{j=1}^{n} p_{ij}Q_j \quad (i = 1, 2, \cdots, n) \tag{4.40}$$

これは (4.38) に等しい．電位係数の単位は (4.39) より [V/C] であるが，静電容量の単位 [F] を用いて [F^{-1}] で表される．

(4.38) は，行列を用いると次のように表される．

$$\begin{bmatrix} V_1 \\ V_2 \\ \cdot \\ V_i \\ \cdot \\ \cdot \\ V_n \end{bmatrix} = \begin{bmatrix} p_{11} & p_{12} & \cdot & \cdot & p_{1j} & \cdot & p_{1n} \\ p_{21} & p_{22} & \cdot & \cdot & p_{2j} & \cdot & p_{2n} \\ \cdot & \cdot & \cdot & \cdot & \cdot & \cdot & \cdot \\ p_{i1} & p_{i2} & \cdot & \cdot & p_{ij} & \cdot & p_{in} \\ \cdot & \cdot & \cdot & \cdot & \cdot & \cdot & \cdot \\ \cdot & \cdot & \cdot & \cdot & \cdot & \cdot & \cdot \\ p_{n1} & p_{n2} & \cdot & \cdot & p_{nj} & \cdot & p_{nn} \end{bmatrix} \begin{bmatrix} Q_1 \\ Q_2 \\ \cdot \\ \cdot \\ Q_j \\ \cdot \\ Q_n \end{bmatrix} \tag{4.41}$$

上式は簡単に，

$$[V_i] = [p_{ij}][Q_j] \tag{4.42}$$

と表すことができる．

4.4.2 容量係数と静電誘導係数

(4.42) に対して，電位係数 p_{ij} を要素とする行列 $[p_{ij}]$ の逆行列を作用させると，次式のように電荷 $Q_1, Q_2, \cdots, Q_n$ を計算することができる．

$$[Q_i] = [p_{ij}]^{-1}[V_j] \tag{4.43}$$

すなわち，次式が得られる．

$$Q_i = \sum_{j=1}^{n} q_{ij} V_j \quad (i = 1,\ 2,\ \cdots,\ n) \tag{4.44}$$

この式は，行列を用いて次のよう表すことができる．

$$\begin{bmatrix} Q_1 \\ Q_2 \\ \cdot \\ Q_i \\ \cdot \\ \cdot \\ Q_n \end{bmatrix} = \begin{bmatrix} q_{11} & q_{12} & \cdot & \cdot & q_{1j} & \cdot & q_{1n} \\ q_{21} & q_{22} & \cdot & \cdot & q_{2j} & \cdot & q_{2n} \\ \cdot & \cdot & \cdot & \cdot & \cdot & \cdot & \cdot \\ q_{i1} & q_{i2} & \cdot & \cdot & q_{ij} & \cdot & q_{in} \\ \cdot & \cdot & \cdot & \cdot & \cdot & \cdot & \cdot \\ \cdot & \cdot & \cdot & \cdot & \cdot & \cdot & \cdot \\ q_{n1} & q_{n2} & \cdot & \cdot & q_{nj} & \cdot & q_{nn} \end{bmatrix} \begin{bmatrix} V_1 \\ V_2 \\ \cdot \\ \cdot \\ V_j \\ \cdot \\ V_n \end{bmatrix} \tag{4.45}$$

ここで比例係数 q_{ij} $(i, j = 1, 2, \cdots, n)$ のなかで，$i = j$ のものを**容量係数** (coefficient of capacity)，$i \neq j$ のものを**静電誘導係数** (coefficient of electrostatic induction) という．単位はいずれもファラッド [F] である．

このように電位係数 p_{ij} を要素とする行列を $[p_{ij}]$，容量係数ならびに静電誘導係数 q_{ij} を要素とする行列を $[q_{ij}]$ とすると，これらは互いに逆行列の関係にある．すなわち，次式が成り立つ．

$$[p_{ij}] = [q_{ij}]^{-1}, \qquad [q_{ij}] = [p_{ij}]^{-1} \tag{4.46}$$

また，電位係数 p_{ij} は $p_{ij} > 0, p_{ii} \geq p_{ij}\ (i \neq j)$ が成り立つ．さらに，次の**相反関係** (reciprocity) が成立する．

$$p_{ij} = p_{ji} \quad \text{(対称性)} \tag{4.47}$$

これより，電位係数行列 $[p_{ij}]$ は対称行列であることがわかる．

容量係数 q_{ii} はいずれも正の値をもつが，静電誘導係数 $q_{ij}\ (i \neq j)$ はいずれも負の値をもつ．これらから，i 番目の導体の電位により，導体 i に誘起する電荷を表す係数が容量係数 q_{ii} であり正の値をとること，また導体 i の電位により，導体 j に誘導される電荷を与える係数が静電誘導係数であり負の値をとる，ということが理解できる．静電誘導係数についても次の**相反関係**が成立する．

$$q_{ij} = q_{ji} \tag{4.48}$$

以上より，静電誘導係数行列 $[q_{ij}]$ も対称行列であることがわかる．

4.4.3　球導体における重ねの理を用いた計算例

図 4.10 に示す同心球導体の電位係数，容量係数ならびに静電誘導係数を導いてみる．ここで，内球導体の半径を a，外球導体の内半径および外半径をそれぞれ b，c，内球導体ならびに外球導体の電位をそれぞれ V_1，V_2，それぞれの電荷を Q_1，Q_2 とすると，これらの関係は電位係数を用いて次のように表される．

$$\begin{bmatrix} V_1 \\ V_2 \end{bmatrix} = \begin{bmatrix} p_{11} & p_{12} \\ p_{21} & p_{22} \end{bmatrix} \begin{bmatrix} Q_1 \\ Q_2 \end{bmatrix} \tag{4.49}$$

初めに図 4.11(a)に示すように，外球の電荷 Q_2 を 0 として内球に電荷 Q_1 を与えたとき，内球から出る Q_1/ε_0 の電気力線はすべて外球導体の内表面に

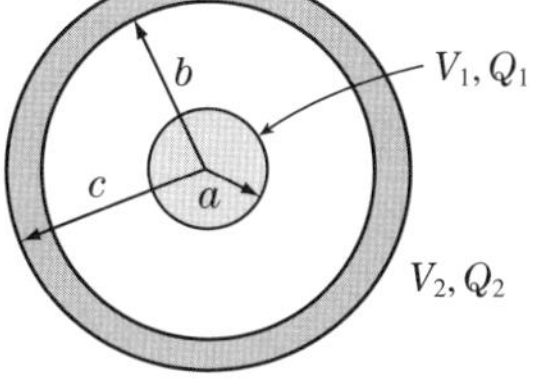

図 4.10　球導体

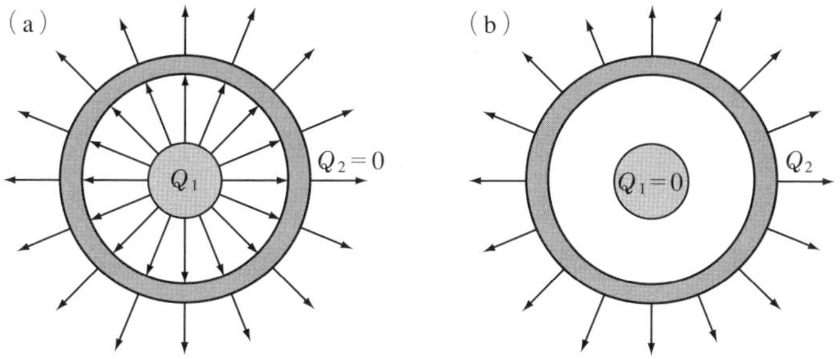

図 4.11　球導体による電気力線

入る．したがって，外球の内表面に $-Q_1$ の電荷が誘起される．外球の電荷の総和は 0 であるので外球の外表面には $+Q_1$ の電荷が誘導され，この電荷から出る電気力線は無限遠に達する．

よって，中心から距離 r における電界は

$$E = \frac{Q_1}{4\pi\varepsilon_0 r^2} \tag{4.50}$$

であるから，外球導体の電位 V_2 は次式で与えられる．

$$\begin{aligned} V_2 &= -\int_{\infty}^{c} E\,dr \\ &= \frac{Q_1}{4\pi\varepsilon_0 c} \end{aligned} \tag{4.51}$$

また，内球導体の電位 V_1 は次のようになる．

$$V_1 = V_2 - \int_b^a E\,dr = \frac{Q_1}{4\pi\varepsilon_0}\left(\frac{1}{c} + \frac{1}{a} - \frac{1}{b}\right) \tag{4.52}$$

以上，両式より

$$p_{11} = \frac{V_1}{Q_1} = \frac{1}{4\pi\varepsilon_0}\left(\frac{1}{c} + \frac{1}{a} - \frac{1}{b}\right) \tag{4.53}$$

$$p_{21} = \frac{V_2}{Q_1} = \frac{1}{4\pi\varepsilon_0 c} \tag{4.54}$$

が得られる．

次に内球導体の電荷 Q_1 を 0 として，外球導体に電荷 Q_2 を与えたときの電気力線は，図 4.11(b)に示すように外球導体の外側にのみ存在する．このとき，内球と外球の電位は等しく次式で与えられる．

$$V_1 = V_2 = -\int_\infty^c E\,dr = \frac{Q_2}{4\pi\varepsilon_0 c} \tag{4.55}$$

したがって，

$$p_{12} = \frac{V_1}{Q_2} = \frac{1}{4\pi\varepsilon_0 c} \tag{4.56}$$

$$p_{22} = \frac{V_2}{Q_2} = \frac{1}{4\pi\varepsilon_0 c} \tag{4.57}$$

となる．

静電誘導係数ならびに容量係数は，(4.45) より電位係数を用いて次式となる．

$$\begin{bmatrix} Q_1 \\ Q_2 \end{bmatrix} = \begin{bmatrix} q_{11} & q_{12} \\ q_{21} & q_{22} \end{bmatrix}\begin{bmatrix} V_1 \\ V_2 \end{bmatrix} = \begin{bmatrix} p_{11} & p_{12} \\ p_{21} & p_{22} \end{bmatrix}^{-1}\begin{bmatrix} V_1 \\ V_2 \end{bmatrix} = \frac{1}{p_{11}p_{22} - p_{12}^2}\begin{bmatrix} p_{22} & -p_{12} \\ -p_{21} & p_{11} \end{bmatrix}\begin{bmatrix} V_1 \\ V_2 \end{bmatrix}$$

これより，

$$q_{11} = \frac{p_{22}}{p_{11}p_{22} - p_{12}^2} = \frac{4\pi\varepsilon_0 ab}{b - a} \tag{4.58}$$

$$q_{12} = q_{21} = \frac{-p_{12}}{p_{11}p_{22} - p_{12}^2} = -\frac{4\pi\varepsilon_0 ab}{b - a} \tag{4.59}$$

$$q_{22} = \frac{p_{11}}{p_{11}p_{22} - p_{12}^2} = \frac{4\pi\varepsilon_0\{ab + c(b - a)\}}{b - a} \tag{4.60}$$

となる.

4.4.4 同軸円筒導体における重ねの理を用いた計算例

図4.12に示すように，内導体，中導体，外導体からなる同軸円筒導体がある．内導体の半径を a，中導体の内半径を b，外半径を c，外導体の内半径を d とする．外導体が接地されているときの電位係数を考えてみる．

円筒電極の面電荷密度 σ が均一である場合，S を電極の表面積とすれば，長さ l 当りの線電荷密度 λ との間には $\sigma S = \lambda l$ が成り立つ．また，同軸円筒導体の断面における電位分布は均一であり，内導体ならびに中導体の電位をそれぞれ V_1, V_2，内導体の外表面，中導体の表面の単位面積当りの電荷密度

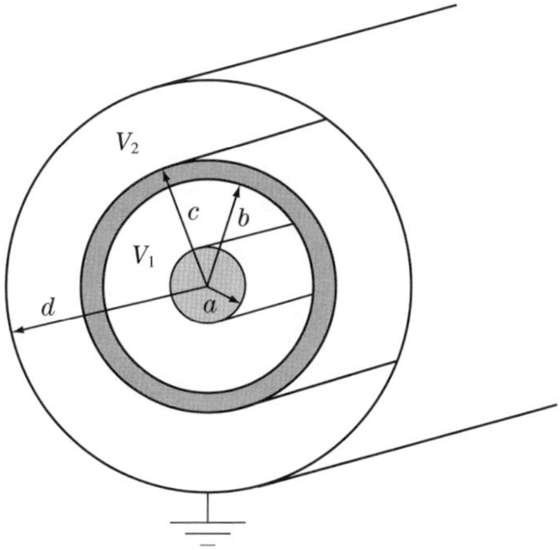

図4.12 同軸円筒導体

をそれぞれ σ_1, σ_2 とする．これらの関係は，電位係数を用いて次のように表せる．

$$\begin{bmatrix} V_1 \\ V_2 \end{bmatrix} = \begin{bmatrix} p_{11} & p_{12} \\ p_{21} & p_{22} \end{bmatrix} \begin{bmatrix} 2\pi a\sigma_1 \\ 2\pi c\sigma_2 \end{bmatrix} \tag{4.61}$$

初めに内導体に単位長さ当り $2\pi a\sigma_1$ の電荷を与え，中導体の電荷 σ_2 が 0 である場合を考える．まず，内導体から出る電気力線は，図 4.13 (a) に示すようにすべて中導体の内表面に入るので，内表面には $-2\pi a\sigma_1$ の電荷が誘起される．さらに中導体の電荷 σ_2 は総和が 0 であるので，中導体の外表面には静電誘導により $+2\pi a\sigma_1$ の電荷が誘起され，この電荷から出る電気力線は外導体の内表面に入る．

よって，中心線からの距離 r が $a \leq r \leq b$，$c \leq r < d$ である，それぞれの領域の電界は次式で与えられる．

$$E = \frac{2\pi a\sigma_1}{2\pi\varepsilon_0 r} = \frac{\sigma_1 a}{\varepsilon_0 r} \tag{4.62}$$

したがって，中導体の電位 V_2 は

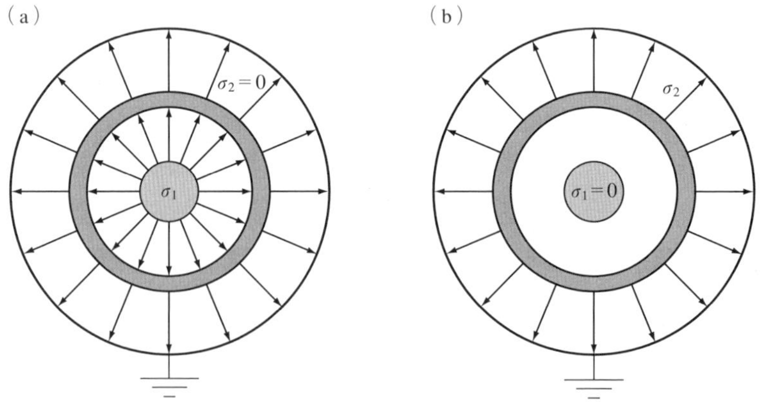

図 4.13　同軸円筒導体による電気力線の様子．
(a) $\sigma_1 \neq 0$，$\sigma_2 = 0$，(b) $\sigma_1 = 0$，$\sigma_2 \neq 0$.

$$V_2 = -\int_d^c E\,dr = -\int_d^c \frac{\sigma_1 a}{\varepsilon_0 r}\,dr = \frac{\sigma_1 a}{\varepsilon_0}\ln\frac{d}{c} \tag{4.63}$$

となる．また，内導体の電位 V_1 は次のようになる．

$$V_1 = V_2 - \int_b^a E\,dr = \frac{\sigma_1 a}{\varepsilon_0}\ln\frac{d}{c} - \frac{\sigma_1 a}{\varepsilon_0}\int_b^a \frac{dr}{r} = \frac{\sigma_1 a}{\varepsilon_0}\left(\ln\frac{d}{c} + \ln\frac{b}{a}\right) = \frac{\sigma_1 a}{\varepsilon_0}\ln\frac{bd}{ac} \tag{4.64}$$

これより

$$p_{11} = \frac{V_1}{2\pi a\sigma_1} = \frac{1}{2\pi\varepsilon_0}\ln\frac{bd}{ac} \tag{4.65}$$

$$p_{21} = \frac{V_2}{2\pi a\sigma_1} = \frac{1}{2\pi\varepsilon_0}\ln\frac{d}{c} \tag{4.66}$$

となる．

次に，図 4.13（b）に示すように内導体の電荷 σ_1 を 0 とし，中導体に電荷 $2\pi c\sigma_2$ を与えた場合を考える．内導体から出る電気力線はないので，$c \leq r < d$ における電界は

$$E = \frac{2\pi c\sigma_2}{2\pi\varepsilon_0 r} = \frac{\sigma_2}{\varepsilon_0}\frac{c}{r} \tag{4.67}$$

となる．これより，内導体ならびに中導体の電位 V_1，V_2 は次のようになる．

$$V_1 = V_2 = -\int_d^c E\,dr = \frac{\sigma_2 c}{\varepsilon_0}\ln\frac{d}{c} \tag{4.68}$$

したがって，

$$p_{12} = \frac{V_1}{2\pi c\sigma_2} = \frac{1}{2\pi\varepsilon_0}\ln\frac{d}{c} \tag{4.69}$$

$$p_{22} = \frac{V_2}{2\pi c\sigma_2} = \frac{1}{2\pi\varepsilon_0}\ln\frac{d}{c} \tag{4.70}$$

となる．

4.5 静電容量

4.5.1 静電容量

図 4.14 に示すように 2 つの導体を考え，一方の導体に $+Q$ の電荷を，他方に $-Q$ の電荷を与える．このとき，導体 1 の電位が V_1 に，また導体 2 の電位が V_2 になり，両導体間には電位差 $V = V_1 - V_2$ が生じる．このとき，与えた電荷と電位差は比例関係が成り立つ．その比

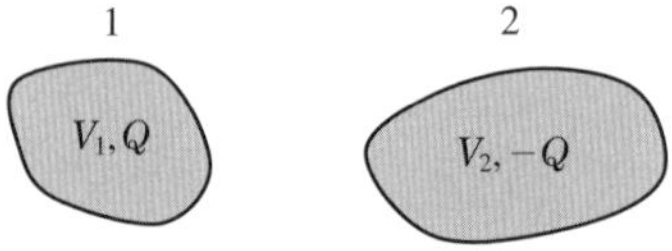

図 4.14　2 つの導体による静電容量

$$C = \frac{Q}{V} \quad [\mathrm{F}] \tag{4.71}$$

を**静電容量** (electrostatic capacity) または容量 (capacity)，あるいは**キャパシタンス** (capacitance) という．静電容量の単位は [C/V] であるが，通常ファラッド (farad) [F] が用いられる．

ファラッドは電磁誘導現象を発見したファラデー (Michael Faraday, 1791 - 1867) に因んで名づけられた．

静電容量を利用して，電荷ないし静電エネルギーを蓄えるための素子，あるいは装置を**コンデンサ** (condenser)，または**キャパシタ** (capacitor) という．キャパシタを作るのに用いられる導体を，一般に**電極** (electrode) とよぶ．

電極間の距離が d である平行平板でできているコンデンサを考える．電極間が真空である場合，電極表面の電荷密度は (4.4) より $\sigma = \varepsilon_0 E$ となる．電極の表面積を S とすれば，電荷量 Q は $Q = \sigma S$ である．また電極間の電位差を V とすれば，次式が成り立つ．

$$V = Ed = \frac{Qd}{\varepsilon_0 S} \tag{4.72}$$

したがって，静電容量は (4.71) より

$$C = \frac{Q}{V} = \varepsilon_0 \frac{S}{d} \quad [\mathrm{F}] \tag{4.73}$$

となる．

ここで，2つの導体に対する静電容量と電位係数との関係を求めてみる．それぞれの導体の電荷は等量で符号が異なることに注意すれば，(4.41) より次式が成り立つ．

$$\left.\begin{aligned} V_1 &= p_{11}Q + p_{12}(-Q) = (p_{11} - p_{12})Q \\ V_2 &= p_{21}Q + p_{22}(-Q) = (p_{21} - p_{22})Q \end{aligned}\right\} \tag{4.74}$$

導体1と導体2の電位差 V は，$p_{12} = p_{21}$ の相反関係を用いると

$$V = V_1 - V_2 = (p_{11} - 2p_{12} + p_{22})Q \tag{4.75}$$

となる．これより次式が得られる．

$$C = \frac{Q}{V} = \frac{1}{p_{11} - 2p_{12} + p_{22}} \tag{4.76}$$

また，静電容量と容量係数ならびに静電誘導係数との関係は，

$$\left.\begin{aligned} Q &= q_{11}V_1 + q_{12}V_2 \\ -Q &= q_{21}V_1 + q_{22}V_2 \end{aligned}\right\} \tag{4.77}$$

ならびに，$q_{12} = q_{21}$ の相反関係を用いると次式となる．

$$C = \frac{Q}{V} = \frac{Q}{V_1 - V_2} = \frac{q_{11}q_{22} - q_{12}^2}{q_{11} + q_{22} + 2q_{12}} \tag{4.78}$$

2つの導体間ではなく，1つの導体に対しても静電容量が存在する．例えば孤立した導体が帯電している場合，導体は電位をもつ．この場合は，その導体の電位 $V(\boldsymbol{r})$ と無限遠の電位 $V(\infty)$ の差から静電容量 C が計算される．すなわち，導体が電荷 Q をもつとすれば，

$$C = \frac{Q}{V(\boldsymbol{r}) - V(\infty)} \tag{4.79}$$

となる．もし無限遠の電位が0であれば，(4.79) の $V(\boldsymbol{r})$ はその導体の電位

に等しい．

特に，大地面に対する静電容量を**対地静電容量**（earth capacitance, capacitance to ground）という．

コラム　接地（アース）

電気機器はケースを接地することにより，感電に対する安全の確保や機器の異常な電圧の発生を抑制する．これは，大地面の電位が基準電位である 0 ボルトになっていることを利用している．一方，シールドされた閉空間に機器が収納されている場合，シールド体の電位と機器のケースが同電位であれば，感電の恐れがなくなる．金属でできている自動車に落雷した場合，自動車の中にいる人が感電しないのはこの理由による．接地はアースともいう．

4.5.2　静電容量の計算例

（1）　**同軸円筒導体**

図 3.2 に示した同軸円筒導体の単位長さ当りの静電容量を求める．

同軸円筒導体間の電位差 V と単位長さ当りの電荷との関係は，次式で与えられる．

$$V = \frac{\lambda}{2\pi\varepsilon_0} \ln \frac{b}{a} \tag{3.14}$$

これより，単位長さ当りの静電容量は次式で計算できる．

$$C = \frac{\lambda}{V} = \frac{2\pi\varepsilon_0}{\ln(b/a)} \quad [\mathrm{F/m}] \tag{4.80}$$

（2）　**同心球導体**

電荷 $+Q$ による電界は $E = Q/4\pi\varepsilon_0 r^2$ であるから，図 4.10 に示した同心球導体間の電位差 V は次式で与えられる．

$$V = -\frac{Q}{4\pi\varepsilon_0}\int_b^a \frac{1}{r^2}\,dr = \frac{Q}{4\pi\varepsilon_0}\left[\frac{1}{r}\right]_b^a = \frac{Q}{4\pi\varepsilon_0}\left(\frac{1}{a} - \frac{1}{b}\right) \qquad (4.81)$$

これより，静電容量は

$$C = \frac{Q}{V} = \frac{4\pi\varepsilon_0 ab}{b - a} \quad [\mathrm{F}] \qquad (4.82)$$

となる．もし $b \to \infty$ とすれば，半径 a の孤立した球導体の静電容量が

$$C = 4\pi\varepsilon_0 a \qquad (4.83)$$

となることがわかる．

また，(4.76) に 4.4.3 項での電位係数 p_{11}, $p_{12} = p_{21}$ を代入すれば，

$$C = \frac{1}{p_{11} - 2p_{12} + p_{22}} = \frac{1}{\dfrac{1}{4\pi\varepsilon_0}\left(\dfrac{1}{a} - \dfrac{1}{b} + \dfrac{1}{c}\right) - 2\cdot\dfrac{1}{4\pi\varepsilon_0}\dfrac{1}{c} + \dfrac{1}{4\pi\varepsilon_0}\dfrac{1}{c}} = \frac{4\pi\varepsilon_0 ab}{b - a} \qquad (4.84)$$

となり，(4.82) と同じ結果が得られる．

（3）　平行円筒導体

図 4.7 に示した，無限に長い平行円筒導体 (parallel cylindrical conductor) の単位長さ当りの静電容量を考えてみる．

電位と線電荷密度との関係は (4.32) ならびに (4.33) で与えられるので，静電容量は次のようになる．

$$C = \frac{\lambda}{V_0} = \frac{2\pi\varepsilon_0}{\ln\dfrac{\sqrt{a^2 + h^2} + a + h}{\sqrt{a^2 + h^2} + a - h}} = \frac{2\pi\varepsilon_0}{\ln\dfrac{y_0 - a + \sqrt{y_0^2 - a^2}}{y_0 - a - \sqrt{y_0^2 - a^2}}} \quad [\mathrm{F/m}] \qquad (4.85)$$

もし，$a \ll h$，$a \ll y_0$ であれば

$$C \approx \frac{2\pi\varepsilon_0}{\ln(2h/a)} \approx \frac{2\pi\varepsilon_0}{\ln(2y_0/a)} \quad [\mathrm{F/m}] \qquad (4.86)$$

となる．

4.6 等価静電容量

図4.15に示すように，接地された円筒内に3本の導体が配置されている場合を考える．重ねの理より次の関係が成り立つ．

$$
\left.\begin{aligned}
Q_1 &= q_{11}V_1 + q_{12}V_2 + q_{13}V_3 \\
Q_2 &= q_{21}V_1 + q_{22}V_2 + q_{23}V_3 \\
Q_3 &= q_{31}V_1 + q_{32}V_2 + q_{33}V_3
\end{aligned}\right\} \tag{4.87}
$$

ここで，$k = 1, 2, 3$，$n = 3$として

$$C_k = \sum_{j=1}^{n} q_{kj} \tag{4.88}$$

$$C_{kl} = C_{lk} = -q_{kl} \quad (k \neq l) \tag{4.89}$$

とおくと，それぞれの導体の電位 V_1, V_2, V_3 と電荷 Q_1, Q_2, Q_3 との関係は次のようになる．

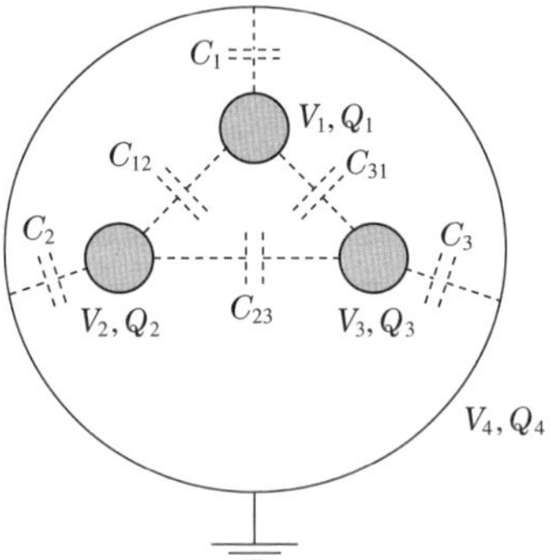

図4.15　接地された円筒内に配置された3導体

$$\left.\begin{aligned} Q_1 &= C_1V_1 + C_{12}(V_1 - V_2) + C_{13}(V_1 - V_3) \\ Q_2 &= C_{21}(V_2 - V_1) + C_2V_2 + C_{23}(V_2 - V_3) \\ Q_3 &= C_{31}(V_3 - V_1) + C_{32}(V_3 - V_2) + C_3V_3 \end{aligned}\right\} \tag{4.90}$$

これらの関係は，図 4.15 に破線で示した静電容量に対応する．

一般に n 個の導体がある場合，導体 k と大地間に対しては (4.88) で表される静電容量 C_k を，また導体 k と導体 l 間に対しては (4.89) で表される静電容量 C_{kl} を用いると，(4.90) で示される電位と電荷の関係は次のように表される．

$$\left.\begin{aligned} Q_1 &= C_1V_1 + C_{12}(V_1 - V_2) + \cdots + C_{1n}(V_1 - V_n) \\ Q_2 &= C_{21}(V_2 - V_1) + C_2V_2 + \cdots C_{2n}(V_2 - V_n) \\ &\cdots\cdots\cdots\cdots\cdots\cdots\cdots\cdots \\ Q_n &= C_{n1}(V_n - V_1) + C_{n2}(V_n - V_2) + \cdots + C_nV_n \end{aligned}\right\} \tag{4.91}$$

これを**等価静電容量** (equivalent capacitance) による表示という．

4．7　静電シールド

図 4.16 に示すように，電荷 $+Q$ をもつ導体 1 が導体 2 に囲まれている場合を考える．導体 2 の内表面には静電誘導により $-Q$ の誘導電荷が，また，外表面には $+Q$ の誘導電荷が誘導される．外表面に誘導された $+Q$ の電荷により，導体 2 から接地面に向かって電気力線が出て行く．この電気力線により，導体 3 には静電誘導が発生し導体 1 の影響を受ける．

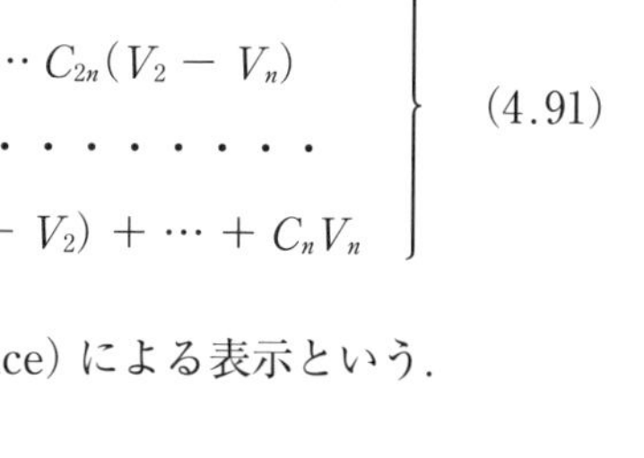

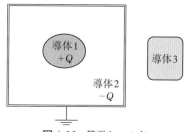

図 4.16　静電シールド

この状態で導体 2 を接地すると，

導体2は接地面と同電位となるため，導体1から発生する電気力線はすべて導体2に入り導体2の外部には出なくなる．

すなわち，接地前に外表面に誘導された $+Q$ の誘導電荷から出ていた電気力線が消滅する．これにより，導体3は導体1による静電誘導の影響がなくなる．逆に，導体3による導体1への静電誘導は，導体2を接地することによりなくすことができる．このような効果を，**静電シールド** (electrostatic shield) または**静電遮蔽**という．

例えば，電子機器のサージ保護に静電シールドを施す場合がこれに当たる．すなわち導体1が電子機器に相当し，導体3がノイズの発生源である場合，導体2を静電シールドとして電子機器を覆うことにより，電子機器の誤作動を防止できる．

ここに示した静電遮蔽を，3導体系の容量係数と静電誘導係数を用いて考察してみる．まず，導体1と導体3の電荷と電位の関係は (4.44) より次のようになる．

$$\left.\begin{aligned} Q_1 &= q_{11}V_1 + q_{12}V_2 + q_{13}V_3 \\ Q_3 &= q_{31}V_1 + q_{32}V_2 + q_{33}V_3 \end{aligned}\right\} \tag{4.92}$$

静電誘導係数 q_{31} は，$V_1 = 1\,\mathrm{V}$, $V_2 = V_3 = 0\,\mathrm{V}$ としたとき，導体3に誘導される電荷に等しい．ここで導体1は導体2に囲まれており，導体2は接地されているので電位は0である．したがって，導体1から出る電気力線はすべて導体2に入り，導体2の外部には出ない．この結果，導体3には電荷が誘導されないので $q_{31} = 0$ となる．また，相反関係より $q_{13} = q_{31} = 0$ が成立する．

これより次式が得られる．

$$\left.\begin{aligned} Q_1 &= q_{11}V_1 + q_{12}V_2 = q_{11}V_1 \\ Q_3 &= q_{32}V_2 + q_{33}V_3 = q_{33}V_3 \end{aligned}\right\} \tag{4.93}$$

この式より明らかなように，接地した導体2で導体1を囲むことにより，導体1と導体3は静電的に無関係になる．

4.8 導体系に対するグリーンの相反定理

図4.9に示した n 個の導体系において，それぞれの導体の電圧が前後で異なる場合を考える．i 番目の導体の前後の電圧と電荷をそれぞれ $V_i^{(1)}, V_i^{(2)}, Q_i^{(1)}, Q_i^{(2)}$ で表すとき，次の関係が成り立つ．

$$\sum_{i=1}^{n} V_i^{(1)} Q_i^{(2)} = \sum_{i=1}^{n} V_i^{(2)} Q_i^{(1)} \tag{4.94}$$

これを導体系に対する**グリーンの相反定理**（Green's reciprocal theorem）という．

第4章のまとめ

・導体：次の性質をもつ物質をいう．（4.1節），（4.2節）

（1）内部に自由電子（電界の作用により自由に移動可能な電子）が多数存在する．

（2）誘導電荷ならびに導体に外部から与えられた電荷は，すべて導体の表面に分布し導体の内部には存在できない．

（3）誘導電荷の総和は0である．

（4）導体に電荷を与えると，導体全体が等電位となるよう導体表面に分布し等電位面の1つになる．

（5）導体内部の電位は，導体表面の電位に等しい．

（6）ガウスの法則により，内部の電界は常に0である．

（7）電気力線は導体表面に垂直に出入りし，導体内部には存在しない．

・静電誘導：静電界中に導体を置くと，導体表面に電荷が現れること．（4.1節）

・クーロンの定理：導体表面に現れる電荷と電界との間には，$\sigma = \varepsilon_0 E_n$ が成

り立つ（ただし，σ は表面電荷密度，E_n は導体に垂直な電界）．（4.2節）

・境界条件：境界が満足すべき条件をいう．導体では次のようになる．（4.3節）

（1）導体表面では，電界は法線成分のみであり接線成分は0である．

（2）接地面の電位は0である．

・解の一意性：境界条件を満足するラプラスの方程式の解は，ただ1つしかない．（4.2節）

・電気影像法：接地面に限らず境界条件を満足するよう影像電荷を置くことにより，電位あるいは電界の計算を行うことができる．（4.3節）

・静電容量：2個の導体間に電圧 V を印加したとき，各導体に誘導される電荷 $\pm Q$ は電圧に比例する．この比例係数 C を静電容量という．すなわち $Q = CV$ が成り立つ．（4.5節）

・コンデンサまたはキャパシタ：静電容量をもつ部品または装置．（4.5節）

・電位係数，容量係数，静電誘導係数：複数の導体系に対して，これらが定義され重ねの理で表現できる．（4.4節）

・等価静電容量：複数の導体系に対して，容量係数と静電誘導係数を用いて電位と電荷との関係を表したもの．（4.6節）

・静電遮蔽または静電シールド：接地された閉じた空間の中に物体を入れると，空間の外側からの静電誘導による影響をなくすことができる．（4.7節）

・グリーンの相反定理：複数の導体系において，電位と電荷との関係を表す定理．（4.8節）

章末問題

【4.1】 電極間の距離が d である，無限の大きさをもつ平行平板コンデンサの単位面積当りの静電容量を求めよ．また，電極面積が S であるときの静電容量はいくらか．(4.5節)

【4.2】 宇宙の中で地球を孤立した導体と見なしたとき，静電容量を求めよ．ただし，地球の半径を 6360 km とする．(4.5.2項(2))

【4.3】 静電容量が C_1, C_2 である 2 つのコンデンサがある．それぞれの電圧が V_1, V_2 であるとき，抵抗 R を介してスイッチ S を閉じ，コンデンサを並列に接続する．スイッチを閉じる前後の静電エネルギーの変化を求めよ．

【4.4】 図 4.17 に示すように，2 つの導体 1, 2 が接地面上に配置されており，それぞれの電位と電荷が V_1, Q_1, V_2, Q_2 であるとき，図に示す等価静電容量を求めよ．(4.6節)

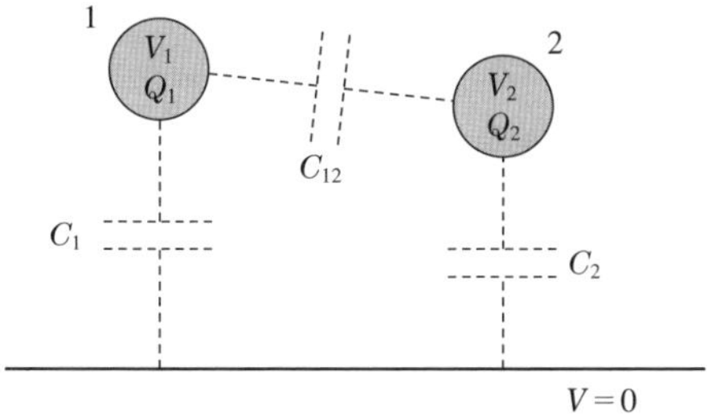

図 4.17　静電誘導

【4.5】 一様な電界中に半径 a の球導体を置いたとき，球導体外の電界と球導体表面上に誘導される電荷密度を求めよ．(2.5節)，(4.4節)

第5章

誘 電 体

学習目標

a) 誘電体について説明できる.
b) 誘電分極の種類と物理現象を説明できる.
c) 比誘電率の定義と分極電荷の物理的意味を説明できる.
d) 電束密度とガウスの法則について説明できる.
e) 複数の誘電体がある場合の境界条件を理解し説明できる.
f) 界面分極における電荷の蓄積現象を理解し説明できる.

キーワード

誘電体, 誘電分極, 分極電荷, 比誘電率, 電束密度, ガウスの法則, 強誘電体, 複合誘電体, 境界条件

5.1 誘 電 体

物質内には正と負の電荷が存在するが, 外部電界の作用によりこれらの電荷がどのように振舞うかで, さまざまな電気的性質が現れる.

例えば, 導体では自由電子が外部電界を打ち消すように自由に動ける. このため, 導体内部には静電界が存在しない.

これに対して自由電子をもたない物質では, 電子はクーロン力により原子

核に束縛されており，クーロン力に打ち勝つ以上のエネルギーを得なければ自由に移動することはできない．すなわち，自由電子をもたない物質内の電子は原子核によって束縛される結果，ごくわずかしか動けず，原子あるいは分子と電子との間に電気双極子を生じる．

このように外部電界により，物質中の原子や分子が電気双極子を作ることを**誘電分極** (dielectric polarization)，または**電気分極** (electric polarization) という．単に**分極** (polarization) とよぶこともある．誘電分極により生じた電荷を**分極電荷** (polarized charge, polarization charge) という．分極電荷は原子や分子により束縛された状態で存在するが，金属内に存在する自由電子のように自由に動ける電荷を**真電荷** (true electric charge) とよび，両者を区別している．この分極電荷については，5.3節で詳しく解説する．

また電圧 (電界) を加えると，誘電分極が起こり，電気を蓄えることができる物質を**誘電体** (dielectrics) という．すなわち誘電体は，外部電界が加わることにより生じる極めて多数の電気双極子の集まりと考えることができる．この様子を図5.1に示す．

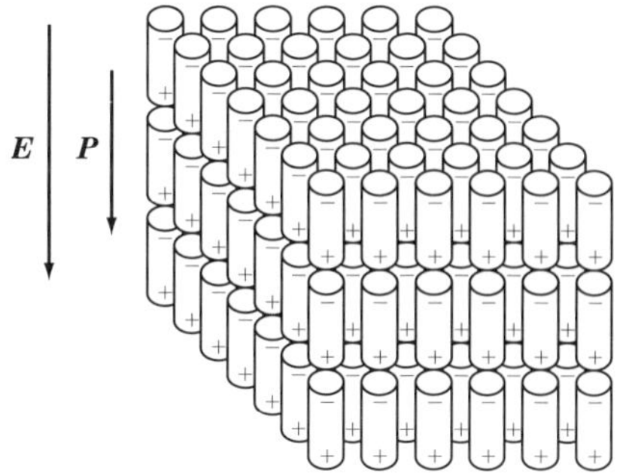

図5.1　誘電体の分極

外部電界により双極子が生じると，誘電体内部の電界は外部電界と双極子による電界の和になる．電界の向きに着目すると，外部電界によって誘電体表面に生じる分極電荷間では，電荷の近傍を除いて印加された外部電界を打ち消す方向に電界が形成される．すなわち，双極子は外部電界の一部しか打ち消すことができない．このため誘電体内部には電界が存在する．

誘電体の一般的な性質として，金属のように伝導電子 (自由電子) をもたないため電気を通しにくい．このため，**絶縁体** (insulator) ともよばれる．

逆に，絶縁体は外部電界に対して電荷を誘導する作用があるという意味で誘電体ともよばれる．誘電体は多くはコンデンサの材料として用いられるが，この他にも高周波電磁波の波長を短縮する効果もある．

5.2 誘電分極（電気分極）

誘電分極が生じるメカニズムにはさまざまなものがあるが，代表的なものを以下に示す．

（1）**電子分極**

正電荷をもつ原子核が電界の方向に，負電荷をもつ電子雲がその反対方向に相対的にわずかに移動することにより生じる分極．

（2）**配向分極（双極子分極）**

有極性分子は双極子モーメントをもつが，これに電界が加わるとトルクがはたらき，電界の方向に向く．この時に生じる分極．

（3）**イオン分極**

イオン結晶では，陽イオンが電界の方向へ，また陰イオンはそれとは逆向きにわずかに移動することにより生じる分極．これを**原子分極**（atomic polarization）ともいう．

（4）**界面分極**

不均質な誘電体の界面で生じる（5.8 節参照）．

図 5.2 に簡単な単原子分子に生じる誘電分極のモデルを示す．これをトムソンの原子模型とよぶ．原子核の電荷を点電荷 $+Q$ とし，これを $-Q$ の負電荷をもつ電子雲が，原子核を中心とする半径 a の球内に一様に分布していると仮定する．

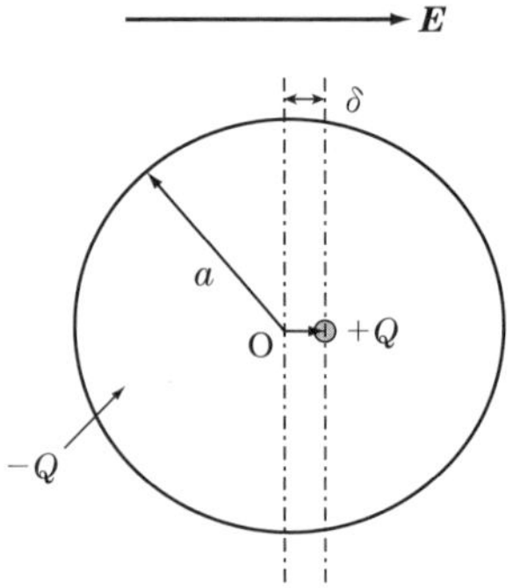

図 5.2　単原子分子モデルによる電子分極（トムソンの原子模型）

この場合，外部から電界 $\boldsymbol{E}$ をかけると電気的には全体として中性であるが，原子核は電界の向きに，電子雲は電界の向きとは逆方向にそれぞれ力を受け，図のように原子核と電子雲の中心の位置にずれが生じる．一方，ずれが生じると同時に原子核と電子雲との間には吸引力がはたらくので，距離 δ だけずれた位置で平衡状態に達する．

ここで，電子雲の変形や密度分布の変化がないと仮定すれば，外部に対しては $p = Q\delta$ の電気双極子と見なせる．図において電気双極子モーメントの大きさは，電気双極子が作る電界 $\boldsymbol{E}_{\mathrm{e}}$ が外部電界 $\boldsymbol{E}$ を打ち消す条件から計算することができる．

距離 δ だけずれた電子雲が原子核の位置に作る電界 $\boldsymbol{E}_{\mathrm{e}}$ は，半径 δ の球の表面積が $4\pi\delta^2$ であること，ならびに半径 δ の球の電荷量は $-Q$ の負電荷を体積比で分配したものに等しいので，ガウスの法則を適用すると次のようになる．

$$\int_{\mathrm{S}} \boldsymbol{E}_{\mathrm{e}} \cdot \boldsymbol{n}\, dS = E_{\mathrm{e}} \cdot 4\pi\delta^2 = \frac{1}{\varepsilon_0}\left\{\frac{(4/3)\pi\delta^3}{(4/3)\pi a^3}(-Q)\right\} = -\frac{Q}{\varepsilon_0}\left(\frac{\delta}{a}\right)^3 \tag{5.1}$$

したがって，

$$E_{\mathrm{e}} = -\frac{Q\delta}{4\pi\varepsilon_0 a^3} = -\frac{p}{4\pi\varepsilon_0 a^3} \tag{5.2}$$

となる．この電界が外部電界 $\boldsymbol{E}$ とつり合うので

$$p = 4\pi\varepsilon_0 a^3 E \tag{5.3}$$

が得られる．この電気双極子モーメント $\boldsymbol{p}$ と電界 $\boldsymbol{E}$ との比例関係は，構造が対称的な原子や分子に対してよく成り立つことが知られている．これをベクトルで表せば次式となる．

$$\boldsymbol{p} = \alpha\varepsilon_0 \boldsymbol{E} \tag{5.4}$$

ここで，定数 α は $4\pi a^3$ であり原子や分子の種類により異なり，**原子分極**

率 (atomic polarizability) とよばれる．また，このモデルのように，原子核と電子雲の中心位置が相対的にずれることにより生じる分極を**電子分極** (electronic polarization) という．この分極は，一様な外部電界の中に置かれた半径 δ の導体球に誘導された双極子モーメントである．イタリアのモソッティ (Ottaviano Fabrizio Mossotti, 1791 – 1863) は，1850 年に分子を導体球と考え原子分極率を計算していた．

図 5.3 は分子構造と分極の様子を示す．分子の中には構造が非対称であるため，電界を加えなくても電気双極子モーメントをもつものがある．これを**固有双極子モーメント** (intrinsic dipole moment) という．また，このような分子を**有極性分子** (polar molecule) という．

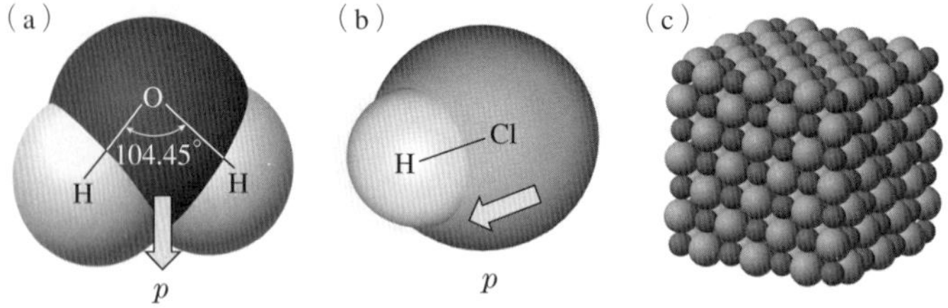

図 5.3　分子構造と分極．(a) 水 H_2O，(b) 塩酸 HCl，(c) 塩化ナトリウム NaCl.

例えば，水 H_2O や塩酸 HCl がこれに相当する．有極性分子は電界が加わらない場合は，双極子モーメントは熱運動により無秩序な向きをもつので平均的には 0 となり極性は生じないが，電界が加わると電気双極子モーメントが生じる．このような分極を**配向分極** (orientation polarization) という．また塩化ナトリウム NaCl のようなイオン性結晶では，正と負のイオンが平衡位置からずれることにより分極が起こる．これを**イオン分極** (ionic polarization) という．

このように，誘電体の中では，双極子モーメント $\boldsymbol{p}$ をもつ電気双極子が無数に存在しており，これを平均的に取り扱うことにより誘電特性を理解することができる．このような電気双極子モーメント $\boldsymbol{p}$ を，**分極** (polarization) または**双極子分極** (dipole polarization) という．

5. 3　分極電荷

誘電体は多数の電気双極子モーメントからできていると考えられる．ここで，この密度と分極との関係について考えてみる．ある物質についての分極の強さ $\boldsymbol{P}$ は，微小体積 $\varDelta V$ 内にある双極子モーメント $\boldsymbol{p}$ のベクトル和の平均で表すことができる．すなわち，次式となる．

$$\boldsymbol{P} = \frac{\sum \boldsymbol{p}}{\varDelta V} \quad [\mathrm{C/m^2}] \tag{5.5}$$

ここで，分極 $\boldsymbol{P}$ の単位は，双極子モーメントの単位が [C・m] であるから [C/m²] である．次に，単位体積当り n 個の双極子があり，微小体積 $\varDelta V$ 内の $n\varDelta V$ 個の双極子すべてが同じ方向に (一定の大きさの電荷 q) × (電気双極子を構成する正電荷と負電荷の微小距離 δ)，すなわち $q \times \delta = p$ (一定) の双極子モーメントをもっていると仮定する．このときの分極 $\boldsymbol{P}$ の大きさ P は，次のようになる．

$$P = \frac{n\varDelta V \times p}{\varDelta V} = np = nq\delta \quad [\mathrm{C/m^2}] \tag{5.6}$$

図 5.4 に示すように，分極 $\boldsymbol{P}$ が単位体積当りの双極子モーメントである

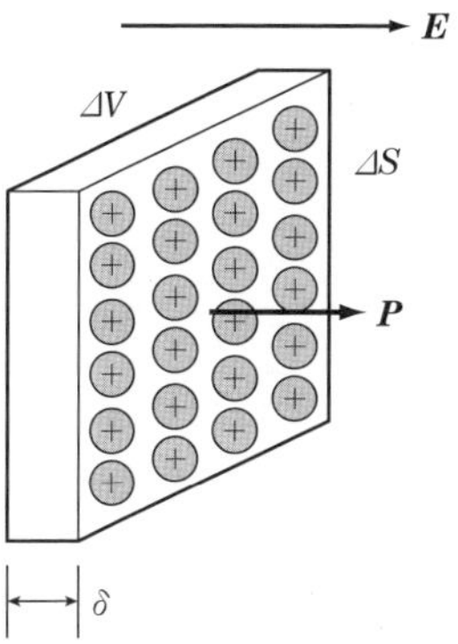

図 5.4　分極のベクトル

と同時に，分極することにより，(5.6) の値は単位面積当りに移動する正電荷の量に等しい.

誘電分極を理論的に扱うために,電気双極子による電位と電界を計算する.電気双極子による電位と電界は，3.5 節で述べたように円筒座標系を用いると次式で与えられる.

$$V = \frac{p\cos\theta}{4\pi\varepsilon r^2} \tag{5.7}$$

$$E_r = -\frac{\partial V}{\partial r} = \frac{2p\cos\theta}{4\pi\varepsilon r^3} \tag{5.8}$$

$$E_\theta = -\frac{1}{r}\frac{\partial V}{\partial\theta} = \frac{p\sin\theta}{4\pi\varepsilon r^3} \tag{5.9}$$

これらの式からわかるように，電気双極子による電位と電界は双極子モーメント $p = q \times \delta$ (電荷の大きさ q と電荷間の距離 δ の積) に比例する.

図 5.5 に示すように，電界の向きに x 軸をとり，電極から距離 x' にある断面積 $\varDelta S$，長さ dx' の微小体積 $\varDelta S\,dx'$ の誘電体を考え，電極間距離 d の平板電極に外部電界 $\boldsymbol{E}$ を印加する．この電気双極子モーメントは，(5.5) より

$$\sum p = P\,\varDelta S\,dx' \tag{5.10}$$

である．この電気双極子による点 A $(x,\ y)$ での電位を $\varDelta V$ とすれば，(5.7) より

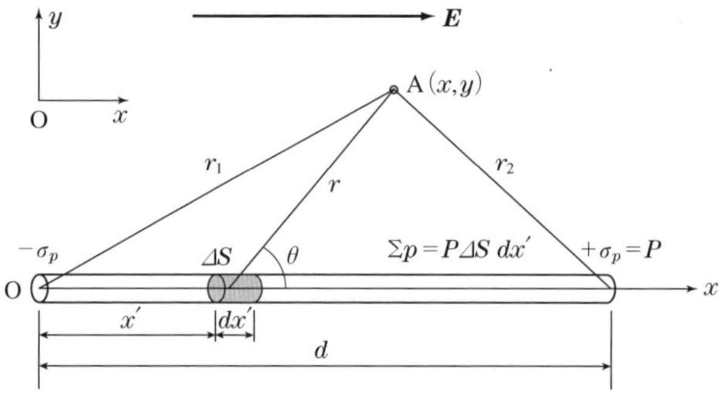

図 5.5　誘電分極による電位

$$\varDelta V = \frac{\sum p\cos\theta}{4\pi\varepsilon_0 r^2} = \frac{P\,\varDelta S\cos\theta}{4\pi\varepsilon_0 r^2}\,dx' \tag{5.11}$$

となる．ただし，$r^2 = (x - x')^2 + y^2$，$\cos\theta = (x - x')/r$ である．平板電極間にある誘電体の円柱全体に含まれる電気双極子による点 A の電位は，上式を x' について積分すれば次のように求まる．

$$\begin{aligned}
V &= \int_0^d \frac{P\,\varDelta S\cos\theta}{4\pi\varepsilon_0 r^2}\,dx' = \frac{P\,\varDelta S}{4\pi\varepsilon_0}\int_0^d \frac{x - x'}{r^3}\,dx' \\
&= \frac{P\,\varDelta S}{4\pi\varepsilon_0}\int_0^d \frac{x - x'}{\{(x - x')^2 + y^2\}^{3/2}}\,dx' = \frac{P\,\varDelta S}{4\pi\varepsilon_0}\left[-\frac{1}{\sqrt{(x - x')^2 + y^2}}\right]_0^d \\
&= \frac{P\,\varDelta S}{4\pi\varepsilon_0}\left(-\frac{1}{\sqrt{(x - d)^2 + y^2}} + \frac{1}{\sqrt{x^2 + y^2}}\right) \\
&= \frac{P\,\varDelta S}{4\pi\varepsilon_0}\left(\frac{1}{r_1} - \frac{1}{r_2}\right)
\end{aligned} \tag{5.12}$$

すなわち点 A の電位は，誘電体中の上面にある点電荷 $P\,\varDelta S$ と，底面にある点電荷 $-P\,\varDelta S$ による電位差に等しい．これは，一様な分極 $\boldsymbol{P}$ によって円柱である誘電体の底面に，単位面積当り

$$\sigma_p = P \tag{5.13}$$

の面電荷が分極 $\boldsymbol{P}$ 方向に生じていることを意味している．

ある点に分極が生じると，分極が作る電界により外部から加わっている電界（これを**外部電界**（external electric field）という）が打ち消される．ここでは打ち消される電界の大きさを考えてみる．n を単位体積当りの双極子の数とすると，ある点の周りの微小な体積 $\varDelta V$ 内には $n\,\varDelta V$ 個の正電荷と負電荷が一様に分布しており，外部から電界が加わったことにより正電荷が δ だけ動く．この場合，この点の分極 $\boldsymbol{P}$ の大きさは (5.6) より $nq\delta$ であった．

図 5.6 の中央のように，距離 δ だけ離れた両隣の正と負の電荷による電界は，重ね合わせると互いに打ち消し合う．このため分極している方向に垂直な断面積を $\varDelta S$ とすれば，両端に残された電荷は $nq\delta\,\varDelta S$ であり単位面積当

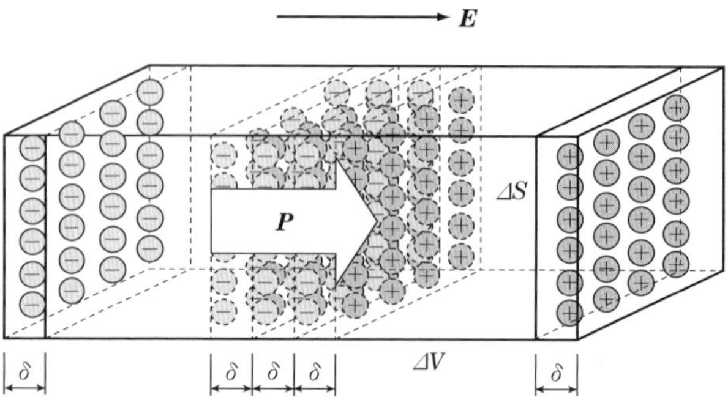

図 5.6　分極と分極電荷

り $nq\delta$ で分極 $\boldsymbol{P}$ に等しい．この電荷により平等電界 $\boldsymbol{P}/\varepsilon_0$ が生じると考えれば，この分だけ外部から加えられる電界を打ち消すことになる．

すなわち，ある点の分極 $\boldsymbol{P}$ は，外部電界を打ち消すための電界を電荷密度におきかえて表現しているといえる．このように分極により生じる電荷を**分極電荷** (polarization charge) とよぶ．

5.4 電束密度とガウスの法則

図 5.7 は平行平板電極間に誘電体を挿入し，電極間に電圧を印加したときの分極の様子を示している．

電極に存在している正電荷から負電荷に向かって電束密度 $\boldsymbol{D}$ が発生する．誘電体中のある点を含む微小な体積で考えると，電極に存在している電荷が作る電界は電束密度で表されるので，電束密度 $\boldsymbol{D}$ から分極電荷密度 $\boldsymbol{P}$ を差し引くと，これは正味の電界を作っている電荷 $\varepsilon_0 E$ に等し

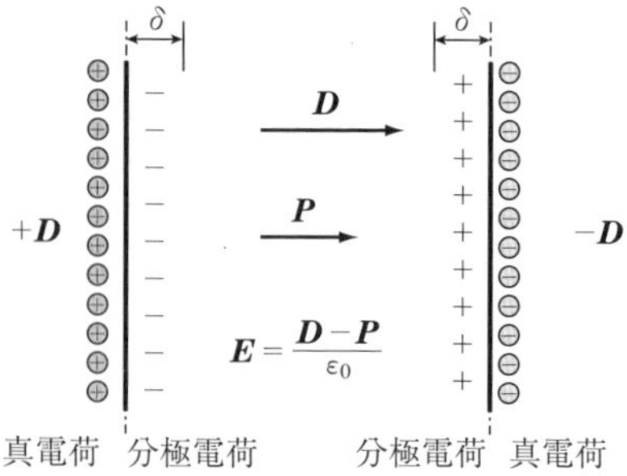

図 5.7　真電荷と分極電荷

い．すなわち，次式が成り立つ．

$$\boldsymbol{D} - \boldsymbol{P} = \varepsilon_0 \boldsymbol{E} \tag{5.14}$$

ここで，平行平板電極の向かい合った表面に $\boldsymbol{D}$ [C/m^2] の面電荷が分布している．この電荷を**真電荷**，または**自由電荷**とよぶ．誘電体中に双極子ではない電荷が存在すれば，これも真電荷である．誘電体の各部で分極が起こることは，電極近くに密度 $\boldsymbol{P}$ の分極電荷があることと等しい．誘電体内部の電界 $\boldsymbol{E}$ は，真電荷から分極電荷を差し引いた $\boldsymbol{D} - \boldsymbol{P}$ の電荷密度で生じるので，電界の大きさは

$$\boldsymbol{E} = \frac{\boldsymbol{D} - \boldsymbol{P}}{\varepsilon_0} \tag{5.15}$$

である．

誘電体中の電界は，真電荷による電界と分極電荷による電界を重ね合わせることにより計算できる．ここで，1 個の点電荷 Q が作る電界 $\boldsymbol{E}$ について考えてみる．媒質が真空の場合，図 5.8 (a) に示すように，Q を含む任意の閉曲面 S に対して次のガウスの法則が成立する．

$$\int_S \boldsymbol{E} \cdot \boldsymbol{n}\, dS = \frac{Q}{\varepsilon_0} \tag{5.16}$$

これに対して，媒質が誘電体である場合は，図 5.8 (b) に示すように真電

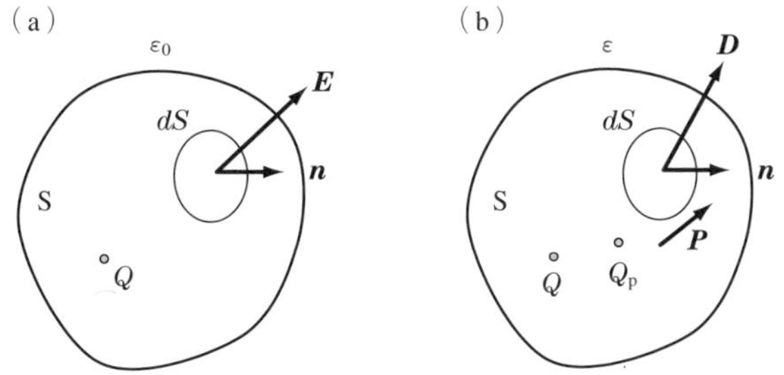

図 5.8　電束密度に関するガウスの法則．(a) 真空，(b) 誘電体．

荷 Q による電界により誘電体が分極する．分極 $\boldsymbol{P}$ により閉曲面内には分極電荷 Q_{p} が生じる．この大きさは，(5.13) から

$$Q_p = -\int_{\mathrm{S}} \boldsymbol{P} \cdot \boldsymbol{n}\, dS \tag{5.17}$$

である．したがって，電界は電荷 Q と分極電荷 Q_{p} の両方によって形成される．すなわち，ガウスの法則は次式のように表せる．

$$\int_{\mathrm{S}} \boldsymbol{E} \cdot \boldsymbol{n}\, dS = \frac{1}{\varepsilon_0}(Q + Q_p) \tag{5.18}$$

これを変形すると次式が得られる．

$$\int_{\mathrm{S}} (\varepsilon_0 \boldsymbol{E} + \boldsymbol{P}) \cdot \boldsymbol{n}\, dS = Q \tag{5.19}$$

この式の左辺は真電荷のみに関連した量であり，これを**電束**（electric flux）という．電束の単位は電荷の単位［C］に等しい．また上式において，（　）内の式は単位面積当りの電束を表しており，これを**電束密度**（electric flux density）という．すなわち，電束密度 $\boldsymbol{D}$ は次式で表される．

$$\boldsymbol{D} = \varepsilon_0 \boldsymbol{E} + \boldsymbol{P} \quad [\mathrm{C/m^2}] \tag{5.20}$$

また，電束を用いると次式が得られ，これを**電束密度に関するガウスの法則**（Gauss' law for electric flux density）という．

$$\int_{\mathrm{S}} \boldsymbol{D} \cdot \boldsymbol{n}\, dS = Q \tag{5.21}$$

次に，誘電体中に真電荷が電荷密度 ρ で分布している場合のガウスの法則は，次のように表すことができる．

$$\int_{\mathrm{S}} \boldsymbol{D} \cdot \boldsymbol{n}\, dS = \int_{\mathrm{V}} \rho\, dv \tag{5.22}$$

ここで，V は閉曲面 S で囲まれた領域の体積である．これにガウスの定理

$$\int_{\mathrm{S}} \boldsymbol{D} \cdot \boldsymbol{n}\, dS = \int_{\mathrm{V}} \mathrm{div}\, \boldsymbol{D}\, dv \tag{5.23}$$

を代入すれば，ガウスの法則の微分形が以下のように得られる．

$$\mathrm{div}\,\boldsymbol{D} = \rho \tag{5.24}$$

なお，(5.17) にガウスの定理を適用すると次式が得られる．

$$Q_p = -\int_{\mathrm{S}} \boldsymbol{P}\cdot\boldsymbol{n}\,dS = -\int_{\mathrm{V}} \mathrm{div}\,\boldsymbol{P}\,dv \tag{5.25}$$

これより，単位体積当りの分極電荷密度 ρ_p は

$$\rho_p = -\mathrm{div}\,\boldsymbol{P} \quad [\mathrm{C/m^3}] \tag{5.26}$$

となる．

また，分極が時間的に変化する場合は，電流の連続式から以下に示す分極電流密度 $\boldsymbol{J}_p$ をもつ電流が流れる．

$$\frac{\partial \boldsymbol{P}}{\partial t} = \boldsymbol{J}_{\mathrm{p}} \tag{5.27}$$

この電流を**分極電流** (polarization current) という．

なお，誘電体内の電界 $\boldsymbol{E}$ は保存場であるから $\mathrm{rot}\,\boldsymbol{E} = 0$ を満たす．したがって，(5.18) より電荷 Q と分極電荷 Q_p の和によって電界は一意的に決まる．これに対して，電束密度 $\boldsymbol{D}$ は誘電体の分極によって作られる束縛電荷が関与する．このため，一般には $\mathrm{rot}\,\boldsymbol{D} \neq 0$ である．すなわち，電束密度 $\boldsymbol{D}$ は電荷だけでは決まらない．例えば，$Q = 0$ でも $\boldsymbol{D} = 0$ にはならない．

実際に観測できるのは全電荷によって作られる電界である．また，厳密には自由電荷も電気双極子モーメントをもつ．さらに，自由電荷と束縛電荷の区別は曖昧である．この意味で，電束密度 $\boldsymbol{D}$ は明確な物理的意味を与えることができない補助的な，あるいは数学的な量になっている．現象的にも複雑な電荷分布を呈することがあり，誘電体を電気材料として使う場合に注意が必要である．

誘電体中の電界は，微小体積 $\varDelta V$ 内の電界の平均と考えられる．気体や液体の多くは物理的性質が方向によらず同じ性質をもっている．このような物質を**等方性物質** (isotropic material) という．一般に，等方性物質に対して

分極 $\boldsymbol{p}$ は電界 $\boldsymbol{E}$ に比例し次式が成り立つ.

$$\boldsymbol{p} = \chi_e \varepsilon_0 \boldsymbol{E} \tag{5.28}$$

ここで χ_e は，物質の密度や温度などにより決まる定数で**分極率**（polarizability），または**電気感受率**（electric susceptibility）とよばれる.

また，分子間の相互作用が少ない気体では，単位体積当りの分子数を n とすると，χ_e は n に比例し次の関係が成り立つ.

$$\boldsymbol{P} = n\boldsymbol{p} = n\chi_e \varepsilon_0 \boldsymbol{E} \tag{5.29}$$

物質の物理的性質が方向により変わる物質を**異方性物質**（anisotropic material）という．異方性物質に対しては，分極 $\boldsymbol{p}$ と電界 $\boldsymbol{E}$ の方向は一致せず χ_e はテンソルで表される. 比誘電率と分極率との間には, 次の関係が成り立つ.

$$\varepsilon_s = 1 + \chi_e \tag{5.30}$$

χ_e がテンソルの場合，誘電率もテンソルとなり次式で表される.

$$[\varepsilon_{ij}] = \begin{bmatrix} \varepsilon_{11} & \varepsilon_{12} & \varepsilon_{13} \\ \varepsilon_{21} & \varepsilon_{22} & \varepsilon_{23} \\ \varepsilon_{31} & \varepsilon_{32} & \varepsilon_{33} \end{bmatrix} \tag{5.31}$$

これを**テンソル誘電率**（permittivity tensor）という.

さらに，チタン酸バリウムやロッセル塩などの物質は分極 $\boldsymbol{P}$ と電界 $\boldsymbol{E}$ の関係が非線形となり，ヒステリシス現象をもつ．このため分極 $\boldsymbol{P}$ と電界 $\boldsymbol{E}$ の関係が図 5.9 に示すように非線形となり，ヒステリシス現象をもつ．これらの物質は**強誘電体**（ferroelectrics）とよばれる．この現象は P-E ヒステリシス曲線として表すことができる．強誘電体はコンデンサの他，不揮発性メモリーとして記憶・記録デバイスなどにも応用されており実用的にも重要である．強誘電体では双極子モーメントをもつ分域構造が形成されるため，その区域内のモーメントは同一方向に並んでいる．このため電界のない状態でも分極が生じている．これを**自発分極**（spontaneous polarization）とよんでいる.

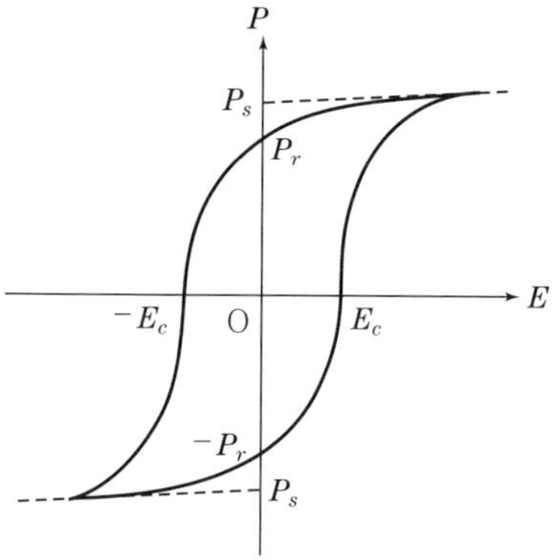

図 5.9　P-E 曲線

5.5 比誘電率

第 2 章で述べたクーロンの法則は真空の誘電率 ε_0 を用いているため，厳密には，真空中に導体と電荷が存在する場合にしか当てはまらない．多くのコンデンサは電極間に誘電体を挟んだ構造をしており，真空のときよりも静電容量が増す．

ここで，真空のときの静電容量を C_0，誘電体を挟んだときの静電容量を C とすれば，両者の比，すなわち

$$\varepsilon_s = \frac{C}{C_0} \tag{5.32}$$

を**比誘電率**（relative permittivity）という．比誘電率は真空の誘電率に対する物質の**誘電率**（permittivity）の比であるから，物質の誘電率は $\varepsilon_0\varepsilon_s$ である．表 5.1 に主な物質の比誘電率を示す．

いま，図 5.10（a）に示すように，真空中における静電容量が C_0 のコンデンサに外部回路からスイッチ S を閉じて電荷 Q を与えると，電極間には $V = Q/C_0$ の電位差が生じる．コンデンサを外部電源に接続し電位差を一定に保ったまま，電極間に誘電体を挿入すると，図 5.10（b）のように電荷は真空中の ε_s 倍になる．

表 5.1　主な物質の比誘電率

状態	物質	比誘電率	測定条件
気体	空気	1.000586	20℃，1 気圧
	酸素	1.000495	20℃，1 気圧
	水素	1.000254	20℃，1 気圧
	二酸化炭素	1.000922	20℃，1 気圧
液体	水	80.36	常温
	絶縁油	2.2 ~ 2.8	60 Hz
	シリコーン油	2.5 ~ 2.7	
	メチルアルコール	32.6	
	エチルアルコール	25.07	常温
固体	チタン酸バリウム	約 5000	
	ダイヤモンド	5.68	
	ロシェル塩	4000	
	ガラス	6.5 ~ 7.6	
	石英ガラス	3.5 ~ 4.0	常温
	パイレックスガラス	4 ~ 6.5	
	パラフィン	1.9 ~ 2.4	常温
	サファイヤ	9.4	
	ケイ酸アルミナ磁器	8 ~ 11	
	白マイカ	6 ~ 9	
	雲母	7.0	
	シリコン	11.7	常温
	NaCl	5.9	
	クラフト紙	2.9	
	天然ゴム	2.4	
	エポキシ（充填材無）	3.5 ~ 5.0	
	ポリテトラフルオロエチレン（PTFE）	<2.1	
	低密度ポリエチレン	2.25 ~ 2.35	

これは，電極間の静電容量が真空の場合の ε_s 倍になることに等しい．このように比誘電率の大きな誘電体を用いることにより，より大きな電荷を蓄えることが可能となる．このときコンデンサに蓄えられた電荷は，外部電源から供給された電荷量に等しい．なお，電圧 V と電極間の距離 d に変化はないので，誘電体の挿入前後の電界は $E = V/d$ で同じ値である．

次に，図 5.11 のようにコンデンサに電荷 Q を蓄えた後，スイッチ S を切

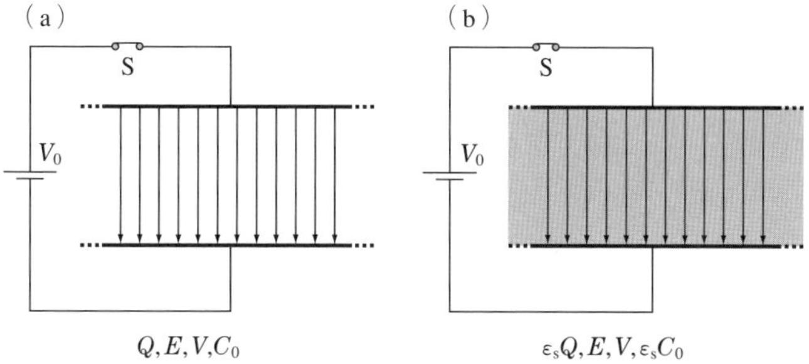

図 5.10 電位が一定の場合の誘電体中の電気力線.
(a) 真空中 $\varepsilon = \varepsilon_0$, (b) 誘電体中 $\varepsilon = \varepsilon_0\varepsilon_s$.

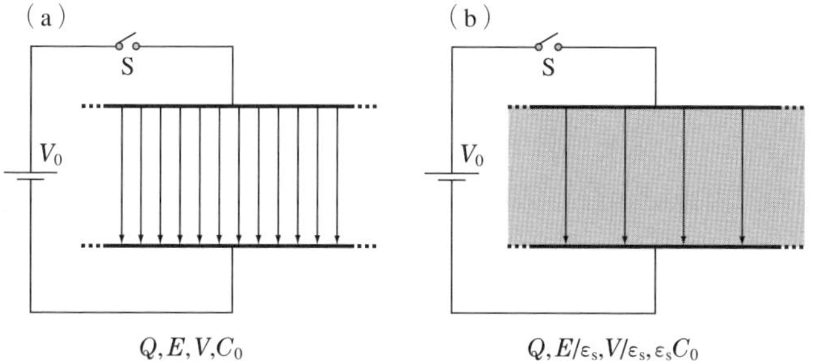

図 5.11 電荷が一定の場合の誘電体中の電気力線.
(a) 真空中 $\varepsilon = \varepsilon_0$, (b) 誘電体中 $\varepsilon = \varepsilon_0\varepsilon_s$.

り離し電荷を一定に保ったまま電極間に比誘電率 ε_s の誘電体を挟むと，電極間の電位は $V = Q/C$ となる．したがって $V = V_0/\varepsilon_s$ の関係が成り立つ．

すなわち図 5.11 は，電荷が同じでも，電気力線の本数が真空中に比べて誘電体中では $1/\varepsilon_s$ 倍になることを表している．このことは，媒質の誘電率が ε の誘電体では，クーロンの法則を次式のように ε_0 から ε に変えれば良いことを示している．

$$F = \frac{Q_1 Q_2}{4\pi\varepsilon r^2} \quad [\mathrm{N}] \tag{5.33}$$

このときの電界は $V/d = E/\varepsilon_s$ となり，誘電体を挿入する前の $1/\varepsilon_s$ 倍になる．

5.6 誘電体の境界条件

3.8 節で述べたラプラスの式あるいはポアソンの式は，ある点における微分方程式であり，誘電体が複数ある場合でも，それぞれの誘電体内で式が成立する．また，ラプラスの式は誘電率に無関係である．したがって，誘電体の境界面で境界条件を満足し，導体表面が等電位面である解を得ることができれば，それぞれの誘電体内の電界を計算できる．

図 5.12 (a) に示すように 2 種類の誘電体が接しているとき，境界面に十分近いところの電束密度と電界を考える．誘電体のそれぞれの誘電率を ε_1, ε_2，電束密度を $\boldsymbol{D}_1$, $\boldsymbol{D}_2$，電界を $\boldsymbol{E}_1$, $\boldsymbol{E}_2$ とする．境界面で誘電体 1 から 2 に向かう法線方向の単位ベクトルを $\boldsymbol{n}$ とすると，誘電体の界面にはそれぞれ $\boldsymbol{n}\cdot\boldsymbol{P}_1$, $-\boldsymbol{n}\cdot\boldsymbol{P}_2$ の分極電荷が生じる．また界面の面電荷密度を σ とする．

境界面を挟んで，境界面に両底面が平行な厚さ δ，断面積が $\varDelta S$ の十分小さな円柱 ($\delta \approx 0$) を考える．そのとき，電界に対するガウスの法則

$$\int_{\mathrm{S}} \boldsymbol{E}\cdot\boldsymbol{n}\, dS = \frac{1}{\varepsilon_0}\int_{\mathrm{V}} \rho\, dv \tag{5.34}$$

より，法線方向に関して

$$(\boldsymbol{E}_1 - \boldsymbol{E}_2)\cdot\boldsymbol{n} = \frac{1}{\varepsilon_0}\sigma + \frac{1}{\varepsilon_0}(\boldsymbol{P}_1 - \boldsymbol{P}_2)\cdot\boldsymbol{n} \tag{5.35}$$

が成り立つ．

次に，電束密度の法線方向について考える．界面に真電荷がない場合，微小な円柱にガウスの法則を適用すると次式が得られる．

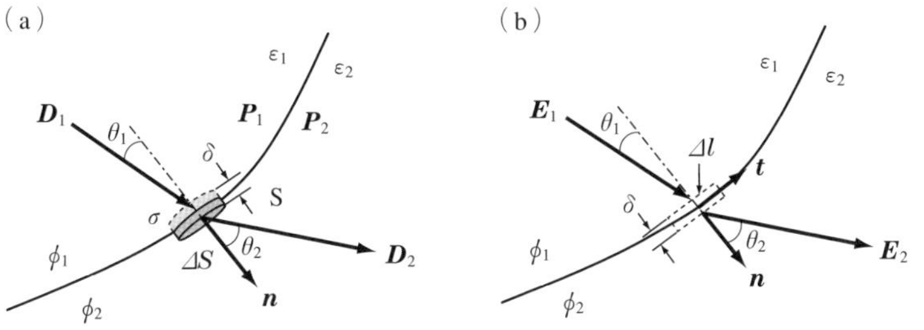

図 5.12　誘電体界面における境界条件．（a）電束密度の連続性，（b）電界の界面における接線成分．

$$\int_S \boldsymbol{D}\cdot\boldsymbol{n}\,dS \cong \boldsymbol{D}_1\cdot\boldsymbol{n}\,dS + \boldsymbol{D}_2\cdot(-\boldsymbol{n})\,dS = (\boldsymbol{D}_1-\boldsymbol{D}_2)\cdot\boldsymbol{n}\,dS = 0 \tag{5.36}$$

すなわち，次の連続条件式が成り立つ．

$$\boldsymbol{D}_1\cdot\boldsymbol{n} = \boldsymbol{D}_2\cdot\boldsymbol{n} \tag{5.37}$$

この式は $D_1\cos\theta_1 = D_2\cos\theta_2$ とも書くことができ，電束密度の境界面に垂直な成分 $\boldsymbol{D}\cdot\boldsymbol{n}$ が連続であることを意味する．もし界面に真電荷 σ[C/m^2] が存在する場合には，次式が成り立つ．

$$\boldsymbol{D}_1\cdot\boldsymbol{n} - \boldsymbol{D}_2\cdot\boldsymbol{n} = \sigma \tag{5.38}$$

さらに，電界は保存場であり分極があっても次式が成り立つ．

$$\mathrm{rot}\,\boldsymbol{E} = 0 \text{ または } \oint_C \boldsymbol{E}\cdot d\boldsymbol{l} = 0 \tag{5.39}$$

最後に，電界の接線方向について考える．図 5.12（b）に示すように，界面を挟んで長さが $\varDelta l$ と δ からなる十分小さな長方形を考え $\delta\to 0$ の極限をとると，誘電体界面の電界については保存場であるので，

$$\oint_C \boldsymbol{E}\cdot d\boldsymbol{l} \approx \boldsymbol{E}_1\cdot\boldsymbol{t}\,\varDelta l + \boldsymbol{E}_2(-\boldsymbol{t})\,\varDelta l = (\boldsymbol{E}_1-\boldsymbol{E}_2)\cdot\boldsymbol{t}\,\varDelta l = 0 \tag{5.40}$$

が成立する．すなわち，次式が成り立つ．

$$\boldsymbol{E}_1 \cdot \boldsymbol{t} = \boldsymbol{E}_2 \cdot \boldsymbol{t} \quad \text{または} \quad \boldsymbol{E}_1 \times \boldsymbol{n} = \boldsymbol{E}_2 \times \boldsymbol{n} \tag{5.41}$$

この式は $E_1 \sin\theta_1 = E_2 \sin\theta_2$ とも書くことができ，界面の両側において接線方向の成分（境界面に平行な成分）は等しい．同時に，電界の回転面密度は 0 であることを意味している．また，次式が成り立つ．

$$\frac{\tan\theta_1}{\tan\theta_2} = \frac{\varepsilon_1}{\varepsilon_2} \tag{5.42}$$

これを**正接則**（tangential law）といい，電界の屈折の法則になっている．

誘電体のそれぞれの電位を ϕ_1, ϕ_2 とすれば，境界面では電位は連続であるから，

$$\phi_1 = \phi_2 \tag{5.43}$$

が成り立つ．

5.7 複合誘電体

誘電率ならびに導電率の異なる 2 種類，またはこれ以上の複数の誘電体から構成される誘電体を**複合誘電体**（composite dielectrics）と称する．複合誘電体は誘電体の組合せ（combination of dielectrics）であり，誘電体が 1 種類の場合の電界は，5.5 節で述べたように ε_0 を ε_s 倍すれば真空中の場合と同様に計算できるが，2 種類以上の場合は計算が複雑になる．

図 5.13 に示すように，理想的な平行平板電極間に誘電率がそれぞれ $\varepsilon_1, \varepsilon_2$，厚さがそれぞれ d_1, d_2 の平行な誘電体があるとする．上下の電極に等量の正負電荷を与えると，電荷は一様な電荷密度 $\pm\sigma$[C/m^2] で分布する．ガウスの法則より，上側の電極からは 1 m^2 当り σ/ε_1 本の電気力線が発生し，下側の電極には σ/ε_2 の電気力線が吸収される．また誘電体内部には，図のように電界の大きさと向きが一様な平等電界が形成される．

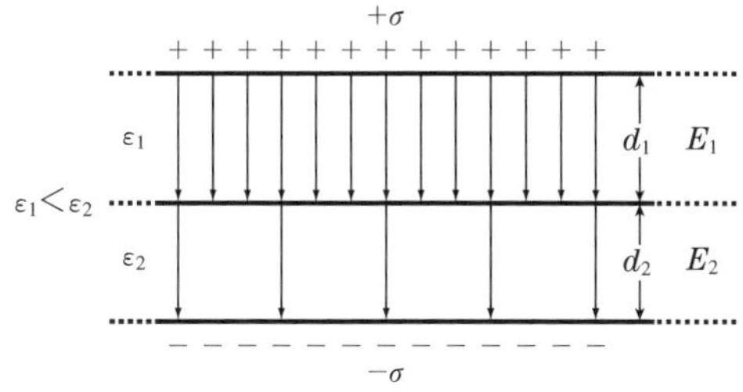

図 5.13 平行平板電極間に挟まれた2種類の誘電体

ここで電極間の電位差を V とすれば，次式が成り立つ.

$$V = E_1 d_1 + E_2 d_2 \tag{5.44}$$

ただし，$E_1 = \sigma/\varepsilon_1$，$E_2 = \sigma/\varepsilon_2$ である．これらの式より，

$$V = \sigma\left(\frac{d_1}{\varepsilon_1} + \frac{d_2}{\varepsilon_2}\right) \tag{5.45}$$

$$E_1 = \frac{\varepsilon_2}{\varepsilon_2 d_1 + \varepsilon_1 d_2} V = \frac{1}{d_1 + (\varepsilon_1/\varepsilon_2) d_2} V \tag{5.46}$$

$$E_2 = \frac{\varepsilon_1}{\varepsilon_2 d_1 + \varepsilon_1 d_2} V = \frac{1}{(\varepsilon_2/\varepsilon_1) d_1 + d_2} V \tag{5.47}$$

が成り立つ.

なお，2つの誘電体の境界面で電気力線の本数は変化するが，境界面のどちら側でも，電気力線にそれぞれの比誘電率を掛けた値は単位面積当り σ 本となる．このような力線の束を**電束**とよんでいる.

ここで，電界 $\boldsymbol{E}$ は大きさが電気力線の密度に等しく，ベクトルの向きは電気力線の接線方向であった．この電界と同様に，大きさが電束の密度に等しく，ベクトルの向きが電束の接線方向で，正の電荷から負の電荷に向かうベクトルを**電束密度** $\boldsymbol{D}$ と定義する．電界と電束密度との間には次の関係がある.

$$\boldsymbol{D} = \varepsilon \boldsymbol{E} = \varepsilon_0 \varepsilon_s \boldsymbol{E} \tag{5.48}$$

5.8 界面分極

複合誘電体を構成している誘電体同士の界面においては，誘電率ならびに導電率が異なるため，電荷の移動時間が異なる．このため，界面に時間遅れを伴う電荷の蓄積が発生する．これも分極の一種と考えることができ，これを**界面分極** (interfacial polarization) とよぶ．

複合誘電体中の電界を $\boldsymbol{E}$，電束密度を $\boldsymbol{D}$，電流密度を $\boldsymbol{J}$，界面に蓄積される電荷密度を σ_s とすると，界面では次の式が成り立つ．

$$\mathrm{div}\,\boldsymbol{D} = \mathrm{div}(\varepsilon\boldsymbol{E}) = \sigma_s \tag{5.49}$$

$$\mathrm{div}\,\boldsymbol{J} = \mathrm{div}(\kappa\boldsymbol{E}) = 0 \tag{5.50}$$

ここで，誘電率 ε，導電率 κ は位置の関数で与えられるとする．

両式より電界を消去しベクトルに関する公式を適用すると，界面に蓄積される電荷は次のように計算される．

$$\sigma_s = \mathrm{div}\left(\frac{\varepsilon}{\kappa}\boldsymbol{J}\right) = \boldsymbol{J}\cdot\mathrm{grad}\left(\frac{\varepsilon}{\kappa}\right) + \left(\frac{\varepsilon}{\kappa}\right)\mathrm{div}\,\boldsymbol{J} = \boldsymbol{J}\cdot\mathrm{grad}\left(\frac{\varepsilon}{\kappa}\right) \tag{5.51}$$

この式より，ε/κ の値が不連続となっている界面には電荷が蓄積されることがわかる．例えば図 5.14 に示すように，誘電率，導電率がそれぞれ ε_1, κ_1 の誘電体と ε_2, κ_2 の誘電体との界面において，界面に垂直な方向に流れる電流密度を J_n とすれば，

$$\sigma_s = J_n\left(\frac{\varepsilon_2}{\kappa_2} - \frac{\varepsilon_1}{\kappa_1}\right) \quad [\mathrm{C/m^2}] \tag{5.52}$$

の**界面電荷** (interfacial charge) が生じる．

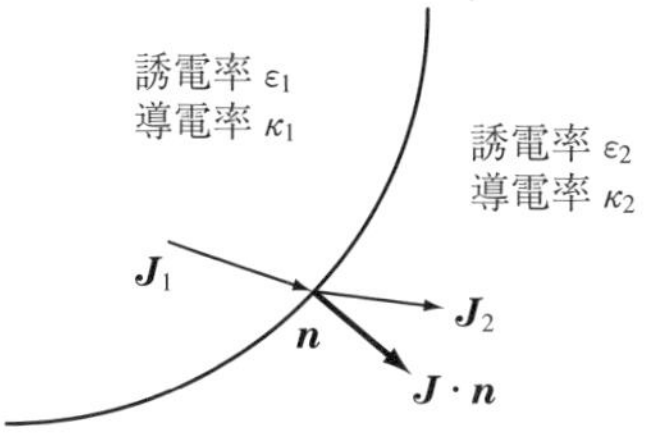

図 5.14　複合誘電体と界面分極

5. 9 電気影像法

4.3 節において，静電誘導による効果を影像電荷でおきかえて静電界を解析的に計算できる電気影像法について述べた．媒質が誘電体の場合の分極電荷についても同様なことがいえる．

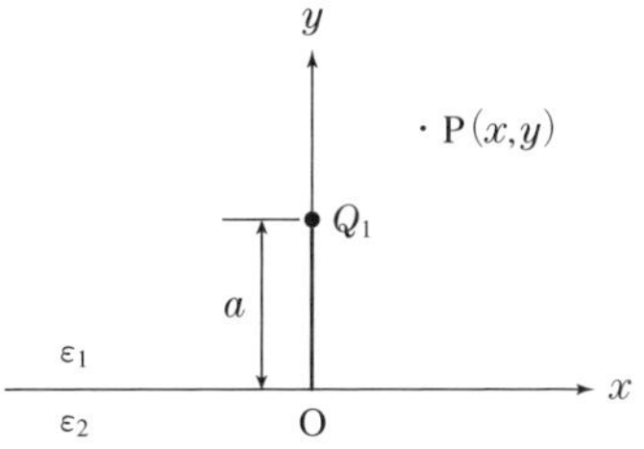

図 5.15　2 種類の誘電体と点電荷

図 5.15 に示すように，境界面が平面であり，それぞれの誘電率が ε_1, ε_2 である 2 種類の誘電体がある．境界面を x 軸にとり，y 軸方向の高さ a の位置に点電荷 Q_1 がある．電荷から境界面への垂線と境界面との交点を原点とすれば，この点電荷による電界は，図 5.16 に示すように 2 つの映像電荷 Q_2, Q_3 を用いて計算できる．

まず，$y > 0$ の領域に対しては誘電率が ε_1 であるので，図 5.16 (a) に示すように領域全体について誘電率を ε_1 と仮定する．また，界面から距離 a 離れた $y = -a$ の位置に電荷 Q_1 の影像電荷 Q_2 を配置し，これら両者が点 P に作る電界 $\boldsymbol{E}_1$ と $\boldsymbol{E}_2$ のベクトル合成された電界 $\boldsymbol{E}_1 + \boldsymbol{E}_2$ を考える．

次に，$y < 0$ の領域に対しては，図 5.16 (b) に示すように領域全体が誘電率 ε_2 であると仮定し，点電荷 Q_1 の位置に影像電荷 Q_3 を配置し，この影像電荷のみが点 P に電界 $\boldsymbol{E}_3$ を生じると仮定する．

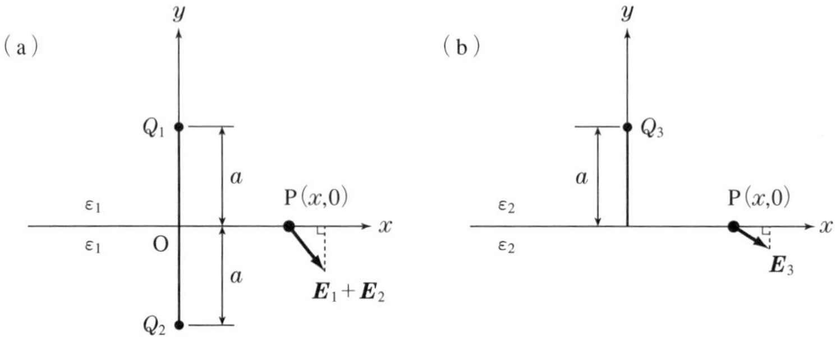

図 5.16　点電荷に対する影像電荷の配置．(a) $y > 0$ の領域に対する電荷配置，(b) $y < 0$ の領域に対する電荷配置．

ここで境界面上の任意の点 P$(x, 0)$ において，電束密度の法線方向の成分は連続するので，(5.37) より次式が成り立つ．

$$\varepsilon_1(\boldsymbol{E}_1 + \boldsymbol{E}_2) \cdot \boldsymbol{n} = \varepsilon_2 \boldsymbol{E}_3 \cdot \boldsymbol{n} \tag{5.53}$$

すなわち，

$$\varepsilon_1 \frac{Q_1 - Q_2}{4\pi\varepsilon_1(a^2 + x^2)} \frac{a}{\sqrt{a^2 + x^2}} = \varepsilon_2 \frac{Q_3}{4\pi\varepsilon_2(a^2 + x^2)} \frac{a}{\sqrt{a^2 + x^2}} \tag{5.54}$$

となる．これより次式が得られる．

$$Q_1 = Q_2 + Q_3 \tag{5.55}$$

また，境界面上の任意の点 P$(x, 0)$ において，電界の接線方向成分は等しいので (5.41) より，

$$(\boldsymbol{E}_1 + \boldsymbol{E}_2) \cdot \boldsymbol{t} = \boldsymbol{E}_3 \cdot \boldsymbol{t} \tag{5.56}$$

すなわち，

$$\frac{Q_1 + Q_2}{4\pi\varepsilon_1(a^2 + x^2)} \frac{x}{\sqrt{a^2 + x^2}} = \frac{Q_3}{4\pi\varepsilon_2(a^2 + x^2)} \frac{x}{\sqrt{a^2 + x^2}} \tag{5.57}$$

となる．これより次式が得られる．

$$\frac{Q_1 + Q_2}{\varepsilon_1} = \frac{Q_3}{\varepsilon_2} \tag{5.58}$$

(5.55)，(5.58) より，影像電荷は次のように求まる．

$$Q_2 = \frac{\varepsilon_1 - \varepsilon_2}{\varepsilon_1 + \varepsilon_2} Q_1 \tag{5.59}$$

$$Q_3 = \frac{2\varepsilon_2}{\varepsilon_1 + \varepsilon_2} Q_1 \tag{5.60}$$

図 5.17 には誘電体における電束の様子を示す．

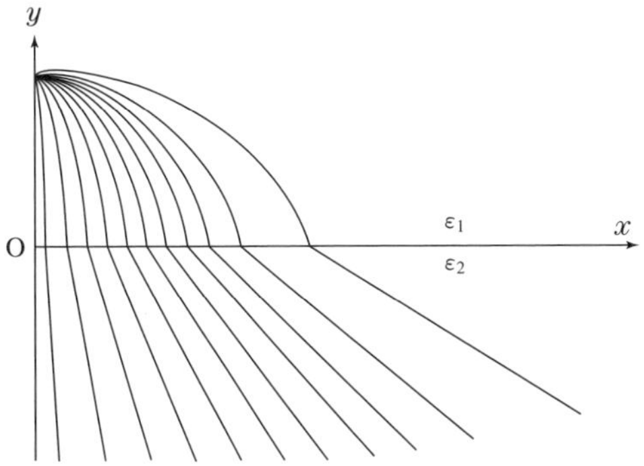

図 5.17　2 種類の誘電体における電束の様子

第5章のまとめ

- 誘電分極：外部電界により，物質中の原子や分子が電気双極子を生じること．(5.1節)
- 誘電分極の分類：電子分極，配向分極，イオン分極が主なものである．(5.2節)
- 誘電体：電界を加えると誘電分極が起こり，電気を蓄えることができる物

質．(5.1節)
- 分極電荷：分極により生じる電荷．(5.3節)
- 電束密度とガウスの法則：誘電体中の電束密度に対してもガウスの法則が成り立つ．(5.4節)
- 分極電流：分極が時間変化を伴う場合，この変化量に対応した電流をいう．(5.4節)
- 比誘電率：真空のときの静電容量と誘電体を挟んだときの静電容量の比．(5.5節)
- 誘電体がある場合の境界条件は，次の条件を満たす．(5.6節)
  （1）　導体表面では，電界は法線成分のみであり接線成分は0である．
  （2）　接地面の電位は0である．
  （3）　境界面の両側の電位は等しい．
  （4）　境界面の両側で電界の接線成分は等しい．
  （5）　境界面の両側で電束密度の法線成分は等しい．
  （6）　正接則が成り立つ．
- 界面分極：誘電率と導電率の比が異なる界面では，(5.51) で与えられる界面電荷が生じる．(5.8節)
- 誘電体に対する電気影像法：影像電荷を用いて境界条件を満足できれば，誘電体に対しても電気影像法による電位あるいは電界を計算できる．(5.9節)

章末問題

【5.1】 図 5.18 に示すように，一様電界 E_1 の中に厚さが一定の誘電体の板を置く．誘電体の誘電率を ε_2，電界と板の垂線方向とのなす角度が θ_1 であるとき，誘電体内の電界を求めよ．(5.6 節)

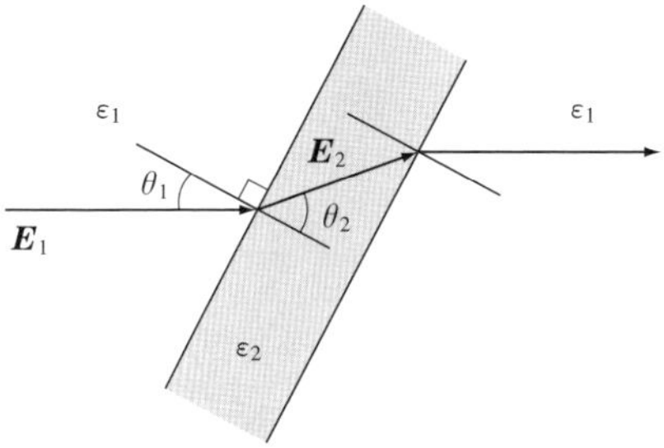

図 5.18　誘電体板による電界の屈折

【5.2】 誘電率が ε_1 である誘電体に一様な電界 E_0 [V/m] が印加されている．この誘電体中に，半径 a，誘電率 ε_2 の誘電体球があるとき，誘電体球の内外の電界を求めよ．(5.6 節)

【5.3】 前問で得られた電界の式より，電気力線を描く方程式を求めよ．(2.6 節)

【5.4】 水は分子量が 18，分子 1 個当り 10 個の電子をもつ誘電体である．水 1 cm^3 の中にある総電荷量を求めよ．

【5.5】 図 5.19 に示すように，半導体の pn 接合面では電子と正孔の密度に差が生じ，極性の異なるこれらのキャリアはお互いに拡散し中和された状態になり，電気 2 重層が形成されている．接合面の n 型側には正に帯電したドナーイオン，p 型側にはアクセプタイオンが残り，これを空乏層という．ドナー密度 N_d [1/m^3]，アクセプタ密度 N_a [1/m^3]，空乏層の厚さ t [m]，半導体の誘電率 ε [F/m] とするとき，電気 2 重層による電位差を求めよ．(3.2 節)

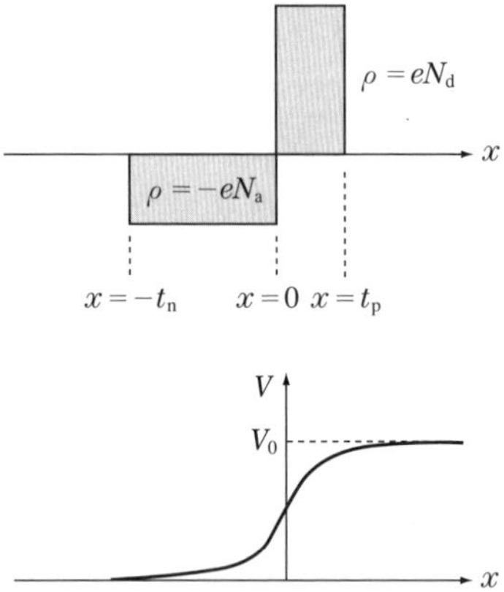

図 5.19　半導体 pn 接合界面の電位

【5.6】　同軸ケーブルにおいて，図 5.20 のように内導体と外導体との間に誘電率が異なる円筒状の 2 種類の誘電体が挿入されている．このときの静電容量を求めよ．**(5.7 節)**

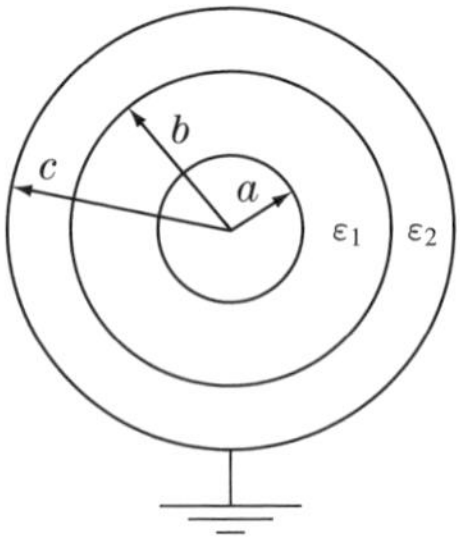

図 5.20

第6章
電流と抵抗

学習目標

a) 電気抵抗およびオームの法則を理解し説明できる．
b) 電流の定義を理解し説明できる．
c) 回路網における電流の計算原理（キルヒホフの第1法則，キルヒホフの第2法則，重ねの理）を理解し説明できる．
d) 電流ベクトルおよび電荷の保存則の物理的意味を理解し説明できる．
e) 起電力，逆起電力を理解し説明できる．
f) 静電界と定常電流界との類似性を説明できる．

キーワード

抵抗，電流，電流密度，電流密度ベクトル，オームの法則，電荷の保存則，電荷の蓄積，ジュール熱，起電力，逆起電力，電流界，キルヒホフの法則，緩和

6.1 電気抵抗とオームの法則

加えられた電圧 V と電流 I との間には次式の比例関係が成り立つ．

$$V = RI \tag{6.1}$$

これを**オームの法則**（Ohm's law）という．比例係数 R を**電気抵抗**（electric resistance），または単に**抵抗**（resistance）という．電気抵抗の単位にはオー

ム [Ω] が用いられ，次式の関係がある.

$$1\,\Omega = 1\,\mathrm{V/A}$$

この法則は 1826 年に，ドイツの物理学者オーム（Georg Simon Ohm, 1789 - 1854）が発見した. (6.1) は

$$I = GV \tag{6.2}$$

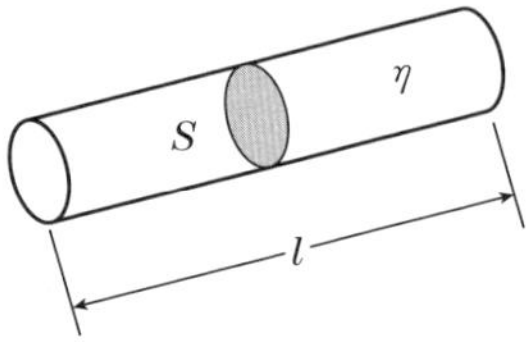

図 6.1　抵抗

とも書ける. 比例定数 G は抵抗 R の逆数であり**コンダクタンス**（conductance）という. すなわち $G = 1/R$ である. 単位はジーメンス [S] = [Ω^{-1}] が用いられる.

抵抗は導体の材質，形状などにより異なる. 図 6.1 に示すように断面積が一定かつ均質な物質の電気抵抗 R は，長さ l に比例し断面積 S に反比例する. すなわち，

$$R = \eta \frac{l}{S} \quad [\Omega] \tag{6.3}$$

となる. 係数 η を**体積抵抗率**（volume resistivity）または**抵抗率**（resistivity），あるいは**固有抵抗**という. η の単位は [Ωm] である.

抵抗率の逆数を**導電率**（conductivity）という. すなわち，

$$\kappa = \frac{1}{\eta} \quad [\mathrm{S/m}] \tag{6.4}$$

であり，導電率の単位は [S/m] となる.

オームの法則は物質が示す現象を表したもので，電圧と電流との間に比例関係が成り立たない場合もある. そのような現象を非線形電気伝導という.

非線形電気伝導の場合，電気抵抗は電圧や電流，あるいは温度などの使用環境により変化する. 例えば，電子回路に使用されるダイオードやトランジスタは非線形電気伝導の代表例である. また，超電導体では電気抵抗が 0 になる.

なお，ここで出てきたジーメンスは，1866 年頃に実用的な直流発電機を発明したドイツの電気技術者ジーメンス（Ernst Werner von Siemens, 1816 - 1892）に因んで名づけられている.

6.2 電　流

導体内の２点間に電圧（電位差）を加えると，導体内に電荷の流れが生じる．あるいは，導体中の２点間で電位が異なれば同じく導体内に電荷の流れが生じる．このような電荷の流れを**電流**（electric current）とよぶ．電流は図6.2に示すように，導体内の電位差により導体内部に電界が生じ，この電界の作用により電荷がクーロン力を受けて導体内部を動くために起こる．電荷は電子，イオンや正孔（ホール）などから構成され，物質によって電気伝導への寄与率が異なる．

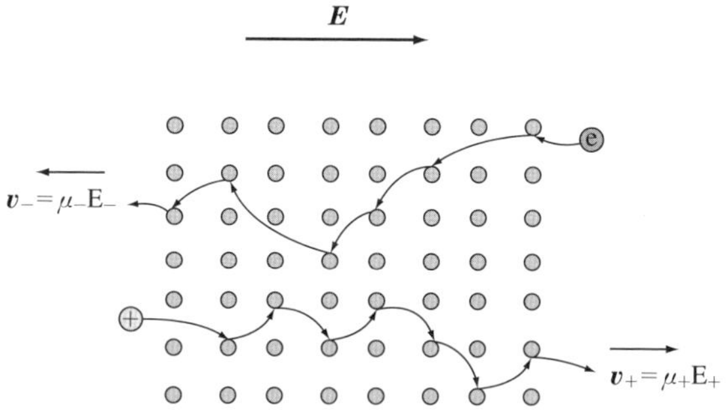

図6.2　物質中の電荷の移動

このように電荷をもつ粒子を，**キャリア**（carrier）あるいは**電荷担体**または**荷電粒子**とよぶ．キャリアが動くことを**ドリフト**（drift）という．このときの電荷の流れを，**伝導電流**（conduction current）または**電導電流**という．金属が導体であるのは，原子を構成する電子が価電子帯に多数存在するため，伝導電子（自由電子）として電界により自由に動けるためである．

6.3 電流密度

キャリアは電界により力を受けるため加速度運動をするが，物質を構成している原子は活発な熱運動をしている．このためキャリアは原子と衝突を繰り返し，平均的には一定速度で移動すると見なせる．この速度を（**平均**）**移動速度**，または**ドリフト速度**（drift velocity）という．

電荷を q[C]，平均移動速度を $\boldsymbol{v}$[m/s]，単位体積当りに存在するキャリア数を n[$\mathrm{m^{-3}}$] とすれば，電流密度は次式で与えられる．

$$\boldsymbol{J} = qn\boldsymbol{v} \quad [\mathrm{A/m^2}] \tag{6.5}$$

電界と平均移動速度との関係は，移動度 μ [$\mathrm{m^2V^{-1}s^{-1}}$] を用いて次のように表せる．

$$\boldsymbol{v} = \mu\boldsymbol{E} \tag{6.6}$$

これを (6.5) に代入すれば，次式となる．

$$\boldsymbol{J} = qn\boldsymbol{v} = qn\mu\boldsymbol{E} = \kappa\boldsymbol{E} = \frac{1}{\eta}\boldsymbol{E} \quad [\mathrm{A/m^2}] \tag{6.7}$$

この式は電流密度が電界に比例することを意味しており，オームの法則になっている．また，$\kappa = qn\mu$ [S/m] は導電率である．

正極性と負極性のキャリアが存在する場合には，それぞれのキャリア数を n_+ および n_-，また，それぞれの平均移動度を μ_+ および μ_- とし，電界に対する移動の向きが逆であることを考慮すると，以下のようになる．

$$\kappa = qn\mu = q(n_+\mu_+ + n_-\mu_-) \tag{6.8}$$

物質内を電子が容易に移動でき電気をよく伝える物質を**電導体**（**伝導体**）といい，通常，これを単に**導体**（conductor）と称している．金属は一般に電気をよく伝えるので導体である．

これに対して，ガラスやポリエチレンのように電気を伝えにくい物質を**絶縁体**（insulator）という．絶縁体は固体の他にも気体や液体にも存在する．例えば，空気は良好な電気絶縁特性を有しており，送電線の電気絶縁材料にもなっている．絶縁体中にはキャリアが少ないため，導電率が小さい．また，絶縁体は誘電体としての性質も兼ね備えている．

図 6.3 に示すように，断面積が S である導体に電流 I が流れている場合を考える．微小時間 $\varDelta t$ 内に微小電荷 $\varDelta Q$ が通過するとき，導体を流れる電流 I

は次式で定義される．

$$I = \lim_{\Delta t \to 0} \frac{\Delta Q}{\Delta t} = \frac{dQ}{dt} \quad [\mathrm{A}] \qquad (6.9)$$

電流の単位はアンペア［A］である．上式より**1秒間に1クーロンの電荷が流れるときの電流が1アンペア**である．すなわち，

$$1\,\mathrm{A} = 1\,\mathrm{C/s} \qquad (6.10)$$

の関係がある．

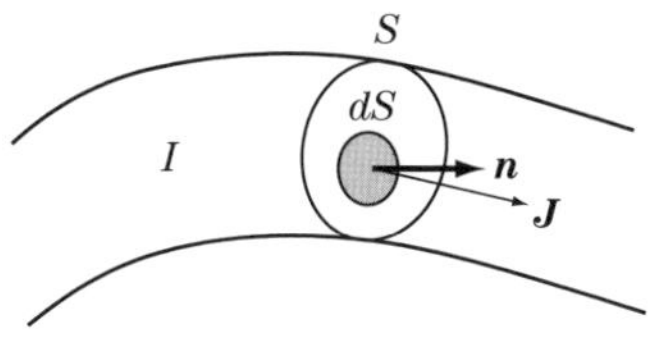

図6.3　電流と電流密度

また，**電流の方向は正電荷の流れる方向を正とする**．電子は負電荷をもつので，電流は電子の流れとは逆向きになる．このように，電流は正電荷と負電荷の流れである．(6.9) より電荷と電流との間には次式の関係が成り立つ．

$$Q = \int_0^t I\,dt \qquad (6.11)$$

断面積 S の導体内に電流 I が流れている場合，単位面積当りの電流を，

$$J = \lim_{\Delta S \to 0} \frac{\Delta I}{\Delta S} \quad [\mathrm{A/m^2}] \qquad (6.12)$$

により定義したものを**電流密度**（current density）という．また，正電荷と負電荷の粒子密度をそれぞれ n_+, n_-，移動速度を v_+, v_- とすれば，電流密度は次式でも与えられる．

$$J = \lim_{\Delta S \to 0} \frac{\Delta I}{\Delta S} = e(n_+v_+ + n_-v_-) \quad [\mathrm{A/m^2}] \qquad (6.13)$$

ここで，e は電子1個の電荷量 1.602×10^{-19}C である．

自由電子のみによる電流が1A流れている電気回路では，毎秒1Cの電荷が移動しており，(6.13) より電子密度を仮に 8.5×10^{28} [$\mathrm{m^{-3}}$] とすれば，電子の平均速度は 10^{-10} [m/s] のオーダである．

電流は流れる経路により次のように区別される．

（1）　**線電流**

無限小の断面をもつ導線を流れる電流であり，記号は I，単位は［A］である．

（2）　**面電流**

面状に分布して流れる電流で，記号は $\boldsymbol{K}$，単位は［A/m］である．

（3）　**体積電流**

体積内を分布して流れる電流で，記号は $\boldsymbol{J}$，単位は［$\mathrm{A/m^2}$］である．

体積電流は単に電流ともよばれ，その電流密度を J［$\mathrm{A/m^2}$］とすれば面 S を通過する電流は

$$I = \int_S \boldsymbol{J} \cdot \boldsymbol{n}\, dS \quad [\mathrm{A}] \tag{6.14}$$

で与えられる．さらに，体積電荷密度 ρ［$\mathrm{C/m^3}$］をもつ電荷の流れが速度ベクトル $\boldsymbol{v}$ をもつとき，電流の向きは速度ベクトルと一致し，電流密度はベクトルとして

$$\boldsymbol{J} = \rho \boldsymbol{v} \quad [\mathrm{A/m^2}] \tag{6.15}$$

と与えられる．これを**電流密度ベクトル**という．

電流が空間に分布して流れているとき，その界を**電流界**（current field）または**電流場**という．電流界は，電流密度のベクトルである．電流密度のベクトルが作る流線を**電流線**（line of current density），電流線によって作られる束を**電流管**（tube of current density）とよぶ．

6.4　電荷の保存則とキルヒホフの第1法則

図6.4に示すように電流界内に微小な体積 dv を考え，その微小閉曲面によって作られる面積要素上で，電流の大きさと向きから電流密度ベクトル $\boldsymbol{J}(\boldsymbol{r}, t)$ が定義される．電流の向きを面積要素の法線方向成分と接線方向成分に分けると，接線成分は面上の電流であるから微小面積からの電荷の出入

りはない．

したがって，面積要素 dS から単位時間当り出ていく電荷量は法線方向成分のみとなり，$\boldsymbol{n}$ を面積要素 dS の外向き単位法線ベクトルとすると $\boldsymbol{J}\cdot\boldsymbol{n}\times dS$ で与えられる．閉曲面全体では

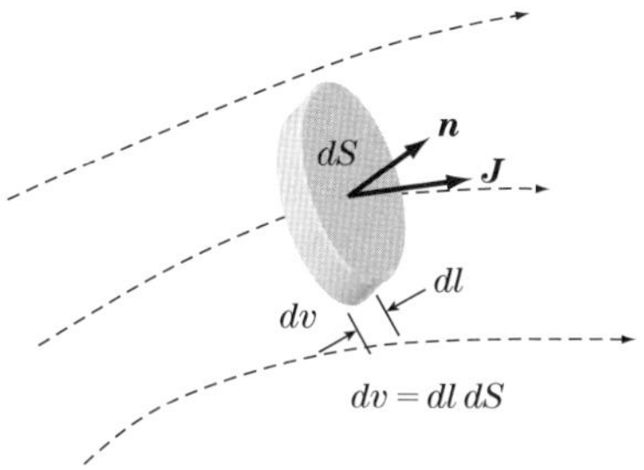

図 6.4　電流密度ベクトル

$$I(\boldsymbol{r},t)=\int_S \boldsymbol{J}(\boldsymbol{r},t)\cdot\boldsymbol{n}\,dS \quad (6.16)$$

となる．(6.16) は，閉曲面 S を内側から外側に向かって流れ出る電流となる．

また，時間的に変化しない電流を**定常電流** (stationary current) という．電流界中の任意の閉曲面 S に対して，

$$I(\boldsymbol{r})=\int_S \boldsymbol{J}\cdot\boldsymbol{n}\,dS=0 \quad (6.17)$$

が成立するとき，閉曲面 S に流入する電流と流出する電流は等しく，正味の電流はゼロとなる．上記の電流界を**定常電流界** (static current field) という．

これに対して，(6.17) が成立しない場合，あるいは電流が時間的に変化する電流界を**非定常電流界** (nonsteady state current field) という．この場合には，閉曲面 S を正味に流出または流入する電流が存在することになる．例えば，空間内に放電が発生し電荷が生成される場合は電流が流出する．また，電荷の再結合により消滅する場合は電流が流入する．

すなわち，電荷密度を ρ，S の内部の微小体積を dv とすれば，次式が成立する．

$$I=\int_S \boldsymbol{J}\cdot\boldsymbol{n}\,dS=-\frac{d}{dt}\int_V \rho\,dv=-\int_V \frac{\partial\rho}{\partial t}\,dv \quad (6.18)$$

この電荷の連続の方程式は，どのような小さな空間であってもこの中に含まれる電荷が保存されることを意味する．これを**電荷の保存則** (law of conservation of electric charge) という．また，(6.18) のように電荷密度の時間的

な減少が，電流の流出によってのみ生じることを示す式を**電荷保存の式** (charge conservation equation) という．

ここで，電流密度ベクトル $\boldsymbol{J}$ に対して，ガウスの定理を用いて面積分を体積積分に変換すると，(6.18) は次のように変形できる．

$$I = \int_{\mathrm{S}} \boldsymbol{J} \cdot \boldsymbol{n}\, dS = \int_{\mathrm{V}} \operatorname{div} \boldsymbol{J}\, dv = -\int_{\mathrm{V}} \frac{\partial \rho}{\partial t}\, dv \qquad (6.19)$$

両辺を見比べることにより，次の電荷保存の式の微分形が得られる．

$$\operatorname{div} \boldsymbol{J} = -\frac{\partial \rho}{\partial t} \quad \text{あるいは} \quad \frac{\partial \rho(\boldsymbol{r}, t)}{\partial t} + \operatorname{div} \boldsymbol{J}(\boldsymbol{r}, t) = 0 \qquad (6.20)$$

上式において時間項を 0 とした場合，ρ は一定となり

$$\operatorname{div} \boldsymbol{J} = 0 \qquad (6.21)$$

となる．この式は電流密度の発散が 0 であることを意味し，定常電流界の式 (6.17) に対応する．すなわち，電流は閉じた経路を流れる．これは回路理論で学ぶ**キルヒホフの第 1 法則** (Kirchhoff's first law) または**キルヒホフの電流則** (Kirchhoff's current law)

$$\sum_i I_i = 0 \qquad (6.22)$$

に対応する．

また (6.20) において，時間項が 0 でない場合，例えば時間変化に伴い荷電粒子の発生や消滅がある場合は，電流の発散は 0 ではなくなる．

電流には前述した導電電流の他に，粒子の熱運動により粒子密度の高い場所から低い方向に移動する際に生じる**拡散電流** (diffusion current) や，雷雲の移動や荷電粒子を含む物質の移動により生じる**対流電流** (convection current) などがある．

オームの法則によれば，固有抵抗 η を有する物質に電流が流れると電位差が生じる．電流ベクトルに対しては次式が成り立つ．

$$\boldsymbol{E} = \eta \boldsymbol{J} \qquad (6.23)$$

この式はオームの法則の微分形である．導電率を用いると

$$\boldsymbol{J} = \kappa \boldsymbol{E} \tag{6.24}$$

となる．

磁界が加えられた金属や異方性を有する絶縁材料などでは，電流ベクトルと電界ベクトルの方向は必ずしも一致するとは限らない．このような場合，固有抵抗や導電率はテンソルとなる．

例えば，異方性物質に対する**テンソル導電率**（conductivity tensor）は，次のように表される．

$$[\kappa_{ij}] = \begin{bmatrix} \kappa_{11} & \kappa_{12} & \kappa_{13} \\ \kappa_{21} & \kappa_{22} & \kappa_{23} \\ \kappa_{31} & \kappa_{32} & \kappa_{33} \end{bmatrix} \tag{6.25}$$

6．5　ジュール熱と抵抗率の温度変化

電界によって加速された電荷は，物質を構成する原子などと衝突を繰り返しながら電気力線の方向に移動する．衝突する際には電荷が電界から得たエネルギーを失うが，このエネルギーは原子の熱振動エネルギーに変わる．これにより，物質の温度は上昇する．これを**ジュール熱**（Joule's heat）という．

単位体積中のジュール熱は，電界と電流密度で決まり次式で与えられる．

$$w = \boldsymbol{E} \cdot \boldsymbol{J} \quad [\mathrm{W/m^3}] \tag{6.26}$$

また，物質全体の体積を V とすれば消費される電力 P は

$$P = \int_{\mathrm{V}} w \, dv = \int_{\mathrm{V}} (\boldsymbol{E} \cdot \boldsymbol{J}) \, dv \quad [\mathrm{W}] \tag{6.27}$$

となる．

抵抗率 η は，同じ材質でも温度により変化する．金属では一般に温度の上昇と共に増加する．これは金属の場合，電荷を運ぶものは自由電子であるが，温度が上昇すると結晶の熱振動や自由電子の熱運動が激しくなって，電子が

移動しにくくなるためである．一方，半導体では，温度の上昇と共に電子や正孔の数が増加するため，抵抗率は減少する．

温度 t における抵抗率 η は，基準となる温度 t_0 における抵抗率 η_0 を用いて，温度差 $t-t_0$ があまり大きくない範囲で，次式で表される．

$$\eta = \eta_0\{1 + \alpha_0(t - t_0) + \beta_0(t - t_0)^2 + \cdots\} \tag{6.28}$$

表 6.1　各種金属の抵抗率と温度係数
（数値は一部，渡辺征夫，青柳晃 共著：「工科の物理 電磁気学」（培風館，1998 年）を参考にして作成）

金属	体積抵抗率 η ($\times 10^{-8}\,\Omega\cdot$m)	測定温度 ℃	温度係数 $\alpha_{0,100}$ ($\times 10^{-3}$/℃)
アルミニウム	2.50	0	
	2.65	20	4.205
	3.55	100	
銅	0.30	−183	
	1.03	−78	
	1.55	0	4.39
	1.72	20	
	2.23	100	
銀	1.47	0	
	1.62	18	4.15
	2.08	100	
金	2.05	0	4.05
	2.88	100	
クロム	12.7	0	2.68
	16.1	100	
コバルト	5.6	0	6.96
	9.5	100	
水銀	94.1	0	0.10
	103.5	100	
ビスマス	107	0	4.58
	156	100	
タングステン	4.9	0	4.90
	7.3	100	
ニッケル	6.2	0	6.61
	10.3	100	
ニクロム	約 100	20	約 0.01
鉄	9.8	20	

一般には第2項までを用い，係数 α_0 を温度 t_0 における温度係数という．表6.1に代表的な金属の0℃および100℃における体積抵抗率 η と，その温度差間の平均の温度係数を示す．

なお，ここで出てきたジュールとは，イギリスの物理学者ジュール（James Prescott Joule，1818 - 1889）に因んでつけられている．

6.6　起電力とキルヒホフの第2法則

物質の任意の2点間に電位差があると，電荷の移動により電流が流れる．電流を生じさせる電位差を**起電力**（electromotive force）という．起電力は，発電機のように電磁誘導や，熱電対のような熱電効果（ゼーベック効果），太陽電池のような光電効果（光起電力効果），化学電池のように化学反応などにより発生する．また，起電力により電荷を供給する装置を**電源**（electric power source）という．電源に接続された素子には，電源とは逆極性の電位差が生じる．これを**電圧降下**（voltage drop），または**逆起電力**（counter electromotive force）という．

図6.5は電池に抵抗 R を接続し，電流 I が流れている回路を示している．初めに電池の内部抵抗ならびに導線の抵抗を無視すると，抵抗のG - H端子間には，オームの法則により $V = RI$ の電位差が生じている．また，電池のA - B端子間の電圧を U とすると，$U = V$ が成立している．

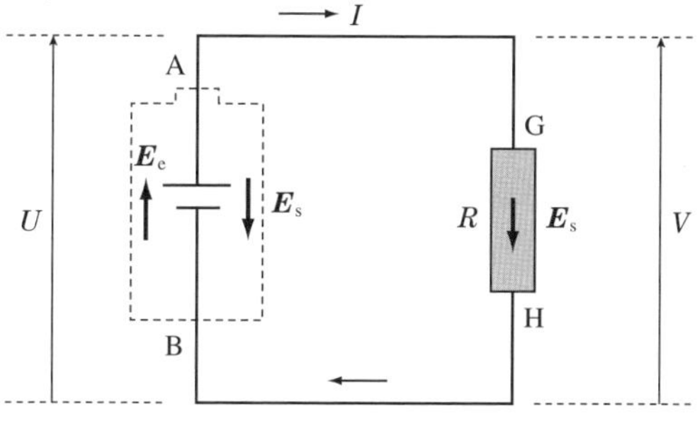

図6.5　起電力と逆起電力

ここで，電池内の電界 $\boldsymbol{E}_{\mathrm{e}}$ により起電力 U が生じたとすると

$$U = \int_{\mathrm{B}}^{\mathrm{A}} \boldsymbol{E}_{\mathrm{e}} \cdot d\boldsymbol{l} \tag{6.29}$$

である．なお，電界 $\boldsymbol{E}_{\mathrm{e}}$ は電池の化学反応によって生じる電界であり，図では上向きになっている．

また，抵抗による逆起電力 V は，回路全体の電流界が作る静電界を $\boldsymbol{E}_{\mathrm{s}}$ で表すと

$$V = -\int_{\mathrm{H}}^{\mathrm{G}} \boldsymbol{E}_{\mathrm{s}} \cdot d\boldsymbol{l} = -\int_{\mathrm{B}}^{\mathrm{A}} \boldsymbol{E}_{\mathrm{s}} \cdot d\boldsymbol{l} \tag{6.30}$$

である．静電界 $\boldsymbol{E}_{\mathrm{s}}$ は図では下向きで表されているが，保存場であるから，回路全体では

$$\oint_{\mathrm{C}} \boldsymbol{E}_{\mathrm{s}} \cdot d\boldsymbol{l} = 0 \tag{6.31}$$

を満たす必要がある．すなわち，電流界が作る電界 $\boldsymbol{E}$ は，起電力を生じる電界 $\boldsymbol{E}_{\mathrm{e}}$ と静電界 $\boldsymbol{E}_{\mathrm{s}}$ の和

$$\boldsymbol{E} = \boldsymbol{E}_{\mathrm{e}} + \boldsymbol{E}_{\mathrm{s}} \tag{6.32}$$

として表すことができる．

電池の部分では (6.32) が成立し，電池内の電界は 0 になる．すなわち，

$$U = \int_{\mathrm{B}}^{\mathrm{A}} \boldsymbol{E}_{\mathrm{e}} \cdot d\boldsymbol{l} = -\int_{\mathrm{B}}^{\mathrm{A}} \boldsymbol{E}_{\mathrm{s}} \cdot d\boldsymbol{l} \tag{6.33}$$

が成立している．抵抗では $\boldsymbol{E}_{\mathrm{e}} = 0$ であり，抵抗内部に $\boldsymbol{E}_{\mathrm{s}}$ の電界が生じている．

次に，図 6.6 に示すように電池の**内部抵抗** (internal resistance) がある場合を考える．この場合，電池の端子電圧は

$$V = U - rI \tag{6.34}$$

となる．この場合，

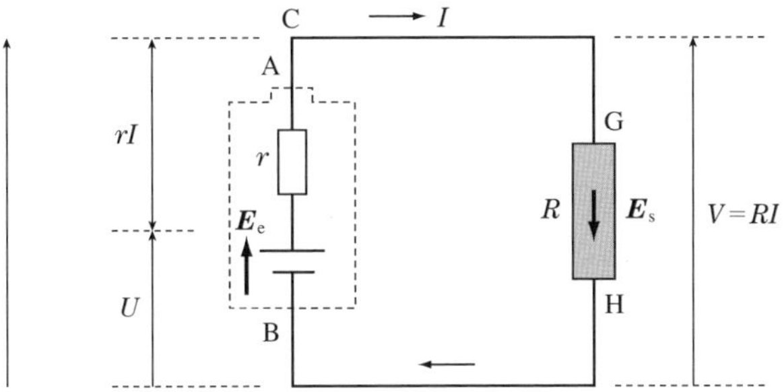

図 6.6　内部抵抗を考慮したときの起電力と逆起電力

$$\int_B^A (\boldsymbol{E}_e + \boldsymbol{E}_s) \cdot d\boldsymbol{l} = \int_B^A \boldsymbol{E} \cdot d\boldsymbol{l} = rI \tag{6.35}$$

が成立している．

以上の議論から，閉路 C の起電力 U は次式で定義されることがわかる．

$$U \equiv \oint_C \boldsymbol{E} \cdot d\boldsymbol{l} \quad [\mathrm{V}] \tag{6.36}$$

一般に，電源を有する電気回路に流れる電流と，各素子に発生する電圧降下（逆起電力）との関係は，**キルヒホフの第 2 法則** (Kirchhoff's second law) または**キルヒホフの電圧則** (Kirchhoff's voltage law)

$$\sum_i V_i = \sum_j I_j R_j \tag{6.37}$$

により表される．

6. 7　静電界と定常電流界との類似性

図 6.7 に，2 つの導体の周りに生じる静電界と定常電流界の流線の様子を示す．誘電率 ε の物質中の静電界は，電荷密度 ρ を 0 とすれば次式が成り立つ．

$$\mathrm{div}\,\boldsymbol{D} = 0, \qquad \boldsymbol{D} = \varepsilon \boldsymbol{E}, \qquad \mathrm{rot}\,\boldsymbol{E} = 0 \tag{6.38}$$

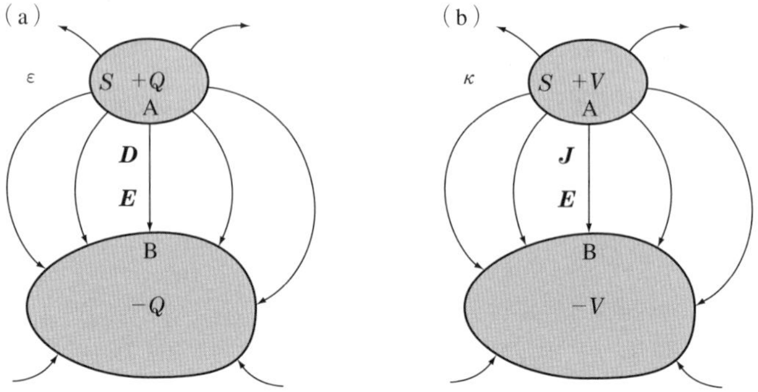

図 6.7　静電界と定常電流界との対応.
(a) 静電界,(b) 定常電流界.

表 6.2　静電界と定常電流界との対応関係

対応	静電界	定常電流界
電極間	電束　$\boldsymbol{D}$ 誘電率　ε 電界　$\boldsymbol{E}$ 電荷　$Q = \int_S \boldsymbol{D} \cdot \boldsymbol{n}\, dS$ 電位差　$V = -\int_A^B \boldsymbol{E} \cdot d\boldsymbol{l}$ 静電容量の逆数　$\dfrac{1}{C} = \dfrac{V}{Q}$	電流密度　$\boldsymbol{J}$ 導電率　κ 電界　$\boldsymbol{E}$ 電流　$I = \int_S \boldsymbol{J} \cdot \boldsymbol{n}\, dS$ 電位差　$V = -\int_A^B \boldsymbol{E} \cdot d\boldsymbol{l}$ 抵抗　$R = \dfrac{V}{I}$
境界面	$\boldsymbol{D}_1 \cdot \boldsymbol{n} = \boldsymbol{D}_2 \cdot \boldsymbol{n}$ $\boldsymbol{E}_1 \cdot \boldsymbol{t} = \boldsymbol{E}_2 \cdot \boldsymbol{t}$ $\dfrac{\tan\theta_1}{\tan\theta_2} = \dfrac{\varepsilon_1}{\varepsilon_2}$	$\boldsymbol{J}_1 \cdot \boldsymbol{n} = \boldsymbol{J}_2 \cdot \boldsymbol{n}$ $\boldsymbol{E}_1 \cdot \boldsymbol{t} = \boldsymbol{E}_2 \cdot \boldsymbol{t}$ $\dfrac{\tan\theta_1}{\tan\theta_2} = \dfrac{\kappa_1}{\kappa_2}$

一方,定常電流場においては,任意の閉曲面において電流の流入と流出がつり合い,かつ電荷量の時間変化がない.また,考えている領域で起電力を生じる電界がないとすれば,導電率 κ の物質中に対して,定常電流場を表す式は次の 3 式となる.

$$\mathrm{div}\, \boldsymbol{i} = 0, \qquad \boldsymbol{J} = \kappa \boldsymbol{E}, \qquad \mathrm{rot}\, \boldsymbol{E} = 0 \tag{6.39}$$

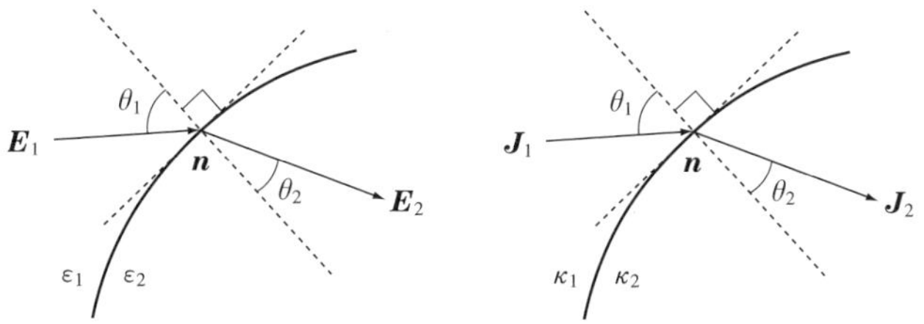

図 6.8　境界面における静電界と定常電流界との対応

両者を比較すると，表 6.2 の対応関係が成り立っている．

また，定常電流界中の導電率の異なる境界面では，静電界との対応から図 6.8 ならびに表 6.2 の関係が成り立つことも明らかである．さらに，同じ形状の導体配置において，電流 I または電荷 Q を電界の大きさが同じとなるよう調整することができる．このとき，次式が成り立つ．

$$R = \frac{V}{I} = \frac{-\int_{\mathrm{B}}^{\mathrm{A}} \boldsymbol{E} \cdot d\boldsymbol{l}}{\int_{\mathrm{S}} \boldsymbol{J} \cdot \boldsymbol{n}\, dS} = \frac{-\int_{\mathrm{B}}^{\mathrm{A}} \boldsymbol{E} \cdot d\boldsymbol{l}}{\kappa \int_{\mathrm{S}} \boldsymbol{E} \cdot \boldsymbol{n}\, dS} = \frac{-\varepsilon \int_{\mathrm{B}}^{\mathrm{A}} \boldsymbol{E} \cdot d\boldsymbol{l}}{\kappa \int_{\mathrm{S}} \boldsymbol{D} \cdot \boldsymbol{n}\, dS}$$

$$= \frac{\varepsilon}{\kappa} \frac{V}{Q} = \frac{\varepsilon}{\kappa C} \tag{6.40}$$

これより，一般に次式が成立する．

$$RC = \frac{\varepsilon}{\kappa} = \eta \varepsilon \tag{6.41}$$

ただし，$\eta = 1/\kappa$ は抵抗率である．また，$\boldsymbol{J}_1 \cdot \boldsymbol{n} = \boldsymbol{J}_2 \cdot \boldsymbol{n}$ が成り立つ．

6. 8　電荷の緩和

電荷保存の (6.20) に，ガウスの法則 (2.56) ならびにオームの法則 (6.24) を用いると，次式が得られる．

$$\frac{\partial \rho}{\partial t} = -\frac{\kappa}{\varepsilon} \rho \tag{6.42}$$

ここで，$t=0$ における電荷密度を ρ_0 とおくと，

$$\rho = \rho_0 \exp\left(-\frac{\kappa}{\varepsilon}t\right) \tag{6.43}$$

が得られる．この式は誘電率 ε，導電率 κ の物質が電荷密度 ρ_0 で帯電すると，時定数

$$\tau = \frac{\varepsilon}{\kappa} = \varepsilon\eta \tag{6.44}$$

で電荷が減衰することを意味している．これを**電荷の緩和** (charge relaxation) とよび，時定数 τ を**緩和時間** (relaxation time) という．

第6章のまとめ

- オームの法則：加えられた電圧 V と電流 I との間には，$V=RI$ の関係が成り立つ．R を電気抵抗という．(6.1節)
- 電流：電荷の流れをいい，毎秒 1C の電荷の流れを 1A という．電流の向きは正電荷の流れる方向を正とする．(6.3節)
- 電流は導体を流れる電流ベクトルの面積分から計算できる．(6.4節)
- キャリア (または電荷担体，荷電粒子)：電荷をもつ粒子をいう．(6.2節)
- 導電電流 (または伝導電流)：キャリアの移動に伴い流れる電流．(6.2節)
- 拡散電流：荷電粒子が，その密度の高い方から低い方に移動するときに流れる電流．(6.4節)
- 対流電流：雷雲など荷電粒子を含む物質の移動により流れる電流．(6.4節)
- 回路網における電流の計算原理：キルヒホフの第1法則，キルヒホフの第2法則が成り立つ．(6.4節)
- 電荷の保存則：閉じた空間内の電荷は常に保存される．(6.4節)
- ジュール熱：電荷の移動に伴い発生する熱であり，(6.26)，(6.27) で計算される．(6.4節)

・起電力：電流を生じさせる電位差. (6.6 節)

・逆起電力：電源に接続された素子に発生する電源とは逆極性の電位差. (6.6 節)

・静電界と定常電流界との類似性：電界，ならびに電束密度と電流密度，および誘電率と導電率との間には，表 6.2 の対応関係が成り立っている. (6.7 節)

・緩和時間：誘電率 ε，導電率 κ の物質が帯電すると，時定数 $\tau = \varepsilon/\kappa$ で帯電が減衰する. (6.8 節)

章末問題

【6.1】 断面積が 2 mm^2 の導線に 1A の電流が流れている.

（1） その断面を通過する電子数はいくらか. (6.2 節)

（2） 電流密度はいくらか. (6.3 節)

（3） 材料が銅であるとき，長さ 10 m の電線の発熱量はいくらか. ただし体積抵抗率を 2×10^{-8} [Ω・m] とする. (3.1 節), (6.5 節), (6.6 節)

（4） 自由電子の平均速度はいくらか. (6.2 節)

（5） 緩和時間はいくらか. (6.7 節), (6.8 節)

【6.2】 直径 d の円形断面をもつ棒電極を，地表から地面に垂直に l の長さで埋め込んだときの接地抵抗 R を求めよ. ただし，土壌の体積抵抗率を η とする. また $d \ll l$ とする. (6.7 節)

【6.3】 導電率が κ_1 と κ_2 である 2 種類の導体が接合されている. 接合面に垂直に電流密度 J の電流が流れるとき，接合面に生じる電荷密度を求めよ. ただし，導体の誘電率は ε_0 とする. (5.8 節)

【6.4】 上底と下底の半径が a, b である円錐形状の抵抗体がある. 長さを L とするとき，抵抗値はいくらか. (6.1 節)

【6.5】 定常電流界の条件式 $\oint_S \boldsymbol{J}\cdot\boldsymbol{n}\,dS = 0$ から，キルヒホフの電流則（第2法則）$\sum_i I_i = 0$ が導かれることを示せ．(6.4節)

【6.6】 内球の半径 a，外球の内半径 b の間に抵抗率 η の物質が充填されているとき，導体間の抵抗を求めよ．また，両導体間に電圧を印加するときの発熱量を計算せよ．(6.1節)，(6.5節)

第7章 磁界

学習目標

a) 電流が流れると右ねじの法則にしたがう磁界ができ，アンペール周回積分の法則（アンペールの法則）が成り立つことを説明できる.
b) 電流要素間にはたらく力の法則（ビオ－サバールの法則）と，その重ねの理を説明できる.
c) ビオ－サバールの法則の積分形（線積分）と微分形（回転，ストークスの定理）を説明でき，電流分布から磁界（磁束密度）の計算ができる.
d) 磁界中の電流にはたらく力と磁気モーメントについて説明し計算できる.
e) 電荷（荷電粒子）が，電界および磁界から受ける力（ローレンツ力）を理解し説明できる.
f) 磁束と磁力線との関係を説明できる.

キーワード

磁気力，磁界，磁束密度，真空中の透磁率，アンペール周回積分の法則（アンペールの法則），フレミングの法則，ローレンツ力，ビオ－サバールの法則，磁束，ガウスの法則

7.1 磁界と電流の磁気作用

磁針 (magnetic needle) に永久磁石を近づけると磁針が振れる．また，永

久磁石同士にも力がはたらく．一方，電流が流れている導線に，磁針や永久磁石（あるいは磁性体）を近づけても力がはたらく．さらに，電流が流れている導線に，別の電流が流れている導線を置いても相互に力がはたらく．つまり，電流には磁石や地磁気と同じように磁気作用がある．

この力は静電界による力とは異なった種類の力であり，一般に**磁気力**（magnetic force）とよばれている．また，磁気力をもつ物質は**磁気**（magnetization）を帯びているという．

電流による磁気作用は，電流が流れることによりその周囲に**磁界**（magnetic field）ができると考える．磁界はベクトル量であり，その大きさは磁界に対して垂直方向の単位長さ当りの電流の大きさで表す．また磁界のベクトルの向きは，磁針の N 極が指す方向と定義されている．磁界は電界と同じように，その位置における磁気的作用を表す固有な物理量と考えられる．

この電流による磁気作用は変圧器や電磁石，あるいは発電機や電動機など，コイルを用いた電気電子機器の動作原理になっている．

磁界を表すには**磁界** $\boldsymbol{H}$ と**磁束密度**（magnetic flux density）$\boldsymbol{B}$ の 2 つのベクトルを用いる．真空中では

$$\boldsymbol{B} = \mu_0 \boldsymbol{H} \tag{7.1}$$

の関係がある．磁界 $\boldsymbol{H}$ の単位は［A/m］である．また磁束密度 $\boldsymbol{B}$ の単位は，磁束 Φ_{m}［Wb］と磁束密度との間に $\Phi_{\mathrm{m}} = \int_{\mathrm{S}} \boldsymbol{B} \cdot d\boldsymbol{S}$ の関係がある（7.10 節参照）ので［$\mathrm{Wb/m^2}$］となるが，この代わりにテスラ［T］が用いられる．

さらに，μ_0 を**真空の透磁率**（vacuum permeability）とよぶ．第 2 章で，真空の誘電率 ε_0 の値について述べたが，真空の誘電率 ε_0 との間には $1/\sqrt{\varepsilon_0 \mu_0}$ が光速に等しいという関係がある．このため，ε_0 と μ_0 はどちらか一方は自由に決めることができるので，

$$\mu_0 = 4\pi \times 10^{-7}\ [\mathrm{H/m}] \quad \text{あるいは} \quad [\mathrm{N/A^2}]$$

と決める．μ_0 は定数であるので，磁界 $\boldsymbol{H}$ と磁束密度 $\boldsymbol{B}$ はベクトルの方向が同じで，大きさは互いに比例する．時間的に変化しない磁界（または磁束密度の場）を**静磁界**（static magnetic field）という．

7．2 直線電流による磁界

図 7.1 に示すように直線状に電流が流れていると，その周囲に**磁界**が発生する．磁界の様子は，電気力線と同じように**磁力線** (magnetic line of force) により表すことができる．磁力線は，図 7.1 の破線で示したもので磁界の方向と大きさを示す．磁界の方向は，電流の向きに対して右ねじが回る方向となる．すなわち，右ねじを磁界の方向に回すと，ねじの進む方向が電流の向きとなる．これは，右手で電線を握ったとき，親指を電流の向きに向けると残りの指の方向に磁界ができることに対応する．これを**アンペールの右ねじの法則** (Ampère's right－handed screw law) という．

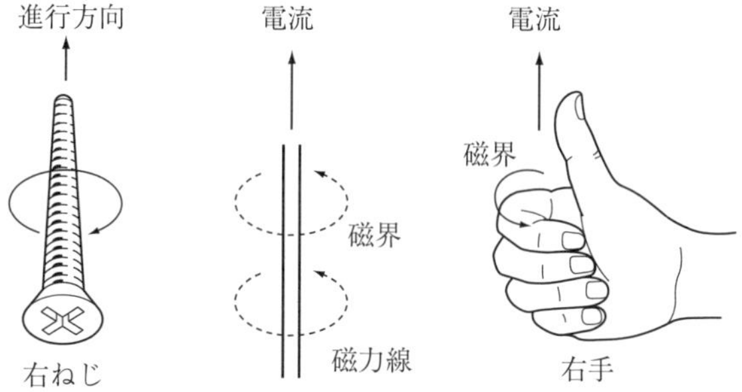

図 7.1　直線電流による磁界の方向

自由に動ける磁石を磁界の中に置いた時，磁界の向きと同じ方向を向く極を **N 極** (N pole)，反対方向を向く極を **S 極** (S pole) という．

磁力線に沿って細い管を考え，これを**磁束管** (magnetic flux tube) という．また磁束管内の磁力線の束を**磁束** (magnetic flux) という．

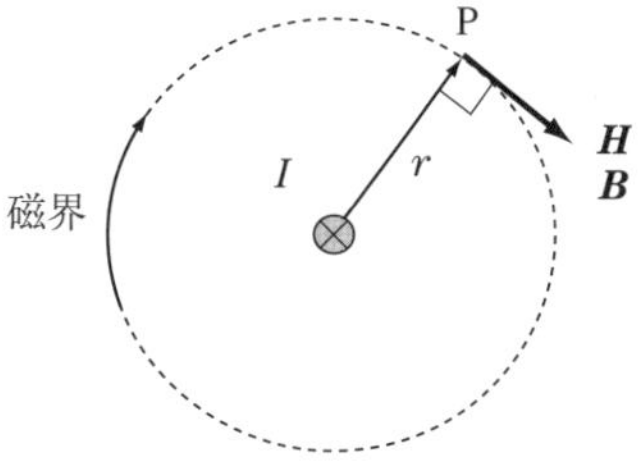

図 7.2　直線電流による磁界（電流は紙面の表から裏側に，紙面に対して垂直に流れている）

図 7.2 に示すように，電流が紙面に垂直で表面から裏面に向かって流れているとする．このとき，導線から距離 r だけ離れた位置に発生する磁界は，

磁力線が作る円の接線方向になり，その大きさは次式で与えられる．

$$H = \frac{I}{2\pi r} \quad [\mathrm{A/m}] \tag{7.2}$$

上式において，半径 r の円周は $2\pi r$ であるから，磁界は電流を円周の長さで割ったものに等しい．いいかえれば，磁界を円周に沿って積分すると積分路内を貫く電流に等しい．これについては 7.4 節で述べる．真空中では $\boldsymbol{B} = \mu_0 \boldsymbol{H}$ の関係があるので，磁束密度は (7.1) より次式となる．

$$B = \mu_0 H = \frac{\mu_0 I}{2\pi r} \quad [\mathrm{T}] \tag{7.3}$$

磁束密度の単位は [N/A・m] となるが，ユーゴスラヴィア生まれのテスラ (Nikola Tesla, 1856 - 1943) を称えてテスラ [T] と定義する．テスラは交流モータの発明者としても有名である．

コラム　電気磁気学

地球が大きな磁石であることは，1600 年にイギリスのギルバート (William Gilbert, 1544 - 1603) が発見した．ギルバートは，「電気と磁気は全く無関係な現象である」と断言したことでも知られている．

イタリアのボルタが電池を発明したのは 1800 年である．これ以来，電池により電流を連続して流せるようになった．

デンマークの物理学者エルステズ (Hans Christian Ørsted, 1777 - 1851) は，1820 年 5 月に，電流の流れている針金の近くに偶然置いた磁針が触れることを見出し，電流の磁気作用を発見した．電流が永久磁石と同様な磁気作用を及ぼすことは，それまで独立な現象と考えられていた電気と磁気の関連づけがなされたことを意味する．電磁気という用語もエルステズに由来する．

この発見を伝え聞いたフランスのアンペール (André - Marie Ampère, 1775 - 1836) は，1820 年にアンペールの右ねじの法則，すなわち磁界の方向に右ねじを回すと，ねじの進行方向が電流の方向になることを示した．アンペールは，電流同士に力がはたらくことも発見した．電流の単位である「アンペア」は彼の功績を称えたものである．

7.3 鎖　交

ループ電流とこれが作る磁力線は，図7.3に示すように2つの閉じた輪を作っている．この2つの輪が鎖（くさり）のように交わっていることを**鎖交**（interlinkage）という．

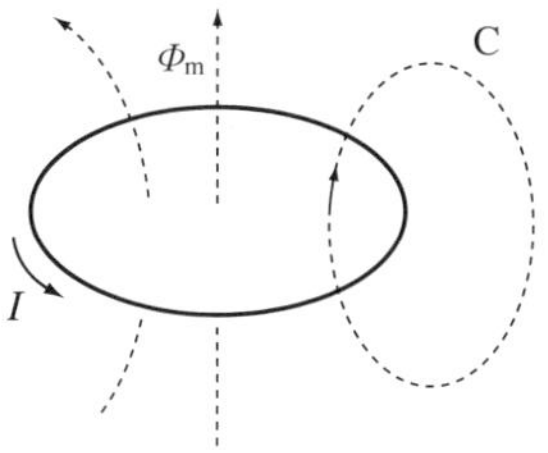

図7.3　ループ電流 I が作る磁力線C

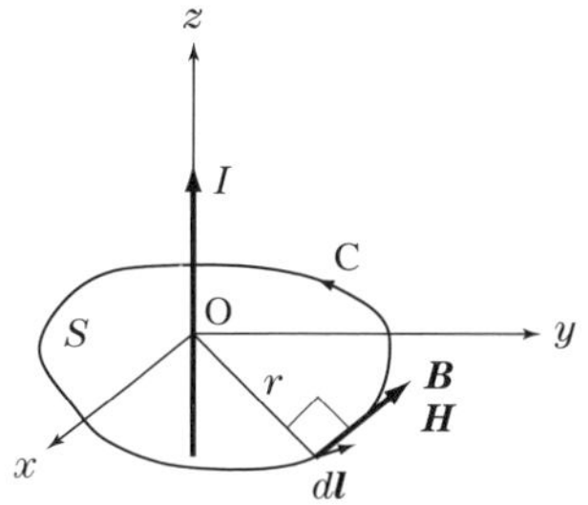

図7.4　正に鎖交する電流

電流や磁束には向きがあるので，鎖交にも正と負を決める必要がある．図7.4に示すように，任意の閉路Cを貫く電流が流れている場合，閉路C上の微小変位 $d\boldsymbol{l}$ の向きと電流の向きとの関係が常にアンペールの右ねじの法則を満たしているならば，閉路は電流と**正に鎖交**（positive interlinkage）しているという．そうではない場合を**負に鎖交**（negative interlinkage）しているという．電流ループとそれによってできた磁束は正に鎖交する．

図7.5のように，閉路Cの外側に電流の流れがある場合は，電流と閉路Cとは鎖交しない．

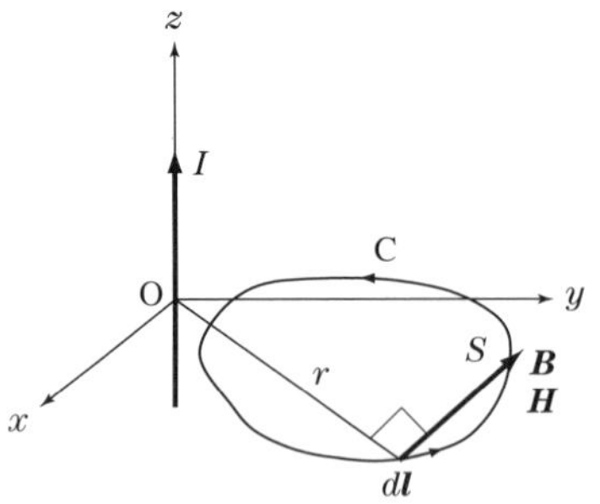

図 7.5　鎖交しない電流

鎖交する磁力線に沿って閉路 C をとるとき，閉路内の磁束を**鎖交磁束数** (number of flux interlinkage) という．

例題 7.1

同軸円筒構造の内部導体と外部導体に電流がそれぞれ逆方向に流れている．単位長さ当りの鎖交磁束数を求めよ．ただし，電流は導体の向かい合った表面上を一様に流れると仮定する．

解　内部導体の外半径を a，外部導体の内半径を b とする．中心軸から距離 r の点の磁束密度は (7.3) より

$$B = \frac{\mu_0 I}{2\pi r} \qquad (7.4)$$

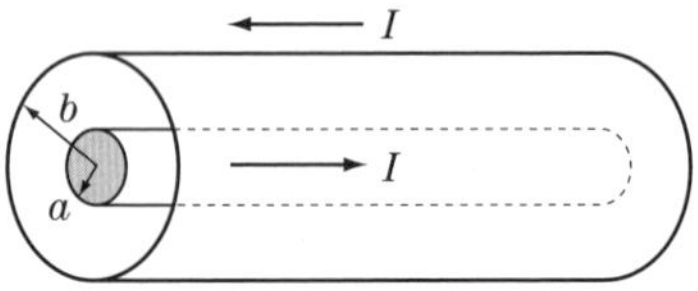

図 7.6　同軸円筒電極の鎖交磁束数

であるから，単位長さ当りの鎖交磁束数は次式となる．

$$\Phi_{\mathrm{m}} = \frac{\mu_0 I}{2\pi}\int_a^b \frac{dr}{r} = \frac{\mu_0 I}{2\pi}\ln\frac{b}{a} \quad [\mathrm{Wb/m}] \qquad (7.5)$$

これより直線状導体が1本のみあると，鎖交磁束数は $b \to \infty$ として ∞ になることがわかる．

7．4　アンペール周回積分の法則

静磁界中において図 7.7 のように，電流 I と鎖交するように任意の閉路 C をとると，磁界について次式が成り立つ．

$$\oint_{C} \boldsymbol{H} \cdot d\boldsymbol{l} = I \tag{7.6}$$

これを**アンペール周回積分の法則**（Ampère's circuital law），または単に**アンペールの法則**（Ampère's law）という．

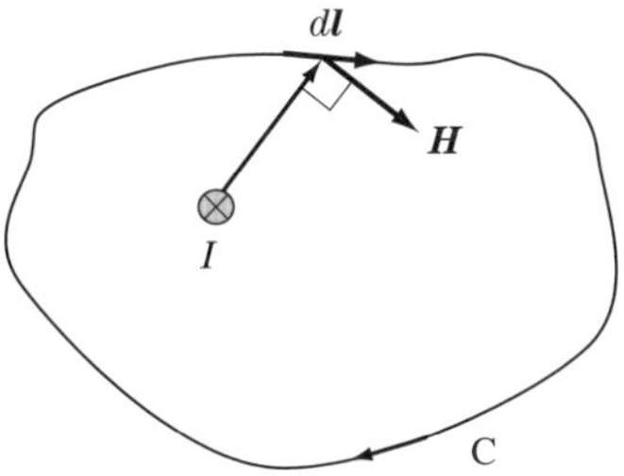

図 7.7　アンペール周回積分の法則

図 7.8 のように，閉路 C の中に複数の電線があり，それぞれの電流の向きが混在する場合には，閉路 C に対して正と負の鎖交が同時に存在する．この場合の鎖交数はこれらの代数和を計算すればよい．一般に n 個のループ電流が閉路 C と鎖交しているとき，それ

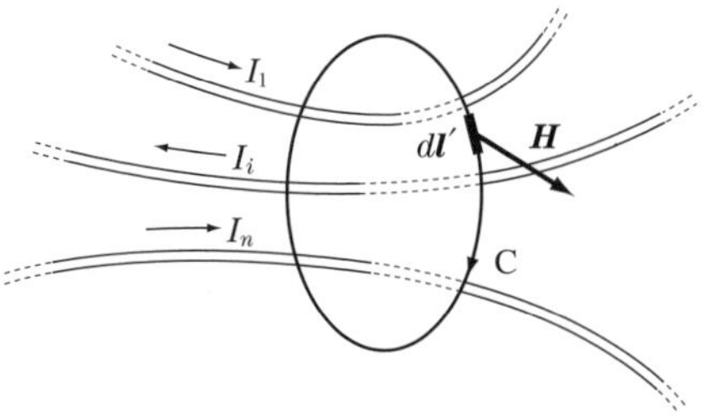

図 7.8　複数の電線に電流が流れているときのアンペール周回積分の法則

ぞれの電流を I_i とすれば次式が成り立つ.

$$\oint_C \boldsymbol{H}\cdot d\boldsymbol{l} = \sum_{i=1}^{n} I_i \tag{7.7}$$

導線（導体）をらせん状に巻いたものを**コイル**（coil）といい，導線を円筒状に密に巻いたコイルを**ソレノイド**（solenoid）という（図 7.9，8.8 参照）．さらに，導線を環状に巻いたコイルを**トロイダルコイル**（toroidal coil）という（図 8.18 参照）．また，巻いたコイルの数 N を**巻数**（turn）という．通常，単位長さ当りの巻数に換算して n [1/m] とする．

例題 7.2

無限長ソレノイドの巻数を n，コイルの電流を I とするとき，中心軸上の磁界を求めよ．

解　図 7.9 に示すような無限長ソレノイドのコイルに電流が流れると，アンペールの右ねじの法則に従って磁界が発生する．このとき，ソレノイド内部と外部の磁束密度は電流の対称性から，図に示すように中心軸方向の成分のみとなる．磁界を求めるため，図に示すように 3 つの積分路 C_1，C_2，C_3 を考える．

まず，内部の積分路 C_1 についてアンペール周回積分の法則を適用すると，鎖交する電流はないので，中心軸からの距離が異なる位置の磁束密度の差は 0 に等しい．すなわち，内部の磁束密度 B_{in} は場所によらず同じ大きさをもつことがわかる．

次に，外部の積分路 C_2 において，全く同様な理由により外部の磁束密度 B_{out} は

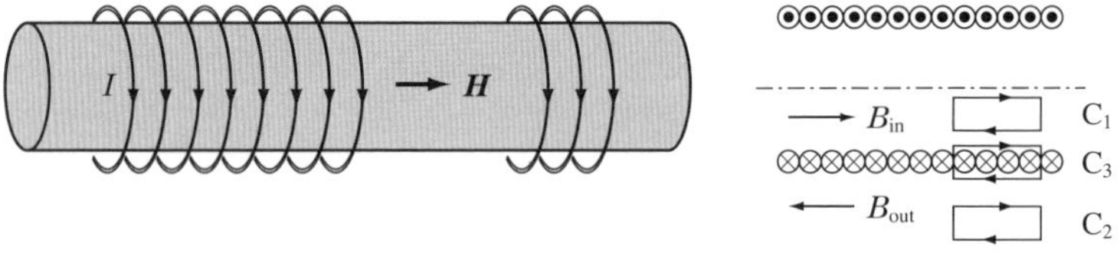

図 7.9　無限長ソレノイドによる磁界

場所によらず同じ大きさをもつことがわかる．ここで，ソレノイドから十分離れた場所の磁束密度 B_{out} は 0 であるから，結論として外部の磁束密度は 0 である．

最後に，中心軸方向の長さを l として，内部と外部を含む積分路 C_3 にアンペールの周回積分の法則を適用すると次式が得られる．

$$B_{\mathrm{in}} \times l = \mu_0 \times I \times n \times l$$

すなわち，

$$B_{\mathrm{in}} = \mu_0 nI \ [\mathrm{T}] \tag{7.8}$$

$$H_{\mathrm{in}} = nI \ [\mathrm{A/m}] \tag{7.9}$$

である．これは無限長ソレノイドの磁界は外部では 0，内部では単位長さ当りの電流に等しいことを意味する．

また，中心軸方向の長さ l の積分路内には，電流 I が $n \times l$ 回流れている．

例題 7.3

半径が a である無限長円柱導体に電流 I が均一に流れているとき，導体内外の磁界を求めよ．

解　図 7.10 で示すような導体を考える．まず，導体内部の磁界を求める．導体内部の電流密度は $I_0 = I/\pi a^2$ である．導体内部における中心 O から半径 r の位置における磁界は，半径 r の導体内部を流れる電流が作る磁界に等しい．したがって，

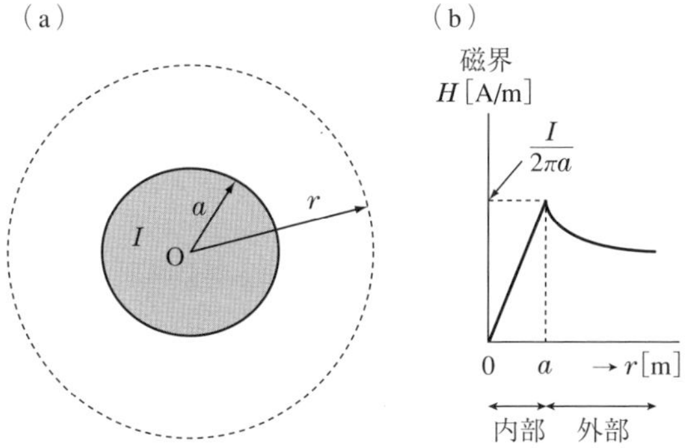

図 7.10　半径 a の円柱導体に均一に流れる電流による磁界

アンペール周回積分の式から次式が成り立つ.

$$\left.\begin{aligned}\oint_C \boldsymbol{H}\cdot d\boldsymbol{l} &= 2\pi rH = I\times\frac{\pi r^2}{\pi a^2}\\ H &= \frac{r}{2\pi a^2}I\end{aligned}\right\}\tag{7.10}$$

次に，導体の外側は直線電流が作る磁界 (7.2) と同じ値となる．これらを図 7.10 (b) に示す．もし，円柱をパイプにおきかえたとすれば，電流は円筒導体の表面を流れており内部の磁界は 0 になる．外側は変化しないので，図 7.10 (b) の $r > a$ の部分と同じになる.

図 7.11 のように，面 S において電流密度 $\boldsymbol{J}$ の電流が流れている場合，電流の流線に沿って $dI = \boldsymbol{J}\cdot\boldsymbol{n}\,dS$ (= 一定) の細い電流管を考え，面 S の周 C と鎖交する細い管内の電流 dI が作る磁界を考えれば次式が成り立つ.

$$\oint_C \boldsymbol{H}\cdot d\boldsymbol{l} = \int_S \boldsymbol{J}\cdot\boldsymbol{n}\,dS \tag{7.11}$$

この式に，ストークスの定理を適用すると次式が得られる.

$$\oint_C \boldsymbol{H}\cdot d\boldsymbol{l} = \int_S \mathrm{rot}\,\boldsymbol{H}\cdot\boldsymbol{n}\,dS \tag{7.12}$$

両式を比較することにより，次のアンペールの法則の微分形が得られる.

$$\mathrm{rot}\,\boldsymbol{H} = \boldsymbol{J} \tag{7.13}$$

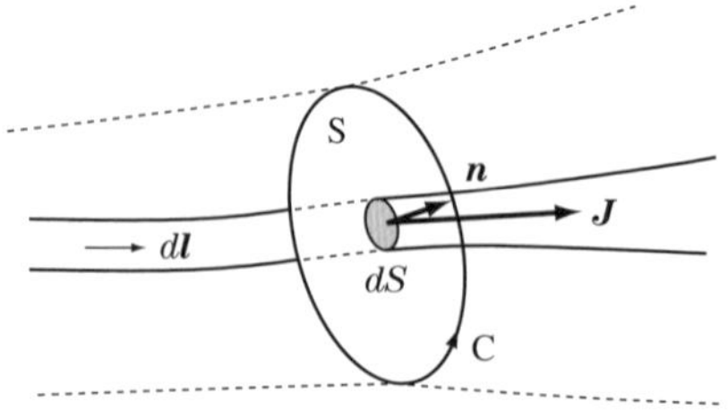

図 7.11　連続した電流による磁界

7．5 電流間にはたらく力

図 7.12 に示したように，2 線間の距離が d である十分に長い平行導線にそれぞれ I_1, I_2 の電流が流れているとする．このとき導線間には力がはたらく．フランスのアンペールは，この力がそれぞれの電流の積 I_1I_2 に比例すること，また導線間の距離 d に反比例し，電流の向きが同じなら引力，反対なら斥力になることを 1820 年に発見した．比例係数を $k_{\rm m}$ とすれば，導線の単位長さ当りにはたらく力は

$$F = k_{\rm m}\frac{2I_1I_2}{d} \tag{7.14}$$

となる．この力を**アンペール力**（Ampère's force）という．ここで因子 2 を入れておく理由は (7.19) を導くためである．

電流が流れるとその周囲に磁界ができる．図 7.12 において，電流 I_2 が流れている場所の直線電流 I_1 による磁束密度 B_1 は，アンペール周回積分の法則より

$$B_1 = \mu_0\frac{I_1}{2\pi d} \quad [\mathrm{T}] \tag{7.15}$$

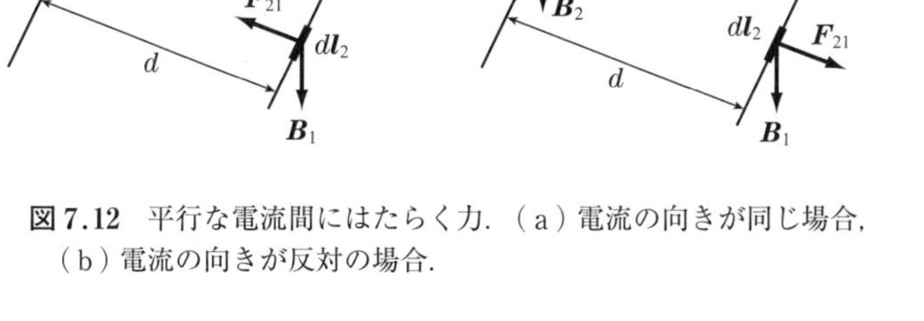

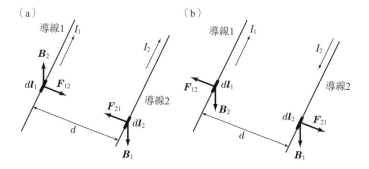

図 7.12　平行な電流間にはたらく力．（a）電流の向きが同じ場合，（b）電流の向きが反対の場合．

となる．ここで (7.14) は $I_1 I_2$ の関数であるので，これを次のように変形する．

$$F = \left(k_{\mathrm{m}} \frac{2I_1}{d}\right) I_2 = B_1 I_2 \tag{7.16}$$

この式は直線電流 I_2 には $B_1 I_2$ の力がはたらき，これはアンペール力 (7.14) に等しいことを意味する．すなわち，次式が成り立つ．

$$F_{21} = k_{\mathrm{m}} \frac{2I_1 I_2}{d} = \left(\mu_0 \frac{I_1}{2\pi d}\right) I_2 \quad [\mathrm{N/m}] \tag{7.17}$$

これより

$$\mu_0 = 4\pi k_{\mathrm{m}} \tag{7.18}$$

であることがわかる．

(7.14) において，I_1, I_2 を等しくとり $\mu_0 = 4\pi \times 10^{-7}\,[\mathrm{N/A^2}]$ とおくと $k_{\mathrm{m}} = 10^{-7}\,[\mathrm{N/A^2}]$ となり，次式が得られる．

$$F = 2 \times 10^{-7} \frac{I^2}{d} \quad [\mathrm{N/m}] \tag{7.19}$$

この式は，**1 m 離れた同じ大きさの電流にはたらく力が単位長さ当り 2×10^{-7} N のとき，その電流の大きさは 1 A であること**を意味する．電流の値はこのようにして定義される．

次に，電流間にはたらく力 (7.14) をクーロン力から導出してみる．線電荷密度 λ が一様である無限長直線電荷から距離 x 離れた点の電界は，2.5 節で計算したように (2.22) で与えられた．すなわち，

$$E = \frac{\lambda}{2\pi\varepsilon_0 x} \tag{7.20}$$

である．したがって，距離 x の位置に点電荷 q を置けば，点電荷に対しては次のクーロン力がはたらく．

$$F = qE = q \cdot \frac{\lambda}{2\pi\varepsilon_0 x} \tag{7.21}$$

この力は，直線電荷上に電荷要素 $\lambda\,dz$ を考え，これが点電荷に及ぼすクーロン力の中で直線電荷に垂直な電界成分

$$dE = \frac{\lambda}{4\pi\varepsilon_0}\frac{x}{r^3}\,dz \quad (r = \sqrt{x^2 + y^2}) \tag{7.22}$$

を積分したものに電荷 q を掛けた値に等しく，直線電荷に平行な成分は積分の過程で相殺されゼロであった (2.5 節参照)．この計算過程を振り返ってみると，電荷間のクーロン力は距離の 2 乗に反比例するが，直線電荷と点電荷との力は積分の結果，(7.21) に表されているように距離に反比例する関係に帰着されていることがわかる．

電流間にはたらく力 (7.14) をクーロン力 (7.21) との比較から求めてみる．電流と線要素ベクトルの積を**電流要素** (partial element for current) とよぶ．例えば図 7.13 において，電流 I_1, I_2 の線要素ベクトルをそれぞれ $d\boldsymbol{l}_1, d\boldsymbol{l}_2$ とすると，電流要素はそれぞれ $I_1\,d\boldsymbol{l}_1$ と $I_2\,d\boldsymbol{l}_2$ となる．これらはクーロンの法則における電荷の役割を果たしている．

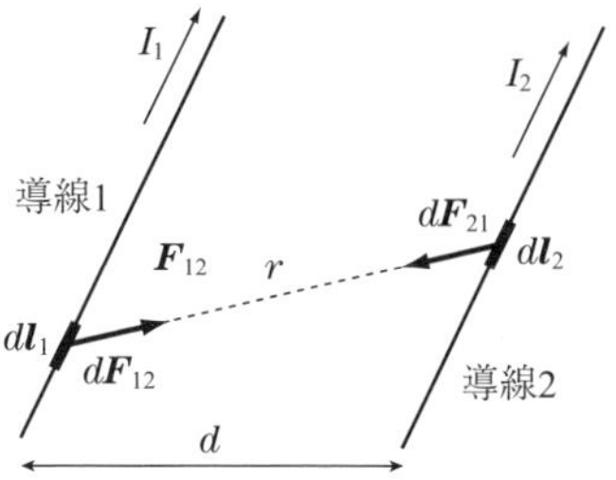

図 7.13　アンペール力

導線 1 の電流要素 $I_1\,d\boldsymbol{l}_1$ にはたらく力 $d\boldsymbol{F}_{12}$ は，導線 2 の電流要素 $I_2\,d\boldsymbol{l}_2$ の積分で計算されるので，積分の結果，消える成分を考慮するとクーロン力との類推から次のベクトルで表される．

$$d\boldsymbol{F}_{12} = -2k_{\mathrm{m}} \cdot I_1\,d\boldsymbol{l}_1 \cdot I_2\,d\boldsymbol{l}_2 \cdot \frac{\boldsymbol{r}}{r^3} = -2k_{\mathrm{m}} \cdot I_1\,d\boldsymbol{l}_1 \cdot I_2\,d\boldsymbol{l}_2 \cdot \frac{\boldsymbol{r}_1 - \boldsymbol{r}_2}{|\boldsymbol{r}_1 - \boldsymbol{r}_2|^3} \tag{7.23}$$

ここで $\boldsymbol{r}_1, \boldsymbol{r}_2$ は電流要素の位置ベクトルであり，$r = |\boldsymbol{r}_1 - \boldsymbol{r}_2|$，$\boldsymbol{r} = \boldsymbol{r}_1 - \boldsymbol{r}_2$

となる．また，電荷の大きさはそれぞれの電流要素の絶対値となること，負符号は電流要素間の距離ベクトル $\boldsymbol{r} = \boldsymbol{r}_1 - \boldsymbol{r}_2$ と力の向きが逆であることを考慮している．

さらに，アンペールは導線が平行ではない場合にも実験を行い，平行電流の場合に引力が最大となること，導線の相互の向きを変化させると引力が減少すること，直交した場合には力がはたらかないこと，電流の向きを逆にすると斥力となり，逆向きの平行電流で斥力が最大となることに気づいた．すなわち，平行電流に対して得られた (7.23) は任意の角度で交差する 2 つの電流要素に対して，次のように書き改められる．

$$d\boldsymbol{F}_{12} = -2k_{\mathrm{m}}(I_1\, d\boldsymbol{l}_1 \cdot I_2\, d\boldsymbol{l}_2)\frac{\boldsymbol{r}_1 - \boldsymbol{r}_2}{|\boldsymbol{r}_1 - \boldsymbol{r}_2|^3} = -2k_{\mathrm{m}}I_1I_2(d\boldsymbol{l}_1 \cdot d\boldsymbol{l}_2)\frac{\boldsymbol{r}_1 - \boldsymbol{r}_2}{|\boldsymbol{r}_1 - \boldsymbol{r}_2|^3} \tag{7.24}$$

このようにアンペールは，2 つの電荷にはたらくクーロン力 (2.2) との類推から電流間の力を算出した．

7. 6　ビオ－サバールの法則

ここまでの議論では直線電流による磁界を考えてきた．これに対して，フランスのビオ (Jean - Baptiste Biot, 1774 - 1862) とサバール (Félix Savart, 1791 - 1841) は 1820 年に，直線に限らず任意の形を持つ導体を流れる電流による，磁界の大きさと方向を計算する**ビオ－サバールの法則** (Biot - Savart's law) を導いた．

この法則によれば，磁束密度は電流を長さ dl' の微小な長さに分けその位置を $\boldsymbol{r}'$ とするとき，それぞれの電流要素 $I'\, dl'$ が任意の点 $\mathrm{P}(\boldsymbol{r})$ に生じる磁界ベクトル $d\boldsymbol{B}$ の和として求めることができる．図 7.14 において，$|\boldsymbol{r} - \boldsymbol{r}'|$ は点 $\mathrm{P}(\boldsymbol{r})$ と電流要素 $I'\, dl'$ との距離，θ を dl' から点 $\mathrm{P}(\boldsymbol{r})$ を見たときの位置ベクトルとの角度とすれば，電流要素が点 P に作る dB の大きさはクーロ

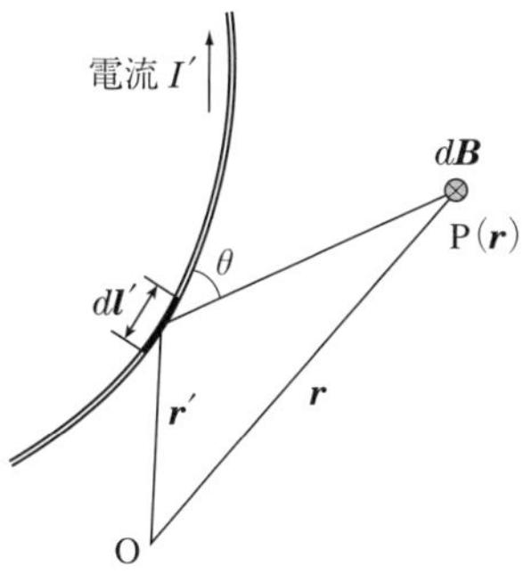

図 7.14　ビオ－サバールの法則

ンの法則との類推から次式で与えられる．

$$dB = \frac{\mu_0}{4\pi}\frac{I'\,dl'}{|\boldsymbol{r}-\boldsymbol{r}'|^2}\sin\theta \quad [\mathrm{T}] \tag{7.25}$$

磁束密度 $d\boldsymbol{B}$ の方向は，点 P($\boldsymbol{r}$) と $d\boldsymbol{l}'$ を含む平面に垂直で電流に対して右ねじの方向になる．また，$d\boldsymbol{B}$ の方向と大きさは次式のようにベクトル積で表せる．

$$d\boldsymbol{B} = \frac{\mu_0}{4\pi}I'\,d\boldsymbol{l}' \times \frac{\boldsymbol{r}-\boldsymbol{r}'}{|\boldsymbol{r}-\boldsymbol{r}'|^3} = \frac{\mu_0 I'}{4\pi}\frac{d\boldsymbol{l}' \times (\boldsymbol{r}-\boldsymbol{r}')}{|\boldsymbol{r}-\boldsymbol{r}'|^3} \tag{7.26}$$

これを**ビオ－サバールの法則**という．磁束密度 $d\boldsymbol{B}$ は，7.5 節で述べたように，本来は導線上の電流要素 $I\,d\boldsymbol{l}$ がある場所での磁界であったが，そこに導線があるかないかによらず，電流の流れは空間のすべての場所に磁界を作ると考えれば良い．電流が閉ループ C を流れている場合の磁束密度は，閉ループに沿って積分すれば良いので次式で表される．

$$\boldsymbol{B}(\boldsymbol{r}) = \frac{\mu_0 I'}{4\pi}\oint_{\mathrm{C}}\frac{d\boldsymbol{l}' \times (\boldsymbol{r}-\boldsymbol{r}')}{|\boldsymbol{r}-\boldsymbol{r}'|^3} \tag{7.27}$$

また，この磁束密度が電流要素 $I\,d\boldsymbol{l}$ にはたらく力は

$$d\boldsymbol{F} = I\,d\boldsymbol{l} \times \boldsymbol{B}(\boldsymbol{r}) \tag{7.28}$$

となる．

例題 7.4

直線電流による磁束密度をビオ－サバールの法則から求めよ.

解　図 7.15 において, z 軸方向に流れる電流を I とすれば, 電流要素 $I\,dz$ が点 P に作る磁束密度は (7.25) より次式で与えられる.

$$dB = \frac{\mu_0}{4\pi}\frac{I\,dz}{r^2}\sin\theta = \frac{\mu_0}{4\pi}\frac{I\,dz}{r^2}\frac{a}{r} = \frac{\mu_0}{4\pi}\frac{I\,dz}{a^2+z^2}\frac{a}{\sqrt{a^2+z^2}} = \frac{\mu_0 I}{4\pi}\frac{a}{(a^2+z^2)^{3/2}}dz \tag{7.29}$$

したがって, 電流 I による磁束密度は dB を重ね合わせることにより

$$B = \int dB = \frac{\mu_0 I}{4\pi}\int_{-\infty}^{\infty}\frac{a}{(a^2+z^2)^{3/2}}dz \tag{7.30}$$

となる. ここで $z = au$ と変数変換すれば, $dz = a\,du$ であるので, 上式は

$$\begin{aligned} B &= \frac{\mu_0 I}{4\pi}\int_{-\infty}^{\infty}\frac{a}{a^3(1+u^2)^{3/2}}a\,du = \frac{\mu_0 I}{4\pi a}2\int_0^{\infty}\frac{du}{(1+u^2)^{3/2}} \\ &= \frac{\mu_0 I}{2\pi a}\left[\frac{u}{(1+u^2)^{1/2}}\right]_0^{\infty} = \frac{\mu_0 I}{2\pi a} \end{aligned} \tag{7.31}$$

となる. この式は, アンペール周回積分の法則から得られた (7.15) に等しい.

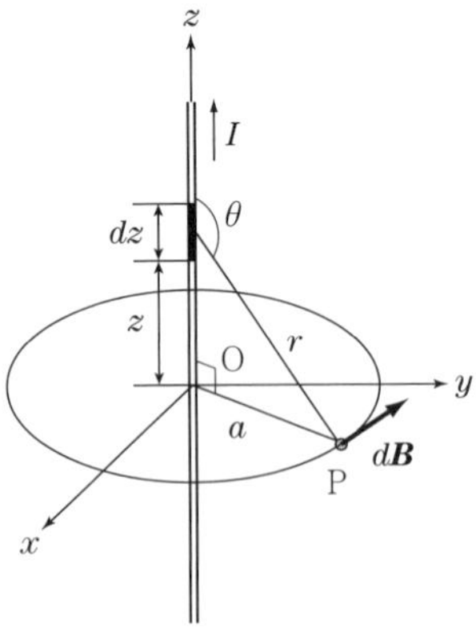

図 7.15　直線電流による磁束密度

7.7 磁界中の電流にはたらく力

図 7.16 に示すように磁束密度 $\boldsymbol{B}$ の磁界中に電流 I が流れると，電流要素 $I\,d\boldsymbol{l}$ には

$$d\boldsymbol{F} = I\,d\boldsymbol{l} \times \boldsymbol{B} \quad [\mathrm{N/m}] \tag{7.32}$$

の力がはたらく．したがって閉路を流れる電流全体では，電流要素にはたらく力をベクトル合成した磁気力

$$\boldsymbol{F} = I\oint_{\mathrm{C}} d\boldsymbol{l} \times \boldsymbol{B} \quad [\mathrm{N/m}] \tag{7.33}$$

がはたらく．電流が導体を流れている場合は，導体に磁気力がはたらく．

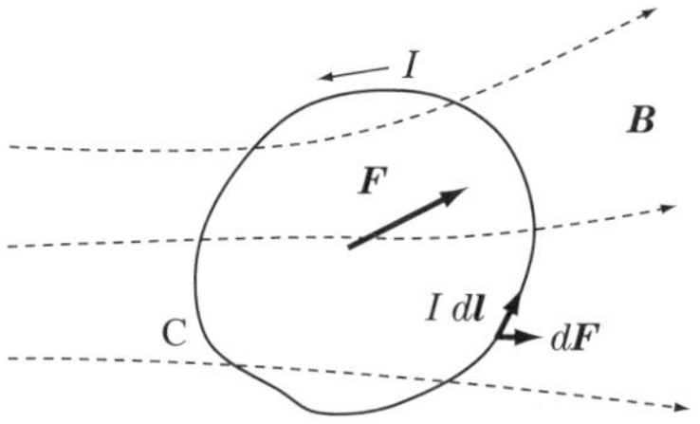

図 7.16 磁界中の電流にはたらく力

図 7.17 に示すように磁束密度 $\boldsymbol{B}$ が一定である場合，電流全体にはたらく力は 0 になる．これは (7.33) において

$$\boldsymbol{F} = I\oint_{\mathrm{C}} d\boldsymbol{l} \times \boldsymbol{B} = I\left(\oint_{\mathrm{C}} d\boldsymbol{l}\right) \times \boldsymbol{B} = 0 \tag{7.34}$$

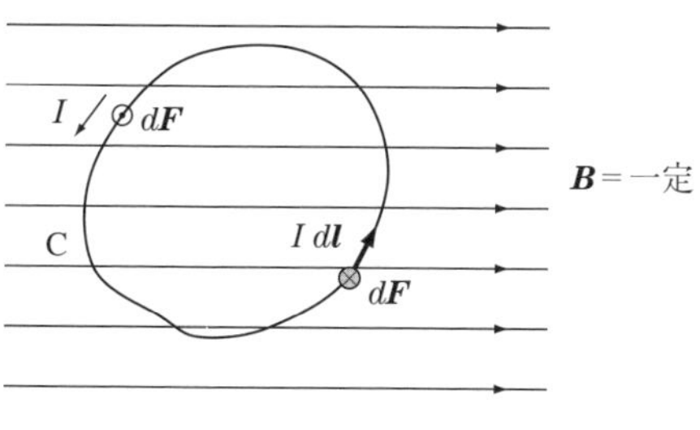

図 7.17 磁束密度一定の閉路電流にはたらく力

となるからである．この式は，電流要素にはたらく力が電流全体に対しては回転させる力（トルク）として作用することを意味している．

例えば図 7.18 に示すように，大きさが一定で y 軸方向を向く磁束密度 $\boldsymbol{B}$ の中に，2 辺の長さがそれぞれ a, b である矩形コイルをその中心が原点となるように配置し，z 軸と角度 θ で交差するよう配置した場合を考える．

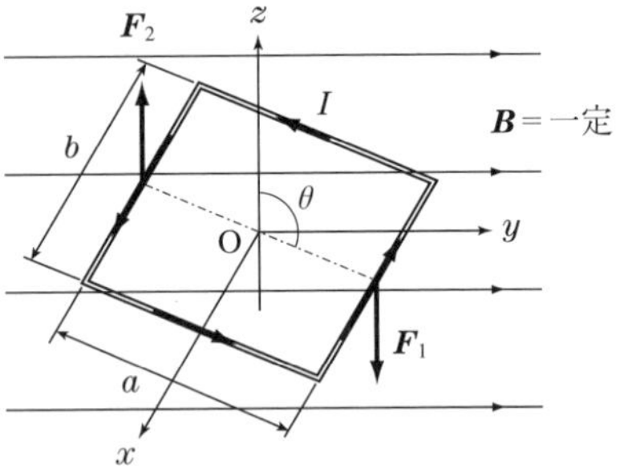

図 7.18　矩形電流にはたらく力

矩形コイルに流れる電流の中で，辺の長さが b である x 軸に平行な 2 辺の電流は，図に示したようにそれぞれ $\boldsymbol{F}_1, \boldsymbol{F}_2$ の力を生じる．電流の向きは互いに逆であるから $\boldsymbol{F}_1 + \boldsymbol{F}_2 = 0$ が成り立つ．一方，辺の長さが a である 2 辺の電流にはたらく力は，磁束密度 $\boldsymbol{B}$ を横切る成分はないため力を生じない．

すなわち，2 辺のそれぞれにはたらく $\boldsymbol{F}_1, \boldsymbol{F}_2$ の力により，回転する力（トルク）が発生する．(7.33) より，$F_1 = F_2 = IBb$ であるのでトルク T は

$$T = F_1 \times \frac{a}{2} \sin\theta + F_2 \times \frac{a}{2} \sin\theta = IabB \sin\theta \qquad (7.35)$$

となる．

電流の流れる方向を向くベクトル $\boldsymbol{I}$ と，磁束密度 $\boldsymbol{B}$ とのベクトル積が力 $\boldsymbol{F}$ となる．すなわち $\boldsymbol{F} = \boldsymbol{I} \times \boldsymbol{B}$ である．直線電流の流れと磁束密度の向きが平行でない場合の力 $\boldsymbol{F}$ の大きさは，ベクトル積の定義から電流 $\boldsymbol{I}$ と磁束密度 $\boldsymbol{B}$ の間の角度を θ とすれば $IB \sin\theta$ となる．また力 $\boldsymbol{F}$ の方向は，電流ベクトルを磁束密度 $\boldsymbol{B}$ の方向に回転したときの右ねじの進む方向である．

図 7.19 は左手の中指を電流の向きに，人差し指を磁束密度の向きとしたとき，親指の方向に力がはたらくことを示す．これを**フレミングの左手の法**

則 (Fleming's left - hand rule) という．また，この力を**電磁力** (electromagnetic force) という．電磁力は「電流 × 磁界 = 力」と覚えると忘れにくい．この法則は電動機 (モーター) の基本原理でもある．

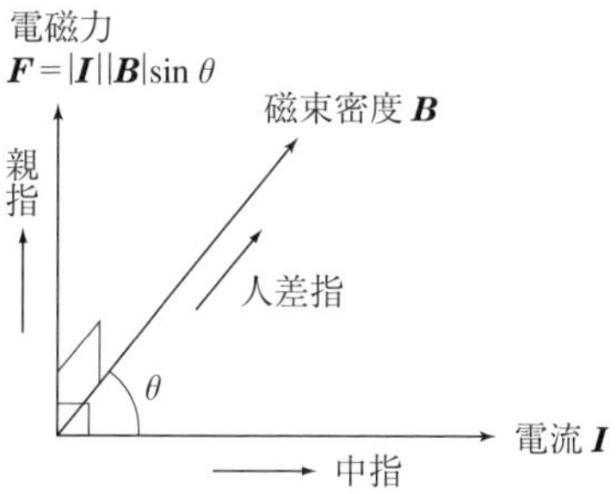

図 7.19　フレミングの左手の法則

7. 8　磁気モーメント

図 7.20 に示すように，面積 S をもつループ電流 I が作る磁界を考える．ループの中心点に，大きさが電流と面積の積 $I \times S$ [A・m^2] に等しく，その方向がループ電流面に垂直であるベクトル $\boldsymbol{m}$ を考える．これを**磁気モーメント** (magnetic moment) という．

ここで,「電流 × 面積」をモーメントとよぶ意味を考えてみる．図 7.21 に示すように，半径が a，中心が O であるループ電流が一様な磁束密度 $\boldsymbol{B}$ の中

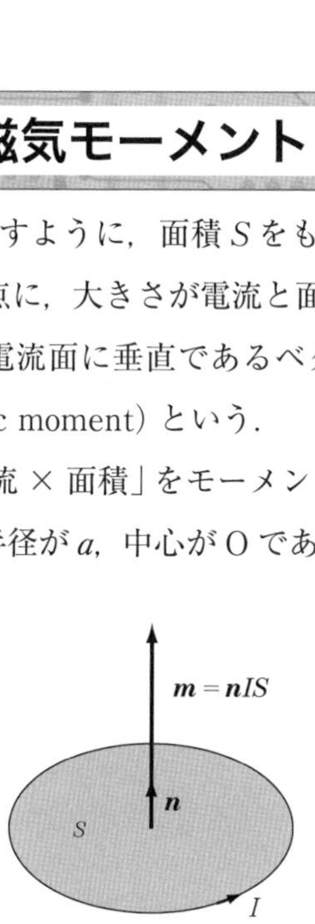

図 7.20　磁気モーメント

に置かれているとする．このときの電磁力は，前節で述べたように電流の単位長さ当り $\boldsymbol{F} = \boldsymbol{I} \times \boldsymbol{B}$ である．よって，電流の向きが磁束密度 $\boldsymbol{B}$ と一致する点では力が 0 であるので，この点を Q とする．また，電流の向きと磁束密度 $\boldsymbol{B}$ との向きが反対になる点 R も力が 0 となる．ループ電流の円周上の点を P とし，OQ との角度を θ とすると点 P における力は $IBa \sin\theta$ である．また，点 P から線分 QR への垂線の長さが $a \sin\theta$ であるから，線分 QR を中心軸としたときの点 P における回転モーメントは $(IBa \sin\theta)\, a \sin\theta$ となる．

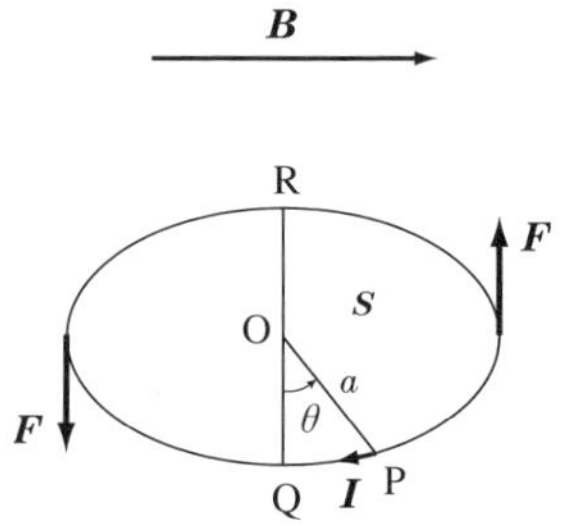

図 7.21　磁界中のループ電流にはたらく力

したがって，ループ電流全体の回転モーメント T は，回転モーメントの向きの対称性を考慮すると，中心軸 RQ に対して θ を 0 から $\pi/2$ まで積分した回転モーメントを 4 倍 $(= 2 \times 2)$ すればよい．すなわち

$$T = 2 \times 2 \times \int_0^{\pi/2} IBa^2 \sin^2\theta\, d\theta = 4IBa^2 \int_0^{\pi/2} \sin^2\theta\, d\theta$$

$$= 4IBa^2 \frac{\pi}{4} = IB\pi a^2 = ISB = mB \quad [\mathrm{Nm}] \tag{7.36}$$

となる．

このようにループ電流に磁束密度が加わると回転力がはたらき，磁気モーメント $\boldsymbol{m}$ は磁束密度の方向を向こうとする．このときの磁気モーメント $\boldsymbol{m}$ の大きさは (7.36) より $m = IS$ であり，$\boldsymbol{m}$ に垂直な磁束密度に対して単位当りにはたらく回転モーメント

$$\boldsymbol{m} = \boldsymbol{n}IS \quad [\mathrm{Am^2}] \tag{7.37}$$

の大きさに等しい．

ここでの計算はループ電流を円としたが，任意の形状に対しても (7.37) は成り立つ．例えば図 7.18 の矩形コイルの場合,「矩形電流 × 面積」である

Iab を電流面に垂直な単位ベクトル $\boldsymbol{n}$ を用いて，磁気モーメントベクトルとして次のように表すことができる．

$$\boldsymbol{m} = \boldsymbol{n}Iab = \boldsymbol{n}IS \tag{7.38}$$

これを用いると，(7.35) のトルクはベクトル形式で

$$\boldsymbol{T} = \boldsymbol{m} \times \boldsymbol{B} \tag{7.39}$$

となる．

7.9 ローレンツ力

導体の任意の断面を，単位長さ当り q の電荷が速度 $\boldsymbol{v}(\boldsymbol{r}')$ で動くと毎秒 $q\,\boldsymbol{v}(\boldsymbol{r}')$ の電荷が通過するが，これは電流に等しい．電流にはたらく力は動いている電荷にはたらく力であり，単位長さ当りの電流にはたらく力と電荷にはたらく力は同じものとなる．したがって，(7.28) より電荷 q には次式の力がはたらく．

$$\boldsymbol{F} = \boldsymbol{I} \times \boldsymbol{B} = q\boldsymbol{v} \times \boldsymbol{B} \quad [\mathrm{N}] \tag{7.40}$$

この式は，1 C の電荷が 1 m/s の速度で移動しているとき，電荷の移動方向に対して垂直な方向に 1 N の力がはたらくときの磁束密度が，1 T であることを意味している．磁束密度 $\boldsymbol{B}$ は，このようにして定義される．

運動する電荷には電界 $\boldsymbol{E}$ によるクーロン力もはたらく．電界と磁界の両方が存在する場合には両者のベクトル和となり，次式で与えられる．

$$\boldsymbol{F} = q(\boldsymbol{E} + \boldsymbol{v} \times \boldsymbol{B}) \quad [\mathrm{N}] \tag{7.41}$$

この力を**ローレンツ力**とよぶ．また，この式を**ローレンツの式** (Lorentz equation) という．この式より電荷にはたらく力は，速度に無関係な成分と速度に関係する成分が含まれることがわかる．また 1 A の電流が 1 秒間に流れる電荷が 1 C であるので，ローレンツの式より電界と磁界が決まる．

線電流が作る磁界を計算する (7.27) は，一般の定常電流界にも拡張できる．6.3 節において，体積電荷密度 $\rho\,[\mathrm{C/m^3}]$ をもつ電荷の流れが速度ベクト

ル $\boldsymbol{v}(\boldsymbol{r}')$ をもつとき，電流の向きは速度ベクトルと一致し，電流密度はベクトルとして次式で与えられることを述べた．

$$\boldsymbol{J}(\boldsymbol{r}') = \rho\, \boldsymbol{v}(\boldsymbol{r}') \tag{6.15}$$

また，電流要素 $I'\,dl'$ の体積を dv' とすれば $I'\,dl' = \boldsymbol{J}(\boldsymbol{r}')\,dv'$ であり，電流要素 $I\,d\boldsymbol{l}'$ にはたらく力は

$$d\boldsymbol{F} = I\,d\boldsymbol{l}' \times \boldsymbol{B} = \boldsymbol{J} \times \boldsymbol{B}\,dv' \tag{7.42}$$

となるので，単位体積当りの力 $\boldsymbol{f}$ は次のようになる．

$$\boldsymbol{f}(\boldsymbol{r}) = \boldsymbol{J}(\boldsymbol{r}) \times \boldsymbol{B}(\boldsymbol{r}) \quad [\mathrm{N/m^3}] \tag{7.43}$$

ここで，

$$\boldsymbol{B}(\boldsymbol{r}) = \frac{\mu_0}{4\pi}\int_{\mathrm{V}} \boldsymbol{J}(r') \times \frac{\boldsymbol{r}-\boldsymbol{r}'}{|\boldsymbol{r}-\boldsymbol{r}'|^3}\,dv' \tag{7.44}$$

である．この力は**体積力密度**（density of volume force）ともよばれ，ローレンツ力になっている．

さらに，電流が面上を流れているときは，面の切り口の単位長さを流れる面電流密度を $\boldsymbol{K}(\boldsymbol{r}')$ とすると，切り口の長さ $d\boldsymbol{l}'$ を流れる電流は $I' = K\,dl'$ であるから，電流の向きをもつ長さ ds' の電流要素は

$$I'\,d\boldsymbol{r}' = K(\boldsymbol{r}')\,dl'\,d\boldsymbol{r}' = \boldsymbol{K}(\boldsymbol{r}')\,dl'\,ds' = \boldsymbol{K}(\boldsymbol{r}')\,dS' \tag{7.45}$$

である．$\boldsymbol{K}(\boldsymbol{r}')$ は大きさが K で電流の方向をもつベクトルである．$dS' = dl'\,ds'$ は面積要素である．よって，磁束密度は，(7.44) を参考にすれば次式の面積分により計算される．

$$\boldsymbol{B}(\boldsymbol{r}) = \frac{\mu_0}{4\pi}\oint_{\mathrm{S}} \boldsymbol{K}(\boldsymbol{r}') \times \frac{\boldsymbol{r}-\boldsymbol{r}'}{|\boldsymbol{r}-\boldsymbol{r}'|^3}\,dS' \tag{7.46}$$

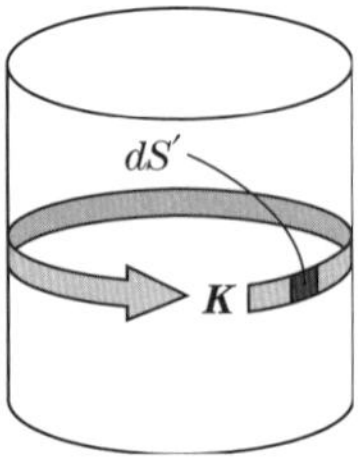

図 7.22　表面電流

電流要素 $I\,d\boldsymbol{r}' = \boldsymbol{K}\,dS'$ にはたらく力は

$$dF = I\,d\boldsymbol{r}' \times \boldsymbol{B} = \boldsymbol{K} \times \boldsymbol{B}\,dS' \tag{7.47}$$

になるから，単位面積当りの力は $\boldsymbol{K} \times \boldsymbol{B}$ である．この力もローレンツ力になっている．

ここで，ローレンツ力による仕事を考えてみる．微小距離 $d\boldsymbol{r}$ 移動したときの仕事 dW は次式で与えられる．

$$\begin{aligned} dW &= \boldsymbol{F} \cdot d\boldsymbol{r} = q(\boldsymbol{E} + \boldsymbol{v} \times \boldsymbol{B}) \cdot d\boldsymbol{r} = q\,\frac{d\boldsymbol{r}}{dt} \cdot (\boldsymbol{E} + \boldsymbol{v} \times \boldsymbol{B})\,dt \\ &= q\boldsymbol{v} \cdot (\boldsymbol{E} + \boldsymbol{v} \times \boldsymbol{B})\,dt = q\boldsymbol{v} \cdot \boldsymbol{E}\,dt + q\boldsymbol{v} \cdot (\boldsymbol{v} \times \boldsymbol{B})\,dt \\ &= q\boldsymbol{v} \cdot \boldsymbol{E}\,dt \end{aligned} \tag{7.48}$$

この式より，磁界は速度と直交する方向に力を生じるため電荷の向きを変える作用をするが，磁界そのものは仕事をしないこと，また電荷のエネルギー変化は電界による仕事，すなわち，ジュール熱として変化していることがわかる．

ちなみに，本節で出てきたローレンツ力の名前は，オランダの物理学者であるローレンツ（Hendrik Antoon Lorentz, 1853 - 1928）からつけられている．

物質に電流を流し，これに垂直方向に磁界を加えると，電流，磁界それぞれに垂直な方向に電圧が発生する．これを**ホール効果**（Hall effect）という．また，発生する電圧を**ホール起電力**（Hall electromotive force）といい，クーロン力とローレンツ力のつり合いより求めることができる．

7. 10　磁束密度に関するガウスの法則

図 7.23 に示すように面 S を通る磁束密度 $\boldsymbol{B}$ を考え，次式の面積分で与えられる量を**磁束**（magnetic flux）という．

$$\Phi_{\mathrm{m}} = \int_{\mathrm{S}} \boldsymbol{B} \cdot \boldsymbol{n}\,dS \quad [\mathrm{Wb}] \tag{7.49}$$

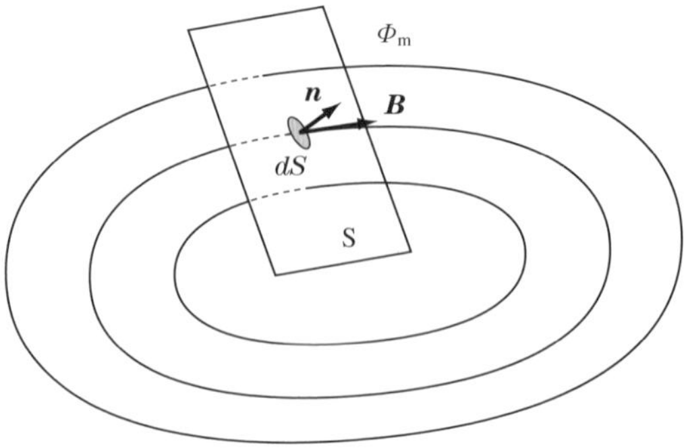

図 7.23　磁束密度と磁束

磁束 Φ_m の単位はウェーバ [Wb] である．磁束密度の単位テスラ [T] との間には次の関係がある．

$$1\ \mathrm{Wb} = 1\ \mathrm{T}\cdot\mathrm{m}^2, \qquad 1\ \mathrm{T} = 1\ \mathrm{Wb/m}^2$$

面 S が閉曲面の場合，上式は面 S から出て行く正味の磁束を表している．すなわち，面 S に入った磁束は必ず面 S から出て行くので常に 0 となり次式が成り立つ．

$$\int_S \boldsymbol{B}\cdot\boldsymbol{n}\,dS = 0 \tag{7.50}$$

これを**磁束密度に関するガウスの法則** (Gauss' law for magnetic flux density) という．この式は，時間的に一定な電流だけでなく，時間的に変化する電流や変位電流によって作られる磁束密度に対しても成り立つ基本法則である．

この式の微分形は，ガウスの定理を用いて

$$\int_S \boldsymbol{B}\cdot\boldsymbol{n}\,dS = \int_V \mathrm{div}\,\boldsymbol{B}\,dv = 0 \tag{7.51}$$

となるので，

$$\mathrm{div}\,\boldsymbol{B} = 0 \tag{7.52}$$

となる．

なお，磁束密度に関するガウスの法則と静電界におけるガウスの法則

$$\int_S \boldsymbol{E} \cdot \boldsymbol{n}\, dS = \frac{Q}{\varepsilon_0} \tag{7.53}$$

との比較から，磁界中には電荷 Q に相当する“磁荷”は存在しないことがわかる．すなわち，電気力線は正電荷から湧き出して負電荷に吸収されるが，磁束密度 B に対する**磁束管（または磁力線）**を考えると，これは**湧き出し口も吸い込み口もない閉曲線を形成する**ことを意味している．

第7章のまとめ

- 磁界：電流が流れると周囲にできる空間的状態であり，磁気作用をもつ．（7.1節）
- 磁束管：磁力線に沿って一定の磁束が通る管．（7.2節）
- 磁束密度：磁界と磁束密度との間には $\boldsymbol{B} = \mu_0 \boldsymbol{H}$ の関係がある．ここで μ_0 は真空の透磁率である．なお，$\mu_0 = 4\pi \times 10^{-7}$ [H/m] である．（7.1節）
- アンペールの右ねじの法則：直線電流が作る磁界の方向は，電流の向きに対して右ねじが回る方向となる．（7.2節）
- 鎖交：電流ループとこれが作る磁力線は，お互いに2つの閉じたループを作る．（7.3節）
- アンペール周回積分の法則（アンペールの法則）：電流と鎖交する閉ループに沿う磁界との間には (7.6) の関係が成り立つ．（7.4節）
- ビオ－サバールの法則：電流要素が作る磁界との関係を表す法則．（7.6節）
- フレミングの左手の法則：磁界中の電流にはたらく力は $\boldsymbol{F} = \boldsymbol{I} \times \boldsymbol{B}$ で表される（力：$\boldsymbol{F}$，電流 $\boldsymbol{I}$，磁束密度 $\boldsymbol{B}$）．（7.7節）
- 磁気モーメント：閉ループ電流とその面積との外積（$\boldsymbol{m} = \boldsymbol{n}IS$）．（7.8節）
- ローレンツ力：電荷（荷電粒子）が，電界および磁界から受ける力は $\boldsymbol{F} = q(\boldsymbol{E} + \boldsymbol{v} \times \boldsymbol{B})$ で表される（電界 $\boldsymbol{E}$，電荷の速度 $\boldsymbol{v}$）．（7.8節），（7.9節）

・磁束：面 S を貫く磁束密度の面積分. (7.10 節)

・磁束密度に関するガウスの法則：電荷 Q に相当する“磁荷”は存在しない.

章末問題

【7.1】 無限長直線導体に 20 A の電流が流れている. この導体から 5 cm 離れた位置の磁界と磁束密度はいくらか. (7.2 節)

【7.2】 地磁気の大きさは, 測定場所や長時間にわたる変動があるが約 3×10^{-5} T である. もし, 無限に長い直線導体に電流を流した場合, この大きさはどれくらいの値に相当するか. (7.2 節)

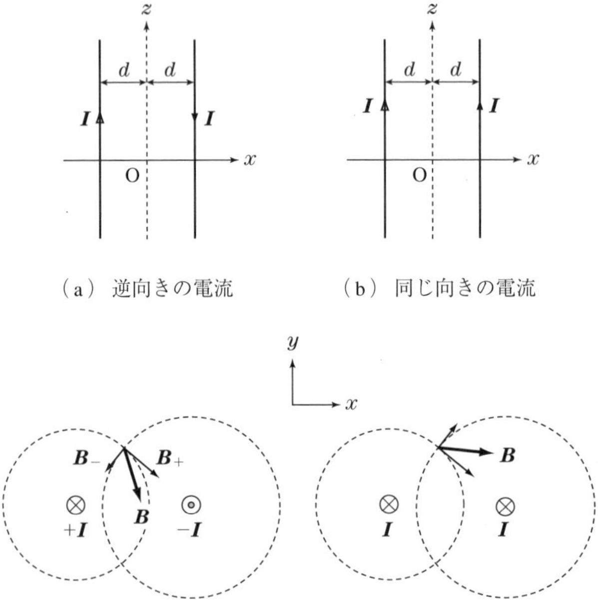

（a） 逆向きの電流　（b） 同じ向きの電流

（c） 逆向きの電流　（d） 同じ向きの電流

図 7.24

【7.3】 図 7.24 に示すように，無限に長い 2 本の直線状導線が z 軸に平行に置かれている．z 軸からの距離をそれぞれ d とするとき，同図（a）のように往復電流が流れる場合と，同図（b）のように同じ大きさかつ同じ向きの電流がどちらにも流れる場合の磁界を求めよ．（7.2 節）

【7.4】 半径 a の円形電流が中心軸上に作る磁界を計算せよ．（7.6 節）

【7.5】 磁界の強さが H_0 の一様磁界中に，2 本の無限長往復線路がある．往復電流 I が流れているときの磁力線の様子を示せ．（7.2 節）

【7.6】 図 7.25（a）に示すように，無限に広い金属板の x 方向に一様な平面電流が流れている．y 方向の単位長さ当りの電流が I [A/m] であるとき，平面電流を図 7.25（b）のように線電流におきかえて周囲の磁界を求めよ．ただし，金属板の厚さを無視する．（7.4 節）

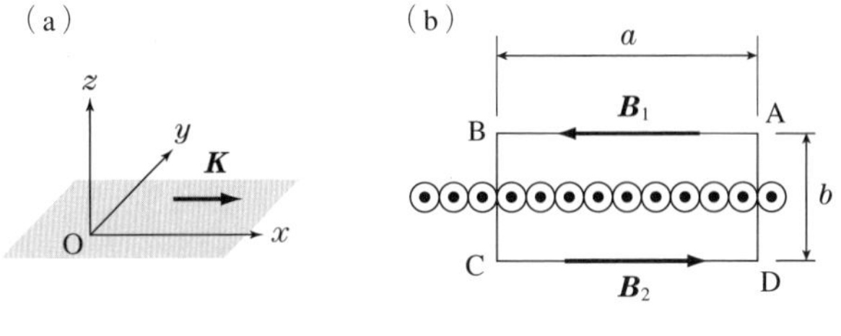

図 7.25

第8章

磁 性 体

学習目標

a) 磁化と磁性体の種類を説明できる.
b) 磁化電流と磁気モーメントとの関係を説明できる.
c) 磁性体中の磁界の強さを説明できる.
d) 強磁性体の磁区と磁壁を理解し, 磁性体のヒステリシス曲線とヒステリシス損を説明できる.
e) 磁極と磁気に関するクーロンの法則を説明できる.
f) 磁性体の境界条件を説明できる.
g) 磁気回路を理解し, 磁気回路の計算ができる.

キーワード

磁化, 磁性, 磁気誘導, 磁気分極, 磁性体, 磁気モーメント, 磁界, 磁束密度, 磁気に関するクーロンの法則, 磁区, 磁壁, ヒステリシス曲線, 磁気回路

8.1 磁化と磁性体

鉄を磁界の中に置くと磁化される. また, 釘などの鉄の棒に導線を巻き, これに電流を流すと, 鉄の棒は**磁石** (magnet) となって近くの鉄片を吸いつける. また, 磁石に吸いつけられた鉄片が, さらに他の鉄片を吸いつけるこ

とも身近な現象として観測される.

このように，磁石や電流による磁界によって物体が磁気的性質を帯びることを**磁化** (magnetization) という．物質の磁気的性質を**磁性** (magnetism) といい，磁性を示す物質を**磁性体** (magnetic material) という．磁性体は磁化によりN極とS極が対になり**磁気双極子** (magnetic dipole) が形成される．磁化は誘電体の分極に対応する現象であり，**磁気分極** (magnetic polarization) ともよばれる．磁界中に置かれた物質に磁気モーメントが生じ，磁化される現象を，**磁気誘導** (magnetic induction) という.

物質は，原子や分子など磁気的な作用を受ける粒子からできており，これらが磁気双極子となるので，すべての物質は磁気双極子の集合体と見なすことができる．磁性体の中で特に強い磁気双極子をもち，さらに特殊な磁気的性質が備わっているために実用的な価値をもつものを，**磁性材料** (magnetic materials) とよぶ.

磁性材料の磁気モーメントは，互いに平行に整列するだけでなく，結晶のある特定の方向を向こうとする．例えば，鉄は図8.1に示すように立方晶であり，磁気モーメントは立方体の稜の方向を向こうとする．これを**磁化容易軸** (axis of easy magnetization) とよぶ．外からの磁界がない場合，鉄の自発磁化は結晶の軸方向を向いているが，磁界が印加されると磁化方向にずれが起こりエネルギーが増加する．これを**磁気異方性エネルギー** (magnetic anisotropy energy) とよぶ.

さらに，磁性材料の結晶は磁化方向にわずかに歪みをもち，鉄の場合は磁化方向にわずかに伸びている．この現象を**磁歪**(じわい) (magnetostriction) または**磁気歪**(じきひずみ)という．磁歪の量はごくわずかであるが，磁気異方性と共に強磁性の性質に大きな影響を与える.

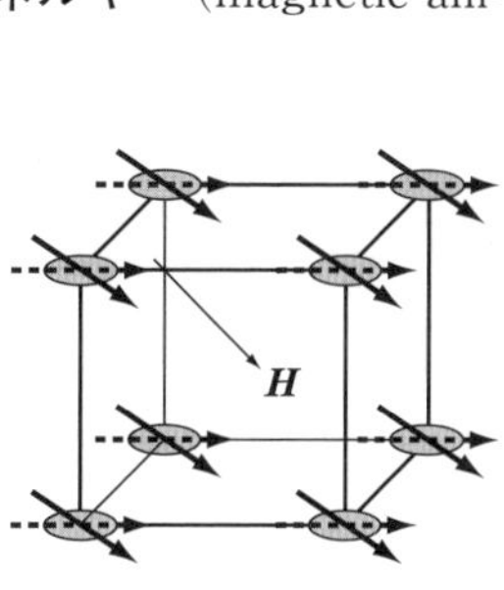

図8.1　磁化と磁気モーメント

磁気異方性や磁歪の原因は，図8.1のように原子の形状が球形でなくラグビーボールのような回転楕円体で，その回転軸が磁気モーメントの方向と一致しているためである．ネオジム Nd やサマリウム Sm のような希土類元素は歪みが鉄より大きく，このような元素を含む強磁性化合物は大きな磁気異方性エネルギーをもつ．

8．2　磁性体の種類

物質に磁界を加えると強弱の差があるものの，何らかの磁性を示す．磁化のされ方は物質により大きく異なる．表 8.1 に磁性体の種類と物質の磁性の例を示す．

表 8.1　磁性体の種類と物質の例

磁性体の種類		元素または物質
強磁性体	フェロ磁性体	Fe，Co，Ni
	アンチフェロ磁性体（反強磁性体）	Mn
	フェリ磁性体	磁性酸化鉄，フェライト
常磁性体		Al，O，Sn，Pt，Na，空気
反磁性体		Zn，Sb，Au，Ag，Hg，H，S，Cl，Bi，Cu，Pb，He，Ne，Ar，水晶，水

鉄，コバルト，ニッケルは外部磁界の向きに磁化され，強い磁石となる．このような物質を**強磁性体**（ferromagnetic material）という．これらの物質の他に，これらの合金や他の金属との合金も強磁性体となる．永久磁石は磁気モーメントの大きな磁気双極子を有しており，かつ透磁率が小さい．このため，外部磁界を取り除いても，強い磁性を持続できる．

アルミニウムやマンガン，プラチナなどは鉄などと同じく外部磁界方向に磁化されるが，その強さは強磁性体と比較すると桁違いに小さい（$\sim 10^{-6}$）．また，外部磁界を取り去ると磁性は消失する．このような物質を**常磁性体**

(paramagnetic material) という．気体でも空気や酸素は常磁性体である．

銅や鉛などは磁化の強さが極めて小さく，磁化の方向が強磁性体や常磁性体とは逆になっている．このような物質を**反磁性体** (diamagnetic material) という．水や食塩など身の回りの多くの物質は反磁性体である．通常，磁性体という場合は強磁性体を指す．強磁性体は実用上重要であり，強磁性体でないものは弱磁性体あるいは非磁性体として区別される．

強磁性体はさらにフェロ磁性体，アンチフェロ磁性体，フェリ磁性体に区別される．図8.2において，磁化ベクトルの向きが同じものを**フェロ磁性** (ferromagnetism) という．また，磁化ベクトルの向きがそれぞれ逆で大きさが同じものは，外部に対しては磁性を示さない．これを**反強磁性** (またはアンチフェロ磁性，diamagnetism) という．さらに，磁化ベクトルがそれぞれ逆方向でも大きさが異なる場合は，その差に等しい磁化ベクトルとなり，外部に対して大きな磁性を示す．これを**フェリ磁性** (ferrimagnetism) という．

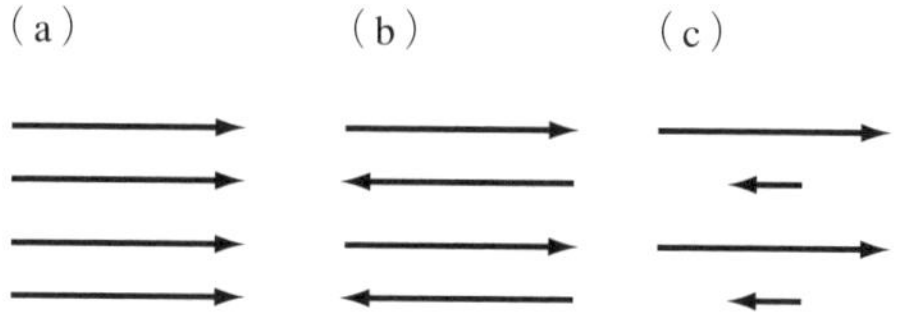

図8.2　強磁性体の種類と磁気双極子の配列との関係．(a) フェロ磁性，(b) 反強磁性，(c) フェリ磁性．

このように磁性材料となりうる物質は，磁気双極子の配列に特徴があり，フェロ磁性体である領域は一定の磁化の強さをもっている．これを**自発磁化** (spontaneous magnetization) という．

鉄，コバルト，ニッケルのような遷移金属元素とよばれる系列の元素は磁性が大きく現われるが，希土類元素とよばれる元素の原子を含む多くの物質でも磁性が現われる．磁性体はこれらの元素の集まりであり，磁石としての性質はこれら個々の物質の磁化の統計的な平均量が関係していると考えることができる．

なお**フェロ** (ferro) は鉄を意味する．

コラム　永久磁石材料

現在，主に工業的に使用されている永久磁石材料には**フェライト磁石**(Ferrite) と合金磁石がある．フェライト磁石は Fe と Ba，または Sr の酸化物を主成分としている．このため，比電気抵抗が高い，耐食性に優れるなどの特徴がある．一方，合金磁石にはアルニコ磁石，希土類磁石（レアアース磁石）がある．特に，希土類磁石は 1960 年代後半から開発され，SmCo 系磁石と NdFeB 系磁石がある．

1982 年に，日本の住友特殊金属（当時）の佐川眞人らによって発明されたネオジム磁石 $Nd_2Fe_{14}B$ (Neodymium magnet) は，ネオジム，鉄，ホウ素を主成分とする希土類磁石の 1 つで，永久磁石の中では最も強力とされている．

8.3　原子の磁気モーメント

8.3.1　磁気モーメント

強磁性体を磁界の中に置くと強い磁性を示すが，この原因は磁性体を構成する原子や分子の磁性による．すなわち，荷電粒子である電子は原子内において軌道運動と自転運動をしているが，これにより微小電流ループが形成され磁気作用が生じると考えられている．

軌道運動そのものはランダムな向きをもつので，平均すると見かけ上電流ループを作らない．しかし磁界が加わると，電流ループが作られ，特定の向きに磁気モーメントが発生する．磁性体の中に微小な磁石を考え，微小面積 S の周辺を電流 I_m が流れていると考えるときの**磁気モーメント** $\boldsymbol{m}$ は，7.8 節で述べたように次式で定義される．

$$\boldsymbol{m} = \boldsymbol{n} I_m S \quad [\mathrm{Am^2}] \tag{8.1}$$

ベクトル $\boldsymbol{m}$ の大きさは電流 I_m と微小面積 S の積に等しく，方向は面積 S に垂直で右ねじの方向を向く．

このような微小磁石を表す電流 I_m を**磁化電流** (magnetizing current) とよ

ぶ．これに対して，コイルなどに流れる電流を**真電流** (true current)，あるいは**自由電流** (free current) とよぶ．

原子の磁性の根源は，次の3つの磁気モーメントであることが知られている．

(1) 電子の自転 (スピン) による磁気モーメント

(2) 原子核の周囲を回る電子の軌道運動による磁気モーメント

(3) 原子核のスピンによる磁気モーメント．このモーメントは，前の2つの電子による磁気モーメントに比べて，電子と原子核の質量比 ($\sim 10^{-3}$) 程度に小さい．

原子の磁気モーメントは，これらの磁気モーメントの和として与えられる．物質としての磁性は原子の種類や結合状態により，(1) が優勢の場合は強磁性または常磁性となる．(2) だけの場合は反磁性となる．

例題 8.1

鉄の磁気モーメントについて述べよ．

解 鉄 Fe は原子番号 $Z = 26$ の元素であり，26 個の核外電子の配列は表 8.2 のようになっている．K, L 殻は電子で完全に満たされているので，磁気モーメントは殻内の + スピンと − スピンで相殺されて 0 となっている．M 殻と N 殻は電子配列

表 8.2 鉄の電子配列

主量子数	1	2		3			4
電子殻記号	K	L		M			N
電子数	2	8		14			2
方位量子数	0	0	1	0	1	2	0
電子軌道	1s	2s	2p	3s	3p	3d	4s
スピン分配	+1 −1	+1 −1	+3 −3	+1 −1	+3 −3	+5 −1	+1 −1

に空きがあるが，3 s, 3 p, 4 s は電子で満たされており磁気モーメントは 0 である．一方，M 殻の 3 d は ＋ スピンが 5，－ スピンが 1 であり，5 − 1 = 4 の差がある．したがって，原子 1 個当り 4 μ_B のモーメントをもっている．ここで，μ_B は**ボーア磁子** (Bohr magneton) であり 9.274×10^{-24} [J/T] の値をもつ．

表 8.3 は，M 殻にスピン分配の差がある元素を示す．Mn を除き強磁性体であることがわかる．Mn は後述するように反強磁性体であり，同じ大きさの磁気モーメントが互いに逆向きに配列しているため，常磁性体として振舞う．鉄，コバルト，ニッケルが磁性体になることは 1978 年に Moruzzi らにより証明された．

表 8.3　元素の磁気モーメント

元素		M 殻 3d 軌道のスピン不平衡		原子の磁気モーメント
原子番号	記号	＋ スピン	－ スピン	μ_B
25	Mn	+5	0	+5
26	Fe	+5	−1	+4
27	Co	+5	−2	+3
28	Ni	+5	−3	+2

巨視的な**磁化の強さ** (intensity of magnetization) $\boldsymbol{M}$ は単位体積当りの磁気モーメントで定義される．すなわち図 8.3 に示すように，巨視的には十分小さな体積 Δv を考え，この中には多数の原子や分子が含まれるとする．微小体積 Δv 内に生じる磁気モーメントを $\sum \boldsymbol{m}$ とすると

$$\boldsymbol{M} = \lim_{\Delta v \to 0} \frac{\sum \boldsymbol{m}}{\Delta v} \quad [\mathrm{A/m}] \tag{8.2}$$

となる．巨視的な磁化の強さを表すベクトル $\boldsymbol{M}$ を**磁化ベクトル** (magnetization vector)，または単に**磁化** (magnetization) あるいはポアソンの磁化 (1824 年) という．磁化ベクトル $\boldsymbol{M}$ は磁界と同じ単位 [A/m] をもつ．

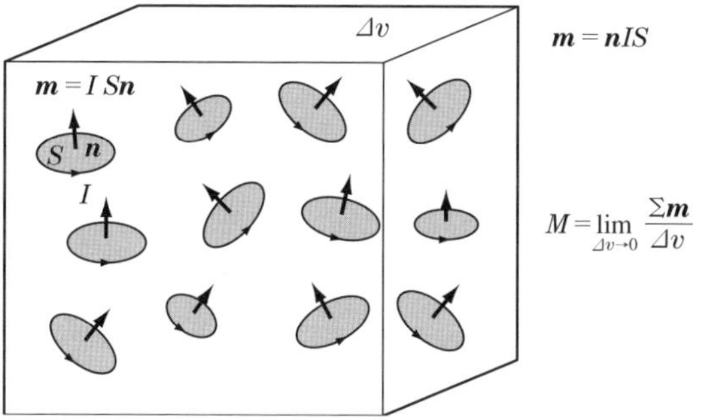

図 8.3 磁化ベクトル

8.3.2 磁区と磁壁

図 8.4 に示すように，1 つの磁化ベクトルを単位として分割された磁性体の領域を，**磁区**（magnetic domain）とよぶ．また磁区の境界を**磁壁**（magnetic domain wall）とよぶ．

図 8.4 は 2 次元磁化ベクトルを表しているが，実際には 3 次元の構造をもつ．磁区を構成する微小体積 Δv の大きさを，どの程度に選ぶべきかは，目的により異なる．磁区は大きなものでは，0.1 ～ 1 mm くらいの広がりがある．磁区の体積 Δv を磁区よりさらに小さく磁壁を含まない部分に選べば，その中のぞれぞれの磁気モーメント $\boldsymbol{m}$ はすべて同じ方向に揃っている．もし Δv がいくつかの磁区を含めば，磁化ベクトル $\boldsymbol{M}$ はいろいろな方向の磁気

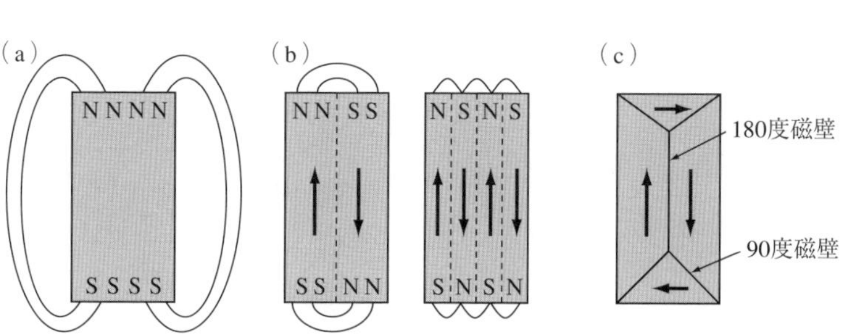

図 8.4 磁区と磁壁

モーメントを平均した値になる．外部からの磁界がない場合は，それぞれの磁区がもつ磁気モーメントはランダムであり，互いに打ち消し合うため，外部に磁化が生じない．これを**消磁状態**（demagnetization, neutralization, degaussing）という．また，消磁状態にある磁性体を磁化させることを**着磁**（magnetization）という．

図8.4（a）に示すように，すべての磁気モーメントの向きが特定の方向に揃ったものは1つの磁区構造をもち，強い磁石になる．

一般に物質がもつエネルギーは，できるだけ最小の状態で安定を保とうとする性質がある．ここで図8.4（b）に示すように，磁性体をブロックに分割し逆向きの磁気モーメントをもつように交互に並べてみる．ブロックがもつ磁気エネルギーは，分割数が大きいほど小さくなる．これは同じ長さの2本の棒磁石を手にもち，N極とS極を隣り合わせにすると強い吸引力がはたらくことからもわかる．

図8.4（c）に示すように，隣り合う磁区の磁化の向きが180度異なっている磁壁を**180度磁壁**（180° domain wall），90度異なるものを**90度磁壁**（90° domain wall）とよぶ．

磁気エネルギーには，

（1）　**静磁気エネルギー**（magnetostatic energy）

（2）　**磁気異方性エネルギー**

（3）　**交換エネルギー**

（4）　**磁壁エネルギー**

が知られている．隣接するブロック間には磁壁が生じるが，磁壁のエネルギーは磁区のエネルギーよりも高いため，磁性体は全体として磁気エネルギーが最小になるように磁壁の移動が行われる．

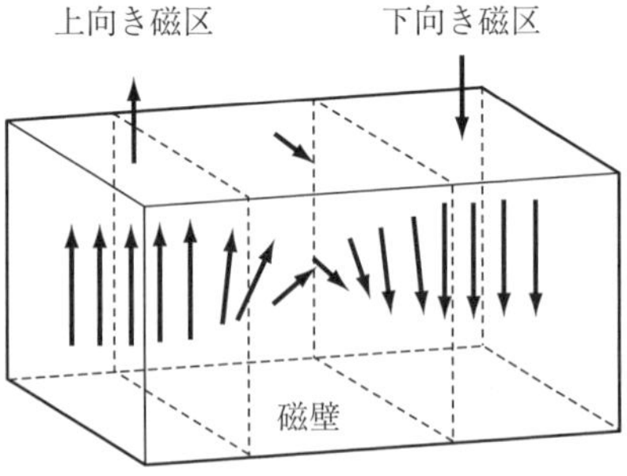

図8.5　磁区と磁壁内の磁気モーメント

磁壁の近傍では図8.5に示すように，磁気モーメントの向きが徐々に変化する．消磁状態にある磁性体に磁界を徐々に印加すると，磁区の境界である磁壁の移動が起こる．磁界が弱いときは磁壁の移動が磁界に比例して起こるが，磁界が強くなると磁壁は不連続的に移動するようになる．これに伴い磁化も不連続的な変化をする．この現象は1919年にドイツの物理学者バルクハウゼン（Heinrich Georg Barkhausen，1881－1956）により発見され，これを**バルクハウゼン効果**（Barkhausen effect）とよぶ．

ここで述べた磁区構造はある温度以下で安定であるが，温度が高くなると熱エネルギーの影響を受けて磁区構造が消失し，常磁性体になる．この温度を**キュリー温度**（Curie temperature）という．この値は鉄は1043 K，コバルト1393 K，ニッケル631 Kである．

磁性材料として使える強磁性体は，キュリー温度が室温あるいは使用環境より十分高いことが必要である．この現象はフランスの物理学者キュリー夫人の夫であるピエール・キュリー（Pierre Curie，1859－1906）が発見した．

8.4 磁化電流

磁性体が磁化されると物質内部に磁気モーメントが発生し，磁性体表面に表面電流が現れる．磁化によって現れる電流を，**磁化電流**（equivalent current densities of magnetization, magnetizing current）という．

図8.6（a）に示すように，磁化の強さ$\boldsymbol{M}$で一様に磁化された磁性体があり，この中に面積がΔS，厚さΔl，その側面が磁化の強さ$\boldsymbol{M}$に平行な微小な磁性体板を考える．この微小体積内の磁気モーメント$\sum \boldsymbol{m}$は，(8.2)より次式で与えられる．

$$\sum \boldsymbol{m} = \boldsymbol{M}\,\Delta v = \boldsymbol{M}\,\Delta S\,\Delta l \tag{8.3}$$

一方，磁気モーメント$\sum \boldsymbol{m}$が，微小体積の側面を流れるループ電流I_{m}によって生じているとすれば，次式が成り立つ．

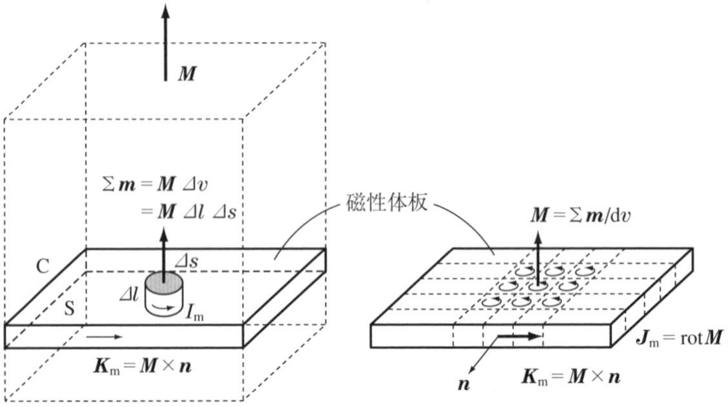

（a） 磁化が空間的に一様な場合　　（b） 磁化が空間的に一様でない場合

図 8.6　磁化と磁化電流

$$\sum \boldsymbol{m} = I_{\mathrm{m}}\, \varDelta S \tag{8.4}$$

したがって，両式よりループ電流 I_{m} は

$$I_{\mathrm{m}} = M\, \varDelta l \tag{8.5}$$

で与えられる．この式より微小磁性体の側面には，単位長さ当り

$$J_{\mathrm{m}} = \frac{I_{\mathrm{m}}}{\varDelta l} = M = |\boldsymbol{M}| \quad [\mathrm{A/m}] \tag{8.6}$$

の磁化電流が流れていることがわかる．

磁化の強さ $\boldsymbol{M}$ が空間的に一様な場合には，隣り合う微小体積の側面を流れる磁化電流は互いに打ち消し合うため，磁性体板の側面にのみ磁化電流が流れると解釈できる．磁化電流は分極電荷と同様に原子や分子に束縛された電流であるため，外部に取り出すことはできない．

磁性体と真空との境界面においては，磁化 $\boldsymbol{M}$ は磁性体中にのみ存在し，真空との界面には**表面電流**（surface current）が流れている．このとき，磁化の接線成分 $M\boldsymbol{t} = \boldsymbol{M} \times \boldsymbol{n}$ と表面磁化電流密度 $\boldsymbol{K}_{\mathrm{m}}$ との間には，次式の関係が成り立つ．

$$K_m = M \times n \quad (8.7)$$

磁生体内部の磁化 M が空間的に不均一な場合には，磁性体内部にも磁化電流が流れる．この様子を図 8.6（b）に示す．この場合，磁性体内に任意の面 S をとり，それを囲む閉路を C とすると，S を通る磁化電流 I_m は次式のようになる．

$$I_m = \oint_C M \cdot dl = \int_S (\mathrm{rot}\, M) \cdot n\, dS \quad (8.8)$$

これより単位面積当りの磁化面電流密度 J_m は，以下のようになる．

$$J_m = \mathrm{rot}\, M \quad [\mathrm{A/m^2}] \quad (8.9)$$

コラム 太陽の磁極

地球と同様に太陽にも巨大な磁極が存在する．観測によれば，太陽の磁極は 11 年周期で北極と南極がほぼ同時に反転する．ところが，北極のみが反転し 4 重極構造にもなる可能性があることがわかってきた．通常は図 8.7 左側に示すように北極には S 極が，南極には N 極がある．しかし，北極，南極共に N 極になると図 8.7 右側に示すように，その中央部に S 極ができ 4 重極構造になる．これが太陽系全体にどのような影響を及ぼすかは，現在のところ不明である．

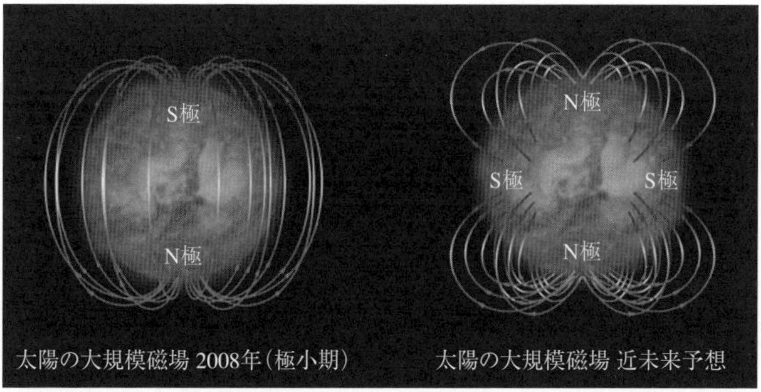

図 8.7 太陽の磁極とその変化（資料提供：国立天文台/JAXA）

8. 5　磁性体中の磁界と磁束密度

8.5.1　磁性体中の磁界

図8.8（a）に示すように，単位長さ当り巻数 n_0 の無限長ソレノイドに外部から電流 I を流すとき，ソレノイド内部に磁性体がない場合の磁界 $\boldsymbol{H}$ と磁束密度 $\boldsymbol{B}_0$ との関係は，7.4節で述べたように

$$H = n_0 I \tag{8.10}$$

$$B_0 = \mu_0 H = \mu_0 n_0 I \tag{8.11}$$

である．$n_0 I$ は単位長さ当りの電流密度であり，単位は［A/m］である．外部から供給される電流 I を**外部電流**（external current）または**真電流**（true current）という．

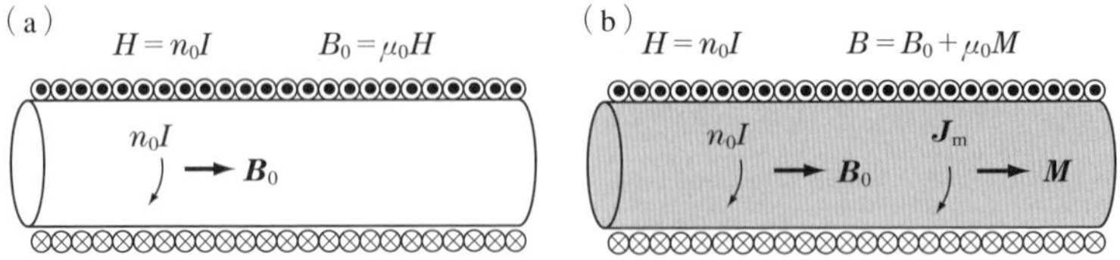

図8.8　無限長ソレノイド内部の磁界と磁束密度．
（a）磁性体なし，（b）磁性体あり．

ソレノイド内部に磁性体がある場合は，磁性体はソレノイド内部の磁界により強さ $\boldsymbol{M}$ で磁化され，図8.8（b）に示すような磁性体側面の円周方向に，単位長さ当り J_m の磁化電流（面電流）が流れる．磁化と磁化電流との関係は，(8.6) より

$$J_m = M \quad [\mathrm{A/m}] \tag{8.12}$$

となる．磁性体内の磁束密度 B は，外部電流と磁化電流による磁束密度の和となるので

$$B = \mu_0(n_0 I + J_m) = \mu_0(n_0 I + M) = B_0 + \mu_0 M \tag{8.13}$$

となる．

ここで，(8.13) より磁性体内の磁界 H を

$$\boldsymbol{H} = \frac{\boldsymbol{B}}{\mu_0} - \boldsymbol{M} \quad [\mathrm{A/m}] \tag{8.14}$$

と定義すると，(8.10) と一致する．これは磁界 H が，物質とは無関係に真電流のみによって作られることを意味している．この磁界を**起磁力** (magnetomotive force) という．

真空の場合，磁化の強さ $\boldsymbol{M}$ は 0 である．磁性体の磁化は，**磁化率** (magnetic susceptibility) χ_m を用いて

$$\boldsymbol{M} = \chi_\mathrm{m}\boldsymbol{H} = \lim_{\Delta v \to 0} \frac{\Delta \boldsymbol{m}}{\Delta v} \quad [\mathrm{A/m}] \tag{8.15}$$

と表す．これを (8.13) に代入すれば，

$$\boldsymbol{B} = \mu_0(\boldsymbol{H} + \boldsymbol{M}) = \mu_0(1 + \chi_\mathrm{m})\boldsymbol{H} \tag{8.16}$$

となる．

なお，

$$\mu_\mathrm{s} = 1 + \chi_\mathrm{m} \tag{8.17}$$

とおき，これを**比透磁率** (relative permeability) という．また，

$$\boldsymbol{B} = \mu_0\mu_\mathrm{s}\boldsymbol{H} = \mu\boldsymbol{H} \tag{8.18}$$

の関係が成り立つ．ここで，

$$\mu = \mu_0\mu_\mathrm{s} \tag{8.19}$$

を**透磁率** (permeability) という．また，比透磁率は

$$\mu_\mathrm{s} = \frac{\mu}{\mu_0} = 1 + \chi_\mathrm{m} \tag{8.20}$$

となる．

比透磁率 μ_s は，磁性体の外部磁界方向への磁気双極子の向きやすさを表すもので，磁気双極子の方向が変化しやすいものほど透磁率は高くなる．

磁化率 χ_m は，常磁性体では $10^{-3} \sim 10^{-6}$ 程度の正の値を，反磁性体では

10^{-5} 程度の負の値をもつ．強磁性体の磁化率は $10^2 \sim 10^5$ にもなる．誘電体の場合と同様に，異方性物質の磁化率や比透磁率はテンソルとなる．異方性磁性体に対する**テンソル透磁率**（permeability tensor）は次のように表される．

$$[\mu_{ij}] = \begin{bmatrix} \mu_{11} & \mu_{12} & \mu_{13} \\ \mu_{21} & \mu_{22} & \mu_{23} \\ \mu_{31} & \mu_{32} & \mu_{33} \end{bmatrix} \tag{8.21}$$

磁性体の磁化が一様でない場合でも，**アンペール周回積分の法則**が成り立つ．すなわち，電流密度は真電流密度 $\boldsymbol{i}$ と磁化電流密度 $\boldsymbol{i}_\mathrm{m}$(8.9) の和であるので，磁性体の任意の面積を S，この周囲の閉路を C とすると

$$\oint_\mathrm{C} \boldsymbol{H} \cdot d\boldsymbol{l} = \int_\mathrm{S} (\boldsymbol{i} + \boldsymbol{i}_\mathrm{m}) \cdot \boldsymbol{n}\, dS \tag{8.22}$$

となる．

磁性体の周囲にコイルを巻き，外部からの電流により磁性体の磁化を制御しながら磁力を発生させるものを**電磁石**（electromagnet）という．1825 年，イギリスの電気技術者スタージャン（William Sturgeon，1785 - 1850）によって発明された．

8.5.2　磁化と表面電流

図 8.9 に示すように，内半径 a，外半径 b，磁化率 χ_m の円筒状磁性体がある．この内部に半径 a の無限長円柱導体が埋め込まれ，導体内を均一に電流 I が流れている．ここで，導体，磁性体ならびに磁性体の外側それぞれの磁界および磁束密度を考えてみる．

導体の中心から半径 $r(>a)$ の円周 C に対して，アンペール周回積分の法則を適用すると，磁性体の有無に関係なく

$$\oint_\mathrm{C} \boldsymbol{H} \cdot d\boldsymbol{l} = H \times 2\pi r = I \tag{8.23}$$

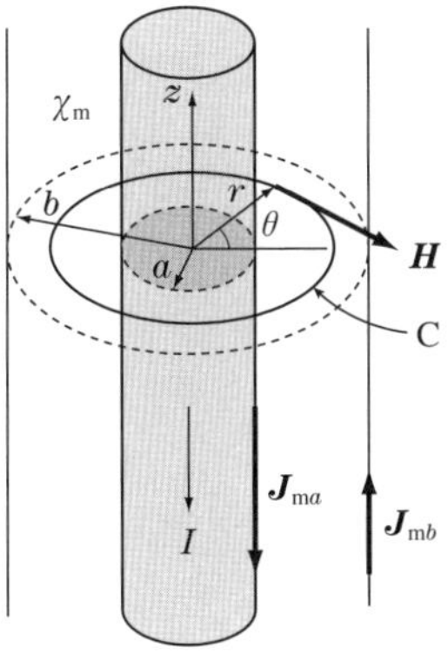

図 8.9　無限長円柱磁性体内部を流れる電流による磁界と磁束密度

となる．これより磁界は次式で与えられる．

$$H = \frac{I}{2\pi r} \tag{8.24}$$

磁界を円筒座標系 (r, θ, z) で表すと，半径方向ならびに軸方向の成分は 0 であり円周方向成分 H_θ のみとなる．磁化の強さ $\boldsymbol{M}$ は (8.15) より次式となる．

$$\boldsymbol{M} = \chi_m \boldsymbol{H} = \chi_m(0,\ H_\theta,\ 0) = (0,\ M_\theta,\ 0) = \frac{\chi_m I}{2\pi r}\boldsymbol{e}_\theta \tag{8.25}$$

したがって磁性体中の磁化電流密度 $\boldsymbol{i}_m$ は，(8.9) より次のように計算できる．

$$\begin{aligned} \boldsymbol{i}_m &= \mathrm{rot}\,\boldsymbol{M} \\ &= \left(\frac{1}{r}\frac{\partial M_z}{\partial \theta} - \frac{\partial M_\theta}{\partial z}\right)\boldsymbol{e}_r + \left(\frac{\partial M_r}{\partial z} - \frac{\partial M_z}{\partial r}\right)\boldsymbol{e}_\theta + \frac{1}{r}\left[\frac{\partial}{\partial r}(rM_\theta) - \frac{\partial M_r}{\partial \theta}\right]\boldsymbol{e}_z \\ &= 0 \end{aligned} \tag{8.26}$$

すなわち，磁性体内部の磁化電流は 0 であり，磁化電流は導体と接する磁性体の内表面と磁性体の外表面に生じる．磁化電流の大きさは (8.12) より，それぞれ次のようになる．

$$J_{ma} = J_m|_{r=a} = M|_{r=a} = \frac{\chi_m I}{2\pi a}\quad [\mathrm{A/m}]\quad (\text{内表面}) \tag{8.27}$$

$$J_{mb} = J_m|_{r=b} = M|_{r=b} = \frac{\chi_m I}{2\pi b} \quad [\mathrm{A/m}] \quad (外表面) \tag{8.28}$$

磁化電流の向きは，内表面は電流 I と同じであるが，外表面は逆向きになる．

さて，内表面全体を流れる電流 I_{ma} は，単位長さ当りの電流密度に周の長さを掛けて

$$I_{ma} = I_m|_{r=a} = 2\pi a \times J_m|_{r=a} = \chi_m I \tag{8.29}$$

である．また外表面を流れる電流は，向きを考慮すると次式となる．

$$I_{mb} = I_m|_{r=b} = -2\pi b \times J_m|_{r=b} = -\chi_m I \tag{8.30}$$

磁性体の磁束密度は，アンペール周回積分の法則から次式が成り立つ．

$$\oint_C B\,dl = B \cdot 2\pi r = \mu_0(I + I_{ma}) = \mu_0(1 + \chi_m)I \tag{8.31}$$

したがって，

$$B = \frac{I}{2\pi r}\mu_0(1 + \chi_m) = \frac{\mu I}{2\pi r} \tag{8.32}$$

である．ただし，$\mu = \mu_0\,(1 + \chi_m)$ であり透磁率となる．強磁性体の磁化率 χ_m は 1 に比べて大きいので，磁性体表面には導体電流 I よりもはるかに大きな磁化電流が流れている．また，円筒の外側より内部の方が磁束密度が大きい．

なお導体の内側の磁界は，例題 7.3 で述べた通りである．また，磁性体の外側（$r > b$）では，磁化電流 I_{ma} と I_{mb} が作る磁界は互いに打ち消されるため，導体を流れる電流 I のみが作る磁界に等しい．

例題 8.2

図 8.10（a）に示すように内半径 a，外半径 b，磁化率 χ_m の円筒磁性体の内部を電流 I が流れている．円筒磁性体端部の磁化の様子と，そこを流れる表面電流 I_s を求めよ．

解　円筒磁性体の内面と外側には，磁化電流 I_{ma} と I_{mb} が，また，円筒底面には表面電流 I_S が流れている．この電流は図 8.10（b）のように，端部において外側から内側に向かって表面電流を形成し，閉ループを形成する．磁化電流 I_{ma} と I_{mb} による磁化電流密度をそれぞれ J_{ma}, J_{mb}，半径 r における端部の表面電流密度を K_m とすれば，円筒磁性体の端部に対して，次式が成り立つ．

$$\left.\begin{aligned} I_{ma} &= J_{ma} \times 2\pi a = \chi_m I \\ I_{mb} &= J_{mb} \times 2\pi b = -\chi_m I \\ I_S &= K_m \times 2\pi r \end{aligned}\right\} \tag{8.33}$$

これらの電流はいずれも大きさが等しい．したがって，表面電流密度の大きさは

$$K_m = \frac{\chi_m}{2\pi r} I \tag{8.34}$$

で，中心線に向かって流れる．また，磁性体の端部では磁性体内部の磁化は $\boldsymbol{M}$ であるが，外側においては表面電流が作る磁界が磁性体内部の磁化を打ち消すため 0 となる．

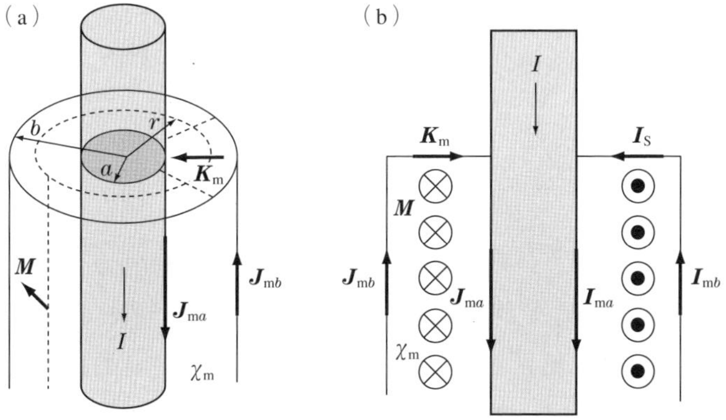

図 8.10　円筒磁性体端部を流れる表面電流

8.6 強磁性体の磁化

磁界 H と磁束密度 B との関係は (8.18) で表されるが，鉄などの強磁性体では図 8.11 に示すように非線形な磁化特性になる．このため，透磁率 μ や磁化率 χ_m は定数にならない．また，その特性も温度や使用条件などにより変化する．

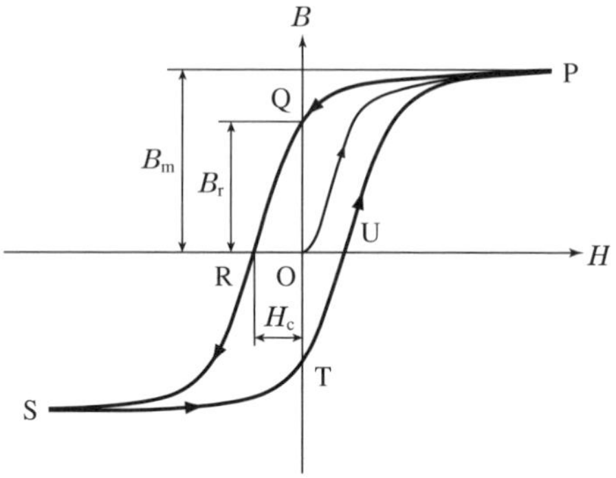

図 8.11　B - H 曲線（磁気ヒステリシス特性）

磁化されていない磁性体に磁界を 0 から徐々に大きくなるよう印加すると，図 8.11 の原点 O から始まり点 P に至る曲線を描く．これを**初期磁化曲線**（initial magnetization curve）という．横軸に磁界 H，縦軸に磁束密度 B をとり磁化特性を表したものを，***B*-*H* 曲線**（B - H curve）または**磁気ヒステリシス曲線**（magnetic hysteresis loop）とよぶ．さらに，横軸に磁界 H，縦軸に磁化 M をとり表したものを ***M*-*H* 曲線**（M - H curve）とよぶ．これらの曲線を**磁化曲線**（magnetization curve）という．

図 8.11 に示した B - H 曲線において，磁界を強くしていくと急に磁化が進み，点 P に示すように飽和する．これを**飽和現象**（saturation）とよび，このときの磁束密度 B_m を**飽和磁束密度**（saturated magnetic flux density）という．飽和した後，磁界を弱めていくと磁化が弱まり PQ 曲線に示されるような特性を示すが，磁化はすぐには減少せず，磁界 H を 0 にしても磁束密度は B_r に留まる．磁界 H が 0 である点 Q における磁束密度 B_r を**残留磁束密度**（remanent magnetic flux density），あるいは**残留磁気**（magnetic remanence）または**残留磁化**（residual magnetism）という．

さらに，磁界を負にして徐々に（負方向に）大きくしていくと，これまでとは逆向きに磁化されるので，点Qから点Rに向かって磁束密度が減少する．磁界がH_cに達した点Rで磁束密度が0になる．このときの曲線を**減磁曲線**（demagnetizing curve）という．また，磁束密度が0になるときの磁界H_cを**保磁力**（coercive force）という．点Rからさらに大きくすると点Sに示されるように飽和現象が起こる．続いて（負方向の）飽和状態から磁界を0に向かって弱め，さらに正方向に磁界を加えると，下側の曲線S－T－U－Pに沿う磁化特性を示す．

このように，磁界を増加させたときと減少させたときでは，履歴によって磁束密度が異なる．これを**ヒステリシス現象**（magnetic hysteresis phenomenon）という．また，コイルに交流電流を流すときのように，磁界の大きさをある値から出発して増減させ，元の値に戻る1サイクルを描くと，$B-H$曲線はヒステリシス現象に基づいた1つのループを描く．これを**ヒステリシスループ**（hysteresis loop）という．

また，磁性体の磁化特性はヒステリシスループで表されるが，飽和磁束密度B_m，残留磁束密度B_r，保磁力H_cでその概要を知ることができる．保磁力は，磁気モーメントの向きを変えるのに要する磁界の大きさを表す数値であり，保磁力が大きいほど大きな外部磁界に対しても変化しない安定な磁石になる．

磁性体がもつエネルギーは，$B-H$曲線において磁束密度と磁界の積に比例する．この積が最大となる値を**最大エネルギー積**（maximum energy product）$(BH)_{max}$という．単位は[kJ/m^3]である．強力な磁石とするためには，残留磁化ならびに保磁力が大きく，$B-H$曲線が四角形に近いほうが良い．

さらに，磁界を0から印加するときの点Oにおける透磁率を**初透磁率**（initial permeability）μ_1，点Oから点Pに至る途中で最大となる透磁率を**最大透磁率**（maximum permeability）μ_m，$B-H$曲線における接線の傾きを**微分透磁率**（differential permeabity）μ_dという．これらを式で表すと，それぞれ次のようになる．

$$\mu_1 = \left.\frac{B}{H}\right|_{H=0}, \qquad \mu_m = \left.\frac{B}{H}\right|_{max}, \qquad \mu_d = \frac{dB}{dH} \tag{8.35}$$

また，直流磁界に幅 ΔH の交流磁界を重ねたときの B-H 曲線を**マイナーループ**（minor loop）という．このときの磁束密度の増分 ΔB と磁界 ΔH との比を**増分透磁率**（incremental permeability）という．さらに，増分透磁率において，ΔH を小さくしたものを**可逆透磁率**（reversible permeability）といい μ_r で表す．これらの磁界に対する変化の様子を図 8.12 に示す．

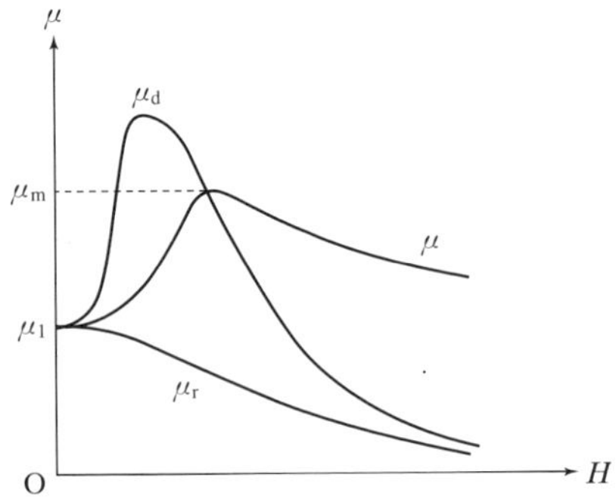

図 8.12　透磁率と磁界との関係

コラム　マイナーループ

インダクタは種々の用途に使用されるが，半導体を用いたスイッチング電源の波形歪みを除去する目的で使用する際には，直流電流に交流成分が重畳した電流が流れる．インダクタはコイルの巻き数や形状の他に磁性体の磁化特性を利用して，インダクタンスの値を調整している．すなわちコイルの形状が決まれば，空芯コイルのインダンクタンスが決まるので，コイルを巻く磁性材料にギャップを設け，この幅を調整することによりインダクタンスの値を変化できる．

また，コイルの内部抵抗による損失を減らすため，巻数を少なくして抵抗を下げ，インダクタンスのギャップを狭くしてインダクタンスを大きく増やそうとする．このとき，直流電流成分による磁性材料の磁気飽和特性のために，直流重畳電流特性が低下し，歪みを除去できない問題が起こる．このような場合は，マイナーループを用いてインダクタの磁気特性の評価が行われている．

8. 7 磁性体の磁極モデルと磁界に関するガウスの法則

磁界 $\boldsymbol{H}$ の力線を**磁力線** (line of magnetic field) という．また，磁束密度 $\boldsymbol{B}$ の向きに流線を描くと磁束線が得られる．磁束線は必ず閉ループになるが，磁力線は閉ループになるとは限らない．すなわち，磁界と磁化の向きは一致しないことがある．例えば，永久磁石の磁力線は N 極から出発し S 極で終端する．また，B - H 曲線におけるヒステリシス現象もこの代表例である．この原因は磁化 $\boldsymbol{M}$ にある．

永久磁石は磁化によって N 極と S 極に分極している．この時，磁化は磁性体の内部に生じ外部では 0 である．

磁性体の磁化を表す方法として，磁気モーメントを電流ループと等価と考える**電流モデル** (current model) と，N,S の微小磁石と等価と考える**磁極モデル** (model for magnetic pole) がある．

(1) 電流モデル

このモデルは微視的な物性論により裏付けられている．微小電流ループが作る磁気モーメント $\boldsymbol{m} = I\varDelta S\boldsymbol{n}$[A・m^2] の単位体積当りの個数を N_{m} とすれば，磁化 $\boldsymbol{M}_{\mathrm{m}}$ は次式で定義される．

$$\boldsymbol{M}_{\mathrm{m}} = N_{\mathrm{m}}\langle \boldsymbol{m} \rangle \quad [\mathrm{A/m}] \tag{8.36}$$

ここで，〈 〉は空間平均を表す．

磁化 $\boldsymbol{M}_{\mathrm{m}}$ は単体体積当りの平均磁気モーメントの総和であるから，その大きさは単位体積の (平均的) 表面電流 K_{m} の大きさに等しい．このモデルは E - B 対応となる．

(2) 磁極モデル

± q_m[Wb] の点磁極が間隔 δ 離れて存在する時の磁気双極子による磁気モーメント $\boldsymbol{m}_p$ は，

$$\boldsymbol{m}_p = q_m\boldsymbol{\delta}[\mathrm{Wb \cdot m}] \tag{8.37}$$

で表される．磁性体内には微小な磁気双極子が多数分布している．磁気双極子の単位体積当りの個数を N_m とすれば，磁化 $\boldsymbol{M}_p$ は次式で定義される．

$$\boldsymbol{M}_p = N_m \langle \boldsymbol{m}_p \rangle \quad [\mathrm{T}] \text{ または } [\mathrm{Wb/m^2}] \tag{8.38}$$

ここで，〈　〉は空間平均を表す．このモデルは E－H 対応となる．

図 8.13 に示すように，棒状の磁性体内部の磁化を $\boldsymbol{M}$ とすると (8.16) より次式が成り立つ．

$$\boldsymbol{B} = \mu_0(\boldsymbol{H} + \boldsymbol{M}) \tag{8.39}$$

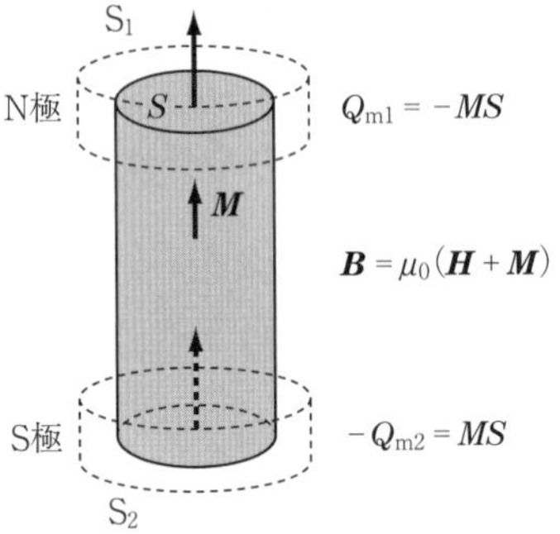

図 8.13　棒状磁性体（永久磁石）の磁化

この式に，任意の閉曲面に対して磁束密度に関するガウスの法則 (7.50) を適用すると，次式が得られる．

$$\int_S \boldsymbol{B} \cdot \boldsymbol{n}\, dS = \mu_0\left(\int_S \boldsymbol{H} \cdot \boldsymbol{n}\, dS + \int_S \boldsymbol{M} \cdot \boldsymbol{n}\, dS\right) = 0 \tag{8.40}$$

ここで，面積分の領域を図 8.13 の破線で示すように，磁石の N 極の端部を含む円筒面 S_1 に対して

$$\oint_S \boldsymbol{H} \cdot \boldsymbol{n}\, dS = Q_m \quad [\mathrm{A \cdot m}] \tag{8.41}$$

とおく．

なお，Q_{m1} は磁化の強さを表し，S は磁性体の断面積である．この式を (8.40) に代入すれば，

$$Q_{\mathrm{m1}} = -\int_{\mathrm{S_1}} \boldsymbol{M} \cdot \boldsymbol{n}\, dS = -MS \quad [\mathrm{A \cdot m}] \tag{8.42}$$

となる．S 極側は，面積分の範囲に S 極の端部を含むようにすれば

$$-Q_{m_2} = \int_{\mathrm{S_2}} \boldsymbol{M} \cdot \boldsymbol{n}\, dS = MS \quad [\mathrm{A \cdot m}] \tag{8.43}$$

である．

電束密度に関するガウスの法則 (5.21)

$$\int_{\mathrm{S}} \boldsymbol{D} \cdot \boldsymbol{n}\, dS = Q \tag{8.44}$$

と対比させると，N 極の端面において，(8.39) の Q_{m} が磁力線の湧き出し口に，S 極の端面が磁力線の吸い込み口になっていることがわかる．

面積分の範囲として，破線で示した円筒面の厚さを薄くしても，N 極あるいは S 極の端部を含む限り (8.42)，(8.43) は成り立つ．これに対して，面積分領域に端部を含まない円筒の面積分は常に 0 となる．また $Q_{\mathrm{m1}} - Q_{\mathrm{m2}} = 0$ である．

これは磁性体が磁化されると内部に磁気モーメントが発生し，磁性体の両端部に表面電流が流れることに対応する．すなわち，**磁極** (magnetic pole) が磁性体の端部に N 極と S 極のペアとして存在することを意味している．MS は**磁極の強さ** (intensity of magnetic pole) を表している．磁極の強さを表す $Q_{\mathrm{m}} = -\int_{\mathrm{S}} \boldsymbol{M} \cdot \boldsymbol{n}\, dS$ は，電荷との対応から**磁荷** (magnetic charge) と称されることもあるが，$\mathrm{div}\, \boldsymbol{B} = 0$ であるので実在はしない．また磁化が生じる源は，これまでの議論から，磁性体表面の磁化電流による磁気モーメントであることは容易に類推できる．

(8.41) を**磁界に関するガウスの法則** (Gauss' law for magnetic field) という．

8. 8 自己減磁界

一様に磁化された磁石の磁力線は図 8.14 に示すように，N 極から S 極へ向かうが，この経路は磁石の外部を通るものと磁石内部を通るものがある．これは外部磁界が加えられたとき，磁石内部に外部磁界と反対向きの磁界 $\boldsymbol{H}_{\mathrm{d}}$ が発生し，磁化を減少させるようにはたらくことを意味している．これを**自己減磁作用**（self‐demagnetization）という．

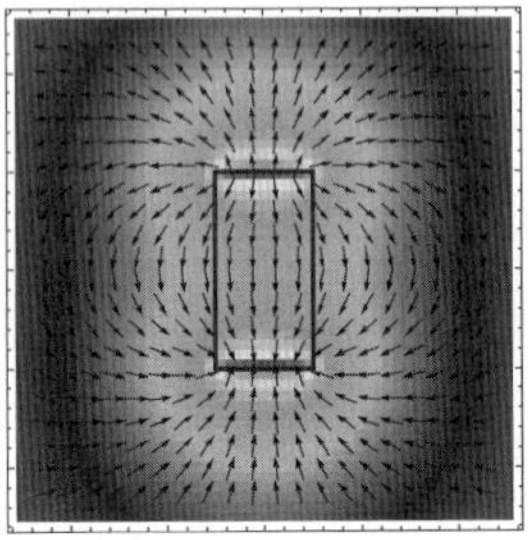

図 8.14　磁界（渋谷義一先生のご好意による）

反対向きの磁界 $\boldsymbol{H}_{\mathrm{d}}$ を**自己減磁界**または**反磁界**（demagnetizing field）という．これは磁化 $\boldsymbol{M}$ に比例すると考えられるので，

$$H_{\mathrm{d}} = -NM \tag{8.45}$$

と表す．N を**自己減磁率**（self‐demagnetization factor）といい，磁性体の形状に依存する定数となる．この値は棒状磁石の長手方向に磁化した場合が 1 番小さく，無限に長い棒では 0 となる．また，板状磁石の場合は厚さ方向が最大となる．円柱磁性体では 1/2，球状磁性体では 1/3 である．一般に N はテンソルとなる．また，磁性体の配置にも依存する．

外部から磁界が印加されるとき，磁性体内部の磁界 $\boldsymbol{H}$ は外部磁界 $\boldsymbol{H}_0$ に自己減磁界 $\boldsymbol{H}_{\mathrm{d}}$ が加わるので次式のようになる．

$$\boldsymbol{H} = \boldsymbol{H}_0 + \boldsymbol{H}_{\mathrm{d}} = \boldsymbol{H}_0 - N\boldsymbol{M} \tag{8.46}$$

これに (8.41) を代入すれば，次の関係式が得られる．

$$\boldsymbol{H} = \frac{1}{1 + N\chi_{\mathrm{m}}}\boldsymbol{H}_0 \tag{8.47}$$

$$\boldsymbol{M} = \frac{\chi_{\mathrm{m}}}{1 + N\chi_{\mathrm{m}}}\boldsymbol{H}_0 \tag{8.48}$$

図 8.15 に磁束密度（磁束線）の様子を示す．

自己減磁界は磁性材料を使う場合，重要な因子であり常に注意が必要である．もし自己減磁率が大きい形状で使うと，せっかくの高透磁率の材料もその目的を果たせなくなる．変圧器の鉄心ではこれを閉じた形にして，表面に磁極が現れないようにし自己減磁界の影響をなくしている．円環鉄心にコイルを巻きつけた**トロイダルコイル**も同様である．

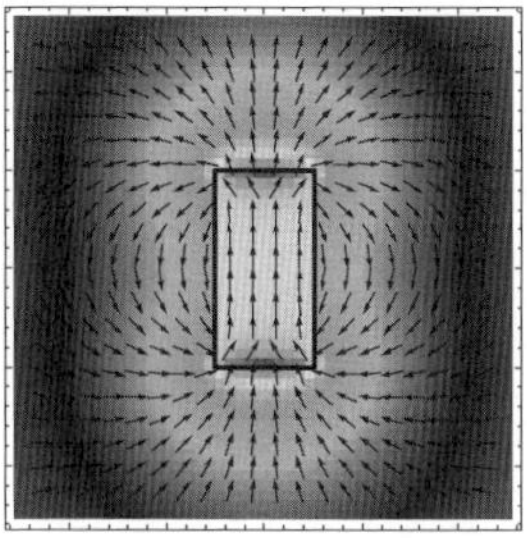

図 8.15　磁束密度（渋谷義一先生のご好意による）

磁界解析においては，磁化曲線として直接測定することが可能である B-H 曲線を用いることが多い．この場合，自己減磁率 N の代わりに次式で定義される**パーミアンス係数**（permeance coefficient）が用いられる．

$$p = -\frac{B_{\mathrm{d}}}{\mu_0 H_{\mathrm{d}}} \tag{8.49}$$

ここで，B_{d} は B-H 曲線において自己減磁界 H_{d} における磁束密度である．この係数も自己減磁界と同様に磁性体の形状により決まり，パーミアンス係数と自己減磁率との間には次の関係がある．

$$p = \frac{1-N}{N}, \qquad N = \frac{1}{1+p} \tag{8.50}$$

8．9　磁性体の境界条件

磁性体の境界面において，磁界ならびに磁束密度が満たすべき境界条件を考える．磁性体では磁界に対するアンペール周回積分の法則（7.4 節）と，磁束密度に関するガウスの法則（7.10 節）が成り立つ．すなわち

$$\oint_C \boldsymbol{H} \cdot d\boldsymbol{l} = \int_S \boldsymbol{J} \cdot \boldsymbol{n}\, dS \tag{8.51}$$

$$\int_S \boldsymbol{B} \cdot \boldsymbol{n}\, dS = 0 \tag{8.52}$$

である．また，磁界と磁束密度との間には

$$\boldsymbol{B} = \mu \boldsymbol{H} \tag{8.53}$$

の関係が成り立つ．

ここで磁性体の境界面には電流は流れないので，(8.54) の右辺は 0 である．この場合，図 8.16 (a) に示すように，界面に沿って微小距離 Δl をとり，磁性体の両側を囲む微小高さ 2δ の矩形積分路に対して，アンペール周回積分の法則 (8.47) を適用する．すなわち (8.47) の左辺は，δ を十分に小さいとして

$$\begin{aligned}\lim_{\delta\to 0}\oint_C \boldsymbol{H} \cdot d\boldsymbol{l} &= \lim_{\delta\to 0}\,[\boldsymbol{H}_1 \cdot \boldsymbol{t}\,\Delta l + \boldsymbol{H}_1 \cdot \boldsymbol{n} \times \delta + \boldsymbol{H}_2 \cdot \boldsymbol{n} \times \delta \\ &\qquad + \boldsymbol{H}_2 \cdot \boldsymbol{t}(-\Delta l) - \boldsymbol{H}_1 \cdot \boldsymbol{n} \times \delta - \boldsymbol{H}_2 \cdot \boldsymbol{n} \times \delta] \\ &= (\boldsymbol{H}_1 \cdot \boldsymbol{t} - \boldsymbol{H}_2 \cdot \boldsymbol{t})\,\Delta l = 0\end{aligned} \tag{8.54}$$

となる．すなわち，次式が成り立つ．

$$\boldsymbol{H}_1 \cdot \boldsymbol{t} = \boldsymbol{H}_2 \cdot \boldsymbol{t} \tag{8.55}$$

これは，境界面における磁界の接線成分は等しいことを意味する．

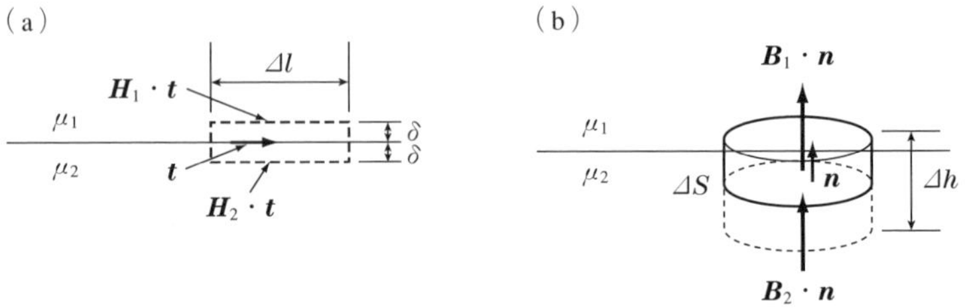

図 8.16　磁性体の境界条件．(a) 磁界，(b) 磁束密度．

次に，図 8.16（b）に示すように断面積 $\varDelta S$，高さ $\varDelta h$ の微小円柱を考え，これにガウスの法則 (8.48) を適用する．$\varDelta h$ が十分に小さいとすれば，側面からの寄与分はなくなるので

$$\lim_{\varDelta h \to 0} \int_{\mathrm{S}} \boldsymbol{B} \cdot \boldsymbol{n}\, dS = \lim_{\varDelta h \to 0} [\boldsymbol{B}_1 \cdot \boldsymbol{n}\, \varDelta S + \boldsymbol{B}_2 \cdot (-\boldsymbol{n})\, \varDelta S]$$
$$= (\boldsymbol{B}_1 \cdot \boldsymbol{n} - \boldsymbol{B}_2 \cdot \boldsymbol{n})\, \varDelta S = 0 \qquad (8.56)$$

が成り立つ．これより次式が得られる．

$$\boldsymbol{B}_1 \cdot \boldsymbol{n} = \boldsymbol{B}_2 \cdot \boldsymbol{n} \qquad (8.57)$$

これは，境界面における磁束密度の法線成分は等しいことを意味する．

図 8.17 は，磁性体の境界面における磁力線ならびに磁束線の屈折の様子を示したものである．磁力線は透磁率 μ_1 の磁性体から法線方向に対して角度 θ_1 で入射し，透磁率 μ_2 の磁性体へ角度 θ_2 で通過している．このとき (8.50) ならびに (8.51) より，次式が得られる．

$$H_1 \sin\theta_1 = H_2 \sin\theta_2 \qquad (8.58)$$

$$\mu_1 H_1 \cos\theta_1 = \mu_2 H_2 \cos\theta_2 \qquad (8.59)$$

両式から，磁力線ならびに磁束線の屈折条件として

$$\frac{\tan\theta_1}{\tan\theta_2} = \frac{\mu_1}{\mu_2} \qquad (8.60)$$

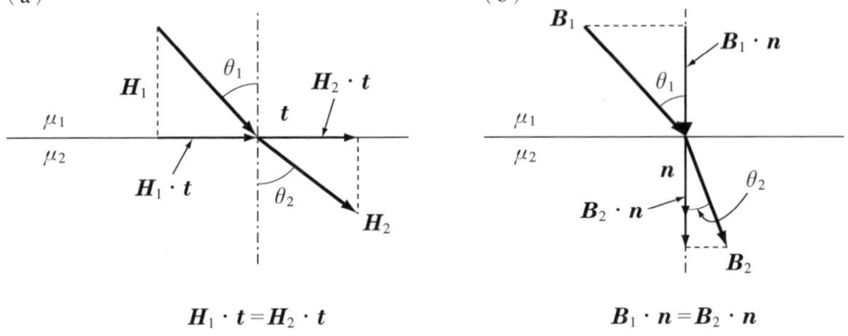

図 8.17　屈折角の境界条件．（a）磁力線，（b）磁束線．

が得られる．

これから磁束密度の大きさは，透磁率が大きいほど大きくなることがわかる．すなわち磁束は，透磁率の大きな磁性体の中を通ろうとする．逆にいえば，高透磁率の磁性体で囲むことにより空間内部の磁束を外部より小さくできる．このような方法で磁界を遮蔽することを，**磁気遮蔽**（magnetic shield）という．

今日電子機器の発達に伴い，静電遮蔽と磁気遮蔽は必要不可欠な技術知識である．

8．10 ヒステリシス損

磁性体に**交流**（alternating current）磁界を印加すると，図 8.11 に示したヒステリシス曲線で囲まれた面積に等しい（比例した）エネルギー損失が発生する．これを**ヒステリシス損**（hysteresis loss）という．また，周波数に比例したヒステリシス損が発生する．これは，材料の結晶方向が揃っていないことが原因で発生する．したがって損失を低減させるためには，この面積が小さい材料が望ましい．磁区幅が大きいと，磁界の向きが変化する際に生じる渦電流が増加するため，エネルギー損失が大きくなる．

渦電流損とヒステリシス損の和を**鉄損**（iron loss）という．鉄損は電気機器を設計する上で重要な項目の 1 つである．例えば，珪素鋼板の珪素の含有量や加工プロセス（電磁鋼板の結晶方位や磁区構造の制御）は，渦電流損とヒステリシス損ができるだけ小さくなるよう選ばれる．

また磁壁の移動時には，磁性材料のわずかな伸縮が発生する．180 度磁壁の場合，滑らかに磁壁が移動するため磁化に伴う結晶格子の伸び縮み（磁歪）は起こらない．これ以外の磁区構造では複雑な磁区構造となるため，磁歪が発生し，磁性体から「騒音」が発生する．

コラム 電磁鋼板と永久磁石

1900年，イギリスのハドフィールド（Robert Abbot Hadfield，1858‐1940）は，鉄心用薄鋼板に珪素（ケイ素）を加えると鉄損が非常に少なくなることを発見した．また1934年，アメリカのゴス（Norman P. Goss，1902‐1977）が冷間圧延と焼鈍の組合せで，圧延方向に優れた磁気特性をもつ方向性珪素鋼板を見出した．珪素鋼板は現在では珪素を含まないものもあり，一般に電磁鋼板（magnetic steel）とよばれている．

この電磁鋼板には磁束が特定の方向に通りやすい「方向性電磁鋼板」と，方向性をもたない「無方向性電磁鋼板」がある．前者の1つの磁区幅は数百μm程度であり，主として変圧器の鉄心に使用される．また，後者の磁区幅は数十μm程度の大きさであり，主に回転機用に使い分けされている．

またNd‐Fe‐B系の希土類磁石は，磁束密度を高くできるという優れた磁気特性を有しており，永久磁石を使用した回転機（PMモーター：Permanent Magnet Type Synchronous motor）用材料として注目されている．

一般に磁性材料は交流電源の周波数が高くなると，磁気特性の低下や鉄損の増大が認められる．また磁石は，インバータのPWM制御やスロット内の高調波などにより，渦電流が発生し発熱する．これにより損失が発生する．

8.11 磁気回路

電流が流れる閉路を電気回路という．これに対して，磁束が通る閉路を**磁気回路**（magnetic circuit）または**磁路**（magnetic path）という．磁束密度に関するガウスの法則により，磁束線（磁束）は始点も終点ももたない閉曲線を形成することを7.10節で述べた．閉曲線を磁気回路と考えれば，電気回路との類似性から磁界を計算できる．

図8.18に示すように，リング状の磁性体にコイルが巻かれた磁気回路を考える．これを環状リレノイドまたはトロイダルコイルという．コイルの巻数をN，磁性体の透磁率をμ，中心軸の1周の長さをl，断面積をS，コイルの電流をIとする．よって，アンペール周回積分の法則から次式が得られる．

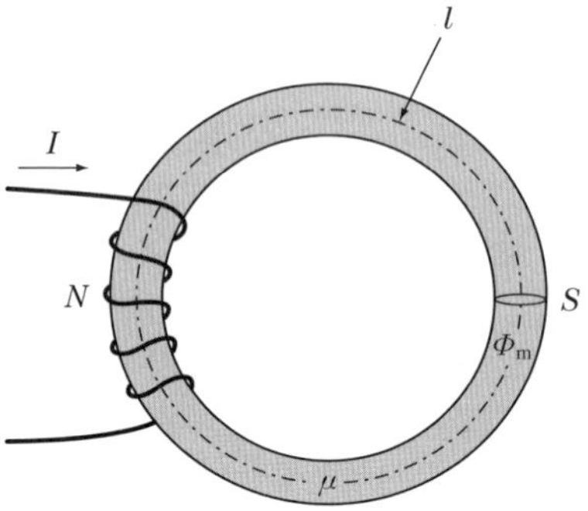

図 8.18　磁気回路（トロイダルコイル）

$$\oint_C \boldsymbol{H} \cdot d\boldsymbol{l} = Hl = NI \tag{8.61}$$

したがって，磁界は次のように計算できる．

$$H = \frac{NI}{l} \tag{8.62}$$

磁束は，磁束密度と磁界との関係から次式で与えられる．

$$\Phi_m = \int_S \boldsymbol{B} \cdot \boldsymbol{n}\, dS = \int_S \mu \boldsymbol{H} \cdot \boldsymbol{n}\, dS = \mu HS = \frac{\mu SNI}{l} = \frac{NI}{R_m} \quad [\mathrm{Wb}] \tag{8.63}$$

ここで，

$$R_m = \frac{l}{\mu S} \tag{8.64}$$

である．電気回路のオームの法則 $I = V/R$ と上式を対比させると，磁束が電流に，NI が起電力に，R_m が電気抵抗に対応し，**磁路に対するオームの法則**（Ohm's law for magnetic circuit）が成り立つ．すなわち，表 8.4 の対応関係が成り立っている．ここで，NI を**起磁力**（magnetomotive force），R_m を**磁気抵抗**（magnetic resistance）または**レラクタンス**（magnetic reluctance）という．

表 8.4 には，磁気回路と電気回路との対応関係をまとめて示す．

表 8.4　磁気回路と電気回路との対応関係

磁気回路		電気回路	
起磁力	NI [A]	起電力	U [V]
磁束	$\Phi_{\mathrm{m}} = \int_{\mathrm{S}} \boldsymbol{B} \cdot \boldsymbol{n}\, dS$ [Wb]	電流	$I = \int_{\mathrm{S}} \boldsymbol{J} \cdot \boldsymbol{n}\, dS$ [A]
磁気抵抗	$R_{\mathrm{m}} = \dfrac{l}{\mu S}$ [A/Wb]	電気抵抗	$R = \dfrac{l}{\kappa S}$ [Ω]
透磁率	μ [H/m]	導電率	κ [S/m]
磁束密度	$\boldsymbol{B} = \mu \boldsymbol{H}$ [T]	電流密度	$\boldsymbol{J} = \kappa \boldsymbol{E}$ [A/m^2]

電気回路におけるキルヒホフの法則も磁気回路において成り立つ．すなわち，磁束は連続であるから磁束の代数和は 0 である．また，磁気抵抗と磁束との積の和は起磁力に等しい．ただし，以下の点に注意が必要である．

（1）　電気回路では導体と絶縁物の導電率の比が大きいため，電流は導体を流れると仮定しても特別な場合を除いて問題ない．これに対して，強磁性体と空気との透磁率の比は 3 桁ないし 4 桁程度しか違わない．このため，漏れ磁束を考慮する必要がある．

（2）　強磁性体の透磁率は定数ではないため，磁気回路に対する方程式は一般に非線形方程式となる．この解法には数値計算が必要となることが多い．

……第 8 章のまとめ……

・磁化：磁界により物質が磁気的性質を帯びること．(8.1 節)

・磁性体の種類：大きくは強磁性体，常磁性体，反磁性体に分類できる．(8.2 節)

・磁化電流：微小磁石の磁化の大きさを表す等価的な電流．(8.3 節)，(8.4 節)

・原子の磁気モーメント：磁化電流により原子に形成される磁気モーメント

であり，物質の磁気的性質を決める源である．(8.3節)

・磁区：強磁性体の中にできる微小磁石の集まり．(8.3節)

・磁壁：磁区の壁面．(8.3節)

・磁界と磁束密度との関係：磁性体中では $B = \mu H = \mu_0 \mu_s H$ となる．なお，μ は透磁率，μ_0 は真空の透磁率，μ_s は比透磁率である．(8.5節)

・ヒステリシス曲線：磁性体が有する非線形な磁化特性を表す曲線．(8.6節)

・ガウスの法則：磁極に磁荷を仮定すると，静電界におけるガウスの法則と同一となる．(8.7節)

・磁性体の境界条件：境界面では，磁界の接線成分ならびに磁束密度の法線方向成分がそれぞれ等しい．(8.9節)

・ヒステリシス損：ヒステリシス曲線の面積に比例したエネルギー損失が発生する．(8.10節)

・磁気回路：電気回路との等価性が成り立つので，これを利用して磁気回路の計算ができる．(8.11節)

章末問題

【8.1】 断面積が 3.14 cm^2，長さが 15 cm の棒磁石がある．長さ方向に 2×10^5 A/m で各部が一様に磁化されているとき，磁気モーメントはいくらか．また，この磁石の磁極の強さはいくらになるか．(8.4節)，(8.7節)

【8.2】 図 8.19 に示すように，内半径 a，外半径 b，長さ l の円筒状の鉄心の中心軸に沿って直線電流が流れている．鉄心の透磁率を μ とするとき，以下の問いに答えよ．(8.5.2項)

（1）　鉄心内の磁束密度をアンペールの法則を用いて計算せよ．

（2）　鉄心内の磁束 Φ_m を求めよ．

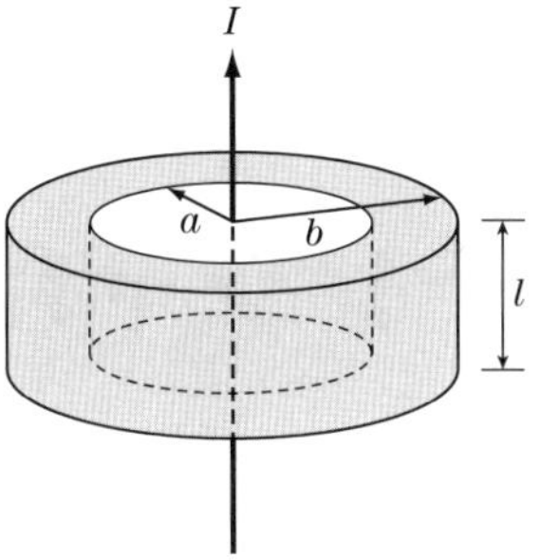

図 8.19

【8.3】 鉄心に円筒コイル（ソレノイドコイル）を巻くとき，磁気抵抗が最も少なくなる鉄心構造について考察せよ．

【8.4】 断面積 A が 500 mm^2，平均半径 a が 10 cm，比透磁率 μ_S が 1000 の環状鉄心に，コイルを 200 回巻き，これに 10A の電流を流す．以下の問いに答えよ．(8.11 節)

（1） 磁気回路の起磁力 F_{m}

（2） 磁気回路の磁界 H

（3） 磁気回路内の磁束密度 B

（4） 磁気抵抗 R_{m}

（5） 磁気回路の磁束 Φ_{m}

【8.5】 陽子を中心に半径 a の円周上を電子が角速度 ω で回転している．このとき，電子の磁気モーメントを求めよ．ただし，$a = 0.53$Å，$\omega = 4.2 \times 10^{16}$ rad/s とする．(8.3 節)

【8.6】 透磁率 μ の磁性体平板から距離 d 離れて直線導体に電流 I が流れているとき，影像法を用いて磁界を求めよ．

第9章 ベクトルポテンシャルと磁位

学習目標

a) ベクトルポテンシャルについて説明できる.
b) ゲージについて説明できる.
c) ループ電流によるベクトルポテンシャルを計算できる.
d) 磁気モーメントとベクトルポテンシャルとの関係を理解し説明できる.
e) 磁位の概念とクーロンの法則を理解し説明できる.

キーワード

ベクトルポテンシャル, ゲージ, 磁気モーメント, 磁位, 磁気双極子

9.1 ベクトルポテンシャルとゲージ

静電界では電荷が電界を作り, 電界を用いて電位が定義された. 一般に, ベクトルがスカラ関数の**勾配** (gradient) として表されるとき, その場を**保存場**という. また, スカラ関数を**ポテンシャル** (potential) という.

例えば, ベクトル場である静電界 $\boldsymbol{E}$ とスカラである空間の電位 ϕ との間には $\boldsymbol{E} = -\mathrm{grad}\phi$ という関係が成り立つ. これは静電界が保存場であり, 電位は静電界のポテンシャルになっている. このため, 電位は**静電ポテン**

シャル (electrostatic potential) ともよばれる．この静電ポテンシャルは電荷がもつ位置エネルギーであり，静電ポテンシャルが満たす条件はポアソン方程式により表せた．

一方，電荷の流れは電流であり，電流が流れると磁界が生じる．電流の流れによって生じる磁界を計算するためにベクトルポテンシャルが用いられる．

任意のベクトル関数 $\boldsymbol{B}$（ここでの $\boldsymbol{B}$ は磁束密度ではなく，任意のベクトルであることに注意すること）に対して，

$$\boldsymbol{B} = \mathrm{rot}\,\boldsymbol{A} \tag{9.1}$$

を成り立たせるベクトル関数 $\boldsymbol{A}$ を**ベクトルポテンシャル**という．磁束密度 $\boldsymbol{B}$ には発散密度がないので，**ヘルムホルツの定理** (Helmholtz's theorem) により必ず上式のように書ける．すなわち，$\mathrm{div}\,\boldsymbol{B} = \mathrm{div}(\mathrm{rot}\boldsymbol{A}) = 0$ となり，$\mathrm{div}\,\boldsymbol{B} = 0$ は自動的に満足される（この場合の $\boldsymbol{B}$ は磁束密度を表す）．

もし，任意のベクトル関数 $\boldsymbol{B}$ がスカラ関数の勾配で書けるとすれば，その発散密度は 0 にはならないので，磁気モノポールが存在することになってしまう．上式の定義では，11.10 節で述べるようにベクトルポテンシャル $\boldsymbol{A}$ と任意のベクトル $\boldsymbol{B}$ との関係は一意的に決まらないので，$\boldsymbol{A}$ に対して

$$\mathrm{div}\,\boldsymbol{A} = 0 \tag{9.2}$$

の条件を与える．これを**クーロンゲージ** (Coulomb's gauge) という．

磁束密度を計算する場合，ベクトルポテンシャル $\boldsymbol{A}$ の単位は [Tm] または [Wb/m] である．このように定義されたベクトルポテンシャルを用いて磁束密度を計算してみる．磁束密度 $\boldsymbol{B}$ に対しては，7.10 節で述べたようにガウスの法則が常に成立する．

$$\mathrm{div}\,\boldsymbol{B} = 0 \tag{9.3}$$

この式に，ベクトルポテンシャルの定義式 (9.1) を代入すれば次式が得られる．

$$\mathrm{div}\,\boldsymbol{B} = \mathrm{div}(\mathrm{rot}\,\boldsymbol{A}) \tag{9.4}$$

ここで，ベクトルの公式から，次式が成り立つ．

$$\begin{aligned}\mathrm{div}\,\boldsymbol{B} &= \mathrm{div}(\mathrm{rot}\,\boldsymbol{A})\\ &= \frac{\partial}{\partial x}\left(\frac{\partial A_z}{\partial y}-\frac{\partial A_y}{\partial z}\right)+\frac{\partial}{\partial y}\left(\frac{\partial A_x}{\partial z}-\frac{\partial A_z}{\partial x}\right)+\frac{\partial}{\partial z}\left(\frac{\partial A_y}{\partial x}-\frac{\partial A_x}{\partial y}\right)\\ &= 0\end{aligned} \tag{9.5}$$

この式は，ベクトルポテンシャル $\boldsymbol{A}$ により作られる磁束密度が，発生も消滅もないこと，すなわち (9.3) と等価であることを表している．

次に，電流密度ベクトル $\boldsymbol{J}$ が与えられたときのアンペールの法則は次式で表される．

$$\mathrm{rot}\,\boldsymbol{B} = \mu_0\boldsymbol{J} \tag{9.6}$$

ベクトルポテンシャルの定義式にこの式を代入すれば，次式が得られる．

$$\mathrm{rot}\,\boldsymbol{B} = \mathrm{rot}(\mathrm{rot}\,\boldsymbol{A}) = \mu_0\boldsymbol{J} \tag{9.7}$$

ここで，次のベクトルの公式

$$\mathrm{rot}(\mathrm{rot}\,\boldsymbol{A}) = \mathrm{grad}(\mathrm{div}\,\boldsymbol{A}) - \nabla^2\boldsymbol{A} \tag{9.8}$$

において，ベクトルポテンシャル $\boldsymbol{A}$ には条件として $\mathrm{div}\,\boldsymbol{A}=0$ が付加されていることを考慮して，(9.7) および (9.8) から次式が得られる．

$$\nabla^2\boldsymbol{A} = -\mu_0\boldsymbol{J} \tag{9.9}$$

上の式を静電界におけるポアソンの式

$$\nabla^2\phi = -\frac{\rho}{\varepsilon_0} \tag{9.10}$$

ならびに，その解

$$\phi(\boldsymbol{r}) = \frac{1}{4\pi\varepsilon_0}\int_{\mathrm{V}}\frac{\rho(\boldsymbol{r}')}{|\boldsymbol{r}-\boldsymbol{r}'|}\,dv' \tag{9.11}$$

と比較してみると，ベクトルとスカラの違いはあるが，方程式の形は同じである．したがって解の形も同じとなり，ベクトルポテンシャルは次式で与えられることがわかる．

$$\boldsymbol{A}(\boldsymbol{r}) = \frac{\mu_0}{4\pi}\int_{\mathrm{V}}\frac{\boldsymbol{J}(\boldsymbol{r}')}{|\boldsymbol{r}-\boldsymbol{r}'|}\,dv' \tag{9.12}$$

$\boldsymbol{A}(\boldsymbol{r})$ の単位は [Tm] または [Wb/m] である．この様子を図 9.1 に示す．また閉路 C を流れる電流 I に対しては，図 9.2 に示すように $\boldsymbol{J}\,dv' = J\,d\boldsymbol{l}'\,\varDelta S = I\,d\boldsymbol{l}'$ であるので

$$\boldsymbol{A}(\boldsymbol{r}) = \frac{\mu_0 I}{4\pi}\oint_{\mathrm{C}} \frac{d\boldsymbol{l}'}{|\boldsymbol{r}-\boldsymbol{r}'|} \tag{9.13}$$

と書き直すことができる．

さらに，面電流密度 $\boldsymbol{K}(\boldsymbol{r}')$ に対してベクトルポテンシャルは次式となる．

$$\boldsymbol{A}(\boldsymbol{r}) = \frac{\mu_0}{4\pi}\oint_{\mathrm{S}} \frac{\boldsymbol{K}(\boldsymbol{r}')}{|\boldsymbol{r}-\boldsymbol{r}'|}\,dS' \tag{9.14}$$

(9.13) は，ノイマン (Franz Ernst Neumann, 1798 - 1895) が 1845 年に与えた公式であり，ここで初めてベクトルポテンシャルが導入された．

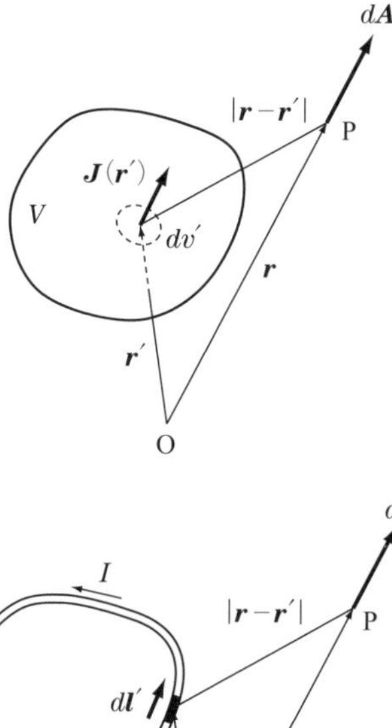

図 9.1　微小体積電流による
ベクトルポテンシャル

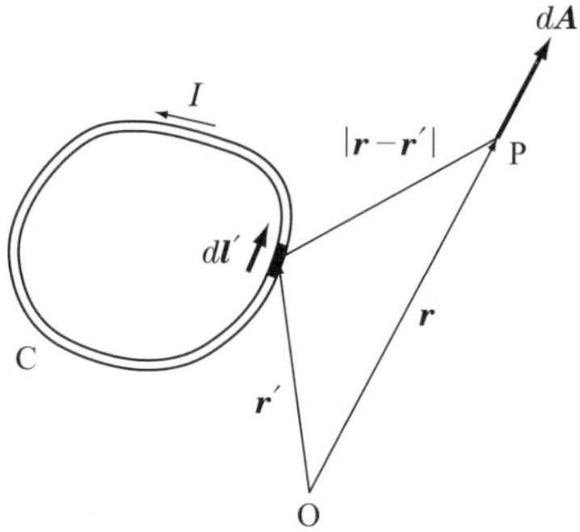

図 9.2　電流要素によるベクトルポテンシャル

このように，電流が与えられるとベクトルポテンシャル $\boldsymbol{A}$ を計算でき，$\boldsymbol{B} = \mathrm{rot}\,\boldsymbol{A}$ より磁束密度 $\boldsymbol{B}$ の計算を行うことができる．

閉回路電流 I が与えられた場合は，以下のようになる．

$$\boldsymbol{B}(r) = \mathrm{rot}\,\boldsymbol{A}(\boldsymbol{r}) = \frac{\mu_0 I}{4\pi}\oint_{\mathrm{C}} d\boldsymbol{r}' \times \frac{\boldsymbol{r}-\boldsymbol{r}'}{|\boldsymbol{r}-\boldsymbol{r}'|^3} \tag{9.15}$$

任意の電流密度 $\boldsymbol{J}(\boldsymbol{r}')$ が与えられた場合は，以下のようになる．

$$\boldsymbol{B}(\boldsymbol{r}) = \mathrm{rot}\,\boldsymbol{A}(\boldsymbol{r}) = \frac{\mu_0}{4\pi}\int_{\mathrm{V}'} \boldsymbol{J}(\boldsymbol{r}') \times \frac{\boldsymbol{r}-\boldsymbol{r}'}{|\boldsymbol{r}-\boldsymbol{r}'|^3}\, dv' \tag{9.16}$$

面電流密度 $\boldsymbol{K}(\boldsymbol{r}')$ が与えられた場合は，以下のようになる．

$$\boldsymbol{B}(\boldsymbol{r}) = \mathrm{rot}\,\boldsymbol{A}(\boldsymbol{r}) = \frac{\mu_0}{4\pi}\int_{\mathrm{S}'} \boldsymbol{K}(\boldsymbol{r}') \times \frac{\boldsymbol{r}-\boldsymbol{r}'}{|\boldsymbol{r}-\boldsymbol{r}'|^3}\, dS' \tag{9.17}$$

これらの式において，被積分関数は 7.6 節で述べたビオ - サバールの法則になっている．すなわちビオ - サバールの法則は，ベクトルポテンシャルを介して 7.4 節で述べたアンペールの法則と等価であることがわかる．

例題 9.1

定常電流界に対するビオ - サバールの法則 (7.27) より，ベクトルポテンシャルを導出せよ．

解　ベクトルの公式

$$\mathrm{rot}(\phi \boldsymbol{A}) = \phi\,\mathrm{rot}\,\boldsymbol{A} + (\mathrm{grad}\,\phi) \times \boldsymbol{A} \tag{9.18}$$

において，$\phi = 1/|\boldsymbol{r}-\boldsymbol{r}'|$，$\boldsymbol{A} = \boldsymbol{J}(\boldsymbol{r}')$ とおきかえると次式が得られる．

$$\mathrm{rot}\left(\frac{1}{|\boldsymbol{r}-\boldsymbol{r}'|}\boldsymbol{J}(\boldsymbol{r}')\right) = \frac{1}{|\boldsymbol{r}-\boldsymbol{r}'|}\,\mathrm{rot}\,\boldsymbol{J}(\boldsymbol{r}') + \mathrm{grad}\,\frac{1}{|\boldsymbol{r}-\boldsymbol{r}'|} \times \boldsymbol{J}(\boldsymbol{r}') \tag{9.19}$$

これに，

$$\mathrm{rot}\,\boldsymbol{J} = 0 \tag{9.20}$$

$$\mathrm{grad}\,\frac{1}{|\boldsymbol{r}-\boldsymbol{r}'|} = -\frac{\boldsymbol{r}-\boldsymbol{r}'}{|\boldsymbol{r}-\boldsymbol{r}'|^3} \tag{9.21}$$

の関係を代入すると次式が得られる.

$$\mathrm{rot}\left(\frac{1}{|\boldsymbol{r}-\boldsymbol{r}'|}\boldsymbol{J}(\boldsymbol{r}')\right) = -\frac{\boldsymbol{r}-\boldsymbol{r}'}{|\boldsymbol{r}-\boldsymbol{r}'|^3}\times\boldsymbol{J}(\boldsymbol{r}') = \boldsymbol{J}(\boldsymbol{r}')\times\frac{\boldsymbol{r}-\boldsymbol{r}'}{|\boldsymbol{r}-\boldsymbol{r}'|^3} \tag{9.22}$$

上式をビオ - サバールの法則に代入すれば,

$$\boldsymbol{B}(\boldsymbol{r}) = \frac{\mu_0}{4\pi}\int_{\mathrm{V}'}\boldsymbol{J}(\boldsymbol{r}')\times\frac{\boldsymbol{r}-\boldsymbol{r}'}{|\boldsymbol{r}-\boldsymbol{r}'|^3}\,dv' = \frac{\mu_0}{4\pi}\int_{\mathrm{V}'}\mathrm{rot}\,\frac{\boldsymbol{J}(\boldsymbol{r}')}{|\boldsymbol{r}-\boldsymbol{r}'|}\,dv' \tag{9.23}$$

と書き直せる. 最右辺の $\boldsymbol{r}'$ についての体積積分において, rot に関係するのは $\boldsymbol{r}$ のみであるので, rot は積分記号の外側に出すことができる. すなわち

$$\boldsymbol{B}(\boldsymbol{r}) = \mathrm{rot}\,\frac{\mu_0}{4\pi}\int_{\mathrm{V}'}\frac{\boldsymbol{J}(\boldsymbol{r}')}{|\boldsymbol{r}-\boldsymbol{r}'|}\,dv' \tag{9.24}$$

となる. ここで,

$$\boldsymbol{A}(\boldsymbol{r}) = \frac{\mu_0}{4\pi}\int_{\mathrm{V}'}\frac{\boldsymbol{J}(\boldsymbol{r}')}{|\boldsymbol{r}-\boldsymbol{r}'|}\,dv' \tag{9.25}$$

とおけば $\boldsymbol{B}(\boldsymbol{r}) = \mathrm{rot}\,\boldsymbol{A}(\boldsymbol{r})$ となるので, $\boldsymbol{A}(\boldsymbol{r})$ はベクトルポテンシャルであることがわかる.

9. 2　ベクトルポテンシャルを用いた磁束密度の計算

磁束密度はベクトルポテンシャルを用いて, 解析的に計算できる場合がある. この例を以下に示す.

(1)　直線電流

図 9.3 に示すように, 電流 I が流れている直線導体がある. 点 P から直線導体への垂線が直線導体と交差する点を原点として, 直線導体の長さをそれぞれ l_1, l_2 とする.

電流の流れる方向を z 軸にとると, 点 P のベクトルポテンシャル (9.13)

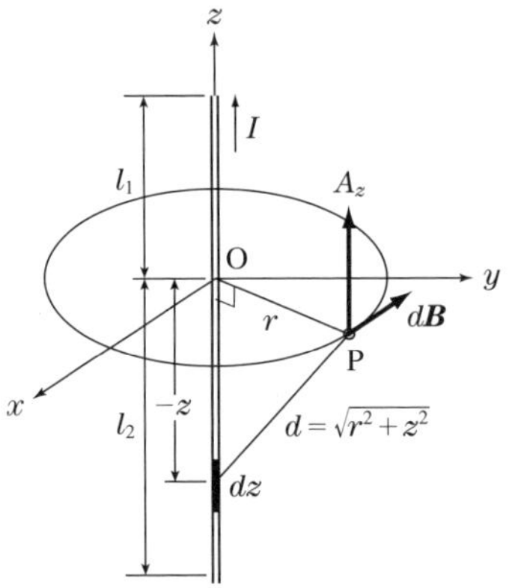

図 9.3　直線電流によるベクトルポテンシャルと磁束密度

は z 成分のみとなる．$\boldsymbol{r}' = (0,\ 0,\ z)$ であるので，$d = \sqrt{r^2 + z^2}$ とおけば A_z は次式で表される．

$$A_z = \frac{\mu_0 I}{4\pi}\int_{-l_2}^{l_1} \frac{dz}{d} = \frac{\mu_0 I}{4\pi}\int_{-l_2}^{l_1} \frac{dz}{\sqrt{r^2 + z^2}} = \frac{\mu_0 I}{4\pi} \ln\left(z + \sqrt{r^2 + z^2}\right)\Bigg|_{-l_2}^{l_1}$$

$$= \frac{\mu_0 I}{4\pi} \ln\left(\frac{\sqrt{r^2 + l_1^2} + l_1}{\sqrt{r^2 + l_2^2} - l_2}\right) \tag{9.26}$$

ここで，微分の公式 $(\partial/\partial r)\ln(\sqrt{r^2 + z^2} + z) = [1/(\sqrt{r^2 + z^2} + z)] \times (r/\sqrt{r^2 + z^2})$ ならびに $r = \sqrt{x^2 + y^2}$ であることを考慮すると，磁束密度 $\boldsymbol{B} = (B_x, B_y, 0)$ は次のように計算される．

$$B_x = (\mathrm{rot}\,\boldsymbol{A})_x = \frac{\partial A_z}{\partial y} = \frac{\partial A_z}{\partial r}\frac{\partial r}{\partial y}$$

$$= \frac{\mu_0 I}{4\pi}\left(\frac{1}{\sqrt{r^2 + l_1^2} + l_1}\frac{r}{\sqrt{r^2 + l_1^2}} - \frac{1}{\sqrt{r^2 + l_2^2} - l_2}\frac{r}{\sqrt{r^2 + l_2^2}}\right)\frac{y}{r}$$

$$= \frac{\mu_0 I}{4\pi}\left(\frac{1}{\sqrt{r^2 + l_1^2} + l_1}\frac{1}{\sqrt{r^2 + l_1^2}} - \frac{1}{\sqrt{r^2 + l_2^2} - l_2}\frac{1}{\sqrt{r^2 + l_2^2}}\right) y \tag{9.27}$$

$$B_y = (\mathrm{rot}\,\boldsymbol{A})_y = -\frac{\partial A_z}{\partial x} = -\frac{\partial A_z}{\partial r}\frac{\partial r}{\partial x}$$

$$= -\frac{\mu_0 I}{4\pi}\left(\frac{1}{\sqrt{r^2+l_1^2}+l_1}\frac{r}{\sqrt{r^2+l_1^2}} - \frac{1}{\sqrt{r^2+l_2^2}-l_2}\frac{r}{\sqrt{r^2+l_2^2}}\right)\frac{x}{r}$$

$$= \frac{\mu_0 I}{4\pi}\left(\frac{1}{\sqrt{r^2+l_2^2}-l_2}\frac{1}{\sqrt{r^2+l_2^2}} - \frac{1}{\sqrt{r^2+l_1^2}+l_1}\frac{1}{\sqrt{r^2+l_1^2}}\right)x \quad (9.28)$$

したがって，磁束密度は

$$B = \sqrt{B_x^2+B_y^2}$$

$$= \frac{\mu_0 I}{4\pi}\left\{\left(\frac{1}{\sqrt{r^2+l_1^2}+l_1}\frac{1}{\sqrt{r^2+l_1^2}} - \frac{1}{\sqrt{r^2+l_2^2}-l_2}\frac{1}{\sqrt{r^2+l_2^2}}\right)^2 y^2\right.$$

$$\left. + \left(\frac{1}{\sqrt{r^2+l_2^2}-l_2}\frac{1}{\sqrt{r^2+l_2^2}} - \frac{1}{\sqrt{r^2+l_1^2}+l_1}\frac{1}{\sqrt{r^2+l_1^2}}\right)^2 x^2\right\}^{\frac{1}{2}}$$

$$= \frac{\mu_0 I}{4\pi}\left(\frac{1}{\sqrt{r^2+l_2^2}-l_2}\frac{1}{\sqrt{r^2+l_2^2}} - \frac{1}{\sqrt{r^2+l_1^2}+l_1}\frac{1}{\sqrt{r^2+l_1^2}}\right)r \quad (9.29)$$

となる．

もし，$l_1 = l_2 = l$ とすれば

$$B_x = \frac{\mu_0 I}{4\pi}\frac{1}{\sqrt{r^2+l^2}}\left(\frac{1}{\sqrt{r^2+l^2}+l} - \frac{1}{\sqrt{r^2+l^2}-l}\right)y = -\frac{\mu_0 I}{2\pi r^2}\frac{ly}{\sqrt{r^2+l^2}} \quad (9.30)$$

となる．同様に

$$B_y = \frac{\mu_0 I}{2\pi r^2}\frac{lx}{\sqrt{r^2+l^2}} \quad (9.31)$$

である．これより次式が得られる．

$$B = \sqrt{B_x^2+B_y^2} = \frac{\mu_0 I}{2\pi r^2}\frac{l}{\sqrt{r^2+l^2}}\sqrt{x^2+y^2} = \frac{\mu_0 I}{2\pi r}\frac{l}{\sqrt{r^2+l^2}} \quad (9.32)$$

さらに l を無限大とすれば，$\lim_{l\to\infty}(l/\sqrt{r^2+l^2}) = 1$ であるから $B = \mu_0 I/2\pi r$ となる．これは，アンペール周回積分の法則から得られた (7.3) と一致する．

(2) 正方形ループ電流

1辺の長さが l の正方形ループ電流によるベクトルポテンシャルは，(9.13) より次式で与えられる．

$$\boldsymbol{A}(\boldsymbol{r}) = \frac{\mu_0 I}{4\pi}\oint_{\mathrm{C}} \frac{d\boldsymbol{l}'}{|\boldsymbol{r}-\boldsymbol{r}'|} \tag{9.33}$$

図9.4に示すように，正方形ループ電流ABCDはその中心を原点として，xy 平面上において x 軸ならびに y 軸に平行に流れているとする．ここで電流要素の方向と，これが作るベクトルポテンシャルの方向は同じであるから，ベクトルポテンシャルの x 成分 A_x は，図9.4(a)に示すように x 軸に平行な辺ABと辺CDを流れる電流により作られる．この電流は x 軸に対してはお互いに逆向きであることに注意すれば，(9.33) から次式が成り立つ．

$$A_x = \frac{\mu_0 I}{4\pi}\left[\int_{-l/2}^{l/2} \frac{dx'}{\sqrt{(x-x')^2+\{y+(l/2)\}^2+z^2}} - \int_{-l/2}^{l/2} \frac{dx'}{\sqrt{(x-x')^2+\{y-(l/2)\}^2+z^2}}\right] \tag{9.34}$$

ここで $x-x'=u$，$\{y+(l/2)\}^2+z^2=a^2$，$\{y-(l/2)\}^2+z^2=b^2$ とおくと上式は，

$$\begin{aligned} A_x &= \frac{\mu_0 I}{4\pi}\left\{\int_{x+(l/2)}^{x-(l/2)} \frac{-du}{\sqrt{u^2+a^2}} - \int_{x+(l/2)}^{x-(l/2)} \frac{-du}{\sqrt{u^2+b^2}}\right\} \\ &= \frac{\mu_0 I}{4\pi}\left\{\int_{x-(l/2)}^{x+(l/2)} \frac{du}{\sqrt{u^2+a^2}} - \int_{x-(l/2)}^{x+(l/2)} \frac{du}{\sqrt{u^2+b^2}}\right\} \end{aligned}$$

となる．積分公式 $\displaystyle\int \frac{du}{\sqrt{u^2+a^2}} = \ln\left(\sqrt{u^2+a^2}+u\right)$ を用いて上式を積分すると，

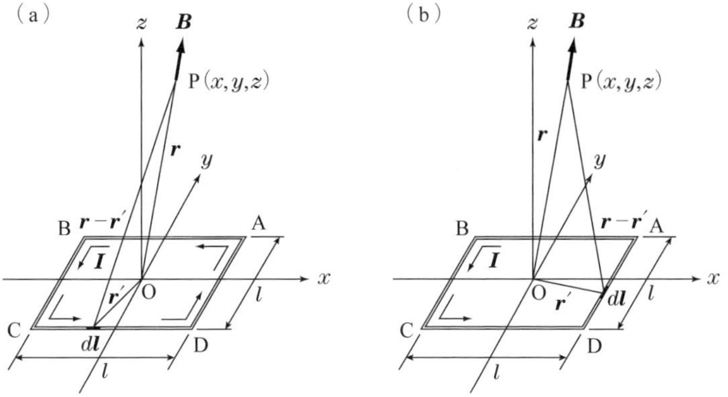

図 9.4 正方形ループ電流によるベクトルポテンシャルと磁束密度

$$A_x = \frac{\mu_0 I}{4\pi}\left[\ln\frac{\sqrt{\{x+(l/2)\}^2+\{y+(l/2)\}^2+z^2}+\{x+(l/2)\}}{\sqrt{\{x-(l/2)\}^2+\{y+(l/2)\}^2+z^2}+\{x-(l/2)\}} - \ln\frac{\sqrt{\{x+(l/2)\}^2+\{y-(l/2)\}^2+z^2}+\{x+(l/2)\}}{\sqrt{\{x-(l/2)\}^2+\{y-(l/2)\}^2+z^2}+\{x-(l/2)\}}\right] \tag{9.35}$$

が得られる．

同様に，ベクトルポテンシャルの y 成分 A_y は図 9.4（b）に示すように辺 BC と辺 DA を流れる電流により作られる．すなわち，次式で与えられる．

$$A_y = \int_{\mathrm{B}}^{\mathrm{C}} dA_y + \int_{\mathrm{A}}^{\mathrm{D}} dA_y = \frac{\mu_0 I}{4\pi}\left[\int_{-l/2}^{l/2}\frac{dy'}{\sqrt{\{x-(l/2)\}^2+(y-y')^2+z^2}} - \int_{-l/2}^{l/2}\frac{dy'}{\sqrt{\{x+(l/2)\}^2+(y-y')^2+z^2}}\right]$$

$$
= \frac{\mu_0 I}{4\pi}\left[\ln\frac{\sqrt{\{x-(l/2)\}^2+\{y+(l/2)\}^2+z^2}+\{y+(l/2)\}}{\sqrt{\{x-(l/2)\}^2+\{y-(l/2)\}^2+z^2}+\{y-(l/2)\}}\right.
$$
$$
\left. -\ln\frac{\sqrt{\{x+(l/2)\}^2+\{y+(l/2)\}^2+z^2}+\{y+(l/2)\}}{\sqrt{\{x+(l/2)\}^2+\{y-(l/2)\}^2+z^2}+\{y-(l/2)\}}\right] \tag{9.36}
$$

また，z 軸方向の電流は流れていないので A_z は 0 である．(9.35) ならびに (9.36) より x 軸上では y 成分 A_y のみ，y 軸上では x 成分 A_x のみ，z 軸上ではそれぞれの辺を流れる電流が作るベクトルポテンシャルはお互いに打ち消し合うため，0 となることがわかる．

ベクトルポテンシャル $\boldsymbol{A} = (A_x, A_y, 0)$ が求まったので，磁束密度は $\boldsymbol{B} = \mathrm{rot}\,\boldsymbol{A}$ より次のように計算できる．

$$
B_x = \frac{\partial A_z}{\partial y} - \frac{\partial A_y}{\partial z} = -\frac{\partial A_y}{\partial z}
$$
$$
= -\frac{\mu_0 I}{4\pi}\left[\frac{\dfrac{z}{\sqrt{\{x-(l/2)\}^2+\{y+(l/2)\}^2+z^2}}}{\sqrt{\{x-(l/2)\}^2+\{y+(l/2)\}^2+z^2}+\{y+(l/2)\}}\right.
$$
$$
-\frac{\dfrac{z}{\sqrt{\{x-(l/2)\}^2+\{y-(l/2)\}^2+z^2}}}{\sqrt{\{x-(l/2)\}^2+\{y-(l/2)\}^2+z^2}+\{y-(l/2)\}}
$$
$$
-\frac{\dfrac{z}{\sqrt{\{x+(l/2)\}^2+\{y+(l/2)\}^2+z^2}}}{\sqrt{\{x+(l/2)\}^2+\{y+(l/2)\}^2+z^2}+\{y+(l/2)\}}
$$
$$
\left.+\frac{\dfrac{z}{\sqrt{\{x+(l/2)\}^2+\{y-(l/2)\}^2+z^2}}}{\sqrt{\{x+(l/2)\}^2+\{y-(l/2)\}^2+z^2}+\{y-(l/2)\}}\right] \tag{9.37}
$$

$$B_y = \frac{\partial A_x}{\partial z} - \frac{\partial A_z}{\partial x} = \frac{\partial A_x}{\partial z}$$

$$= \frac{\mu_0 I}{4\pi}\left[\frac{\dfrac{z}{\sqrt{\{x+(l/2)\}^2+\{y+(l/2)\}^2+z^2}}}{\sqrt{\{x+(l/2)\}^2+\{y+(l/2)\}^2+z^2}+\{x+(l/2)\}}\right.$$

$$-\frac{\dfrac{z}{\sqrt{\{x-(l/2)\}^2+\{y+(l/2)\}^2+z^2}}}{\sqrt{\{x-(l/2)\}^2+\{y+(l/2)\}^2+z^2}+\{x-(l/2)\}}$$

$$-\frac{\dfrac{z}{\sqrt{\{x+(l/2)\}^2+\{y-(l/2)\}^2+z^2}}}{\sqrt{\{x+(l/2)\}^2+\{y-(l/2)\}^2+z^2}+\{x+(l/2)\}}$$

$$\left.+\frac{\dfrac{z}{\sqrt{\{x-(l/2)\}^2+\{y-(l/2)\}^2+z^2}}}{\sqrt{\{x-(l/2)\}^2+\{y-(l/2)\}^2+z^2}+\{x-(l/2)\}}\right] \tag{9.38}$$

$$B_z = \frac{\partial A_y}{\partial x} - \frac{\partial A_x}{\partial y}$$

$$= \frac{\mu_0 I}{4\pi}\left[\frac{\dfrac{x-(l/2)}{\sqrt{\{x-(l/2)\}^2+\{y+(l/2)\}^2+z^2}}}{\sqrt{\{x-(l/2)\}^2+\{y+(l/2)\}^2+z^2}+\{y+(l/2)\}}\right.$$

$$-\frac{\dfrac{x-(l/2)}{\sqrt{\{x-(l/2)\}^2+\{y-(l/2)\}^2+z^2}}}{\sqrt{\{x-(l/2)\}^2+\{y-(l/2)\}^2+z^2}+\{y-(l/2)\}}$$

$$-\frac{\dfrac{x+(l/2)}{\sqrt{\{x+(l/2)\}^2+\{y+(l/2)\}^2+z^2}}}{\sqrt{\{x+(l/2)\}^2+\{y+(l/2)\}^2+z^2}+\{y+(l/2)\}}$$

$$+\frac{\dfrac{x+(l/2)}{\sqrt{\{x+(l/2)\}^2+\{y-(l/2)\}^2+z^2}}}{\sqrt{\{x+(l/2)\}^2+\{y-(l/2)\}^2+z^2}+\{y-(l/2)\}}$$

$$
\left. - \frac{\dfrac{y+(l/2)}{\sqrt{\{x+(l/2)\}^2+\{y+(l/2)\}^2+z^2}}}{\sqrt{\{x+(l/2)\}^2+\{y+(l/2)\}^2+z^2}+\{x+(l/2)\}}
+ \frac{\dfrac{y+(l/2)}{\sqrt{\{x-(l/2)\}^2+\{y+(l/2)\}^2+z^2}}}{\sqrt{\{x-(l/2)\}^2+\{y+(l/2)\}^2+z^2}+\{x-(l/2)\}}
+ \frac{\dfrac{y-(l/2)}{\sqrt{\{x+(l/2)\}^2+\{y-(l/2)\}^2+z^2}}}{\sqrt{\{x+(l/2)\}^2+\{y-(l/2)\}^2+z^2}+\{x+(l/2)\}}
- \frac{\dfrac{y-(l/2)}{\sqrt{\{x-(l/2)\}^2+\{y-(l/2)\}^2+z^2}}}{\sqrt{\{x-(l/2)\}^2+\{y-(l/2)\}^2+z^2}+\{x-(l/2)\}} \right]
\tag{9.39}
$$

（3） **円形コイル**

図 9.5 に示すように，半径 a の円形コイルの中心を原点とし，中心軸を z 軸として xy 面に円形コイルが置かれているとする．ベクトルポテンシャル $\boldsymbol{A}$ は

$$
\boldsymbol{A}(\boldsymbol{r}) = \frac{\mu_0 I}{4\pi}\oint_{\mathrm{C}} \frac{d\boldsymbol{l}'}{|\boldsymbol{r}-\boldsymbol{r}'|} \tag{9.13}
$$

で与えられるが，円筒座標で考えたとき電流要素は円周上にあるので，点 P におけるベクトルポテンシャルは θ 方向のみの成分が残り，R 方向ならびに z 方向成分は 0 である．このようなベクトルを**トロイダルベクトル** (toroidal vector) という．

ベクトルポテンシャルの θ 方向成分 A_θ については，電流要素 $d\boldsymbol{l}$ と点 P との位置関係で A_θ への寄与分が異なる．電流要素 $d\boldsymbol{l}$ の位置ベクトル $\boldsymbol{r}'$ は $(a\cos\varphi, a\sin\varphi, 0)$ であり，点 $\mathrm{P}(R, \theta, z)$ における A_θ への寄与分は図を参照して

$$
d\boldsymbol{l} = \boldsymbol{e}_\theta\, a\cos(\theta-\varphi)\, d\varphi \quad （ここで\ \boldsymbol{e}_\theta\ は\ \theta\ 方向の単位ベクトル） \tag{9.40}
$$

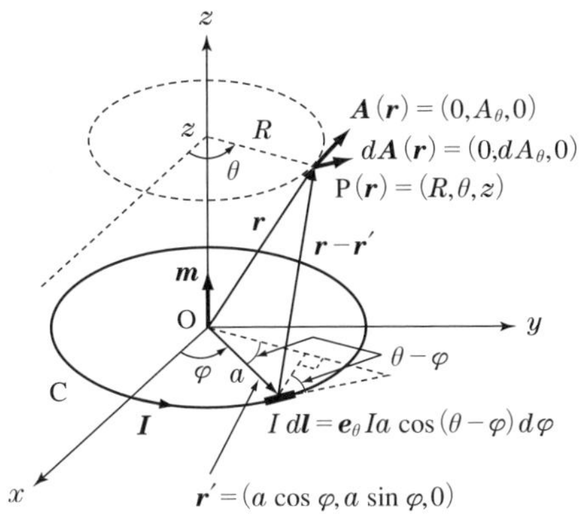

図 9.5　円形ループ電流による
ベクトルポテンシャル

$$
\begin{aligned}
|\boldsymbol{r}-\boldsymbol{r}'| &= \sqrt{(R\cos\theta - a\cos\varphi)^2 + (R\sin\theta - a\sin\varphi)^2 + z^2} \\
&= \sqrt{R^2 + a^2 + z^2 - 2Ra\cos(\theta-\varphi)}
\end{aligned} \tag{9.41}
$$

である．

これらを (9.33) に代入すれば，次式が得られる．

$$
\boldsymbol{A}(\boldsymbol{r}) = \frac{\mu_0 I}{4\pi}\oint_{\mathrm{C}} \frac{a\cos(\theta-\varphi)\, d\varphi}{\sqrt{R^2+a^2+z^2-2Ra\cos(\theta-\varphi)}}\,\boldsymbol{e}_\theta \tag{9.42}
$$

上式において，φ の積分は，0 から π までの積分の 2 倍に等しいので次式が得られる．

$$
\begin{aligned}
\boldsymbol{A}(\boldsymbol{r}) = A(R,\theta,z) &= \frac{\mu_0 I}{4\pi}2\int_0^{\pi} \frac{a\cos(\theta-\varphi)\, d\varphi}{\sqrt{R^2+a^2+z^2-2Ra\cos(\theta-\varphi)}}\,\boldsymbol{e}_\theta \\
&= \frac{\mu_0 Ia}{2\pi}\int_0^{\pi} \frac{\cos(\theta-\varphi)\, d\varphi}{\sqrt{R^2+a^2+z^2-2Ra\cos(\theta-\varphi)}}\,\boldsymbol{e}_\theta
\end{aligned} \tag{9.43}
$$

さらに，$\theta-\varphi = 2\phi - \pi$，$k^2 = 4aR/\{(a+R)^2+z^2\}$ とおくと，$d\varphi = -2 \times d\phi$ より

$$
A_\theta(k) = \frac{\mu_0 kI}{2\pi}\sqrt{\frac{a}{R}}\int_0^{\pi/2} \frac{2\sin^2\phi - 1}{\sqrt{1-k^2\sin^2\phi}}\, d\phi
$$

$$= \frac{\mu_0 I}{\pi k}\sqrt{\frac{a}{R}}\int_0^{\pi/2}\left\{\frac{1-(k^2/2)}{\sqrt{1-k^2\sin^2\phi}} - \sqrt{1-k^2\sin^2\phi}\right\}d\phi$$

$$= \frac{\mu_0 I}{\pi k}\sqrt{\frac{a}{R}}\left\{\left(1-\frac{k^2}{2}\right)K(k) - E(k)\right\} \tag{9.44}$$

が得られる.

ただし

$$K(k) = \int_0^{\pi/2}\frac{d\phi}{\sqrt{1-k^2\sin^2\phi}}\text{：第1種の完全楕円積分} \tag{9.45}$$

$$E(k) = \int_0^{\pi/2}\sqrt{1-k^2\sin^2\phi}\,d\phi\text{：第2種の完全楕円積分} \tag{9.46}$$

である．なお，磁束密度は $\boldsymbol{B} = \mathrm{rot}\,\boldsymbol{A}$ より

$$\mathrm{rot}\,\boldsymbol{A} = \left(\frac{1}{r}\frac{\partial A_z}{\partial\theta} - \frac{\partial A_\theta}{\partial z}\right)\boldsymbol{e}_r + \left(\frac{\partial A_r}{\partial z} - \frac{\partial A_z}{\partial r}\right)\boldsymbol{e}_\theta + \frac{1}{r}\left[\frac{\partial}{\partial r}(rA_\theta) - \frac{\partial A_r}{\partial\theta}\right]\boldsymbol{e}_z$$

$$= -\frac{\partial A_\theta}{\partial z}\boldsymbol{e}_r + \frac{1}{r}\frac{\partial}{\partial r}(rA_\theta)\,\boldsymbol{e}_z \tag{9.47}$$

を用いて計算される．この計算過程は複雑であるのでここでは割愛する．

9.3 ベクトルポテンシャルと磁束との関係

ベクトルポテンシャル $\boldsymbol{A}$ を用いると，面Sを通る磁束 Φ_m は次式で表される．

$$\Phi_\mathrm{m} = \int_\mathrm{S}\boldsymbol{B}\cdot\boldsymbol{n}\,dS = \int_\mathrm{S}(\mathrm{rot}\,\boldsymbol{A})\cdot\boldsymbol{n}\,dS = \oint_\mathrm{C}\boldsymbol{A}\cdot d\boldsymbol{l} \tag{9.49}$$

ただし，最後の式はストークスの定理を適用して導出した．この様子を図9.6に示す．磁界をベクトルポテンシャルの回転密度で表したのは，トムソ

ン (William Thomson, Lord Kelvin, 1824 - 1907) が最初であり，1847 年のことである．マクスウェルは，電気磁気学においてベクトルポテンシャルを基本的でかつ重要な役割を果たす量とした．

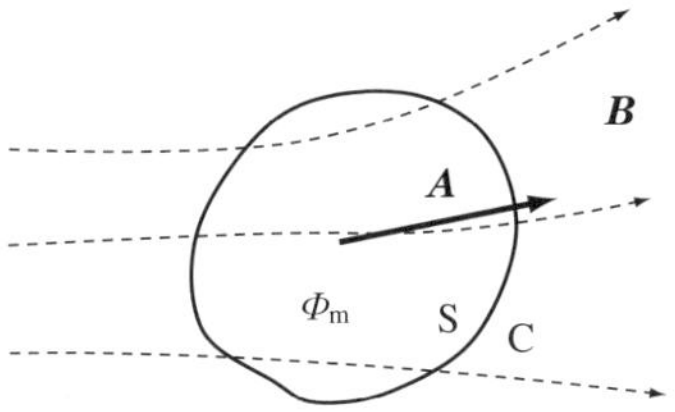

図 9.6 ベクトルポテンシャルと磁束

9. 4 磁位と磁気モーメント

磁束密度 $\boldsymbol{B}$ が時間的に変化しない場を**静磁界**，または**静磁場**という．静電界は，保存場の条件式 $\oint_{\mathrm{C}} \boldsymbol{E} \cdot d\boldsymbol{l} = 0$ が常に成り立つことから電位が定義された．これに対して，静磁界ではアンペール周回積分の法則が成立するため，閉路内に電流が流れる場合には保存場とはならない．しかし，例えば永久磁石が作る静磁界の場合のように，閉路内に電流が鎖交しない場合には，次式が成り立つので保存場となる．

$$\oint_{\mathrm{C}} \boldsymbol{H} \cdot d\boldsymbol{l} = 0 \tag{9.50}$$

この場合，静電界における電位 ϕ に対応して，静磁界における**磁位** (magnetic potential) U_{m} が定義される．すなわち，静電界との対応から次式が成り立つ．

$$\boldsymbol{H} = -\mathrm{grad}\, U_{\mathrm{m}} \tag{9.51}$$

磁位の単位は起磁力と同じアンペア [A] である．

静電界の問題を解く場合，電位を用いると問題の解法がより簡単になったが，同様に静磁界の問題を解く場合，場が保存的であれば磁位 U_{m} を用いた解法は有用である．このような解法の例として，磁気モーメントについて説明する．

図 9.7（a）に示すように，面積 S をもつループ電流 I が作る磁界を考える．ループの中心点に大きさが電流と面積の積 $I \times S$ [$\mathrm{Am^2}$] に等しく，その方向がループ電流面に垂直であるベクトル $\boldsymbol{m}$ を考える．これを**磁気モーメント**ということは7.8節で述べた．図 9.7（b）は，N 極に $+q$[Wb]，S 極に $-q$[Wb] の磁極が距離 δ 離れて存在していることを示している．これを**磁気双極子** (magnetic dipole) という．なお，磁気モーメントは次式で与えられる．

$$\boldsymbol{m} = \frac{\boldsymbol{q} \times \boldsymbol{\delta}}{\mu_0} \quad [\mathrm{Am^2}] \tag{9.52}$$

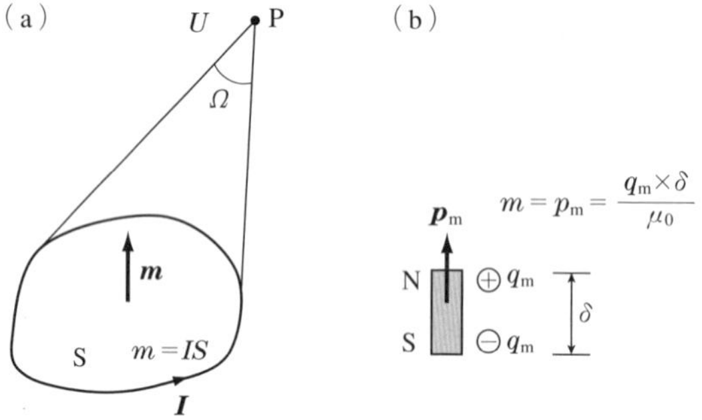

図 9.7　磁気モーメントと磁極

微小電流が，磁気モーメント $m = IS$ をもつ磁石と同じ作用をもつことは，1822年にアンペールが発見した．第3章で述べたように，電気双極子モーメント $\boldsymbol{p} = Q\boldsymbol{\delta}$ による電界が作る電位を求めたときと同じ考え方により，磁位は次式で与えられる．

$$U_{\mathrm{m}} = \frac{I\Omega}{4\pi} \quad [\mathrm{A}] \tag{9.53}$$

ただし，Ω は点 P からループ電流 I を見込む立体角である．ベクトルポテンシャルは磁気モーメント $\boldsymbol{m}$ を用いて

$$A = \frac{\mu_0}{4\pi} \boldsymbol{m} \times \frac{\boldsymbol{r}}{r^3} \tag{9.54}$$

と表される．

一般に，電流の広がりに比べて十分離れた位置におけるベクトルポテンシャルは，体積電流・面電流・閉回路電流それぞれの磁気モーメント

$$\boldsymbol{m} = \frac{1}{2}\int \boldsymbol{r} \times \boldsymbol{J}(\boldsymbol{r})\, dv \tag{9.55}$$

$$\boldsymbol{m} = \frac{1}{2}\int \boldsymbol{r} \times \boldsymbol{K}(\boldsymbol{r})\, dS \tag{9.56}$$

$$\boldsymbol{m} = IS = \frac{1}{2} I \oint \boldsymbol{r} \times d\boldsymbol{r} \tag{9.57}$$

が作るベクトルポテンシャルと同じ形になる．

なお，アンペール周回積分の法則として，磁界 $\boldsymbol{H}$ に対する式 $\oint_{\mathrm{C}} \boldsymbol{H} \cdot d\boldsymbol{l} = 0$ を用いた場合は $\boldsymbol{H} = -\mathrm{grad}\, U_{\mathrm{m}}$ となり，磁位 U_{m} の単位はアンペア［A］となる．この場合，位置 $\boldsymbol{r}$ にある点 P での磁位 U は次式で与えられる．

$$U_{\mathrm{m}} = -\int_{\infty}^{\mathrm{P}} \boldsymbol{H} \cdot d\boldsymbol{r} \quad [\mathrm{A}] \tag{9.58}$$

9．5　磁気に関するクーロンの法則

棒磁石が十分に長い場合は，その両端部を**点磁極**（point magnetic pole）と考えることができる．磁極については，8.7 節で述べたが，2 つの点磁極 Q_{m1}，Q_{m2} 間にはたらく力 $\boldsymbol{F}$ は，静電界におけるクーロンの法則との対応から次式で与えられる．

$$F = \frac{\mu_0 Q_{\mathrm{m1}} Q_{\mathrm{m2}}}{4\pi r^2} \quad [\mathrm{N}] \tag{9.59}$$

これを**磁気に関するクーロンの法則**（Coulomb's law for magnetization）とい

う．

電界を単位電荷にはたらく力から定義したように，点磁極 Q_{m} [Am] にはたらく力 $\boldsymbol{F}$，すなわち

$$\boldsymbol{F} = Q_{\mathrm{m}}\boldsymbol{B} \quad [\mathrm{N}] \tag{9.60}$$

から磁束密度 $\boldsymbol{B}$ を定義することもできる．これを $\boldsymbol{E}$ - $\boldsymbol{B}$ 対応という．

さらに，微小距離 δ [m] だけ離れた点磁荷 $\pm Q_{\mathrm{m}}$ [A・m] からなる磁気双極子の磁気モーメントは，

$$p_{\mathrm{m}} = Q_{\mathrm{m}}\delta \quad [\mathrm{A \cdot m^2}] \tag{9.61}$$

により定義できる．この磁気双極子が作る磁位 U_{m} は，電気双極子が作る電位 (3.32) との対比から

$$U_{\mathrm{m}} = \frac{1}{4\pi}\frac{\boldsymbol{p}_{\mathrm{m}} \cdot \boldsymbol{r}}{r^3} \quad [\mathrm{A}] \tag{9.62}$$

となる．また，磁位は距離の 2 乗に反比例することがわかる．

第 9 章のまとめ

・ベクトルポテンシャル $\boldsymbol{A}(\boldsymbol{r})$：例えば，電流密度 $\boldsymbol{J}(\boldsymbol{r}')$ が与えられたとき $\boldsymbol{A}(\boldsymbol{r}) = \dfrac{\mu_0}{4\pi}\displaystyle\int_{\mathrm{V}}\frac{\boldsymbol{J}(\boldsymbol{r}')}{|\boldsymbol{r} - \boldsymbol{r}'|}dv'$ を計算し，$\boldsymbol{B} = \mathrm{rot}\,\boldsymbol{A}$ から磁束密度を計算できる．ただし，μ_0 は真空の透磁率，dv' は考えている微小体積である．(9.1 節)

・ゲージ：ベクトルの任意性を取り除くために付け加えられた条件．(9.1 節)

・磁束：ベクトルポテンシャルより磁束を計算できる．(9.3 節)

・ベクトルポテンシャルと磁気モーメントとの関係：(9.54) で表される．(9.4 節)

・磁気に関するクーロンの法則：磁極に磁荷を仮定するとクーロンの法則が

成り立つ．(9.5節)

章末問題

【9.1】 磁気モーメント p_m をもつ磁気双極子による磁界を求めよ．(9.5節)

【9.2】 z 軸方向を向く 2 本の平行線路に往復電流が流れているとき，ベクトルポテンシャルを求めよ．(9.1節)

【9.3】 図 7.25 に示した無限に広い金属板に，一方向に流れる平面電流による磁束密度をベクトルポテンシャルを用いて計算せよ．(9.1節)

【9.4】 長さ L の直線状導線に電流 I が流れている．線外の点 P (x, y, z) におけるベクトルポテンシャルと磁束密度を求めよ．(9.1節)

【9.5】 B を定数とするとき，ベクトルポテンシャル A が $(-By, Bx, 0)$ で与えられたときの磁束密度を求めよ．また，xy 面上において 1 辺の長さが d である正方形 PQRS の閉路 C について，磁束が $\Phi_m = \oint_C \boldsymbol{A} \cdot d\boldsymbol{l}$ で与えられることを確かめよ．(9.1節)

第10章

電磁誘導とインダクタンス

学習目標

a) 磁界が時間的に変化すると，電界が渦状に生成されること（ファラデーの電磁誘導の法則）を理解し，起電力を数学的に表現できる．
b) 変圧器起電力と速度起電力を理解し説明できる．
c) インダクタンスの定義を説明できる．
d) 渦電流の発生原因と渦電流損を説明できる．
e) 表皮効果を説明できる．

キーワード

ファラデーの電磁誘導の法則，変圧器起電力，速度起電力，インダクタンス，変圧器，ノイマンの公式，幾何学的平均距離，表皮効果，渦電流

10．1 電磁誘導

時間と共に変化する磁束の中にコイルを置くと，コイルの両端に起電力が生じる．また磁界中で導体を動かすと起電力が生じる．このような現象を**電磁誘導**（electromagnetic induction）という．さらに，コイルに誘導される起電力を**誘導起電力**（induced electromotive force），電磁誘導により流れる電流を**誘導電流**（induced current）という．コイルに起電力が発生すること

は，コイル内に電界が生じていることを意味し，この電界を**誘導電界** (induced electric field) という．

電磁誘導は，発電機，誘導電動機，変圧器など多くの機器の動作原理になっており，電気電子工学が発展する発端となった重要な現象である．

イギリスの物理学者および化学者でもあったファラデーは，図 10.1 に示すように，コイルに電流を流す場合やコイルと磁石との間に次のような現象があることに気づき，これらより電磁誘導を見出して 1831 年に発表した．

(1) 電池を接続したコイル A のスイッチを入切すると，コイル B に接続した検流計が振れる．このときの電流の向きは，スイッチを入れるときと切るときでは逆になる．

(2) 定常的に電流が流れているコイル A をコイル B に近づけたり遠ざけたりするとき，コイル B に接続した検流計が振れる．またコイル A を固定しコイル B を動かしても，同じくコイル B に電流が流れる．電流の向きは，コイルを近づけるときと遠ざけるときでは逆になる．

(3) 永久磁石をコイル C に近づけたり遠ざけたりすると，コイル C に接続した検流計が触れる．逆に永久磁石を固定し，コイル C を動かしてもコイル C に電流が流れる．電流の向きは，コイルもしくは永久磁石を近づけるときと遠ざけるときでは逆になる．

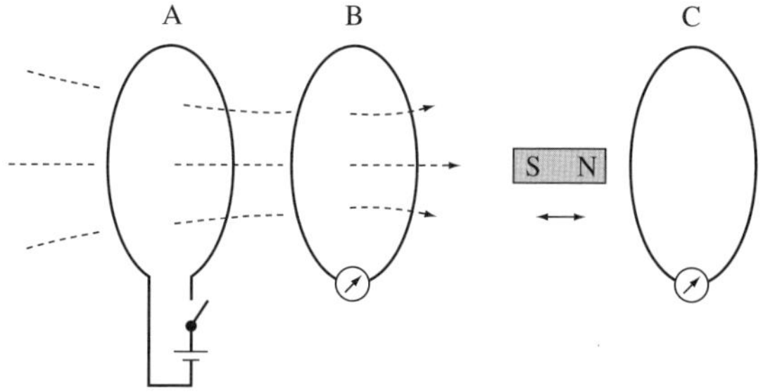

図 10.1 電磁誘導の実験

なお，ジョセフ・ヘンリー（Joseph Henry, 1797 - 1878）は，電磁石に流した電流をスイッチで切るときに火花が生じることから電磁誘導を最初に発見したが，論文発表は 1832 年であった．また，ツァンテデシ（Francesco Zantedeschi, 1797 - 1873）が 1829 年に行った研究によって，電磁誘導はすでに予想されていたともいわれている．

10．2　電磁誘導の法則

ファラデーにより発見された電磁誘導は，コイルに鎖交する磁束が時間的に変化すると，コイルに起電力が発生し回路に電流が流れることを意味している．このときの誘導起電力の向きについて，エストニアの物理学者レンツ（Heinrich Friedrich Emil Lenz, 1804 - 1865）は 1834 年，「誘導電流の向きは磁束の変化を妨げるような向きとなる」という**レンツの法則**（Lenz's law）を発見した．

磁束の時間変化と誘導起電力との関係を定量的に明らかにしたのは，ドイツの物理学者ノイマンである．ノイマンは 1845 年，磁界の変化によってコイルに誘導される起電力はコイルを貫く磁束の時間変化に等しいことを述べた．これを**ノイマンの法則**（Neumann law）という．

すなわち，図 10.2 において，閉路 C に誘起される起電力を U，閉路 C と鎖交する磁束を Φ_{m} とし，レンツの法則とノイマンの法則を加味すると次式が成り立つ．

$$U = -\frac{d\Phi_{\mathrm{m}}}{dt} \quad [\mathrm{V}] \tag{10.1}$$

これを**ノイマンの式**（Neumann's equation）という．また，この式が成り立つことを**ファラデーの電磁誘導の法則**（Faraday's law of electromagnetic induction），あるいは**ファラデー - ノイマンの電磁誘導の法則**（Faraday -

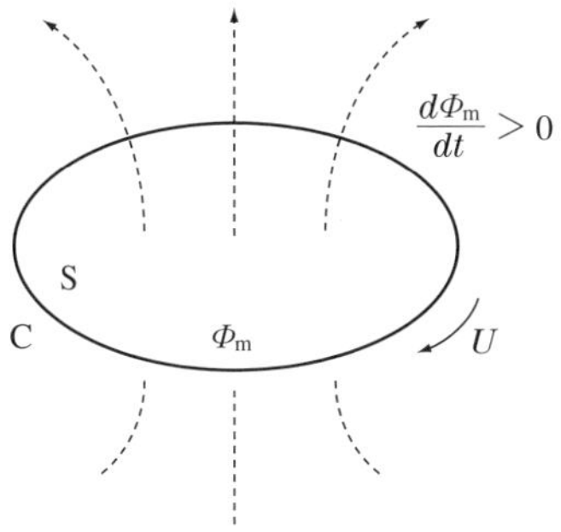

図 10.2　ファラデーの電磁誘導の法則

Neumann law）とよぶ．

もし，閉路 C に沿って巻数 N のコイルがあれば，このコイルの両端には

$$U = -N\frac{d\Phi_m}{dt} \quad [\mathrm{V}] \tag{10.2}$$

の起電力が誘起される．

誘導起電力と鎖交磁束数は，6.6 節ならびに 7.10 節で述べたように次のようにも書ける．

$$U = \oint_C \boldsymbol{E}\cdot d\boldsymbol{l} \tag{10.3}$$

$$\Phi_m = \int_S \boldsymbol{B}\cdot\boldsymbol{n}\,dS \tag{10.4}$$

したがって，ファラデーの法則は積分形として次のようにも書くことができる．

$$\oint_C \boldsymbol{E}\cdot d\boldsymbol{l} = -\frac{d}{dt}\int_S \boldsymbol{B}\cdot\boldsymbol{n}\,dS \tag{10.5}$$

もし，閉路を貫く磁束が時間的に変化しない場合には右辺は 0，すなわち起電力の発生はなくなり，静磁界中における電界の基本方程式となる．

例題 10.1

一様な磁束密度中に半径 a の円形コイルが磁束密度と垂直に置かれている．磁束密度の時間変化が $B = B_{\mathrm{m}} \sin \omega t$ で与えられるとき，コイルに発生する起電力とコイル内に生じる電界を求めよ．

解　ファラデーの法則の積分形より，次式が成り立つ．

$$U(t) = \oint_{\mathrm{C}} \boldsymbol{E} \cdot d\boldsymbol{l} = -\frac{d}{dt}\int_{\mathrm{S}} \boldsymbol{B} \cdot \boldsymbol{n}\, dS \qquad (10.6)$$

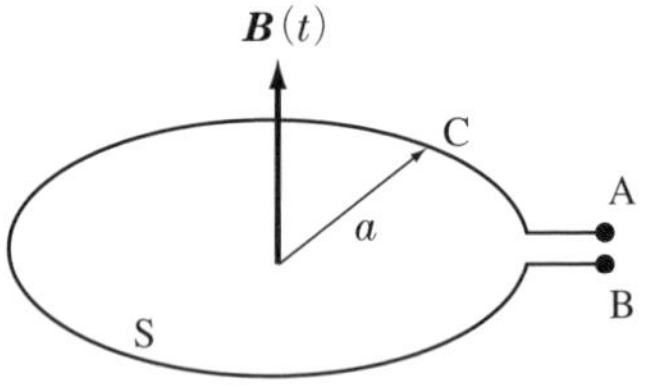

図 10.3　一様な磁束密度の中に置かれたコイルに誘起される起電力

ここでコイルの円周の長さ $2\pi a$，コイルの断面積 πa^2 を代入すれば，次式が成り立つ．

$$U(t) = 2\pi a E = -\frac{d}{dt}(B_{\mathrm{m}} \sin \omega t)\, \pi a^2 = -\omega B_{\mathrm{m}} \pi a^2 \cos \omega t \quad [\mathrm{V}] \qquad (10.7)$$

負の符号は変化を抑制する方向であるから，起電力は $0 < t < \pi/\omega$ のときは点 B より点 A の方が電圧が高い．また，$\pi/\omega < t < 2\pi/\omega$ では逆となる．さらに，コイル内の電界は次式で与えられる．

$$E = -\frac{\omega a}{2} B_{\mathrm{m}} \cos \omega t \qquad (10.8)$$

ここで (10.5) の微分形を求めてみる．ストークスの定理を用いると，左辺は次のようになる．

$$\oint_{\mathrm{C}} \boldsymbol{E} \cdot d\boldsymbol{l} = \int_{\mathrm{S}} (\mathrm{rot}\, \boldsymbol{E}) \cdot \boldsymbol{n}\, dS \qquad (10.9)$$

また，

$$-\frac{d}{dt}\int_{\mathrm{S}} \boldsymbol{B} \cdot \boldsymbol{n}\, dS = -\int \frac{\partial \boldsymbol{B}}{\partial t} \cdot \boldsymbol{n}\, dS \qquad (10.10)$$

と書くことができるので，(10.5) は次のようになる．

$$\int_S (\mathrm{rot}\,\boldsymbol{E})\cdot\boldsymbol{n}\,dS = -\int_S \frac{\partial \boldsymbol{B}}{\partial t}\cdot\boldsymbol{n}\,dS \tag{10.11}$$

この式で，S は任意であるから次式が成り立つ．

$$\mathrm{rot}\,\boldsymbol{E} = -\frac{\partial \boldsymbol{B}}{\partial t} \tag{10.12}$$

これがファラデーの電磁誘導の法則の微分形である．静電界では電界の閉路に対する線積分は 0 であり，$\mathrm{rot}\,\boldsymbol{E} = 0$ であったが，磁界が存在し時間的に変化する場合は上式が成立する．これは，磁界が時間変化すると電界が生じることを意味し，第 11 章で述べるマクスウェルの方程式を構成する重要な式である．

ノイマンの法則は，電気回路すなわち線状の導体で作られた閉曲面とそれが囲んでいる面積とを想定していたが，マクスウェルは，ノイマンの式を任意の閉曲面とそれが取り囲む面積について成立する関係として，物理的な意味で拡張しマクスウェルの方程式を導いた．

10．3　変圧器起電力と速度起電力

電気回路を構成する導体が静止しており，鎖交磁束が時間的に変化する場合と，磁束密度が時間的に一定である磁界中を導体が速度 v で動く場合のどちらの場合でも，電磁誘導によって誘導起電力が発生する．前者を**変圧器起電力** (transformer electromotive force)，後者を**速度起電力** (motional electromotive force) とよんでいる．

速度起電力をベクトル $\boldsymbol{U}$ で表すと，フレミングの右手の法則により導体の単位長さ当り，次の起電力が発生する．

$$\boldsymbol{U} = \boldsymbol{v} \times \boldsymbol{B} \quad [\mathrm{V/m}] \tag{10.13}$$

この式はベクトルの外積の定義の通り，速度ベクトル $\boldsymbol{v}$ を磁束密度ベクトル

$\boldsymbol{B}$ の方向に回転させた場合，右ねじの方向に起電力 $\boldsymbol{U}$ が発生することを意味する．このような表し方を**フレミングの右手の法則**（Fleming's right - hand rule）という．磁束が時間的に変化し，閉路Cが速度 v で動いているときに発生する起電力 U は両者の和となり，次式で表される．

$$U = -\int_{\mathrm{S}} \frac{\partial \boldsymbol{B}}{\partial t} \cdot \boldsymbol{n}\, dS + \oint_{\mathrm{C}} (\boldsymbol{v} \times \boldsymbol{B}) \cdot d\boldsymbol{l} \qquad (10.14)$$

速度起電力は鎖交磁束の時間変化として捉えることができるので，ノイマンの式，あるいはファラデーの電磁誘導の法則は速度起電力を含んでいると解釈できる．

磁束密度が時間的に変化しないで，閉路の形が変化する場合に閉路Cに誘起される起電力を計算してみる．このときの起電力は，次のように導体内の電子にはたらくローレンツ力から計算できる．閉路上の位置ベクトルを $\boldsymbol{r}$ とし，この点が速度 $\boldsymbol{v}(\boldsymbol{r})$ で移動しているとする．位置 $\boldsymbol{r}$ にある電子は，ローレンツ力により $\boldsymbol{F}(\boldsymbol{r}) = -e\boldsymbol{v}(\boldsymbol{r}) \times \boldsymbol{B}(\boldsymbol{r})$ の力がはたらく．電界の定義から

$$\boldsymbol{E}(\boldsymbol{r}) = -\frac{\boldsymbol{F}}{e} = \boldsymbol{v}(\boldsymbol{r}) \times \boldsymbol{B}(\boldsymbol{r}) \qquad (10.15)$$

であるので，閉路Cに誘起される起電力は

$$U = \int_{\mathrm{C}} \boldsymbol{E} \cdot d\boldsymbol{l} = \int_{\mathrm{C}} (\boldsymbol{v} \times \boldsymbol{B}) \cdot d\boldsymbol{r} \qquad (10.16)$$

となる．

一方，閉路の形が変化することにより閉路を貫く磁束が変化する．微小時間 dt における磁束の変化量 $d\Phi'_{\mathrm{m}}$ は，微小時間 dt の間に速度 $\boldsymbol{v}$ で $\boldsymbol{r}$ から $\boldsymbol{r} + d\boldsymbol{r}$ の位置に移動したときの閉路の面積増加分に磁束密度を掛けたものに等しい．

すなわち，

$$\frac{d\Phi'_{\mathrm{m}}}{dt} = \frac{(\boldsymbol{v}\, dt \times d\boldsymbol{r}) \cdot \boldsymbol{B}}{dt} = \frac{-(\boldsymbol{v} \times \boldsymbol{B}) \cdot d\boldsymbol{r}\, dt}{dt} = -(\boldsymbol{v} \times \boldsymbol{B}) \cdot d\boldsymbol{r} \qquad (10.17)$$

となる．これを閉路上で積分すれば

$$\frac{d\Phi_{\mathrm{m}}}{dt} = -\int_{\mathrm{C}} (\boldsymbol{v} \times \boldsymbol{B}) \cdot d\boldsymbol{r} \tag{10.18}$$

となる．ただし，$\Phi_{\mathrm{m}} = \oint_{\mathrm{C}} d'\Phi'_{\mathrm{m}}$ である．これより，

$$U = -\frac{d\Phi_{\mathrm{m}}}{dt} \tag{10.19}$$

となり，ファラデーの電磁誘導の法則が成り立つ．

例題 10.2

z 軸方向へ一様な磁束密度の磁界中にコの字をした導体が xy 平面に平行に配置されている．導体 ab を y 軸と平行に配置し，方形の閉路 abcd を作る．導体 ab が x 軸に平行な導体上を速度 v で x 軸の正方向に移動する場合，方形回路に誘起される起電力を求めよ．

解　図 10.4 に示すような配置を考え，辺 cd の長さを l とする．辺 ab が速度 v で移動するときの磁束の変化量 $d\Phi_{\mathrm{m}}$ は $Blv\,dt$ であるから，閉回路に誘起される起電力は次式で与えられる．

$$U = -\frac{d\Phi_{\mathrm{m}}}{dt} = -Blv \quad [\mathrm{V}] \tag{10.20}$$

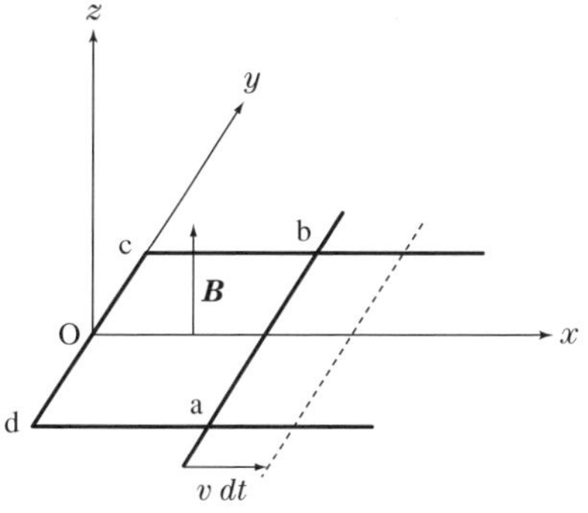

図 10.4　一様磁界中で 1 辺が移動する方形回路

例題 10.3

時間的な変化がなく空間的にも一様な磁界中を，**角速度**（angular velocity）ω で回転する長方形のコイル（長辺 a，短辺 b）に生じる起電力を求めよ．

解　時刻 $t=0$ におけるコイルの位置が y 軸上にあるとする．時刻 t においてコイルを貫く鎖交磁束は，磁束が x 軸に対して逆向きであることを考慮すれば

$$\Phi_{\mathrm{m}} = -Bab\sin\omega t \tag{10.21}$$

である．

したがって，この式をノイマンの式に代入すれば次のように変圧器起電力が得られる．

$$U = -\frac{d\Phi_{\mathrm{m}}}{dt} = \omega abB\cos\omega t \tag{10.22}$$

起電力の方向は，磁束密度 $\boldsymbol{B}$ に対して右ねじの方向に発生する．

次に，コイルの回転による速度起電力を計算してみる．コイルの接線方向（回転方向）の速度は $b\omega/2$ である．磁束密度ベクトルと導体の接線方向速度ベクトルとのなす角度は ωt である．導体の長さは a のものが 2 本あるから，速度起電力は

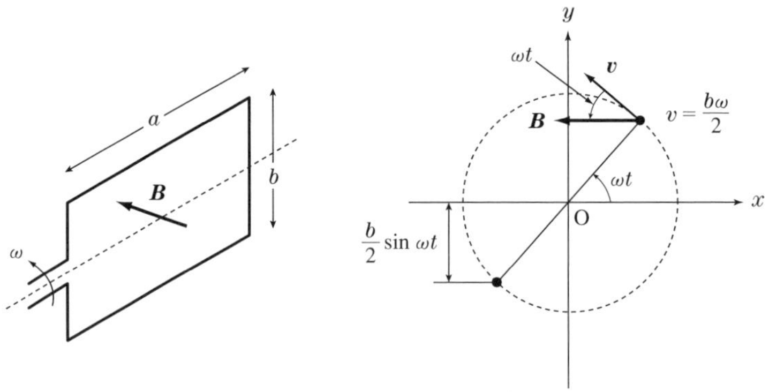

図 10.5　回転するコイルに発生する起電力

$$U = 2a \times \frac{b\omega}{2} B \cos \omega t = ab\omega B \cos \omega t \qquad (10.23)$$

となる．起電力は，$\boldsymbol{U} = \boldsymbol{v} \times \boldsymbol{B}$ の向きに発生する．長さ b の導体は，それぞれの位置に異なる速度に対する速度起電力を生ずるが，方向が長さ a の導体と垂直であるため，コイルの長さ方向に対する起電力には寄与しない．

このように磁束密度が時間的に変化していないので，起電力を鎖交磁束の時間変化から計算しても，速度起電力から計算しても同じ結果となる．

10. 4 インダクタンス

10.4.1 自己誘導と相互誘導

レンツの法則により，電磁誘導による起電力の向きは電流の変化を妨げる方向になるので，回路に接続されている電源に対しては逆起電力として作用する．このような電磁誘導作用を**自己誘導**（self - induction）といい，回路理論では**インダクタンス**（inductance）とよぶ．また，インダクタンスを発生させる目的で使用するコイルを**インダクタ**（inductor）という．

これまでにも述べたように，回路に電流が流れると周囲に磁界が発生する．図 10.6 において，ある回路に電流 I が流れたことにより，その回路と鎖交する磁束が Φ_m であるとき，

$$L = \frac{\Phi_m}{I} \quad [\mathrm{H}] \qquad (10.24)$$

を**自己インダクタンス**（self - inductance）または**自己誘導係数**（coefficient of self - induction）という．インダクタンスの単位は Wb/A であるが，自己誘導作用を発見したヘンリーの頭文字を取り H（ヘンリー）を用いる．

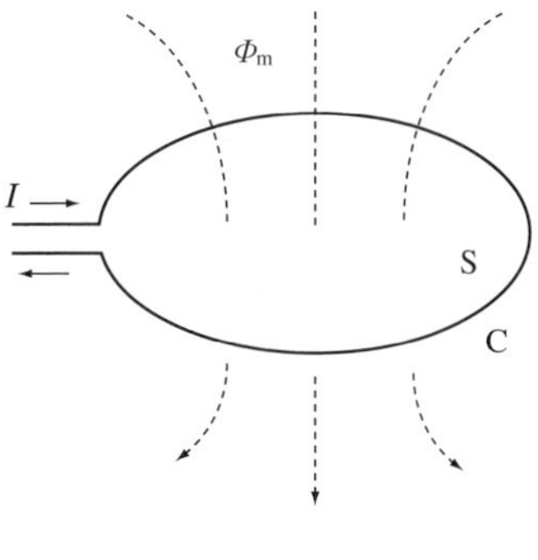

図 10.6 自己インダクタンス

自己インダクタンスは回路の形状やコイルの巻数，周囲の媒質により決まる．回路に誘起される逆起電力は，磁束が電流に比例する場合において，ノイマンの式により次式で与えられる．

$$U = -\frac{d\Phi_{\mathrm{m}}}{dt} = -L\frac{dI}{dt} \tag{10.25}$$

これを**自己誘導起電力**（electromotive force of self-induction）という．

次に，図10.7に示すようにコイルが2つある場合を考える．同図（a）においてコイル1を流れる電流 I_1 により生じた磁束の中で，コイル2を通る磁束が Φ_{21} であるとき，

$$M_{12} = \frac{\Phi_{21}}{I_1} \tag{10.26}$$

を2つのコイル間の**相互インダクタンス**（mutual inductance）または**相互誘導係数**（coefficient of mutual induction）という．同様に，同図（b）においてコイル2を流れる電流 I_2 により生じた磁束の中で，コイル1を通る磁束が Φ_{12} であるときの相互インダクタンスは次式となる．

$$M_{21} = \frac{\Phi_{12}}{I_2} \tag{10.27}$$

相互インダクタンス M はそれぞれのコイルの形状，配置方法，巻数ならび

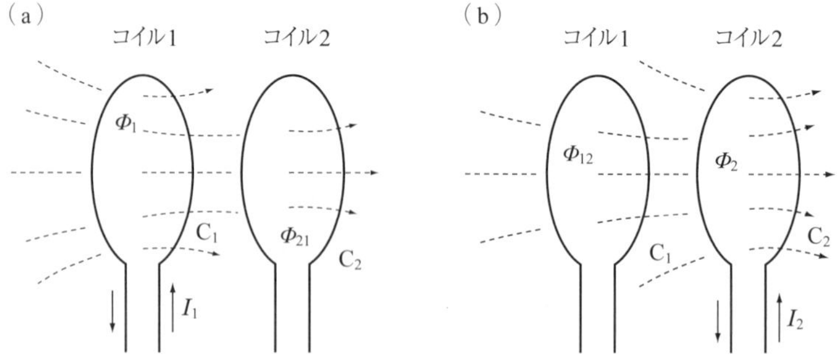

図10.7　相互インダクタンス

に周囲の媒質により定まる．単位は自己インダクタンスと同じく H（ヘンリー）である．

一般に M_{12} と M_{21} は等しく，これを M で表すと

$$M = M_{12} = M_{21} \tag{10.28}$$

となる．

ここで，自己インダクタンス L は常に正の値をとるが，相互インダクタンス M は回路を流れる電流の方向のとり方で正にも負にもなるので，M の符号は，その回路の L と同じ方向に他の回路による磁束が鎖交するときを正と決める．符号が負の場合を**差動結合**（differential coupling）という．

ある回路 i に鎖交する磁束 Φ_i は，その回路の自己インダクタンス L_i による磁束と，他の回路 j との相互インダクタンス M_{ij} による磁束の和となる．すなわち，

$$\Phi_i = \Phi_{ii} + \sum_{j \neq i}^{N} \Phi_{ij} = L_i I_i + \sum_{j \neq i}^{N} M_{ij} I_j \tag{10.29}$$

が成り立つ．

図 10.7（a）において電流 I_1 が時間的に変化するとき，コイル 2 には

$$U_2 = -\frac{d\Phi_{21}}{dt} = -M_{12}\frac{dI_1}{dt} \tag{10.30}$$

の誘導起電力が生じる．また，図 10.7（b）において電流 I_2 が時間的に変化するとき，コイル 1 には

$$U_1 = -\frac{d\Phi_{12}}{dt} = -M_{21}\frac{dI_2}{dt} \tag{10.31}$$

の誘導起電力が生じる．このようにある回路の起電力が，他の回路を流れる電流の時間変化により生じる現象を**相互誘導**（mutual induction）という．相互誘導による起電力を**相互誘導起電力**（electromotive force of mutual induction）という．図 10.7 において，電流 I_1 と I_2 が同時に流れている場合は，自己誘導も加わるので次式となる．

$$U_1 = -L_1 \frac{dI_1}{dt} - M_{21} \frac{dI_2}{dt} \tag{10.32}$$

$$U_2 = -M_{12} \frac{dI_1}{dt} - L_2 \frac{dI_2}{dt} \tag{10.33}$$

ここで，L_1，L_2 はそれぞれコイル 1，2 の自己インダクタンスである．自己インダクタンスと相互インダクタンスの概念の導入は，ノイマンによってなされた．

10.4.2　環状ソレノイドのインダクタンス

図 8.18 に示した環状ソレノイド（トロイダルコイルともいう）にコイルが N 回巻かれている．磁気回路の透磁率を μ，平均長さを l，断面積を S とするとき，環状ソレノイド内部の磁束 Φ_m は (8.63) により，次式で与えられる．

$$\Phi_m = \frac{NI}{R_m} = \frac{\mu SN}{l} I \tag{10.34}$$

コイルの鎖交磁束はコイルの巻数が N であるから，$N\Phi_m$ となる．したがって，自己インダクタンス L は

$$L = \frac{N\Phi_m}{I} = \mu \frac{N^2 S}{l} \tag{10.35}$$

となり，コイルの巻数 N の 2 乗に比例する．

次に，図 10.8 に示すように環状ソレノイドに巻数 N_1 のコイル 1 と，巻数 N_2 のコイル 2 が巻かれた磁気回路の自己インダクタンスと相互インダクタンスを考える．このとき，磁気回路の透磁率を μ，平均長さを l，断面積を S とし，漏れ磁束がないと仮定する．

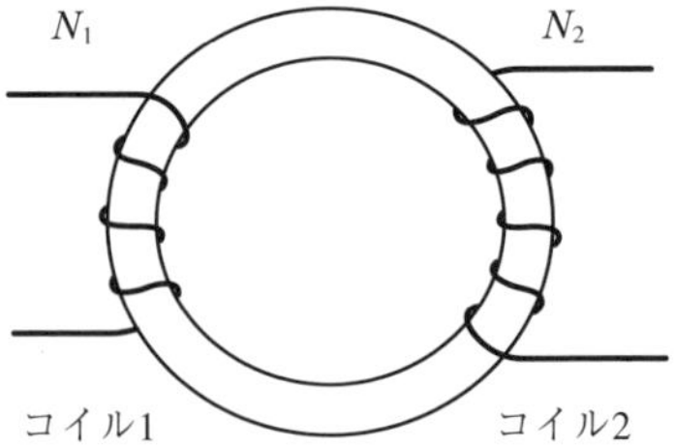

図 10.8　環状ソレノイド

コイル 1，2 にそれぞれ電流 I_1，I_2 が流

れたとき，磁気回路を通る磁束 Φ_1，Φ_2 は (10.34) より次のようになる．

$$\Phi_1 = \mu\frac{SN_1I_1}{l}, \qquad \Phi_2 = \mu\frac{SN_2I_2}{l} \tag{10.36}$$

したがって，コイル 1 とコイル 2 の自己インダクタンスは，それぞれ次のようになる．

$$L_1 = \frac{N_1\Phi_1}{I_1} = \mu\frac{N_1^2S}{l}, \qquad L_2 = \frac{N_2\Phi_2}{I_2} = \mu\frac{N_2^2S}{l} \tag{10.37}$$

次に，コイル 1 による磁束 Φ_1 はコイル 2 と鎖交するが，漏れ磁束がないと仮定すればコイル 2 との鎖交磁束は $N_2\Phi_1$ である．コイル 2 についても同様である．したがって，コイル 1 とコイル 2 の相互インダクタンスは

$$M = \frac{N_2\Phi_1}{I_1} = \frac{N_1\Phi_2}{I_2} = \mu\frac{N_1N_2S}{l} \tag{10.38}$$

となる．このように漏れ磁束がない場合は

$$M^2 = L_1L_2 \tag{10.39}$$

の関係が成り立つ．これを**密結合** (close coupling) という．一般には漏れ磁束を考慮する必要があり，この場合には $M^2 < L_1L_2$ となり，

$$|M| = k\sqrt{L_1L_2} \quad (0 < k < 1) \tag{10.40}$$

となる．k を**結合係数** (coupling coefficient) という．

例題 10.4

透磁率 μ，面積 S，平均長 l の環状ソレノイドに対して，コイル 1 を左側に巻き，時間的に変化する電流

$$i(t) = I_m \sin\omega t$$

を流したとき，右側に巻いたコイル 2 に発生する起電力を求めよ．

解 図 10.9 のような磁気回路を考える．コイル 2 の電流は流れていないので，コイル 2 の起電力は (10.33) より次式で与えられる．

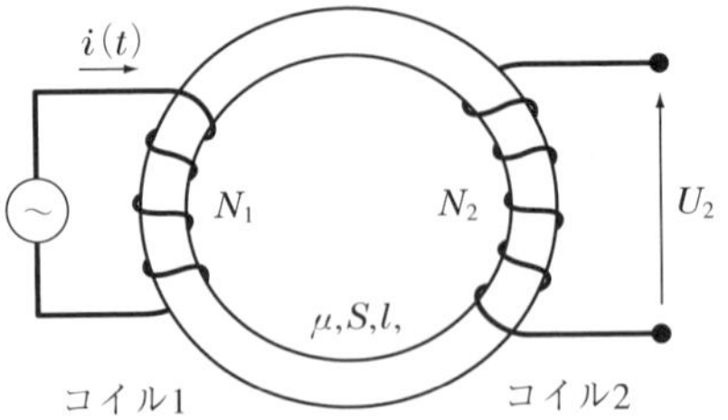

図 10.9　電磁誘導による起電力

$$U_2 = -M\frac{di}{dt} = -\mu\frac{N_1N_2S}{l}I_m\omega\cos\omega t \tag{10.41}$$

ここで $\omega = 2\pi f$ であるので，起電力は磁性体やコイルの幾何学的形状の他に電流の周波数 f に比例する．

変圧器 (transformer) は図 10.9 に示した原理により，電圧を上げたり下げたりする電気機器である．電源に接続されたコイル 1 を 1 次巻線，コイル 2 を 2 次巻線という．

2 次側を無負荷状態として，1 次巻線に電圧 $e_1(t)$

$$e_1(t) = V_m \sin\omega t \tag{10.42}$$

を印加すると**励磁電流** (exciting current) $i_m(t)$ が流れ，鉄心に磁束 Φ_m が発生する．すなわち，次式が成り立つ．

$$\Phi_m = L_m i_m \tag{10.43}$$

ここで，L_m を**励磁インダクタンス** (exciting inductance)，Φ_m を**主磁束** (main

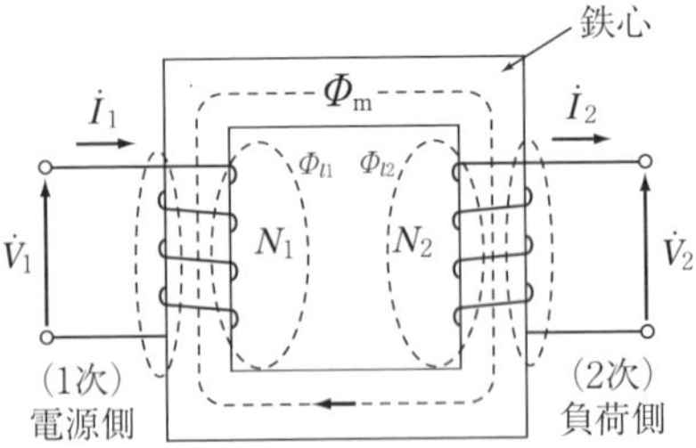

図 10.10　変圧器の原理

magnetic flux）という．主磁束 Φ_{m} は 1 次巻線ならびに 2 次巻線と鎖交し電磁誘導により**誘導電圧**（induced voltage）として，それぞれ 1 次電圧 $e_1(t)$，2 次電圧 $e_2(t)$ を発生する．N_1，N_2 をそれぞれ 1 次巻線，2 次巻線の巻数とすれば，次式の関係が成り立つ．

$$e_1(t) = -N_1\frac{d\Phi_{\mathrm{m}}}{dt} \tag{10.44}$$

$$e_2(t) = -N_2\frac{d\Phi_{\mathrm{m}}}{dt} \tag{10.45}$$

これらの式より，

$$\frac{e_2}{e_1} = \frac{N_2}{N_1} \tag{10.46}$$

が成り立つ．この比を**巻数比**（winding ratio）という．

また，B_{m} を最大磁束密度，鉄心の断面積を S とすれば，$\Phi_{\mathrm{m}} = BS$ より実効値は以下のようになる．ただし $2\pi/\sqrt{2} \approx 4.44$ とする．

$$E_1 \cong 4.44 f N_1 B_{\mathrm{m}} S \tag{10.47}$$

$$E_2 \cong 4.44 f N_2 B_{\mathrm{m}} S \tag{10.48}$$

2 次側に負荷を接続すると 2 次電流 i_2 が流れ，これに対応して 1 次側にも負荷電流 i_1 が流れる．起磁力が保たれるためには，

$$N_1 i_1 + N_2 i_2 = N_1 i_{\mathrm{m}} \tag{10.49}$$

が成り立つ必要がある．すなわち 1 次側の漏れインダクタンスを L_{l1}，2 次側の漏れインダクタンスを L_{l2} とするとき，励磁電流 $i_{\mathrm{m}}(t)$ が主磁束 Φ_{m} を発生させ，1 次巻線電流 $i_{\mathrm{m}} + i_1$ が 1 次巻線の漏れ磁束

$$\Phi_{l1} = L_{l1}(i_{\mathrm{m}} + i_1) \tag{10.50}$$

を，また 2 次側電流が 2 次巻線の漏れ磁束

$$\Phi_{l2} = L_{l2} i_2 \tag{10.51}$$

を作る．すなわち，このように，電流 i_1 と i_2 は主磁束 Φ_{m} を作らないので，励磁インダクタンス L_{m} には電流 i_1 と i_2 は流れずに，励磁電流 i_{m} のみが流れる．

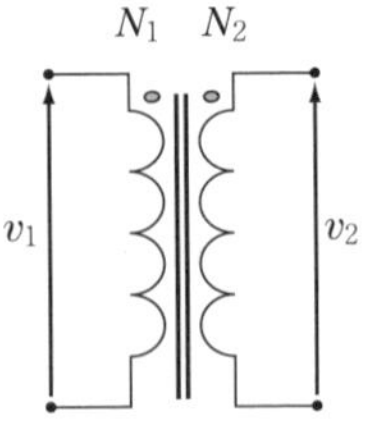

（a）理想変圧器

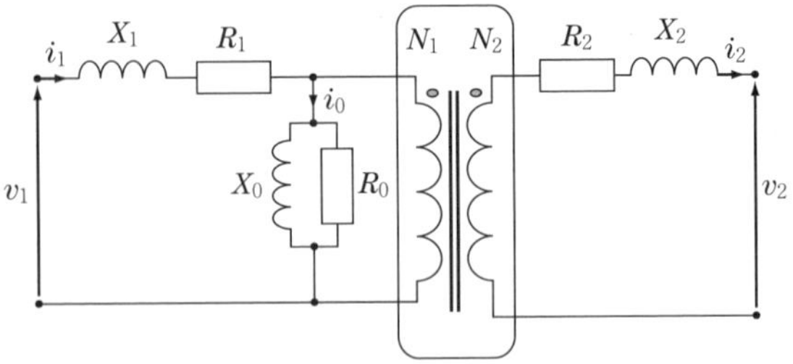

（b）変圧器の等価回路

図 10.11　巻線ならびに励磁インピーダンスと鉄損を考慮した等価回路

巻線の抵抗 R_1, R_2, 励磁インピーダンス X_0 $(=\omega L_m)$, リアクタンス X_1, X_2 ならびに鉄損に対する等価抵抗 R_0 を考慮した等価回路を図 10.11 に示す.

10.4.3　無限長ソレノイドのインダクタンス

図 7.9 に示した単位長さ当りの巻数が n, 透磁率が μ, 断面が半径 a の円形である無限長ソレノイドに電流 I が流れているときの自己インダクタンスを考えてみる.

ソレノイド内部の磁束密度は一様であり $B=\mu nI$ である. ソレノイドの断面を通る磁束は

$$\Phi_m = BS = \mu\pi a^2 nI \tag{10.52}$$

である. この磁束と巻数 n のコイルとの鎖交磁束は $n\Phi_m$ であるので, 単位長さ当りの自己インダクタンス L_0 は

$$L_0 = \frac{n\Phi_m}{I} = \mu\pi a^2 n^2 \quad [\mathrm{H/m}] \tag{10.53}$$

となる.

長さが l の有限長ソレノイドの場合, 内部の磁束密度が一様ではなくなるため補正が必要となる. このときの自己インダクタンス L は次式で与えられる.

$$L = W\left(\frac{2a}{l}\right) L_0 l \quad [\mathrm{H}] \tag{10.54}$$

ここに，

$$W\left(\frac{2a}{l}\right) = \frac{4}{3\pi\sqrt{1-k^2}}\left\{\frac{1-k^2}{k^2}K(k) - \frac{1-2k^2}{k^2}E(k) - k\right\} \tag{10.55}$$

であり，これを**長岡係数** (Nagaoka coefficient) という．

ただし，$2a/l = k/\sqrt{1-k^2}$，$k^2 = 4a^2/(4a^2+l^2)$，$K(k)$ は第 1 種の完全楕円積分，$E(k)$ は第 2 種の完全楕円積分である．長岡係数の値を表 10.1 に示す．

表 10.1 長岡係数

$\frac{2a}{l}$	W	$\frac{2a}{l}$	W	$\frac{2a}{l}$	W	$\frac{2a}{l}$	W	$\frac{2a}{l}$	W
0	1.000	0.6	0.789	1.4	0.611	3.0	0.429	8.0	0.237
0.1	0.959	0.7	0.761	1.5	0.595	3.5	0.394	9.0	0.219
0.2	0.920	0.8	0.735	1.6	0.580	4.0	0.365	10	0.203
0.3	0.884	0.9	0.711	1.8	0.551	5.0	0.320	20	0.124
0.4	0.850	1.0	0.688	2.0	0.526	6.0	0.285	30	0.091
0.5	0.818	1.2	0.648	2.5	0.472	7.0	0.258	50	0.061

無限長ソレノイドでは，コイルに流れる電流が作る磁界はすべて他のコイルと鎖交するが，有限長のコイルでは図 10.7 (a) から推察されるように，コイルの電流が作る磁界の一部は，他のコイルと鎖交しない．これを補正するために長岡係数が用いられる．長岡係数は，n 回巻であるソレノイドを「1 回巻であるコイルを，互いの磁界が他のコイルの内側を貫くよう n 個配置したもの」と考えることにより計算できる．

10.4.4 円柱導体のインダクタンス

図 10.12 に示すように，半径が a，長さが l，透磁率が μ である円柱導体に電流 I が一様に流れている．導体内部の電流密度が一様であると仮定したとき，導体内部の自己インダクタンスを 2 種類の方法で導いてみる．

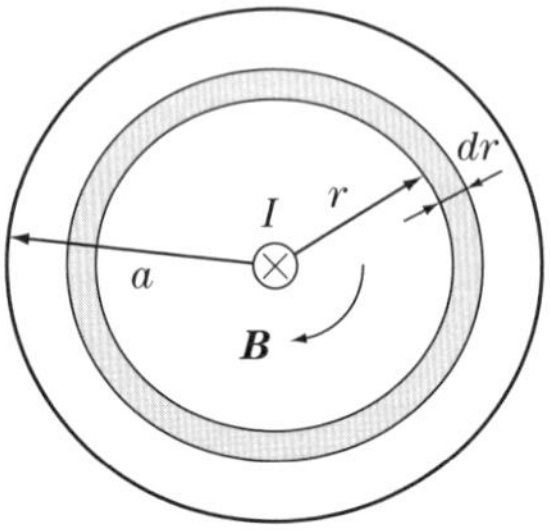

図 10.12　円柱導体の内部インダクタンス

まず最初に，電流密度は $I/(\pi a^2)$ であるから，中心軸から r の位置の磁束密度は，アンペール周回積分の法則より，

$$B = \frac{\mu}{2\pi r} I \frac{\pi r^2}{\pi a^2} = \frac{\mu r I}{2\pi a^2} \tag{10.56}$$

で与えられる．半径 $r(0 < r < a)$ の位置において，厚さ dr，長さ l の微小矩形断面を通る磁束 $d\Phi_{\mathrm{m}}$ は

$$d\Phi_{\mathrm{m}} = Bl\,dr = \frac{\mu r I}{2\pi a^2} l\,dr \tag{10.57}$$

となる．この磁束は軸方向に流れる電流の中で，半径 $r(0 < r < a)$ の円柱部分を流れる電流と鎖交している．

この部分の電流の割合は断面積の比 $(\pi r^2/\pi a^2 = r^2/a^2)$ であるから，鎖交磁束数は，微小矩形断面を通る磁束 $d\Phi_{\mathrm{m}}$ にこの比を掛けたものになる．したがって，導体内部における全鎖交磁束数は

$$\Phi_{\mathrm{m}} = \int_0^a \left(\frac{r^2}{a^2}\right) d\Phi_{\mathrm{m}} = \int_0^a \left(\frac{r^2}{a^2}\right) \frac{\mu r I}{2\pi a^2} l\,dr = \frac{\mu l I}{2\pi a^4} \int_0^a r^3\,dr = \frac{\mu l}{8\pi} I \tag{10.58}$$

となる．よって，単位長さ当りの自己インダクタンスは

$$L = \frac{\Phi_{\mathrm{m}}}{Il} = \frac{\mu}{8\pi} \quad [\mathrm{H/m}] \tag{10.59}$$

となる．

次に半径 $r(0 < r < a)$，厚さ dr，長さ l の円筒部分において軸方向に流れる電流は

$$\frac{I}{\pi a^2} 2\pi r\, dr = \frac{2rI}{a^2} dr \tag{10.60}$$

で与えられる．この円筒状の電流は，その外側の磁束と鎖交している．中心軸から r の位置の磁束密度は，アンペール周回積分の法則より

$$B = \frac{\mu}{2\pi r} I \frac{\pi r^2}{\pi a^2} = \frac{\mu r I}{2\pi a^2} \tag{10.61}$$

で与えられるので，r から a の円筒状部分の鎖交磁束は

$$\Phi_r = \int_r^a Bl\, dr = \frac{\mu I l}{4\pi a^2}(a^2 - r^2) \tag{10.62}$$

となる．すなわち鎖交磁束は，r により異なり中心部ほど大きい．

したがって，厚さ dr 部分の軸方向電流と導体内部の磁束との鎖交磁束数 Φ_{m} は，導体内部における電流の平均となる．すなわち，

$$\Phi_{\mathrm{m}} = \frac{1}{I}\int_0^a \frac{\mu I l}{4\pi a^2}(a^2 - r^2)\frac{2rI}{a^2}\, dr = \frac{\mu l I}{2\pi a^4}\left[a^2\frac{r^2}{2} - \frac{r^4}{4}\right]_0^a = \frac{\mu I l}{8\pi} \tag{10.63}$$

となる．よって，単位長さ当りの自己インダクタンスは

$$L = \frac{\Phi_{\mathrm{m}}}{Il} = \frac{\mu}{8\pi} \quad [\mathrm{H/m}] \tag{10.64}$$

となる．

導体内部の磁束に対するインダクタンスを**内部インダクタンス**（internal inductance）という．これに対して，導体外部の磁束に対するインダクタンスを**外部インダクタンス**（external inductance）という．

無限長導体に対する外部の磁束密度は，アンペール周回積分の法則より $\mu_0 I/2\pi r$ になるが，これを r が a から ∞ まで積分すると単位長さ当りの鎖交磁束数は無限大になってしまう．有限の長さの場合，インダクタンスは長さにより異なるが，長さが長いと無限大になる．内部インダクタンスは磁性体

の比透磁率を μ_s，$\mu_0 = 4\pi \times 10^{-7}$H/m を代入すると，単位長さ当り $0.5 \times 10^{-7}\mu_s = 0.05\,\mu_s$ [μH/m] となり，導体の半径によらない．

10.4.5　無限長往復線路のインダクタンス

図 10.13 に示すように平行に置かれた 2 本の直線状導体に，互いに逆向きの電流が流れている．導体の半径を a とするとき，無限長往復線路のインダクタンスを考えてみる．

図 10.13 (a) のように 2 本の導体が作る単位長さ当りの面積を S とするとき，この部分に鎖交する磁束を計算する．図において $+I$ による磁束を実

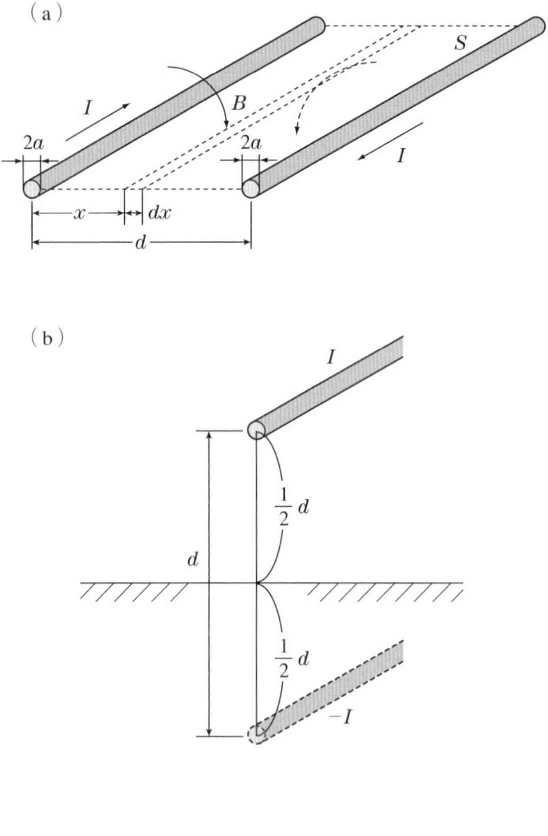

図 10.13　無限長往復線路のインダクタンス

線で，$-I$ によるものを破線で示したが，導体間では向きが同じ方向になる．

導体の半径に比べて，導体間の距離が十分に大きく重ねの理が成立するとすれば，単位長さ当りの鎖交磁束数は次式で計算できる．

$$\Phi_{\mathrm{m}} = \int_a^{d-a} \left\{ \frac{\mu_0 I}{2\pi x} + \frac{\mu_0 I}{2\pi(d-x)} \right\} dx = \frac{\mu_0 I}{\pi} \ln \frac{d-a}{a} \quad [\mathrm{Wb/m}] \qquad (10.65)$$

したがって，単位長さ当りの外部インダクタンスは $d \gg a$ とすれば次式で与えられる．

$$L = \frac{\Phi_{\mathrm{m}}}{I} \approx \frac{\mu_0}{\pi} \ln \frac{d}{a} \quad [\mathrm{H/m}] \qquad (10.66)$$

電流が導体表面を流れているときは，上式が往復線路の単位長さ当りのインダクタンスとなる．もし電流が比透磁率 μ_{s} の導体内部を一様に流れているとすれば，(10.59) に示される内部インダクタンスを往復分加えることにより

$$L = \frac{\mu_0}{\pi} \left(\ln \frac{d}{a} + \frac{\mu_{\mathrm{s}}}{4} \right) \quad [\mathrm{H/m}] \qquad (10.67)$$

となる．また，送配電線などの回路計算では導体の比透磁率 μ_{s} を 1 とし，さらに図 10.13 (b) に示すように 2 本の導体の中央に大地面があると考え，2 導体の間隔 d の 1/2 を，1 線当りのインダクタンスとして計算している．すなわち，(10.67) は

$$L = \frac{\mu_0}{2\pi} \left(\ln \frac{d}{a} + \frac{1}{4} \right) = \left(2 \ln \frac{d}{r} + \frac{1}{2} \right) \times 10^{-7} \quad [\mathrm{H/m}] \qquad (10.68)$$

となる．このように，境界条件を満足するよう電流を大地面内に配置する考え方を**影像電流法** (image current method) という．

10.4.6　同軸線路のインダクタンス

内部導体の外半径が a，外部導体の内半径が b である同軸線路において，単位長さ当りの外部インダクタンスを導いてみる．

例題 7.1 より鎖交磁束数は

$$\Phi_{\mathrm{m}} = \frac{\mu_0 I}{2\pi} \ln \frac{b}{a} \tag{10.69}$$

であるから，外部インダクタンスは

$$L = \frac{\Phi_{\mathrm{m}}}{I} = \frac{\mu_0}{2\pi} \ln \frac{b}{a} \tag{10.70}$$

が得られる．

10.5 ノイマンの公式

相互インダクタンスならびに自己インダクタンスを，9.3 節で述べた磁束とベクトルポテンシャルとの関係式

$$\Phi_{\mathrm{m}} = \oint_{\mathrm{C}} \boldsymbol{A} \cdot d\boldsymbol{l} \tag{10.71}$$

ならびに，ループ電流 I が作るベクトルポテンシャルとの関係式

$$\boldsymbol{A} = \frac{\mu_0 I}{4\pi} \oint_{\mathrm{C}} \frac{d\boldsymbol{l}'}{|\boldsymbol{r} - \boldsymbol{r}'|} \tag{10.72}$$

を用いて導出してみる．

図 10.7 において，閉回路 C_1 をもつコイル 1 に電流 I_1 が流れているとき，コイル C_2 を通る磁束 Φ_{21} は次式で与えられる．

$$\Phi_{21} = \oint_{\mathrm{C}_2} \boldsymbol{A}_{21} \cdot d\boldsymbol{l}_2 \tag{10.73}$$

ここで，$\boldsymbol{A}_{21}$ は電流 I_1 による閉路 C_2 上のベクトルポテンシャルであり，次式で与えられる．

$$\boldsymbol{A}_{21} = \frac{\mu_0 I_1}{4\pi} \oint_{\mathrm{C}_1} \frac{d\boldsymbol{l}_1}{r_{12}} \tag{10.74}$$

ただし，r_{12} は線要素 $d\boldsymbol{l}_1$ と $d\boldsymbol{l}_2$ との距離である．

したがって，磁束 Φ_{21} は

$$\Phi_{21} = \frac{\mu_0 I_1}{4\pi} \oint_{C_2} \oint_{C_1} \frac{\boldsymbol{dl}_1 \cdot \boldsymbol{dl}_2}{r_{12}} \tag{10.75}$$

となる．これより相互インダクタンス M_{21} は

$$M_{21} = \frac{\Phi_{21}}{I_1} = \frac{\mu_0}{4\pi} \oint_{C_2} \oint_{C_1} \frac{\boldsymbol{dl}_1 \cdot \boldsymbol{dl}_2}{r_{12}} \tag{10.76}$$

となる．

同様にして相互インダクタンス M_{12} は，次式となる．

$$M_{12} = \frac{\Phi_{12}}{I_2} = \frac{\mu_0}{4\pi} \oint_{C_1} \oint_{C_2} \frac{\boldsymbol{dl}_2 \cdot \boldsymbol{dl}_1}{r_{21}} \tag{10.77}$$

なお，$r_{12} = r_{21}$ であるので，上の 2 つの式から

$$M_{12} = M_{21} \tag{10.78}$$

が成り立つ．この相互誘導に関する積分公式を**ノイマンの公式**（Neumann formula）という．

ところで，コイル 1 の自己インダクタンスは，ノイマンの公式を用いると次のように表せる．

$$L_1 = M_{11} = \frac{\Phi_{11}}{I_1} = \frac{\mu}{4\pi} \oint_{C_1} \oint_{C_1} \frac{\boldsymbol{dl}'_1 \boldsymbol{dl}_1}{r'} \quad [\mathrm{H}] \tag{10.79}$$

ここで，$\boldsymbol{dl}'_1$ は閉路 C_1 上の $\boldsymbol{dl}_1$ を除く任意の線素ベクトルである．また，r' は $\boldsymbol{dl}_1$ と $\boldsymbol{dl}'_1$ との距離である．コイル 2 でも同様である．

例題 10. 5

平行線路の間隔が d，長さが l であるとする．このときの相互インダクタンスを求めよ．

解　図 10.14 のように線路に沿って x_1，x_2 軸をとり，線要素 dx_1，dx_2 の距離を r_{12} とする．相互誘導に関するノイマンの公式は次式となる．

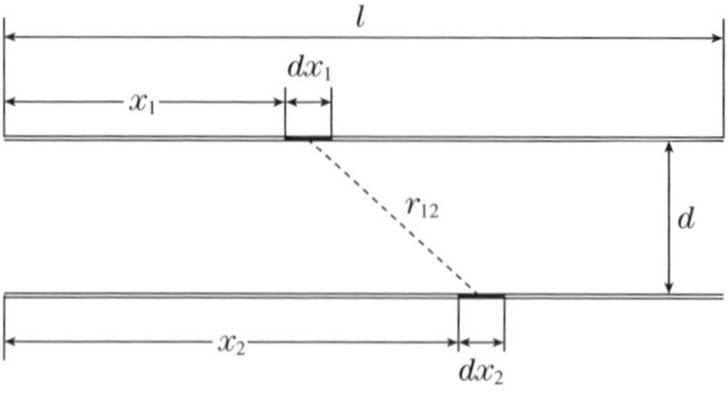

図 10.14　平行線路間の相互インダクタンス

$$M = \frac{\mu_0}{4\pi}\int_0^l\int_0^l \frac{dx_1\,dx_2}{r_{12}}$$
$$= \frac{\mu_0}{4\pi}\int_0^l\int_0^l \frac{dx_1\,dx_2}{\sqrt{(x_2-x_1)^2+d^2}} \qquad (10.80)$$

ここで，被積分関数は x_1 と x_2 の交換に対しては等しいので，2 重積分の領域を図 10.15 に示すように，2 つの三角領域 D_1，D_2 に分けて考える．領域 D_1 の積分値と領域 D_2 の積分値は等しいので，積分は領域 D_1 で行い積分値を 2 倍にすればよい．変数を x_1，x_2 から x_1，$x = x_2 - x_1$ におきかえると次式を得る．

$$M = 2\times\frac{\mu_0}{4\pi}\int_0^l dx\int_0^{l-x}\frac{dx_1}{\sqrt{x^2+d^2}} = \frac{\mu_0}{2\pi}\int_0^l \frac{l-x}{\sqrt{x^2+d^2}}\,dx \qquad (10.81)$$

なお，積分公式

$$\int\frac{dx}{\sqrt{x^2+d^2}} = \ln(x+\sqrt{x^2+d^2}), \qquad \int\frac{x}{\sqrt{x^2+d^2}}\,dx = \sqrt{x^2+d^2}$$

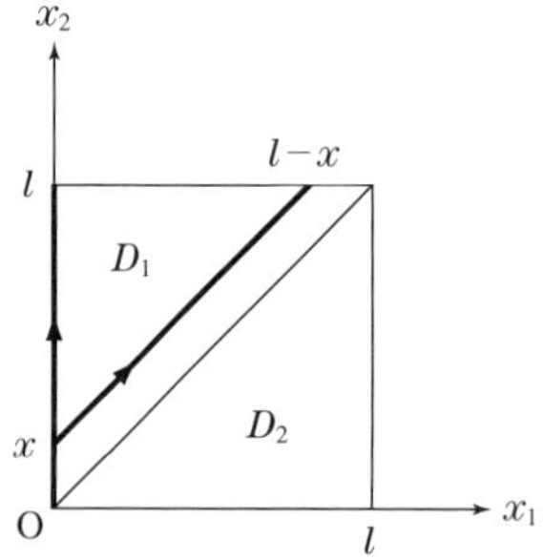

図 10.15　積分領域（渡辺征夫，青柳晃共著：「電磁気学」（培風館，1999 年）より許可を得て転載）

を用いると，相互インダクタンスは次式となる．

$$M=\frac{\mu_0 l}{2\pi}\left\{\ln\frac{\sqrt{l^2+d^2}+l}{d}-\sqrt{1+\left(\frac{d}{l}\right)^2}+\frac{d}{l}\right\} \tag{10.82}$$

$d \ll l$ の場合には，上式は

$$M\approx\frac{\mu_0 l}{2\pi}\left\{\ln\left(\frac{2l}{d}\right)-1\right\} \tag{10.83}$$

となる．

10．6　幾何学的平均距離

10.4.5 項で述べた往復線路のインダクタンスの計算，あるいは 10.5 節で述べた相互インダクタンスの計算では，一方の導体に流れる電流の変化が，他方の導体内の電流分布に影響がないものとして計算した．これは図 10.16（a）において，導体間の距離が導体の大きさに比べて十分に大きいことを仮定した場合に相当する．厳密には自己の電流による表皮効果や他方の導体の電流変化による渦電流が流れる．この結果，インダクタンスに変化が現れる．例えば，図 10.16（b）に示す平行導体では向き合う内側は磁束が部分的に鎖

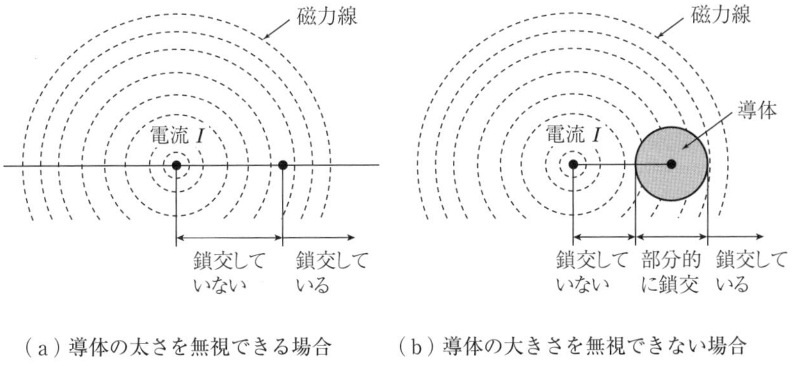

図 10.16　導体の大きさと磁束線との鎖交

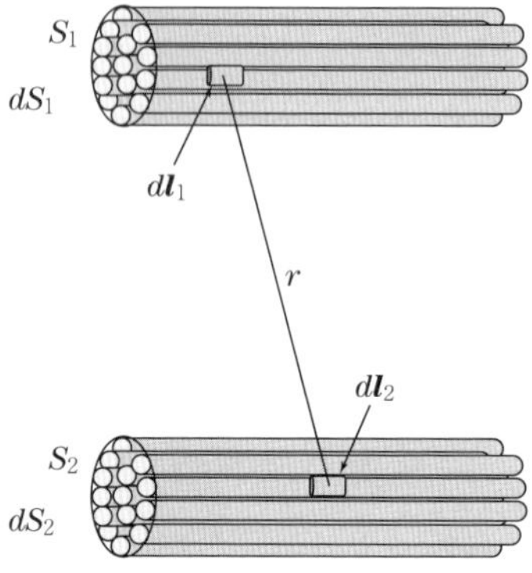

図 10.17　細線による太い導体の分割

交するため，内側の方が，鎖交する磁束が少ない．このためインダクタンスが小さくなる．また，高周波では表皮効果により導体の表面に電流が集中して流れるようになる．このような場合の相互インダクタンスの計算方法を考える．

図 10.17 に示すように，平行導体の断面積が大きく，導体間の距離に比べてこの寸法を無視できない場合，それぞれの導体を微小な断面積 dS_1，dS_2 に分割する．

長さ l の 2 本の導体にそれぞれ I_1，I_2 の電流が流れているとする．それぞれの断面を S_1，S_2 とすれば，電流密度はそれぞれ I_1/S_1，I_2/S_2 となる．また，導体の長さ方向の微小距離をそれぞれ $d\boldsymbol{l}_1$，$d\boldsymbol{l}_2$ とし，この距離を $\boldsymbol{r}$ とする．これらの断面を流れる電流による相互インダクタンス M はノイマンの公式 (10.76) から次式が導かれる．

$$M = \frac{\dfrac{\mu}{4\pi}\displaystyle\iint \frac{\left(\dfrac{I_1}{S_1}dS_1\,d\boldsymbol{l}_1\right)\cdot\left(\dfrac{I_2}{S_2}dS_2\,d\boldsymbol{l}_2\right)}{r}}{I_1 I_2} = \frac{\mu}{4\pi S_1 S_2}\iint dS_1\,dS_2 \iint \frac{d\boldsymbol{l}_1\cdot d\boldsymbol{l}_2}{r} \tag{10.84}$$

ここで，電流が断面を一様に流れているときの平行導体間の相互インダクタンスは，平行導線間の距離 r として，$r \ll l$ を仮定すれば (10.83) で与えられた．すなわち，次式が成り立つ．

$$\frac{\mu}{4\pi}\iint\frac{d\boldsymbol{l}_1\cdot d\boldsymbol{l}_2}{r}=\frac{\mu l}{2\pi}\left(\ln\frac{2l}{r}-1\right) \tag{10.85}$$

これを dM とすると，次式が成り立つ．

$$M=\frac{1}{S_1S_2}\int_{S_1}\int_{S_2}dM\,dS_1\,dS_2 \tag{10.86}$$

これより，次式が得られる．

$$M=\frac{\mu l}{2\pi}\left\{\ln(2l)-1-\frac{1}{S_1S_2}\int_{S_1}\int_{S_2}\ln r\,dS_1\,dS_2\right\} \tag{10.87}$$

ここで，

$$\ln R=\frac{1}{S_1S_2}\int_{S_1}\int_{S_2}\ln r\,dS_1\,dS_2 \tag{10.88}$$

とおくと (10.87) は，

$$M=\frac{\mu l}{2\pi}\left(\ln\frac{2l}{R}-1\right) \tag{10.89}$$

となる．この式は (10.83) と同じ形をしており，太さを考えない細い線が R の距離にある場合と同じ相互インダクタンスになる．すなわち (10.88) で定義される R は導体の断面形状により決まる距離を表し，**幾何学的平均距離** (GMD：geometrical mean distance) とよばれている．

表 10.2 に GMD の例を示す．もし S_1 と S_2 が同一の断面であれば，(10.89) は自己インダクタンスを表す．例えば，半径 a の円柱導体であれば，$R=a\exp(-1/4)$ であり，

$$L=\frac{\mu_0 l}{2\pi}\left(\ln\frac{2l}{a}-\frac{3}{4}\right) \tag{10.90}$$

となる．この式は内部インダクタンス $\mu_0 l/8\pi$ を含む導体の自己インダクタンスを表している．これより外部インダクタンス L_e は (10.90) よりこれを引くことにより

表 10.2　幾何学的平均距離（GMD）

円周と一点	$R = d \quad (d > a)$ $R = a \quad (d < a)$
円周自身	$R = a$
円面と一点 （円周に電流が流れている場合，高周波による表皮効果など）	$R = d \quad (d > a)$ $\ln R = \ln a + \frac{1}{2}\left(\frac{d}{a}\right)^2 - \frac{1}{2} \quad (d < a)$
円面自身	$R = ae^{-\frac{1}{4}}$
円と円	$R = d$
円筒	$\ln \frac{b}{a}$

$$L_e = \frac{\mu_0 l}{2\pi}\left(\ln \frac{2l}{a} - 1\right) \tag{10.91}$$

となる．

同一平面上で，面積 S_0 と S_1，S_2，…，S_n との幾何学的平均距離をそれぞれ R_1，R_2，… とすれば，S_0 と $S = S_1 + S_2 + \cdots + S_n$ との幾何学的平均距離 R は次式で与えられる．

$$\ln R = \frac{S_1 \ln R_1 + S_2 \ln R_2 + \cdots}{S_1 + S_2 + \cdots} = \frac{\sum_{i=1}^{n} S_i \ln R_i}{\sum_{i=1}^{n} S_i} \tag{10.92}$$

これを幾何学的平均距離の**合成定理**（synthetic theorem）という．

10.7 表皮効果と渦電流

導体に直流電流が流れる場合，電流は断面を一様に流れる．これに対して交流電流の場合，周波数が高くなると，電流は表面近くを流れるようになり，これに伴って磁界も導体の内部には入らなくなる．このような現象を**表皮効果**（skin effect）という．

円柱導体に交流電流 I が流れているときの様子を図 10.18 に示す．導体の中に閉路 C を考えると，図に示す磁束が鎖交している．電流 I が増加しようとすると，磁束の増加を妨げるように電流 i が流れる．

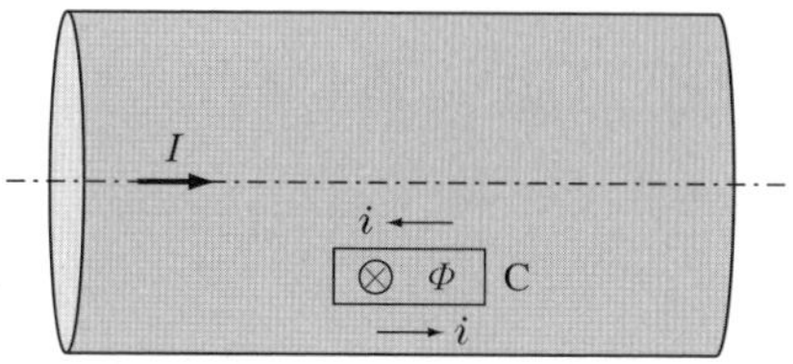

図 10.18　表皮効果と渦電流

この電流の向きは中心部では電流 I と逆方向に，表面に近い方では I を増加する方向になっている．したがって，電流密度は導体表面に近い方が中心部より大きくなる．すなわち直流では導体内の誘導起電力は 0 であるので誘導電流は流れないが，交流では導体内部に誘導逆起電力が発生し電流が流れる．この誘導電流を**渦電流** (eddy current) という．

前述したインダクタンスで考えると，中心部の電流の方が，鎖交磁束が大きいのでインダクタンスが大きい．したがって交流では，中心部ほど電流が流れにくいともいえる．

時間的に変化する磁界と渦電流との関係は，$\boldsymbol{i} = \kappa \boldsymbol{E}$，$\boldsymbol{B} = \mu \boldsymbol{H}$，電磁誘導の法則 $\mathrm{rot}\,\boldsymbol{E} = -\,\partial \boldsymbol{B}/\partial t$ とアンペール - マクスウェルの法則により，以下のように求めることができる．

$$\mathrm{rot}\,\boldsymbol{i} = -\kappa\mu \frac{\partial \boldsymbol{H}}{\partial t} \tag{10.93}$$

$$\mathrm{rot}\,\boldsymbol{H} = \boldsymbol{i} + \frac{\partial \boldsymbol{D}}{\partial t} \tag{10.94}$$

ここで，κ は導電率，μ は透磁率である．また (10.94) の右辺第 2 項の変位電流は，伝導電流との比をとると角周波数 $\omega = 2\pi f$ の交流に対しては $\omega\varepsilon/\kappa$ となる．導体では $f \ll (\kappa/2\pi\varepsilon)$ の関係が成り立つため，伝導電流に対して変位電流は十分小さい．このため，以下の議論ではこれを無視して考える．すなわち，(10.94) の代わりに，次式のアンペールの法則を用いる．

$$\mathrm{rot}\,\boldsymbol{H} = \boldsymbol{i} \tag{10.95}$$

(10.93) において, 両辺の回転をとり, (10.95) を代入すると次式が得られる.

$$\mathrm{rot}(\mathrm{rot}\,\boldsymbol{i}) = -\kappa\mu\frac{\partial}{\partial t}\mathrm{rot}\,\boldsymbol{H} = -\kappa\mu\frac{\partial \boldsymbol{i}}{\partial t} \tag{10.96}$$

ところで, ベクトルの公式 rot (rot $\boldsymbol{A}$) = grad (div $\boldsymbol{A}$) − $\nabla^2\boldsymbol{A}$ を用い, div $\boldsymbol{i}=0$ の電流の新たな湧き出しがない定常電流を考えると, 渦電流に対する次の方程式が得られる.

$$\nabla^2\boldsymbol{i} = \kappa\mu\frac{\partial \boldsymbol{i}}{\partial t} \tag{10.97}$$

磁界に対しても, 同様に次式が得られる.

$$\nabla^2\boldsymbol{H} = \kappa\mu\frac{\partial \boldsymbol{H}}{\partial t} \tag{10.98}$$

この方程式は位置については 2 階, 時間については 1 階の微分方程式となっている. これを, 一般に**拡散方程式** (diffusion equation) という. これらの方程式の解は, 角周波数 ω の正弦波で振動していると仮定すれば

$$\boldsymbol{i}(\boldsymbol{r},\,t) = \boldsymbol{i}_0(\boldsymbol{r})\,e^{j\omega t}, \qquad \boldsymbol{H}(\boldsymbol{r},\,t) = \boldsymbol{H}_0(\boldsymbol{r})\,e^{j\omega t} \tag{10.99}$$

とおくことにより, 次式の 2 階微分方程式になる.

$$\nabla^2\boldsymbol{i}_0 = j\omega\kappa\mu\boldsymbol{i}_0, \qquad \nabla^2\boldsymbol{H}_0 = j\omega\kappa\mu\boldsymbol{H}_0 \tag{10.100}$$

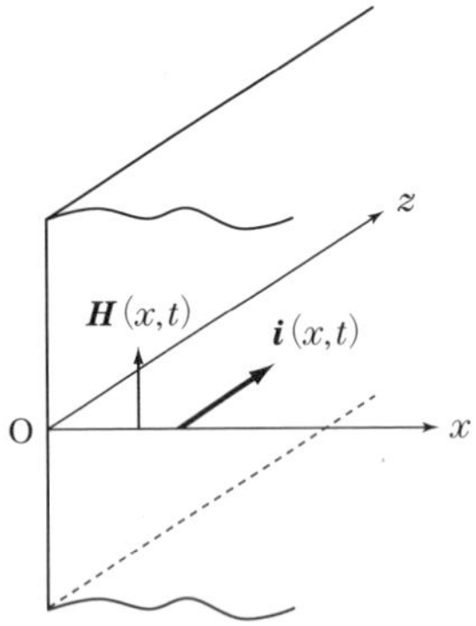

図 10.19　導体表面を流れる電流と磁界

さて，図 10.19 に示すように，導体表面の近くを z 方向に流れる電流を考える．これの x 方向分布を 1 次元電流 $i(x, t)$ として近似すれば，(10.100) の解は

$$i(x, t) = (Ae^{-\sqrt{j\omega\kappa\mu}x} + Be^{\sqrt{j\omega\kappa\mu}x})\, e^{j\omega t} \tag{10.101}$$

となる．ここで，A，B は定数である．また，$\sqrt{j} = [\exp\{j(\pi/2)\}]^{1/2} = \exp\{j(\pi/4)\} = \cos(\pi/4) + j\sin(\pi/4) = 1/\sqrt{2} + j(1/\sqrt{2})$ であるから

$$i(x, t) = \left\{A\exp\left(-\sqrt{\frac{\omega\kappa\mu}{2}}\,x - j\sqrt{\frac{\omega\kappa\mu}{2}}\,x\right) + B\exp\left(\sqrt{\frac{\omega\kappa\mu}{2}}\,x + j\sqrt{\frac{\omega\kappa\mu}{2}}\,x\right)\right\} e^{j\omega t} \tag{10.102}$$

が得られる．(10.102) は収束した値をとらないといけないが，右辺第 2 項は x が大きくなると発散するので，B は 0 である．したがって，

$$i(x, t) = A\exp\{-\alpha x + j(\omega t - \beta x)\} \tag{10.103}$$

となる．ただし α, β は定数で，$\alpha = \beta = \sqrt{\omega\kappa\mu/2}$ である．すなわち電流（あるいは磁界）は，導体表面から内部に向かって指数関数的に減少する．表皮効果の目安として，次式の**表皮厚さ** (skin depth) が用いられる．

$$\delta = \frac{1}{\alpha} = \sqrt{\frac{2}{\omega\mu\kappa}} \quad [\mathrm{m}] \tag{10.104}$$

表 10.3 に電気材料として用いられている材質の表皮厚さを示す．大電流を流すためには導体の断面積を大きくするだけでなく，断面全体に電流を均一に流すために絶縁した多数の電線を束ねたり，断面が矩形の薄くした導体を多層配置するなどの工夫が必要になる．

超電導材料の場合，導電率は無限大であるから表皮厚さは 0 である．このような現象を**マイスナー効果** (Meissner effect) とよび，超電導体の内部には電磁波や電磁界が入り込まない．このため，電磁波に対するシールドに有効である．

表 10.3　電気材料と表皮厚さ

材料	抵抗率 $\eta = \frac{1}{\kappa}$ [Ωm]	比透磁率 μ_s	周波数 50 Hz	60 Hz	1 kHz	1 MHz	1 GHz
銅	2.0×10^{-8}	1	10 mm	9.2 mm	0.22 mm	71 μm	2.2 μm
アルミニウム	3.0×10^{-8}	1	12 mm	11 mm	0.27 mm	87 μm	2.8 μm
鉄	10×10^{-8}	1000	0.71 mm	0.65 mm	0.02 mm	5.0 μm	0.16 μm

なお，導体内の磁界はアンペールの法則より

$$H_x(x, t) = \int_0^x i(x, t)\, dx \tag{10.105}$$

と与えられる．

10.8 渦電流損

導体の内部で磁束が変化すると，電磁誘導により誘導電界が発生し，磁束の変化を打ち消す方向に渦電流が流れる．渦電流の流れの方向に抵抗があると，ここで発熱が起こる．この発熱による損失を**渦電流損**（eddy current loss）という．

変圧器では渦電流の経路を断ち切るために，表面に絶縁被覆を施した薄い電磁鋼板を重ねて鉄心を構成している．また，鋼板の電気抵抗を増加させるため，鉄に少量の珪素（Si）を加えた電磁鋼板が使用されている．

例題 10.6

半径が a である無限長円柱導体に，磁束密度 B が中心軸方向に一様に

$$B = B_m \sin \omega t, \qquad \omega = 2\pi f$$

で変化するとき，単位長さ当りの渦電流損を求めよ．ただし，B_m は最大磁束密度，f は周波数，κ は導体の導電率とする．

解　中心軸から半径 r の点における誘導電界は電磁誘導の法則

$$\oint_{\mathrm{C}} \boldsymbol{E} \cdot d\boldsymbol{l} = -\frac{d}{dt}\int_{\mathrm{S}} \boldsymbol{B} \cdot \boldsymbol{n}\, dS \tag{10.106}$$

より，

$$2\pi rE = -\pi r^2 \frac{dB}{dt} = -2\pi^2 r^2 f B_{\mathrm{m}} \cos \omega t \tag{10.107}$$

となる．

したがって，電界は

$$E = -\pi r f B_{\mathrm{m}} \cos \omega t \tag{10.108}$$

であるので，単位長さ当りの渦電流損は次のようになる．

$$P_{\mathrm{e}} = \int_0^a \kappa E^2 2\pi r\, dr = \kappa f^2 B_{\mathrm{m}}^2 \cos^2 \omega t\, 2\pi^3 \int_0^a r^3\, dr = \frac{\pi^3}{2} a^4 \kappa f^2 B_{\mathrm{m}}^2 \cos^2 \omega t \tag{10.109}$$

平均の渦電流損 $\langle P_{\mathrm{e}} \rangle$ は

$$\frac{1}{2\pi}\int_0^{2\pi} \cos^2 \theta\, d\theta = \frac{1}{2} \tag{10.110}$$

であるから，

$$\langle P_{\mathrm{e}} \rangle = \frac{\pi^3}{4} a^4 \kappa f^2 B_{\mathrm{m}}^2 \quad [\mathrm{W/m}] \tag{10.111}$$

となり，半径の 4 乗，周波数ならびに最大磁束密度の 2 乗に比例して増加する．導体の渦電流損を低減させるためには，表面に絶縁を施した細線を束ねて用いることが有効である．

コラム　電線の表皮効果

渦電流損の低減を図った代表的な電線にリッツ線がある．Litz Wire の語源はドイツ語の「Litzendraht」（編組線）による．

電線の表皮効果に関する最初の数学的議論は，1873 年の現代電磁気学の創始者マクスウェルで，その後 1884 ～ 1887 年にマクスウェルの理論面の後継者となった，創意にあふれた天才ヘビサイド（Oliver Heaviside, 1850 - 1925）が大きな貢献をして，1884 ～ 1885 年のポインティング（John Henry Poynting, 1852 - 1914）へと理論面の発展が続く．

実験的な検証は 1886 年のヒューズ（David Edward Hughes, 1831 - 1900）が最初で，実用レベルの工学的数値計算については，無限平板の表皮効果が 1886 年のレイリー（Lord Rayleigh, 1842 - 1919），円筒導体については，1889 年のケルビンによる ber - bei 関数による計算が最初になる．その後，マクスウェルの実験面の後継者であるヘルツ（Heinrich Rudolf Hertz, 1857 - 1894）やトムソン（Joseph John Thomson, 1856 - 1940）の仕事が続く．

「skin - effect」の用語を最初に使ったのは，1891 年のスウィンバーン（James Swinburne, 1858 - 1958）だった．この後，1918 年のドワイト（H. B. Dwight）やケネリー（Arthur Edwin Kennelly, 1861 - 1939）を始めとする，多くの優秀な理論家や技術者による損失低減への挑戦が，最近に至るまで続くことになる．

第 10 章のまとめ

- ファラデーの電磁誘導の法則：時間変化する磁束内のコイルの両端には起電力が発生する．（10.1 節）
- 変圧器起電力：静止した回路内の鎖交磁束の時間変化によって発生する起電力．（10.3 節）
- 速度起電力：磁界中にある導体が移動することにより鎖交磁束が変化する．この変化に伴い発生する起電力．（10.3 節）
- 自己インダクタンス L：回路に電流 I が流れると磁界が発生するが，このときの電流と鎖交する磁束 Φ_m との比．$L = \Phi_\mathrm{m}/I$ (10.4節)

・相互インダクタンス M：コイルが 2 つある場合，一方の電流 I_1 が作る磁束の中で他方のコイルと鎖交する磁束が Φ_{12} であるとき $M = \Phi_{12}/I_1$ をいう．(10.4節)

・内部インダクタンス：導体内部の磁束に対するインダクタンス．(10.4節)

・外部インダクタンス：導体外部の磁束に対するインダクタンス．(10.4節)

・ノイマンの公式：相互誘導の計算に用いられる積分公式．(10.5節)

・幾何学的平均距離：導体間の距離が導体の太さに比べて十分に大きくない場合の等価的な距離．(10.6節)

・表皮効果：導体に交流電流が流れるとき，電流あるいは磁界が表面近くを流れる性質．(10.7節)

・表皮厚さ：表皮効果の目安となる電流，あるいは磁界が通る導体の厚さ．(10.7節)

・渦電流：導体に交流電流が流れると誘導起電力が発生し，導体内部に電流が流れる．この電流のことをいう．(10.7節)

・渦電流損：導体内を流れる渦電流により発熱が起こる．このときに生じる損失．(10.8節)

章末問題

【10.1】 断面積が S である無限長の磁性体丸棒の中を，一様な磁束密度 B が時間変化している．このとき，周囲の電界を求めよ．また，アンペール周回積分の法則との関係を述べよ．(10.2節)

【10.2】 図 10.20 に示すように，無限に長い直線導体と，辺の長さが a, b である矩形導体がそれぞれ平行に置かれている．導体に近い方の辺と導体との距離を d とするとき，相互インダクタンスを求めよ．また，直線導体に

$i(t) = I_0 \sin\omega t$ の電流が流れている場合，矩形導体に誘起される起電力を求めよ．（10.3 節）

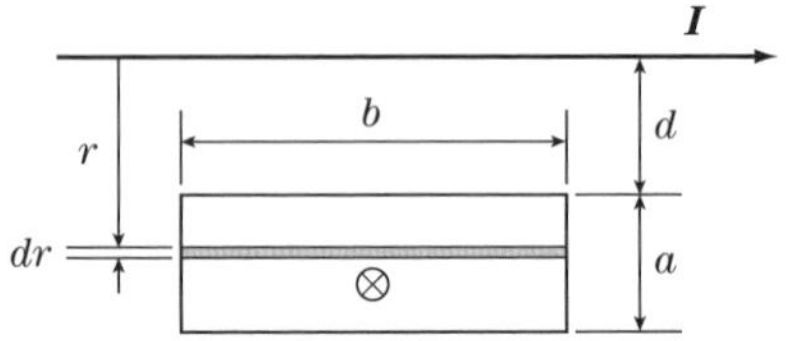

図 10.20

【10.3】 内半径 a，外半径 b，高さ h，透磁率 μ の円筒状鉄心に，巻き数 N の導線を巻いたときの自己インダクタンスを求めよ．（10.4 節）

【10.4】 断面積 314 cm^2 の鉄心に，50 Hz の正弦波交流による磁束が通っている．磁束密度の最大値を 1T ＝ 1Wb/m^2 とするとき，この鉄心にコイルを巻いて 20 kV$_{\rm rms}$ の起電力を得るために必要な巻き数を求めよ．（10.4 節）

【10.5】 図 10.21 に示すように，厚さを無視できる平板導体が接地面と平行に置かれている．導体表面を辺の長さがそれぞれ W, D である長方形により N 個に分割する．分割した領域の面積を S_i とし，この中心に節点 i を決める．導体を流れる変位電流が無視できる場合，分割した平板導体の等価回路を算出せよ．（10.4 節），（10.5 節）

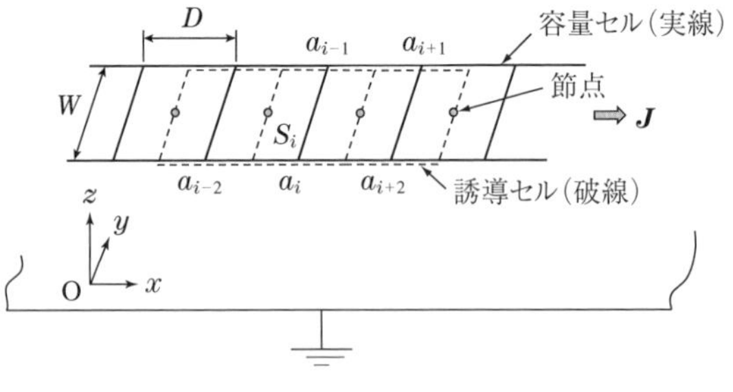

図 10.21

第11章 電磁界を表す方程式

学習目標

a) 変位電流の意味を説明でき，マクスウェルの方程式を導出できる．
b) 電磁波の伝搬特性を表す波動方程式，ならびに固有インピーダンスの概要を説明できる．
c) 電磁波の屈折の法則に対する波動方程式を導出できる．
d) 電磁ポテンシャルを理解し説明できる．
e) ゲージならびにローレンス条件の内容を理解し説明できる．

キーワード

変位電流，アンペール－マクスウェルの法則，マクスウェルの方程式，電磁波，波動方程式，固有インピーダンス，電磁ポテンシャル，ローレンス条件，ゲージ，ヘルツベクトル，遅延ポテンシャル，E－B 対応，E－H 対応

11．1 電気磁気現象の基本法則と電磁波の発生

電気磁気現象については，これまで学んできたように電荷が静電界を作り（クーロンの法則），電荷が移動すると電流となり，電流が流れると磁界が発生する（アンペールの法則）．また，磁束の時間変化により誘導起電力が発生する（ファラデーの法則）．これらはいずれも実験則であるが，磁界の時間変

化により電界が発生することが明らかである．また，物理学の基本法則である電荷の保存則が成り立っている．では，電磁波はどのように発生し伝搬するのであろうか．

電磁波は電界と磁界から成り立っており，伝搬する媒質中において電界と磁界が対を形成し波動として電気エネルギーを輸送する．電流には電導電流の他に分極電流と磁化電流があることをすでに学んだが，電磁波の波動現象を説明するためには，さらに次節で述べる**変位電流**（displacement current）の考え方を取り入れる必要がある．

11.2 変位電流

図 11.1 に示すように，抵抗とコンデンサが直列に接続された電気回路を流れる電流について考える．ここでは，コンデンサの電極間は真空であると仮定する．電源から抵抗を介して**電導電流**（または**伝導電流**ともいう）I_c が流れると，コンデンサの電極には電荷が蓄えられる．また，コンデンサには電荷が蓄えられることにより，電極間に電位差が生じ電界が発生する．

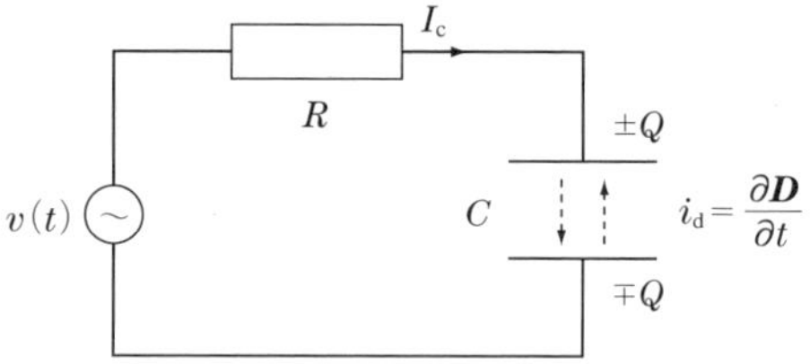

図 11.1　コンデンサを流れる変位電流

ここで，図 11.2 に示すように電導電流に垂直な積分経路 C_1 を考える．電導電流に対してはアンペール周回積分の法則により，次式が成り立つ．

$$\oint_{C_1} \boldsymbol{H} \cdot d\boldsymbol{l} = I_c \quad \text{あるいは} \quad \mathrm{rot}\, \boldsymbol{H} = \boldsymbol{i}_C \tag{11.1}$$

これに対して，コンデンサの電極間に積分路 C_2 をとると，コンデンサの極間には電導電流が流れていないため，以下のようになる．

$$\oint_{C_2} \boldsymbol{H} \cdot d\boldsymbol{l} = 0 \quad \text{あるいは} \quad \mathrm{rot}\,\boldsymbol{H} = 0 \tag{11.2}$$

上に述べた2つの式は，同じ電気回路に対して右辺の値が一方は電導電流が流れていることを示し，他方は電導電流が流れていないことを意味し，互いに矛盾する結果となる．

この矛盾を解決するために，イギリスのマクスウェルは後者の式に対して，電界が存在する場合には次の式が成り立つと考えた．

$$\mathrm{rot}\,\boldsymbol{H} = \varepsilon_0 \frac{\partial \boldsymbol{E}}{\partial t} = \frac{\partial \boldsymbol{D}}{\partial t} \tag{11.3}$$

この式は，アンペール周回積分の法則 $\mathrm{rot}\,\boldsymbol{H} = \boldsymbol{i}_c$ に対して，

$$\boldsymbol{i}_d = \frac{\partial \boldsymbol{D}}{\partial t} \tag{11.4}$$

で与えられる仮想的な電流が流れることに等しい．そして，この電流が電導電流（真電流あるいは自由電流）と同じように，磁界の発生を数学的に説明できることを意味する．この式で表される電導電流と等価な電流を，**変位電流**という．

ファラデーの法則は，ある点の磁界が変化すると電界が発生することを意味する．これに対して，変位電流はこれを磁界の源と考えることはできないが，ある点の電界が時間変化すると磁界が発生することを数学的に等価な電流として表したものであり，次式が成り立つ．

$$\oint_C \boldsymbol{H} \cdot d\boldsymbol{l} = I_c + \frac{d}{dt}\int_S \boldsymbol{D} \cdot \boldsymbol{n}\, dS = \int_S \left(\boldsymbol{J} + \frac{\partial \boldsymbol{D}}{\partial t}\right) \cdot \boldsymbol{n}\, dS \tag{11.5}$$

あるいは，ストークスの定理より $\oint_C \boldsymbol{H} \cdot d\boldsymbol{l} = \int_S \mathrm{rot}\,\boldsymbol{H} \cdot \boldsymbol{n}\, dS$ であるから，次式が成立する．

$$\mathrm{rot}\,\boldsymbol{H} = \boldsymbol{J} + \frac{\partial \boldsymbol{D}}{\partial t} \tag{11.6}$$

これを**アンペール－マクスウェルの法則**（Ampère－Maxwell's law）という．

例題 11.1

半径 a の円板電極間に電極間距離 d で誘電率 ε の誘電体が充填されたコンデンサがある．このコンデンサに $v(t) = V_m \sin \omega t$ の正弦波電圧を印加するとき，変位電流ならびにコンデンサ内部の磁界を求めよ．ただし，電極間は一様電界であり電極端部における電界の乱れはなく，変位電流は均一に流れると仮定する．

解　中心軸からの距離を r $(0 < r < a)$ とすると変位電流密度 J_d は，

$$J_d = \frac{\partial D}{\partial t} = \varepsilon \frac{\partial E}{\partial t} = \varepsilon \frac{\partial}{\partial t}\left(\frac{V_m \sin \omega t}{d}\right) = \frac{\varepsilon \omega V_m}{d} \cos \omega t \quad [\mathrm{A/m^2}] \tag{11.7}$$

で与えられる．円板電極の面積を S とすれば，変位電流 I_d は

$$I_d = J_d S = \frac{\varepsilon \pi a^2 \omega V_m}{d} \cos \omega t \quad [\mathrm{A}] \tag{11.8}$$

となる．

ここで変位電流に対する磁界は，アンペール－マクスウェルの法則により計算できる．すなわち，(11.6) の左辺は

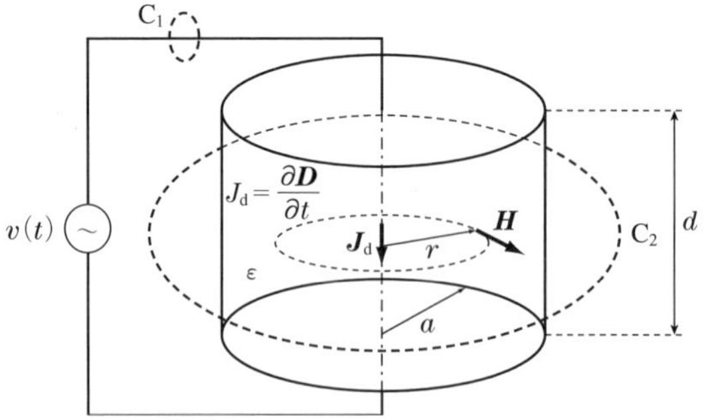

図 11.2　変位電流による磁界

$$\oint_{\mathrm{C}} \boldsymbol{H} \cdot d\boldsymbol{l} = H \cdot 2\pi r \tag{11.9}$$

となる．また，右辺は

$$\int_{\mathrm{S}} \left(\boldsymbol{J} + \frac{\partial \boldsymbol{D}}{\partial t} \right) \cdot \boldsymbol{n}\, dS = \int_{\mathrm{S}} \boldsymbol{i} \cdot \boldsymbol{n}\, dS = \int_0^r \frac{\varepsilon \omega V_{\mathrm{m}}}{d} \cos \omega t \cdot 2\pi r\, dr = \frac{\varepsilon \omega V_{\mathrm{m}}}{d} \cos \omega t \cdot \pi r^2 \tag{11.10}$$

となる．

したがって磁界は，

$$H = \frac{1}{2\pi r} \frac{\varepsilon \omega V_{\mathrm{m}}}{d} \cos \omega t \cdot \pi r^2 = \frac{\varepsilon \omega V_{\mathrm{m}}}{2d} r \cos \omega t \tag{11.11}$$

で与えられ，半径に比例して大きくなり側面（$r = a$）で最大となる．この関係は，例題 7.3 と同様である．

11．3　マクスウェルの方程式

前節で述べたアンペール－マクスウェルの法則を加えることにより，電気磁気現象を支配する基本方程式が出揃ったことになる．これらをまとめると次のようになる．

$$\mathrm{rot}\, \boldsymbol{E} = -\frac{\partial \boldsymbol{B}}{\partial t} \quad [\mathrm{V/m^2}] \tag{11.12}$$

$$\mathrm{rot}\, \boldsymbol{H} = \boldsymbol{J} + \frac{\partial \boldsymbol{D}}{\partial t} \quad [\mathrm{A/m^2}] \tag{11.13}$$

$$\mathrm{div}\, \boldsymbol{D} = \rho \quad [\mathrm{C/m^2}] \tag{11.14}$$

$$\mathrm{div}\, \boldsymbol{B} = 0 \quad [\mathrm{Wb/m^3}] \tag{11.15}$$

これらの方程式を**マクスウェルの方程式**（電磁方程式）（Maxwell's equation）という．表 11.1 に電気磁気現象の基本法則を積分形と微分形に分けて示す．なお，表に示したようにクーロンの法則についてはガウスの法則とし

表 11.1　電気磁気現象の基本法則

法　則		積分形	微分形
クーロンの法則	電束密度に関するガウスの法則	$\int_S \boldsymbol{D}\cdot\boldsymbol{n}\,dS = Q$	$\mathrm{div}\,\boldsymbol{D} = \rho$
	磁束密度に関するガウスの法則（磁気に関するクーロンの法則，磁束の保存則）	$\int_S \boldsymbol{B}\cdot\boldsymbol{n}\,dS = \Phi_m$	$\mathrm{div}\,\boldsymbol{B} = 0$
アンペール周回積分の法則（アンペール－マクスウェルの法則）		$\oint_C \boldsymbol{H}\cdot d\boldsymbol{l} = I$	$\mathrm{rot}\,\boldsymbol{H} = \boldsymbol{J} + \dfrac{\partial \boldsymbol{D}}{\partial t}$
ファラデーの電磁誘導の法則（ファラデー－ノイマンの法則）		$U = \oint_C \boldsymbol{E}\cdot d\boldsymbol{l} = -\dfrac{d\Phi_m}{dt}$	$\mathrm{rot}\,\boldsymbol{E} = -\dfrac{\partial \boldsymbol{B}}{\partial t}$
電荷の保存則		$\int_S \boldsymbol{J}\cdot\boldsymbol{n}\,dS = -\dfrac{dQ}{dt} = I$	$\mathrm{div}\,\boldsymbol{J} = -\dfrac{\partial \rho}{\partial t}$

ても記述できる．また，磁気については電荷のように単極では存在しないが，これについてもガウスの法則として記述することができる．

物質内では誘電率と透磁率をそれぞれ ε, μ とすれば，

$$\boldsymbol{D} = \varepsilon \boldsymbol{E} \tag{11.16}$$

$$\boldsymbol{B} = \mu \boldsymbol{H} \tag{11.17}$$

の関係が成り立つ．さらに，物質の導電率を κ とすればオームの法則である次式が成立する．

$$\boldsymbol{J} = \kappa \boldsymbol{E} \tag{11.18}$$

コイルなど，外部から電流密度 $\boldsymbol{J}_0$ が加えられているときの電流密度は次式となる．

$$\boldsymbol{J} = \kappa \boldsymbol{E} + \boldsymbol{J}_0 \tag{11.19}$$

また，ρ は空間の電荷密度（体積電荷密度）であり，電荷は

$$Q = \int_V \rho\, dv \tag{11.20}$$

で計算される．

ここで，アンペール－マクスウェルの法則 (11.13) の両辺に div を作用させると

$$\operatorname{div}(\operatorname{rot}\boldsymbol{H}) = \operatorname{div}\left(\boldsymbol{J} + \frac{\partial \boldsymbol{D}}{\partial t}\right)$$
$$= 0 \tag{11.21}$$

となる．さらに，$\operatorname{div}\boldsymbol{D} = \rho$ を (11.21) に代入すれば，以下に示される電荷の保存則

$$\operatorname{div}\boldsymbol{J} = \operatorname{div}(\kappa\boldsymbol{E})$$
$$= -\frac{\partial \rho}{\partial t} \tag{11.22}$$

が導かれる．

マクスウェルの方程式は時間変化を含む導関数 (11.12) と (11.13)，ならびに時間微分を含まない (11.14) ならびに (11.15) から成り立っている．電磁波は波動であるが，その源は電流の時間変化，いいかえれば電荷の移動の時間変化によって発生すると考えることができる．

これは (11.12) と (11.13) を次式のように書き改めると明確になる．

$$\frac{\partial \boldsymbol{B}}{\partial t} = -\operatorname{rot}\boldsymbol{E} \tag{11.23}$$

$$\frac{\partial \boldsymbol{E}}{\partial t} = \frac{1}{\varepsilon\mu}\operatorname{rot}\boldsymbol{B} - \frac{1}{\varepsilon}\boldsymbol{J} \tag{11.24}$$

これに対して，時間変化を含まない (11.14) ならびに (11.15) は補助条件という意味をもっている．すなわち，(11.14) を変形すると次式が得られる．

$$\operatorname{div}\varepsilon\boldsymbol{E} - \rho = 0 \tag{11.25}$$

この時間変化は，アンペール－マクスウェルの法則 (11.14) を用いて次のようになる．

$$\begin{aligned}\operatorname{div}\varepsilon\frac{\partial \boldsymbol{E}}{\partial t}-\frac{\partial\rho}{\partial t}&=\operatorname{div}\left(\frac{1}{\mu}\operatorname{rot}\boldsymbol{B}-\boldsymbol{J}\right)-\frac{\partial\rho}{\partial t}\\&=\frac{1}{\mu}\operatorname{div}(\operatorname{rot}\boldsymbol{B})-\left(\operatorname{div}\boldsymbol{J}+\frac{\partial\rho}{\partial t}\right)\\&=0\end{aligned}\tag{11.26}$$

ここで，ベクトルの公式 $\operatorname{div}(\operatorname{rot}\boldsymbol{B})=0$ と電荷の保存則 (11.22) を用いた．

また (11.15) についても同様に，次式が成り立つ．

$$\operatorname{div}\frac{\partial \boldsymbol{B}}{\partial t}=\operatorname{div}(\operatorname{rot}\boldsymbol{E})=0\tag{11.27}$$

このことは，ガウスの法則 (11.14) あるいは (11.15) が成り立つ限り，**電磁界** (electromagnetic field) がどのように時間変化しても (11.12) ならびに (11.13) が常に成り立つことを意味している．

実際の問題を解く際には時間変化が早い場合，すなわち高周波領域の問題を扱う場合は電界と磁界の両方を取り扱う．また，定常電磁界に対しては単一の周波数のみを扱う．さらに周波数が十分に低い場合には，電界または磁界を単独に取り扱うことで代用できる．これを**準静的電磁界** (quasi - static electromagnetic field) とよぶ．表 11.2 には静電界のみ，あるいは静磁界のみを扱う場合の方程式を示す．

表 11.2　静的電磁界に対するマクスウェルの方程式

静電界系	静磁界系
$\operatorname{div}\boldsymbol{D}=\rho$	$\operatorname{rot}\boldsymbol{H}=\boldsymbol{J}$
$\operatorname{rot}\boldsymbol{E}=0$	$\operatorname{div}\boldsymbol{B}=0$
$\boldsymbol{E}=-\operatorname{grad}\phi$	$\boldsymbol{B}=\operatorname{rot}\boldsymbol{A}$
$\boldsymbol{D}=\varepsilon\boldsymbol{E}$	$\boldsymbol{B}=\mu\boldsymbol{H}$
$\boldsymbol{J}=\kappa\boldsymbol{E}=\dfrac{\boldsymbol{E}}{\eta}$	$\boldsymbol{J}=\kappa\boldsymbol{E}+\boldsymbol{J}_0=\dfrac{\boldsymbol{E}}{\eta}+\boldsymbol{J}_0$

コラム　マクスウェル

イギリスの物理学者マクスウェルは，電磁界の基本方程式を導いただけでなく，熱力学，統計力学，気体分子運動論，土星の環（1856 年）などの研究でも知られている．ファラデーが磁石間の磁力線の存在に気づいた後，電磁波の存在は 1861 年から 1873 年にかけてマクスウェルにより予見され続け，1864 年には電磁波理論を発表していたが，これを実証したのは 1887 年のヘルツの実験であった．

1873 年にマクスウェルにより完成された古典電気磁気学は，19 世紀の電磁波の発見，電子の発見（1897 年）に続き，量子論（1927 年）に基づく 20 世紀の物性論へと発展していくことになる．

11．4　電磁波に対する波動方程式と解

11.4.1　波動方程式

電磁波は波動として，物質中や真空の中を伝わることができる．ここではマクスウェルの方程式が波動としての性質をもつことを確かめる．

初めに，媒質が真空の場合には $\rho = 0$，$\boldsymbol{J} = \kappa \boldsymbol{E} = 0$，$\varepsilon_s = 1$，$\mu_s = 1$ であるので，前節で述べたマクスウェルの方程式は次のようになる．

$$\mathrm{rot}\,\boldsymbol{E} = -\mu_0 \frac{\partial \boldsymbol{H}}{\partial t} \tag{11.28}$$

$$\mathrm{rot}\,\boldsymbol{H} = \varepsilon_0 \frac{\partial \boldsymbol{E}}{\partial t} \tag{11.29}$$

$$\mathrm{div}\,\boldsymbol{E} = 0 \tag{11.30}$$

ここで，(11.28) の両辺に rot の微分演算を行う．ベクトルの公式から，(11.28) 左辺は

$$\mathrm{rot} \cdot \mathrm{rot}\,\boldsymbol{E} = -\nabla^2 \boldsymbol{E} + \mathrm{grad} \cdot \mathrm{div}\,\boldsymbol{E} \tag{11.31}$$

となる．さらに $\mathrm{div}\,\boldsymbol{E} = 0$ より

$$\mathrm{rot}\cdot\mathrm{rot}\,\boldsymbol{E} = -\nabla^2\boldsymbol{E} \tag{11.32}$$

が得られる.

続いて (11.28) 右辺を計算すると,

$$\mathrm{rot}\left(-\mu_0\frac{\partial \boldsymbol{H}}{\partial t}\right) = -\mu_0\frac{\partial}{\partial t}\mathrm{rot}\,\boldsymbol{H} \tag{11.33}$$

となり, これに (11.29) を代入すれば次式が得られる.

$$-\mu_0\frac{\partial}{\partial t}\mathrm{rot}\,\boldsymbol{H} = -\mu_0\frac{\partial}{\partial t}\left(\varepsilon_0\frac{\partial \boldsymbol{E}}{\partial t}\right) = -\mu_0\varepsilon_0\frac{\partial^2 \boldsymbol{E}}{\partial t^2} \tag{11.34}$$

したがって, (11.32) および (11.34) より,

$$\nabla^2\boldsymbol{E} = \varepsilon_0\mu_0\frac{\partial^2 \boldsymbol{E}}{\partial t^2} \tag{11.35}$$

が得られる. 同様に (11.29) の両辺について rot の微分演算を行うと,

$$\nabla^2\boldsymbol{H} = \varepsilon_0\mu_0\frac{\partial^2 \boldsymbol{H}}{\partial t^2} \tag{11.36}$$

が得られる.

(11.35) と (11.36) は, ダランベール (d`Alembert) の 3 次元波動方程式とよばれている. なお,

$$c = \frac{1}{\sqrt{\varepsilon_0\mu_0}} \quad [\mathrm{m/s}] \tag{11.37}$$

とおくと, c は波動の速度となり, 両式は

$$\nabla^2\boldsymbol{E} - \frac{1}{c^2}\frac{\partial^2 \boldsymbol{E}}{\partial t^2} = 0 \tag{11.38}$$

$$\nabla^2\boldsymbol{H} - \frac{1}{c^2}\frac{\partial^2 \boldsymbol{H}}{\partial t^2} = 0 \tag{11.39}$$

となる. 真空中において c は光速に等しい.

11.4.2　進行波

図 11.3 に示すように，直角座標において電磁波が z 軸方向に伝搬するとする．簡単のため，電磁波が x 方向ならびに y 方向に変化がないと仮定する．すなわち，

$$\boldsymbol{E}(z, t) = E_x(z, t)\,\boldsymbol{i} + E_y(z, t)\,\boldsymbol{j} + E_z(z, t)\,\boldsymbol{k} \tag{11.40}$$

$$\boldsymbol{H}(z, t) = H_x(z, t)\,\boldsymbol{i} + H_y(z, t)\,\boldsymbol{j} + H_z(z, t)\,\boldsymbol{k} \tag{11.41}$$

であるから，(11.28) より以下の式が成り立つ．

$$\frac{\partial E_x}{\partial z} = -\mu_0 \frac{\partial H_y}{\partial t} \tag{11.42}$$

$$\frac{\partial E_y}{\partial z} = \mu_0 \frac{\partial H_x}{\partial t} \tag{11.43}$$

$$\frac{\partial H_z}{\partial t} = 0 \tag{11.44}$$

また，(11.29) より以下の式が成り立つ．

$$\frac{\partial H_y}{\partial z} = -\varepsilon_0 \frac{\partial E_x}{\partial t} \tag{11.45}$$

$$\frac{\partial H_x}{\partial z} = \varepsilon_0 \frac{\partial E_y}{\partial t} \tag{11.46}$$

$$\frac{\partial E_z}{\partial t} = 0 \tag{11.47}$$

ここで，(11.44) ならびに (11.47) は時間的に変動がないので解は定数と

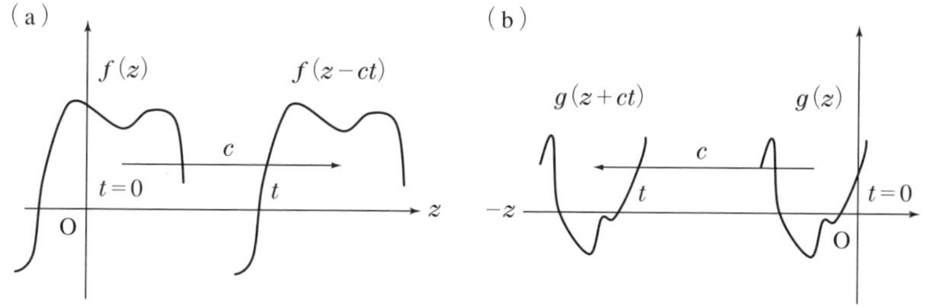

図 11.3　波動方程式の解．(a) 正方向進行波，(b) 負方向進行波．

なるが，ここでは時間変化がある解を対象としているので，それぞれ

$$E_z = 0, \qquad H_z = 0 \tag{11.48}$$

とおくことができる．また，(11.42) と (11.45)，および (11.43) と (11.46) の組合せから，次の2組の独立した方程式が得られる．

$$\left.\begin{aligned} \frac{\partial E_x}{\partial z} &= -\mu_0 \frac{\partial H_y}{\partial t} \\ \frac{\partial H_y}{\partial z} &= -\varepsilon_0 \frac{\partial E_x}{\partial t} \end{aligned}\right\} \tag{11.49}$$

$$\left.\begin{aligned} \frac{\partial E_y}{\partial z} &= \mu_0 \frac{\partial H_x}{\partial t} \\ \frac{\partial H_x}{\partial z} &= \varepsilon_0 \frac{\partial E_y}{\partial t} \end{aligned}\right\} \tag{11.50}$$

なお (11.49) の初めの式を z で微分し，これに2番目の式を代入すれば，次式が得られる．

$$\frac{\partial^2 E_x}{\partial z^2} = \varepsilon_0 \mu_0 \frac{\partial^2 E_x}{\partial t^2} \tag{11.51}$$

この式は1次元の波動方程式とよばれている．この一般解は，$f(z), g(z)$ を任意の関数として

$$E_x = f(z - ct) + g(z + ct) \tag{11.52}$$

で与えられる．ここで c は電磁波の速度であり (11.37) で示される．また $f(z - ct)$ は，図 11.3 (a) に示すように z の正方向に速度 c で進行する波を表し，$g(z + ct)$ は同図 (b) に示すように z の負方向に速度 c で伝搬する波を表している．これらをそれぞれ**正方向進行波** (traveling wave moving to positive direction)，**負方向進行波** (traveling wave moving to negative direction) という．

磁界 H_y については，(11.52) を (11.49) に代入すると，次のようになる．

$$H_y = \sqrt{\frac{\varepsilon_0}{\mu_0}} \{f(z - ct) - g(z + ct)\} \tag{11.53}$$

E_y についても (11.50) から同様の手順により，

$$\frac{\partial^2 E_y}{\partial z^2} = \varepsilon_0 \mu_0 \frac{\partial^2 E_y}{\partial t^2} \tag{11.54}$$

が得られる．この解は同様に

$$E_y = F(z - ct) + G(z + ct) \tag{11.55}$$

となるので，これを (11.50) に代入することにより

$$H_x = \sqrt{\frac{\varepsilon_0}{\mu_0}} \{-F(z - ct) + G(z + ct)\} \tag{11.56}$$

が得られる．

11.4.3　電磁波の伝搬

電磁波の進行波成分を正方向と負方向に分けて，次のように表してみる．E_x は (11.52) より，

$$E_x = E_{1x} + E_{2x} \tag{11.57}$$

ただし，

$$E_{1x} = f(z - ct) \tag{11.58}$$

$$E_{2x} = g(z + ct) \tag{11.59}$$

である．同様に，H_y は (11.53) より次式となる．

$$H_y = H_{1y} + H_{2y} \tag{11.60}$$

ただし，

$$H_{1y} = \sqrt{\frac{\varepsilon_0}{\mu_0}} f(z - ct) \tag{11.61}$$

$$H_{2y} = -\sqrt{\frac{\varepsilon_0}{\mu_0}} g(z + ct) \tag{11.62}$$

である．E_y, H_x についても同様である．

さて，図 11.4 において，ある時刻における電界 E_x と磁界 H_y との関係，

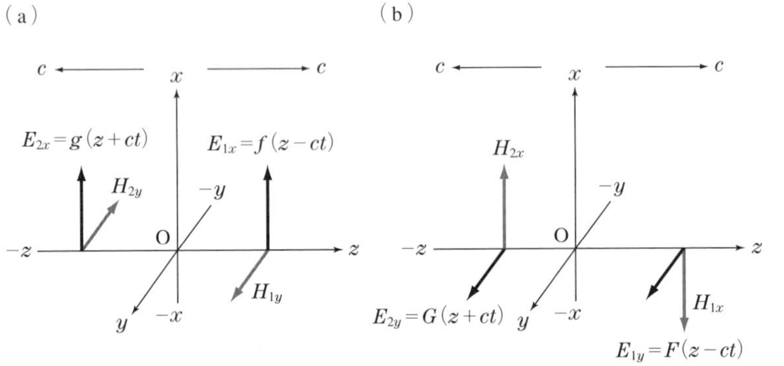

図 11.4　進行波の 4 成分.（a）電界 E_x と磁界 H_y,（b）電界 E_y と磁界 H_x.

ならびに電界 E_y と磁界 H_x との関係を進行方向を正方向と負方向に分けて示す．いずれの場合も磁界は電界に対して右ねじ（時計回り）方向に直交し，電界と磁界が対になって $\boldsymbol{E}\times\boldsymbol{H}$ 方向に進行していくことがわかる．

また図 11.5 のように，正方向と負方向の成分の和からなる電界 E と磁界

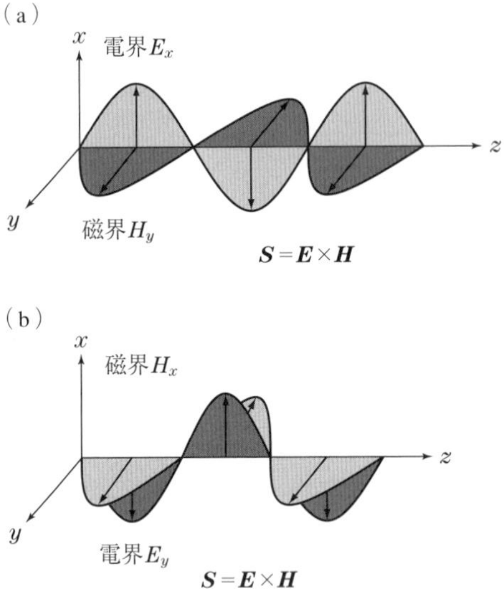

図 11.5　波動方程式の解と電磁波の伝搬．（a）波動方程式 (11.49) の解，（b）波動方程式 (11.50) の解.

H の様子を示す．この図からも磁界は電界に対して右ねじ方向に直交し，電界と磁界が対になって $\boldsymbol{E}\times\boldsymbol{H}$ 方向に波が進行していることがわかる．ここで，

$$\boldsymbol{S}=\boldsymbol{E}\times\boldsymbol{H} \tag{11.63}$$

で定義されるベクトルをポインティングベクトルとよぶ (12.9 節参照)．また，これらの電界と磁界の組合せでは常に位相が同じである．

このように，x, y 方向への変化がなく z 方向に進行する波動方程式の解は，4 つの進行波 $f(z-ct)$，$g(z+ct)$，$F(z-ct)$ および $G(z+ct)$ で構成されている．これらは進行方向がお互いに逆となる 2 つの進行波の組合せにより，電界と磁界をそれぞれ構成している．また図 11.4 に示したように，電界と磁界は対となって 2 組の方程式の解を構成していることがわかる．

このように，波動が独立な組み合わせに分離されることを**モード分離** (mode separation) という．

なお，電磁波の速度 c と電気磁気学における ε_0, μ_0 の決め方については，2.1 節ならびに 7.1 節で述べた．

図 11.6 は，放電などが原因となって，空間のある点で瞬間的にパルス電流 $\boldsymbol{J}$ が流れた場合の電磁界の伝搬の様子を示している．まず，アンペールの法則により，電流を取り囲む任意の閉曲線 C_0 に沿って磁界が発生する．次に C_0 を貫く閉曲線 C_1 を考えると，これを貫く磁束が変化したことになるので，電磁誘導の法則から C_1 に沿って電界 $\boldsymbol{E}$ が発生する．C_1 を貫く閉曲線 C_2 に

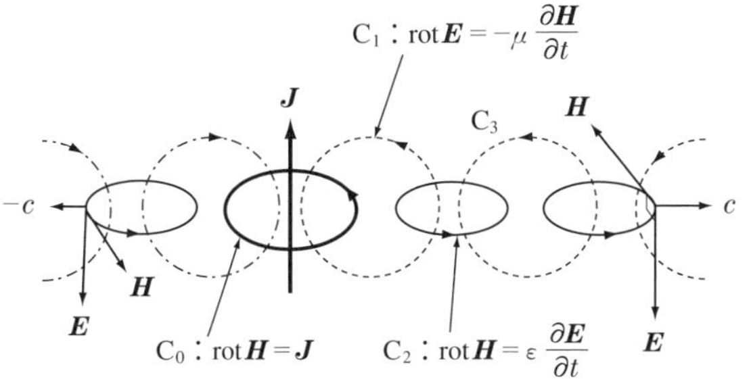

図 11.6　電界と磁界の伝搬イメージ

ついては，C_2 に沿って誘起された電界 $\boldsymbol{E}$ の変化により，変位電流 $\partial \boldsymbol{D}/\partial t$ が誘起され磁界が発生する．

このように電界と磁界がそれぞれ連続した閉回路を作り，これらが交互に作用しながら電磁波が空間を伝搬していく．

図 11.7 は微小長さが Δl である電流要素 $i\,\Delta \boldsymbol{l}$ が，位置 $S(\boldsymbol{r}')$ において時間変化する場合の電界と磁界の様子を示している．このときの磁界の変化はベクトルポテンシャルを用いて次式で与えられる．

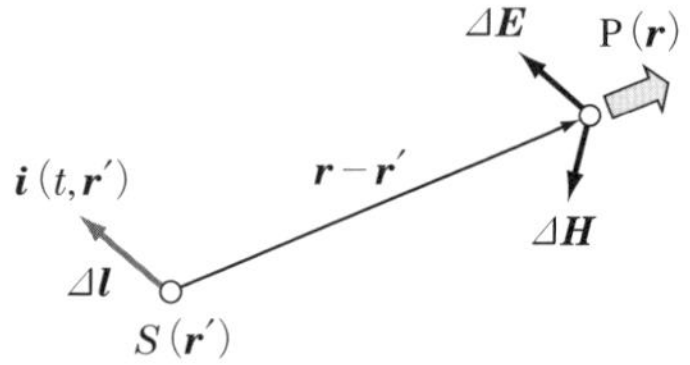

図 11.7　電流要素による遅延ベクトルポテンシャル

$$\Delta \boldsymbol{H}(\boldsymbol{r}, t) = \frac{1}{4\pi c} \cdot \frac{\Delta l}{|\boldsymbol{r} - \boldsymbol{r}'|} \left\{ \left. \frac{\partial \boldsymbol{i}(t - |\boldsymbol{r} - \boldsymbol{r}'|/c,\ \boldsymbol{r}')}{\partial t} \right|_{t=t'} \times \frac{\boldsymbol{r} - \boldsymbol{r}'}{|\boldsymbol{r} - \boldsymbol{r}'|} \right\} \tag{11.64}$$

時刻 t に発生した磁界変化は，速度 c で空間を伝搬するので，観測点 $\mathrm{P}(\boldsymbol{r})$ には $|\boldsymbol{r} - \boldsymbol{r}'|/c$ の時間だけ遅れて到達する．電界についても同様である．このようなベクトルを**遅延ポテンシャル** (retarded potential) という．

11.4.4　偏波

電磁波は電界と磁界が直交し，かつ電界から磁界に向かって右ねじを回したときに，ねじの進む方向に伝搬する．ここで，電界が x 成分と y 成分からなり，y 成分が位相 φ だけ遅れている場合を考える．これを式で表せば次のようになる．

$$E_x = E_0 \sin(\omega t - kz) \tag{11.65}$$

$$E_y = E_0 \sin(\omega t - kz - \varphi) \tag{11.66}$$

両式より次式が得られる．

$$
\begin{aligned}
E_y &= E_0 \sin(\omega t - kz - \varphi) \\
&= E_0\{\sin(\omega t - kz)\cos\varphi - \cos(\omega t - kz)\sin\varphi\} \\
&= E_x \cos\varphi - \sqrt{E_0^2 - E_x^2}\,\sin\varphi \qquad (11.67)
\end{aligned}
$$

両辺を2乗して式を整理すると，次のように楕円の方程式が得られる．

$$
E_x^2 - 2E_xE_y\cos\varphi + E_y^2 = E_0^2\sin^2\varphi \qquad (11.68)
$$

ここで，$\varphi = 0$であれば，$E_x = E_y$となる．この場合は電界の振動方向が変化せず伝搬していく．この電磁界を**平面偏波**（plane - polarized wave）または**直線偏波**（linearly polarized wave）という．特に，直線偏波の電界の軸が地球表面に対して垂直になっているものを**垂直偏波**（vertical polarization），平行なときを**水平偏波**（horizontally polarization）という．

次に，$\varphi = \pm\pi/2$であれば，

$$
E_x^2 + E_y^2 = E_0^2 \qquad (11.69)
$$

であり，円の方程式である．この場合，電界の振動方向が回転しながら伝搬するので**円偏電磁波**（circularly polarized electromagnetic waves）という．円偏電磁波には電界E_x，E_yの大きさが等しい**円偏波**（circularly polarized wave）と大きさが異なる**楕円偏波**（elliptically polarized wave）がある．

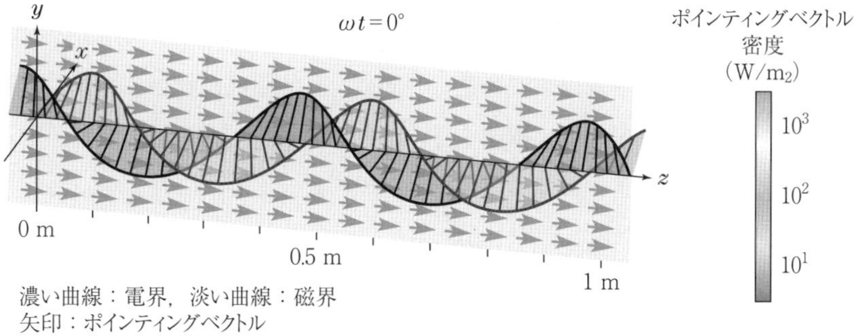

図 11.8　円偏波が伝搬する様子

$\varphi = +\pi/2$ の場合，回転方向には左回りとなりこれを**左旋性円偏波**（left - handed circular polarization wave）という．また $\varphi = -\pi/2$ の場合，右回りとなりこれを**右旋性円偏波**（right - handed circular polarization wave）という．円偏波の例を図 11.8 に示す．

E_x と E_y の大きさが異なる場合は，電界のベクトル軌跡は楕円となる．

11. 5　固有インピーダンス（波動インピーダンス）

前節において x, y 方向への変化がなく z 方向に進行する電磁波は，4 つの進行波から構成され，電界と磁界が対になって伝搬することを述べた．ここで，$z - ct =$ 一定となる**波面**（wavefront）を考える．すなわち，図 11.9 に示すように波動方程式の解（図 11.5）に対して，z 軸に垂直かつ速度 c で進む面 S を考えると，面 S において進行波の（振幅の）大きさは一定となる．

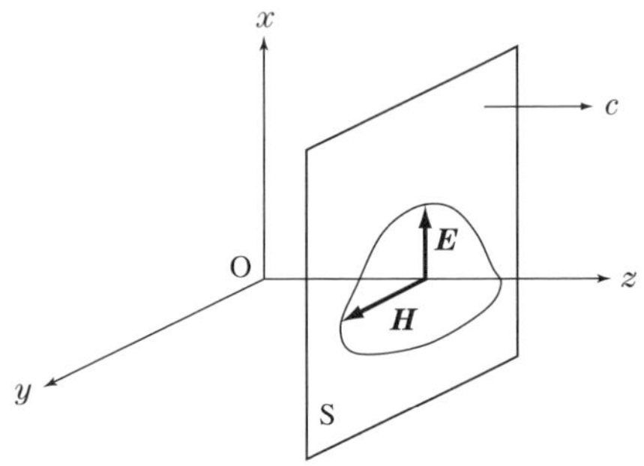

図 11.9　電磁波の波面

なお，波面が平面となる波を**平面波**（plane wave）という．また電界ベクトルおよび磁界ベクトルは，波の進行方向に対して垂直に変動し進行方向には変動しないので，電磁波は**横波**（transverse wave）であることがわかる．

ここで，正方向の進行波である電界と磁界の比をとり，これを Z_0 とおく．すなわち，(11.58) ならびに (11.61) より，

$$Z_0 = \frac{E_{1x}}{H_{1y}} = \sqrt{\frac{\mu_0}{\varepsilon_0}} = \frac{4\pi c}{10^7} \cong 120\pi \approx 377 \quad [\Omega] \qquad (11.70)$$

となる．電界は E [V/m]，磁界は H [A/m] であるので，Z_0 の単位は [V/A]

すなわち［Ω］となる．このように Z_0 はインピーダンスの次元をもち，これを真空の**固有インピーダンス**（intrinsic impedance）または**波動インピーダンス**という．

Z_0 を用いると，真空中の電磁波の電界と磁界との関係は（11.70）より次のようになる．

$$E_{1x} = Z_0 H_{1y}, \qquad H_{1y} = \frac{E_{1x}}{Z_0} \tag{11.71}$$

さらに，4つの進行波に対する組合せから，次の関係式が得られる．

$$E_{2x} = -Z_0 H_{2y}, \qquad H_{2y} = -\frac{E_{2x}}{Z_0} \tag{11.72}$$

$$E_{1y} = -Z_0 H_{1x}, \qquad H_{1x} = -\frac{E_{1y}}{Z_0} \tag{11.73}$$

$$E_{2y} = Z_0 H_{2x}, \qquad H_{2x} = \frac{E_{2y}}{Z_0} \tag{11.74}$$

ここで（11.72）と（11.73）の負号は，図11.4において磁界の向きが座標軸の向きと逆であることによる．

ここまでの議論は，電磁波の成分がそれぞれ正負の x 成分あるいは y 成分の場合を考えてきたが，以下では，横波の電界と磁界は正方向に進行する波のみを考えると，次のように書くことができる．

$$\boldsymbol{E}_1 = E_{1x}\boldsymbol{i} + E_{1y}\boldsymbol{j} \tag{11.75}$$

$$\boldsymbol{H}_1 = H_{1x}\boldsymbol{i} + H_{1y}\boldsymbol{j} \tag{11.76}$$

ここで $\boldsymbol{E}_1$ と $\boldsymbol{H}_1$ の内積に対して，（11.71）ならびに（11.73）の関係式を用いると，

$$\boldsymbol{E}_1 \cdot \boldsymbol{H}_1 = E_{1x}H_{1x} + E_{1y}H_{1y} = Z_0(H_{1y}H_{1x} - H_{1x}H_{1y}) = 0 \tag{11.77}$$

となる．これは $\boldsymbol{E}_1$ と $\boldsymbol{H}_1$ が直交していることを意味する．したがって，次式の関係が成り立つ．

$$\frac{E_1}{H_1} = \frac{\sqrt{E_{1x}^2 + E_{1y}^2}}{\sqrt{H_{1x}^2 + H_{1y}^2}} = Z_0 \tag{11.78}$$

これより，次の関係式が得られる．

$$E_1 = Z_0 H_1, \qquad H_1 = \frac{E_1}{Z_0} \tag{11.79}$$

さらに，$Z_0 = \mu_0 c$ の関係から電界と磁束密度との間には，次の関係が成り立っている．

$$E_1 = cB_1, \qquad B_1 = \frac{E_1}{c} \tag{11.80}$$

11．6 正弦的に変動する電磁波

電界ならびに磁界からなる電磁波は波動方程式で表すことができ，横波に対して 4 つの進行波が存在することを 11.4 節で学んだ．ここでは図 11.4 (a) に示したように，電界が x 軸方向に**正弦波** (sinusoidal wave) として振動し，z 軸の正方向に進行する場合のみを考える．この様子を図 11.10 ならびに図 11.11 に示す．

この進行波は，次のように書くことができる．

$$E_{1x} = E_{1\mathrm{m}} \sin\{k(z - ct)\} \tag{11.81}$$

ここで，$E_{1\mathrm{m}}$ は進行波の最大値を表し**振幅** (amplitude) という．k は[m^{-1}]

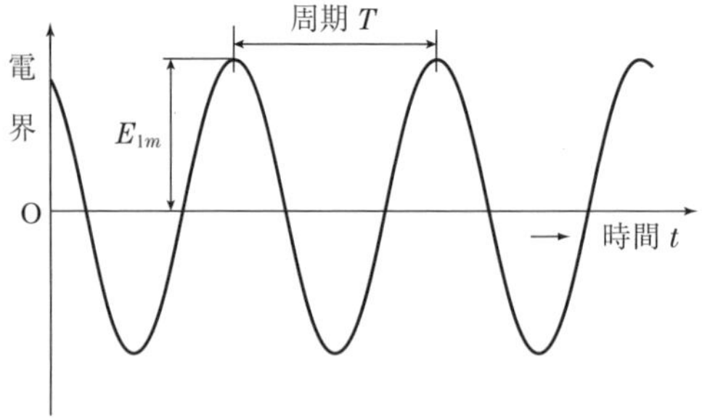

図 11.10　固定観測点における電界の時間変化

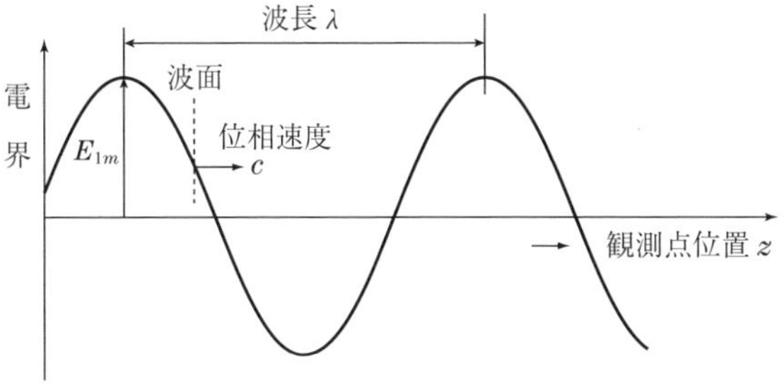

図 11.11　同時刻における観測点位置ごとの電界

の次元をもち**波数** (wave number) とよばれる．また｛　｝内の変数

$$\theta = k(z - ct) \tag{11.82}$$

は**位相角** (phase angle) または**位相** (phase) という．波数は単位長さ当りの位相の変化量となる．

また，位相変化が 2π となる長さ λ を**波長** (wave length) といい，波数との間には

$$k = \frac{2\pi}{\lambda} \tag{11.83}$$

の関係がある．さらに，振動の周期 T と**角周波数** (angular frequency) ω とは $\omega T = 2\pi$ の関係があるので，進行波をある点に固定して観測すると，(11.77) の関係から

$$\omega = kc \tag{11.84}$$

が得られる．これより伝搬速度は

$$c = \frac{\omega}{k} \tag{11.85}$$

となる．

2 つの正弦波の位相の差を**位相差** (phase difference) という．

波が正弦波として変動する場合の伝搬速度は，同一位相面（波面）が伝搬する速度であり，これを**位相速度** (phase velocity) という．真空中の電磁波の位相速度は波数（あるいは波長）には依存せず，すべての波長が光速 c で

伝播する．このような波を**非分散性の波** (nondispersive wave) という．

これに対して，電磁波がガラスや水などの物質中を伝搬するときは，位相速度が波長に依存する．このような波を**分散性の波** (dispersive wave) という．

角周波数 ω と周波数 f とは $\omega = 2\pi f$ の関係にあるので，(11.83) ならびに (11.84) より

$$f\lambda = c \tag{11.86}$$

が成り立つ．周波数の単位は [1/s] であるが，これをヘルツ (Hz) で表す．

電磁波は周波数または波長により，異なった名称でよばれる．電波は周波数が 3 THz (THz はテラヘルツとよぶ．3 THz = 3000 GHz) 以下の電磁波である．光も電磁波であり，可視光の場合，波長範囲は 380 ～ 770 nm 程度である．見返しの表 3 に電磁波の分類と名称および周波数，波長を示す．

太陽光や電灯などの光は，種々の周波数をもつ電磁波の集まりであるが，レーザ光は単一周波数の電磁波である．周波数，位相，波面が揃った光を「コヒーレントな光」という．光通信などに使用されるレーザ光は完全な**コヒーレント** (coherent) な光ではないが，コヒーレント性の高い光である．

コラム　放電と電磁波

ヘルツが，マクスウェルの電磁波理論 (1865 年) を実験により確認したのは 1886 年のことである．閉じたコイルの両端に放電ギャップを取りつけ，ここで火花放電を起こして電磁波を発生させた．これを 20 m 離れた位置にコイルを設置し，この誘導起電力によって火花放電を発生させ電磁波を検出した．さらに，その電磁波が光と同じように反射，屈折，偏極，回折を起こし光と同じ速度で伝搬することを示した．周波数の単位 Hz は彼の名に由来する．

一方，雷も自然が作る火花放電であり，雷撃時には電磁波が発生する．この電磁波は，電離層と大地との間で反射を繰り返しながら地球の裏側にも到達する．今日では電磁波を測定することにより，雲内の放電発生場所や放電経路を推定することができる．

11.7 物質中の電磁波の基礎方程式と伝搬

11.7.1 物質中の波動方程式

これまでは電磁波が真空中を伝搬する場合であったが，ここでは電磁波が誘電率 ε，透磁率 μ，導電率 κ の物質中を伝搬する場合について考える．

物質の性質を表す関係式をまとめると次のようになる．

$$\boldsymbol{D} = \varepsilon\boldsymbol{E} = \varepsilon_0\boldsymbol{E} + \boldsymbol{P} \tag{5.20}$$

$$\boldsymbol{H} = \frac{1}{\mu}\boldsymbol{B} = \frac{1}{\mu_0}\boldsymbol{B} - \boldsymbol{M} \tag{8.14}$$

$$\boldsymbol{J} = \kappa\boldsymbol{E} + \boldsymbol{J}_0 \tag{11.19}$$

ここで $\boldsymbol{P}$ および $\boldsymbol{M}$ は，媒質に誘起された分極および磁化である．

例題 11.2

誘電率，透磁率，導電率がそれぞれ ε，μ，κ である物質において，空間電荷密度 ρ，ならびに外部からの電流密度 $\boldsymbol{J}_0$ を 0 とすれば，電界と磁界は次の方程式を満たすことを示せ．

$$\nabla^2\boldsymbol{E} = \varepsilon\mu\frac{\partial^2\boldsymbol{E}}{\partial t^2} + \kappa\mu\frac{\partial\boldsymbol{E}}{\partial t} \tag{11.87}$$

$$\nabla^2\boldsymbol{H} = \varepsilon\mu\frac{\partial^2\boldsymbol{H}}{\partial t^2} + \kappa\mu\frac{\partial\boldsymbol{H}}{\partial t} \tag{11.88}$$

解 (11.12) の両辺に rot の演算を行い，これに $\mathrm{div}\,\boldsymbol{E} = \rho/\varepsilon = 0$，ならびに (11.13) を代入すると次式が得られる．

$$\text{左辺}：\mathrm{rot}(\mathrm{rot}\,\boldsymbol{E}) = \mathrm{grad}(\mathrm{div}\,\boldsymbol{E}) - \mathrm{div}(\mathrm{grad}\,\boldsymbol{E}) = -\nabla^2\boldsymbol{E} \tag{11.89}$$

$$\text{右辺}：-\mu\frac{\partial}{\partial t}\mathrm{rot}\,\boldsymbol{H} = -\mu\frac{\partial}{\partial t}\left(\varepsilon\frac{\partial\boldsymbol{E}}{\partial t} + \kappa\boldsymbol{E}\right) = -\varepsilon\mu\frac{\partial^2\boldsymbol{E}}{\partial t^2} - \kappa\mu\frac{\partial\boldsymbol{E}}{\partial t} \tag{11.90}$$

式を整理すれば (11.87) となる．

同様に (11.13) の両辺に rot の演算を行い，これに $\mathrm{div}\,\boldsymbol{B} = \mu\,\mathrm{div}\,\boldsymbol{H} = 0$，ならび

に (11.12) を代入すると次式が得られる.

$$\text{左辺}：\mathrm{rot}(\mathrm{rot}\,\boldsymbol{H}) = \mathrm{grad}(\mathrm{div}\,\boldsymbol{H}) - \mathrm{div}(\mathrm{grad}\,\boldsymbol{H}) = -\nabla^2\boldsymbol{H} \tag{11.91}$$

$$\text{右辺}：\varepsilon\frac{\partial}{\partial t}\mathrm{rot}\,\boldsymbol{E} + \kappa\,\mathrm{rot}\,\boldsymbol{E} = \varepsilon\frac{\partial}{\partial t}\left(-\mu\frac{\partial\boldsymbol{H}}{\partial t}\right) + \kappa\left(-\mu\frac{\partial\boldsymbol{H}}{\partial t}\right)$$

$$= -\varepsilon\mu\frac{\partial^2\boldsymbol{H}}{\partial t^2} - \kappa\mu\frac{\partial\boldsymbol{H}}{\partial t} \tag{11.92}$$

式を整理すれば (11.88) となる.

空間電荷密度ならびに外部からの電流 $\boldsymbol{J}_0$ を考慮した一般の場合には, 例題 11.2 と同様な手順により次式が得られる.

$$\nabla^2\boldsymbol{E} - \varepsilon\mu\frac{\partial^2\boldsymbol{E}}{\partial t^2} - \kappa\mu\frac{\partial\boldsymbol{E}}{\partial t} = \mu\frac{\partial\boldsymbol{J}_0}{\partial t} + \mathrm{grad}\,\frac{\rho}{\varepsilon} \tag{11.93}$$

$$\nabla^2\boldsymbol{H} - \varepsilon\mu\frac{\partial^2\boldsymbol{H}}{\partial t^2} - \kappa\mu\frac{\partial\boldsymbol{H}}{\partial t} = -\mathrm{rot}\,\boldsymbol{J}_0 \tag{11.94}$$

(11.93), (11.94) を解くことにより電界と磁界を計算できるが, 解析的に求めることは特殊な場合に限られ, 一般には数値計算に頼ることになる.

(11.93), (11.94) において物質が非導電性の場合 ($\kappa = 0$) の微分方程式は, **非同次ベクトル波動方程式** (inhomogeneous vector wave equation) とよばれる. また, 電荷や外部電流がなく物質が非導電性の場合 ($\rho = 0, \boldsymbol{J}_0 = 0, \kappa = 0$) は, **同次ベクトル波動方程式** (homogeneous vector wave equation) とよばれる. 11.4 節で述べた真空中を伝搬する電磁波に対する波動方程式 (11.35), (11.36) は, 後者に該当する.

11.7.2　分散と屈折

物質中では位相速度が波長により異なるため, 分散が起こる. また, 物質に電磁波が入射する際に屈折が起こる. 以下では, このような場合の取り扱いを解説する.

電界と磁界が位置関数と時間関数に分離することができ，$\boldsymbol{E}(\boldsymbol{r})\cdot e^{j\omega t}$，$\boldsymbol{H}(\boldsymbol{r})\cdot e^{j\omega t}$ のようにおきかえることができると仮定する．また，(11.13) 右辺第 1 項の電流を無視すると，マクスウェルの方程式から誘導される波動方程式 (11.87) は次のようになる．

$$\nabla^2\boldsymbol{E}+\omega^2\varepsilon\mu\boldsymbol{E}=0 \tag{11.95}$$

(11.88) より磁界についても，次式が得られる．

$$\nabla^2\boldsymbol{H}+\omega^2\varepsilon\mu\boldsymbol{H}=0 \tag{11.96}$$

ここで，

$$k=\omega\sqrt{\varepsilon\mu}=\omega\sqrt{\varepsilon_0\mu_0}\sqrt{\varepsilon_{\mathrm{s}}\mu_{\mathrm{s}}} \tag{11.97}$$

とおくと，(11.95) ならびに (11.96) は，

$$\nabla^2\boldsymbol{E}+k^2\boldsymbol{E}=0 \tag{11.98}$$

$$\nabla^2\boldsymbol{H}+k^2\boldsymbol{H}=0 \tag{11.99}$$

となる．k は**波数** (wave number) であり，物質中に存在する平面電磁波の進行方向の位相定数に等しい．

(11.98)，(11.99) は，それぞれ電界 $\boldsymbol{E}$，磁界 $\boldsymbol{H}$ に関するものであるが，電束密度 $\boldsymbol{D}$ および磁束密度 $\boldsymbol{B}$ についても成立する．これらはいずれも 3 次元のベクトルであるから，任意の座標成分を u とすれば，

$$\nabla^2u+k^2u=\frac{\partial^2u}{\partial x^2}+\frac{\partial^2u}{\partial y^2}+\frac{\partial^2u}{\partial z^2}+k^2u=0 \tag{11.100}$$

が成立する．この方程式の一般解は，

$$u(x,\,y,\,z)=u_0\,e^{-(\varGamma_x x+\varGamma_y y+\varGamma_z z)} \tag{11.101}$$

の形をもつ．

これらより，(11.101) を (11.100) に代入する．まず $\partial^2u/\partial x^2$ について計算すると，

$$\frac{\partial^2u}{\partial x^2}=\frac{\partial}{\partial x}\frac{\partial}{\partial x}u_0\,e^{-(\varGamma_x x+\varGamma_y y+\varGamma_z z)}=\frac{\partial}{\partial x}(-u_0\varGamma_x)\,e^{-(\varGamma_x x+\varGamma_y y+\varGamma_z z)}$$

$$=u_0\varGamma_x^2e^{-(\varGamma_x x+\varGamma_y y+\varGamma_z z)}=\varGamma_x^2u \tag{11.102}$$

となる．同様に

$$\frac{\partial^2 u}{\partial y^2} = u_0 \Gamma_y^2 e^{-(\Gamma_x x + \Gamma_y y + \Gamma_z z)} = \Gamma_y^2 u \tag{11.103}$$

$$\frac{\partial^2 u}{\partial z^2} = u_0 \Gamma_z^2 e^{-(\Gamma_x x + \Gamma_y y + \Gamma_z z)} = \Gamma_z^2 u \tag{11.104}$$

となる．

したがって，これらの式を (11.100) に代入すれば次式が得られる．

$$\frac{\partial^2 u}{\partial x^2} + \frac{\partial^2 u}{\partial y^2} + \frac{\partial^2 u}{\partial z^2} + k^2 u = \Gamma_x^2 u + \Gamma_y^2 u + \Gamma_z^2 u + k^2 u = 0 \tag{11.105}$$

すなわち，

$$\Gamma_x^2 + \Gamma_y^2 + \Gamma_z^2 + k^2 = 0 \tag{11.106}$$

が得られる．(11.100) は，直角座標系で表した一様空間中の電磁波伝搬の特性方程式であり，(11.106) を満足する Γ_x，Γ_y，Γ_z を有する波動が空間に存在できることを意味する．

これらの量は一般に複素数であり，それぞれの方向への伝搬定数である．これを

$$\Gamma_i = j\beta_i + \alpha_i \quad (i = x, y, z) \tag{11.107}$$

と表した場合，β_i は方向 i への位相定数，α_i は減衰定数となる．つまり，平面波の伝搬定数は，波数に等しい．平面波の位相速度は，平面波の振幅を

$$u(z, t) = \mathrm{Re}\{u_0 \, e^{-j\beta_z z} e^{j\omega t}\} \tag{11.108}$$

と表した場合，波動の位相速度 v_p は位相一定の条件から，

$$-j\beta_z z + j\omega t = \text{一定} \tag{11.109}$$

となる．

よって，

$$v_p = \lim_{\Delta t \to 0} \frac{\Delta z}{\Delta t} = \frac{dz}{dt} = \frac{\omega}{\beta_z} = \frac{\omega}{\omega\sqrt{\varepsilon\mu}} = \frac{1}{\sqrt{\varepsilon\mu}} = \frac{1}{\sqrt{\varepsilon_0\mu_0}}\frac{1}{\sqrt{\varepsilon_s\mu_s}} \tag{11.110}$$

と表される．真空中では，$\varepsilon_s = \mu_s = 1$ であるので，

$$v_p = \frac{1}{\sqrt{\varepsilon_0\mu_0}} = c\ (\text{光速}) \tag{11.111}$$

となる．

物質中での光の速さは真空中よりも遅くなるので，光学では位相速度の逆数をとり，次式の**屈折率** (refractive index) で定義する．

$$\frac{c}{v_p} \equiv n \tag{11.112}$$

屈折率 n は (11.110) より

$$n = \sqrt{\varepsilon_s\mu_s} \tag{11.113}$$

である．光学材料では $\mu_s = 1$ の場合が多く，その場合には次式となる．

$$n = \sqrt{\varepsilon_s} \tag{11.114}$$

k が波数とよばれるのは，平面波の場合に，波数は単位長さ当り波長の数の 2π 倍に等しいからである．したがって，(11.83) に示した次の関係式が得られる．

$$k = \frac{2\pi}{\lambda} \tag{11.115}$$

すなわち波長は，

$$\lambda = \frac{v_p}{f} = \frac{2\pi}{\omega\sqrt{\varepsilon\mu}} = \frac{2\pi}{k} \tag{11.116}$$

で与えられる．

屈折率 n の媒質中では，波長 λ が真空中の値 λ_0 よりも短くなる．これは，

$$\lambda = \frac{\lambda_0}{n} \tag{11.117}$$

で表される．媒質中の波数 k は，

$$k = \frac{2\pi}{\lambda} = 2\pi \cdot \frac{n}{\lambda_0} = n \cdot \frac{2\pi}{\lambda_0} = nk_0 \tag{11.118}$$

となる．また

$$k = n \cdot \frac{\omega}{c} \tag{11.119}$$

と表せる．

距離 z を伝搬したときの位相変化は kz であるので，物質中での電磁波は，

$$u = A\sin(\omega t - kz) \tag{11.120}$$

と表せる．同一位相面，すなわち $t = t_1$，$z = z_1$ における位相 $\omega t_1 - kz_1$ と，$t = t_2 > t_1$，$z = z_2$ における位相 $\omega t_2 - kz_2$ が等しいとすれば，波面の伝搬速度 v_{p} は時間 t の間に進む波面の距離 z を考えると，

$$v_{\mathrm{p}} = \frac{z_2 - z_1}{t_2 - t_1} = \frac{\omega}{k} = \frac{c}{n} \tag{11.121}$$

で表される．v_{p} は物質内の**位相速度**（phase velocity）であり，伝搬速度でもある．また媒質中の光速は，

$$v_{\mathrm{p}} = \frac{\omega}{k} = \frac{2\pi f}{2\pi/\lambda} = f\lambda \tag{11.122}$$

と書ける．

11.7.3　群速度と位相速度

時間の関数である任意の波形は，周波数の異なる正弦波の集まりである．複数の波を重ね合わせたとき，その波全体の集まりを**波束**（wave packet）という．正弦波の集まりでもある波束は多くの場合，直線的に進行するが，この進行する速度 v_{g} を**群速度**（group velocity）という．エネルギーや情報は群速度で移動すると考えられる．

一方，波束を角速度 ω で回転する円に投影して表した場合，波数ベクトル

を $\boldsymbol{k}$ とすれば，

$$\boldsymbol{v}_{\mathrm{p}} \cdot \boldsymbol{k} = \omega \tag{11.123}$$

の関係が成り立つ．ここで，$\boldsymbol{v}_{\mathrm{p}}$ は波束の位相が移動する速度を表しており，これを**位相速度** (phase velocity) という．角速度は単位円の回転速度をラジアンとして表している．これに対して位相速度は，大きさが時間の関数として変化する波束に対して，ある一定の大きさをもつ回転円の特定の位相における単位時間当りの移動距離を速度として表したものといえる．

媒質が均一な場合，伝搬速度は周波数によって変化しない．これに対して，媒質が均一でない場合，群速度や位相速度は周波数により異なり，分散や複屈折が起こる．

光学において，光パルスが光学材料中を伝搬する場合，分散と非線形光学効果により光パルスの波形が変化する．光パルスには時間位相とスペクトル位相があるが，スペクトル位相は光パルスが媒質中を伝搬する際に，群速度分散が発生する．群速度分散がない場合，群速度と位相速度は一致する．

ここで分散がある場合について考える．分散は波数ベクトルの変化として考えることができる．すなわち，波数ベクトルは角周波数の関数であるから，角周波数を中心角周波数と変化分の和として，

$$\omega = \omega_0 + \varDelta\omega \tag{11.124}$$

と表せば，スペクトル位相 $k(\omega)$ は次のようになる．

$$\begin{aligned} k(\omega) &= k(\omega_0) + \frac{dk}{d\omega}\varDelta\omega + \frac{1}{2}\frac{d^2k}{d\omega^2}\varDelta\omega^2 + \cdots \\ &= \frac{\omega_0}{v_{\mathrm{p}}} + \frac{1}{v_{\mathrm{g}}}\varDelta\omega + \frac{1}{2}k_2\varDelta\omega_2^2 + \cdots \end{aligned} \tag{11.125}$$

ここで，第 1 項は中心角周波数における位相速度である．また，第 2 項の v_{g} は群速度になる．また，光速を c，群屈折率を n_{g} とすれば，次式が得られる．

$$\frac{1}{v_{\mathrm{g}}} = \frac{dk}{d\omega} + \frac{1}{c}\frac{d(\omega_n)}{d\omega} = \frac{n_{\mathrm{g}}}{c} \tag{11.126}$$

さらに，群屈折率 n_g を以下のように表すこともできる．

$$n_g = \frac{d(\omega_n)}{d\omega} = n + \omega\frac{dn}{d\omega} = n - \lambda\frac{dn}{d\lambda} \qquad (11.127)$$

11．8 電磁波の透過と反射

異なる物性値をもつ 2 つの物質に対する境界条件は，静電界では 5.6 節に述べたように界面に真電荷が存在しない場合は，法線方向の電束密度の連続条件から次式が成り立つ．

$$\boldsymbol{D}_1 \cdot \boldsymbol{n} = \boldsymbol{D}_2 \cdot \boldsymbol{n} \quad \text{または} \quad (\boldsymbol{D}_1 - \boldsymbol{D}_2) \cdot \boldsymbol{n} = 0 \qquad (11.128)$$

もし，界面に真電荷 ρ（面電荷密度 σ）が存在する場合は

$$\boldsymbol{D}_1 \cdot \boldsymbol{n} - \boldsymbol{D}_2 \cdot \boldsymbol{n} = \sigma \quad \text{または} \quad \boldsymbol{n} \times (\boldsymbol{D}_1 - \boldsymbol{D}_2) = \sigma \qquad (11.129)$$

となる．また，接線方向の電界は両側で等しいので

$$\boldsymbol{E}_1 \cdot \boldsymbol{t} = \boldsymbol{E}_2 \cdot \boldsymbol{t}, \ (\boldsymbol{E}_1 - \boldsymbol{E}_2) \cdot \boldsymbol{t} = 0 \quad \text{または} \quad \boldsymbol{n} \times (\boldsymbol{E}_1 - \boldsymbol{E}_2) = 0 \qquad (11.130)$$

で与えられる．

一方，静磁界に対しては，8.9 節で述べたように法線方向の磁束密度の連続条件，ならびに接線方向の磁界は境界面の両側で等しいことから次式で与えられる．

$$\boldsymbol{B}_1 \cdot \boldsymbol{n} = \boldsymbol{B}_2 \cdot \boldsymbol{n} \quad \text{または} \quad (\boldsymbol{B}_1 - \boldsymbol{B}_2) \cdot \boldsymbol{n} = 0 \qquad (11.131)$$

$$\boldsymbol{H}_1 \cdot \boldsymbol{t} = \boldsymbol{H}_2 \cdot \boldsymbol{t} \quad \text{または} \quad \boldsymbol{n} \times (\boldsymbol{H}_1 - \boldsymbol{H}_2) = 0 \qquad (11.132)$$

また，界面電流 $\boldsymbol{K}$ が存在する場合は

$$\boldsymbol{n} \times (\boldsymbol{H}_1 - \boldsymbol{H}_2) = \boldsymbol{K} \qquad (11.133)$$

となる．

もし，一方の媒質が導電率 $\kappa = \infty$ である完全導体とすれば，この内部の電磁界は 0 となる．この場合，完全導体の表面において電界の接線成分はなく，磁界は導体表面に平行になる．また，導体表面上には磁界と垂直な方向

に大きさ $|\boldsymbol{K}| = |\boldsymbol{H}|$ の電流が流れる．これらの関係は次のように書くことができる．

$$\boldsymbol{n} \times \boldsymbol{E} = 0 \tag{11.134}$$

$$\boldsymbol{n} \times \boldsymbol{H} = \boldsymbol{K} \tag{11.135}$$

$$\boldsymbol{n} \cdot \boldsymbol{E} = \frac{\sigma}{\varepsilon} \tag{11.136}$$

$$\boldsymbol{n} \cdot \boldsymbol{H} = 0 \tag{11.137}$$

また電界，磁界ならびに表面電流の向きの関係は図 11.12 のようになる．

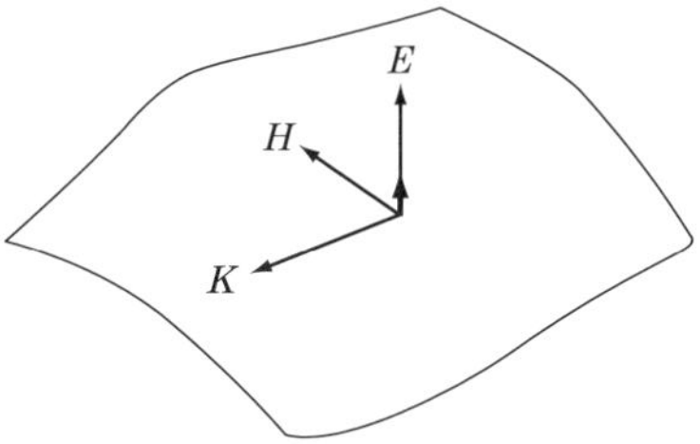

図 11.12　完全導体表面における電界，磁界ならびに表面電流の向き

電界と磁界から成り立つ電磁波において，物性値の異なる物質の境界面では，図 11.13 に示すように入射波は透過波と反射波に分かれる．電界ならびに磁界の入射波をそれぞれ E_{i}，H_{i}，透過波を E_{t}，H_{t}，反射波を E_{r}，H_{r} とす

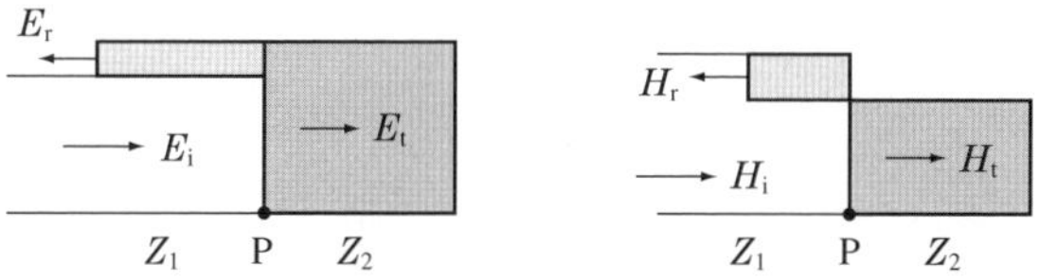

（a）$Z_1 < Z_2$

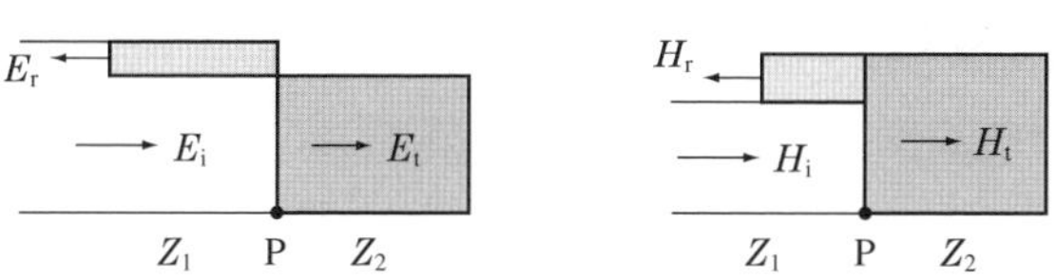

（b）$Z_1 > Z_2$

図 11.13　入射電磁波に対する透過波と反射波

る．また，すべての物質は，11.5 節で述べたように固有インピーダンスをもっている．

ここで，電磁波が固有インピーダンス Z_1 の物質から固有インピーダンス Z_2 の物質に入射するとき，境界面では以下の関係式が成り立つ．

$$E_\mathrm{i} + E_\mathrm{r} = E_\mathrm{t} \tag{11.138}$$

$$H_\mathrm{i} + H_\mathrm{r} = H_\mathrm{t} \tag{11.139}$$

また，電界と磁界との間には次式の関係が成り立つ．

$$H_\mathrm{i} = \frac{E_\mathrm{i}}{Z_1} \tag{11.140}$$

$$H_\mathrm{r} = -\frac{E_\mathrm{r}}{Z_1} \tag{11.141}$$

$$H_\mathrm{t} = \frac{E_\mathrm{t}}{Z_2} \tag{11.142}$$

これらの関係より，次式が得られる．

$$E_\mathrm{t} = \frac{2Z_2}{Z_1 + Z_2}E_\mathrm{i}, \qquad H_\mathrm{t} = \frac{2Z_1}{Z_1 + Z_2}H_\mathrm{i} \tag{11.143}$$

$$E_\mathrm{r} = \frac{Z_2 - Z_1}{Z_1 + Z_2}E_\mathrm{i}, \qquad H_\mathrm{r} = \frac{Z_1 - Z_2}{Z_1 + Z_2}H_\mathrm{i} \tag{11.144}$$

もし $Z_1 = Z_2$ ならば，入射波はすべて透過し反射波は生じない．このような条件を**インピーダンス整合** (impedance matching) という．

入射波と透過波の比を透過係数，入射波と反射波の比を反射係数という．物質の固有インピーダンスは特性インピーダンスとも称される．

11.9 電磁ポテンシャル

電気や磁気に関連する現象の理解，あるいは種々の電気機器の開発・設計などにおいて，電界と磁界（磁束密度）を知ることは大変重要である．物質中の電界と磁界に関する基本方程式は (11.88) ならびに (11.89) で表されることを述べたが，本節では，電磁ポテンシャルを用いて電界と磁界（磁束密度）を計算する方法を述べる．

初めに，静電界を計算する方法を述べる．静止している電荷が作る静電界は，3.8 節で述べたように静電ポテンシャル ϕ を用いてポアソンの式

$$\nabla^2\phi = -\frac{\rho}{\varepsilon_0} \tag{11.145}$$

で記述される．この場合の静電界 $\boldsymbol{E}$ は，静電ポテンシャル ϕ を用いて

$$\boldsymbol{E} = -\mathrm{grad}\,\phi \tag{11.146}$$

で表される．

次に，磁界を計算する方法を述べる．磁界は静磁界に限らず時間変化がある場合でも $\mathrm{div}\,\boldsymbol{B} = 0$ が常に成り立つ．これより，

$$\boldsymbol{B} = \mathrm{rot}\,\boldsymbol{A} \tag{11.147}$$

が導かれた．ここで $\boldsymbol{A}$ はベクトルポテンシャルであり，静磁界に対しては (9.9) で述べたように次のポアソンの式で記述される．

$$\nabla^2\boldsymbol{A} = -\mu_0\boldsymbol{J} \tag{11.148}$$

この式を解くことによりベクトルポテンシャル $\boldsymbol{A}$ がわかれば，これを (11.147) に代入して磁束密度 $\boldsymbol{B}$ を計算できる．ベクトルポテンシャルについては，すでに第 9 章で述べた．

最後に，時間変化する電磁界を電磁ポテンシャルから求める方法を述べる．電磁界は電界と磁界からできており，両者の関係はファラデーの法則 (10.12) に (11.147) を代入して次のように記述される．

$$\mathrm{rot}\,\boldsymbol{E} = -\frac{\partial \boldsymbol{B}}{\partial t} = -\frac{\partial}{\partial t}\mathrm{rot}\,\boldsymbol{A} \tag{11.149}$$

この式を整理すると，電界とベクトルポテンシャルとの関係が次のように得られる．

$$\mathrm{rot}\left(\boldsymbol{E} + \frac{\partial \boldsymbol{A}}{\partial t}\right) = 0 \tag{11.150}$$

ここで，任意のスカラ関数 ϕ に対して，次のベクトル公式が成り立つ．

$$\mathrm{rot}(\mathrm{grad}\,\phi) = 0 \tag{11.151}$$

したがって，(11.150) は (11.151) を考慮すると

$$\mathrm{rot}\left(\boldsymbol{E} + \frac{\partial \boldsymbol{A}}{\partial t} + \mathrm{grad}\,\phi\right) = 0 \tag{11.152}$$

と書き直すことができる．

上式は（　）内を 0 とおくことにより，次式のように書くことができる．

$$\boldsymbol{E} = -\mathrm{grad}\,\phi - \frac{\partial \boldsymbol{A}}{\partial t} \tag{11.153}$$

これは任意の点の電界 $\boldsymbol{E}$ が，静電ポテンシャル ϕ と磁気ポテンシャル $\boldsymbol{A}$ により記述できることを示している．この 2 つのポテンシャルをまとめて**電磁ポテンシャル**という．

ここで，電磁波に対する静電ポテンシャル ϕ と磁気ポテンシャル $\boldsymbol{A}$ の求め方について述べる．

(11.14) に示したガウスの法則 $\mathrm{div}\,\boldsymbol{D} = \rho$ に (11.153) を代入すれば，

$$\nabla^2\phi + \frac{\partial}{\partial t}\mathrm{div}\,\boldsymbol{A} = -\frac{\rho}{\varepsilon} \tag{11.154}$$

が得られる．ここで，$\mathrm{div}(\mathrm{grad}\,\phi) = \nabla^2\phi$ である．さらに，アンペール－マクスウェルの法則 (11.13) の両辺に μ を掛けると

$$\begin{aligned}\mathrm{rot}\,\mu\boldsymbol{H} &= \mu\boldsymbol{J} + \mu\frac{\partial \boldsymbol{D}}{\partial t}\\ &= \mu(\kappa\boldsymbol{E} + \boldsymbol{J}_0) + \mu\varepsilon\frac{\partial \boldsymbol{E}}{\partial t}\end{aligned} \tag{11.155}$$

となる．この式に (11.147) ならびに (11.153) を代入すれば次式を得る．

$$\mathrm{rot}(\mathrm{rot}\,\boldsymbol{A}) = \mu(\kappa\boldsymbol{E} + \boldsymbol{J}_0) + \mu\varepsilon\frac{\partial}{\partial t}\left(-\mathrm{grad}\,\phi - \frac{\partial \boldsymbol{A}}{\partial t}\right) \tag{11.156}$$

ここで，ベクトルの公式 $\mathrm{rot}(\mathrm{rot}\,\boldsymbol{A}) = \mathrm{grad}(\mathrm{div}\,\boldsymbol{A}) - \nabla^2\boldsymbol{A}$ を用いると次式が得られる．

$$\mathrm{grad}(\mathrm{div}\,\boldsymbol{A}) - \nabla^2\boldsymbol{A} = \mu\kappa\left(-\mathrm{grad}\,\phi - \frac{\partial\boldsymbol{A}}{\partial t}\right) + \mu\boldsymbol{J}_0 - \varepsilon\mu\frac{\partial^2\boldsymbol{A}}{\partial t^2} - \varepsilon\mu\frac{\partial}{\partial t}\mathrm{grad}\,\phi$$

式を整理すると次のようになる．

$$\nabla^2\boldsymbol{A} - \varepsilon\mu\frac{\partial^2\boldsymbol{A}}{\partial t^2} - \mu\kappa\frac{\partial\boldsymbol{A}}{\partial t} - \mathrm{grad}\left(\mathrm{div}\,\boldsymbol{A} + \varepsilon\mu\frac{\partial\phi}{\partial t} + \mu\kappa\phi\right) = -\mu\boldsymbol{J}_0 \tag{11.157}$$

したがって，(11.154) と (11.157) を連立させて解くことにより，静電ポテンシャル ϕ と磁気ポテンシャル $\boldsymbol{A}$，すなわち電磁ポテンシャルを求めることができる．さらに，これを用いて (11.153) より電界を，また (11.147) より磁束密度を計算できる．

また，任意の点 $\mathrm{P}(\boldsymbol{r})$ の電位 ϕ は，電界 $\boldsymbol{E}$ の経路 $\boldsymbol{l}$ に沿った線積分によって与えられるので

$$\phi(\boldsymbol{r}) = -\int_\infty^r \boldsymbol{E}\cdot d\boldsymbol{l} = \int_\infty^r \mathrm{grad}\,\phi\cdot d\boldsymbol{l} + \frac{\partial}{\partial t}\int_\infty^r \boldsymbol{A}\cdot d\boldsymbol{l} \tag{11.158}$$

となる．

11. 10　ゲージとローレンス条件

復習の意味も込めて，9.1 節の内容を再度解説してみるところから，この節を始めてみたい．まず，前節において電界と磁界は電磁ポテンシャルを用いると，次式で表されることを述べた．

$$\boldsymbol{E} = -\mathrm{grad}\,\phi - \frac{\partial\boldsymbol{A}}{\partial t} \tag{11.153}$$

$$\boldsymbol{B} = \mathrm{rot}\,\boldsymbol{A} \tag{11.147}$$

ここで，任意のスカラ関数 ϕ の勾配 $\mathrm{grad}\,\phi$ はベクトルであるが，これをベクトルポテンシャル $\boldsymbol{A}$ に加えたベクトル $\boldsymbol{A}' = \boldsymbol{A} + \mathrm{grad}\,\phi$ を考えてみる．この回転密度は

$$\mathrm{rot}\,\boldsymbol{A}' = \mathrm{rot}(\boldsymbol{A} + \mathrm{grad}\,\phi) = \mathrm{rot}\,\boldsymbol{A} = \boldsymbol{B} \tag{11.159}$$

となり，$\boldsymbol{A}$ も $\boldsymbol{A}'$ も同じベクトル $\boldsymbol{B}$ を与えることがわかる．したがって，ベクトルポテンシャルは $\mathrm{grad}\,\phi$ だけ任意性があり，異なるベクトルポテンシャルが同じベクトル $\boldsymbol{B}$ を与える．このため，ベクトルポテンシャルは1つに定まらない．このとき，磁界 $\boldsymbol{B}$ はゲージ変換に対して不変であるという．

この任意性を取り除くために，$\boldsymbol{A}$ に条件をつける．この条件を**ゲージ** (gauge) という．ゲージにはいろいろなものがあるが，

$$\mathrm{div}\,\boldsymbol{A} = 0 \tag{11.160}$$

とするものを**クーロンゲージ**という．このように，無数に可能な中から条件を付加することにより，1つのベクトルポテンシャルを選ぶことを「ゲージを固定する」という．

続いて χ を任意関数として，次の2つの関数を考えてみる．

$$\boldsymbol{A}' = \boldsymbol{A} + \mathrm{grad}\,\chi \tag{11.161}$$

$$\phi' = \phi - \frac{\partial \chi}{\partial t} \tag{11.162}$$

両式を用いて，次のように電界 $\boldsymbol{E}'$ を計算してみる．

$$\begin{aligned} \boldsymbol{E}' &= -\frac{\partial \boldsymbol{A}'}{\partial t} - \mathrm{grad}\,\phi' = -\frac{\partial \boldsymbol{A}}{\partial t} - \mathrm{grad}\,\phi - \frac{\partial}{\partial t}\mathrm{grad}\,\chi + \mathrm{grad}\,\frac{\partial \chi}{\partial t} \\ &= -\frac{\partial \boldsymbol{A}}{\partial t} - \mathrm{grad}\,\phi = \boldsymbol{E} \end{aligned} \tag{11.163}$$

同様に磁束密度 $\boldsymbol{B}'$ を計算してみる．

$$\boldsymbol{B}' = \mathrm{rot}\,\boldsymbol{A}' = \mathrm{rot}\,\boldsymbol{A} + \mathrm{rot}(\mathrm{grad}\,\chi) = \mathrm{rot}\,\boldsymbol{A} = \boldsymbol{B} \tag{11.164}$$

ただし，ベクトルの公式 $\mathrm{rot}(\mathrm{grad}\,\chi) = 0$ を用いた．

これら2つの計算結果から，任意関数χを用いて表される電磁ポテンシャル (11.161) ならびに (11.162) は，(11.153) および (11.147) と同一の電界と磁界を与えることがわかる．逆にいえば，同一の電磁界を与える電磁ポテンシャルを1つに決める必要はないことを意味する．

例えば，(11.157) において，左辺第4項を 0，すなわち

$$\operatorname{div}\boldsymbol{A} + \varepsilon\mu\frac{\partial\phi}{\partial t} + \mu\kappa\phi = 0 \tag{11.165}$$

とおく．この式を**ローレンス条件** (Lorenz gauge condition for potentials) という．ローレンス条件を用いると，(11.157)，(11.154) は次のように$\boldsymbol{A}$とϕに変数分離することができる．

$$\nabla^2\boldsymbol{A} - \varepsilon\mu\frac{\partial^2\boldsymbol{A}}{\partial t^2} - \mu\kappa\frac{\partial\boldsymbol{A}}{\partial t} = -\mu\boldsymbol{J}_0 \tag{11.166}$$

$$\nabla^2\phi - \varepsilon\mu\frac{\partial^2\phi}{\partial t^2} - \mu\kappa\frac{\partial\phi}{\partial t} = -\frac{\rho}{\varepsilon} \tag{11.167}$$

これらを用いて電界と磁界が計算できる．この電磁界計算の流れを次頁の図 11.14 に示す．(11.161)，(11.162) の変換をゲージ変換 (gauge transformation) という．

また，導電率が0の場合には (11.165) において$\kappa = 0$とすれば，ローレンス条件は次式となる．

$$\operatorname{div}\boldsymbol{A} + \varepsilon\mu\frac{\partial\phi}{\partial t} = 0 \tag{11.168}$$

そして，この条件に対する$\boldsymbol{A}$とϕの方程式は，(11.166)，(11.167) より次式となる．

$$\nabla^2\boldsymbol{A} - \varepsilon\mu\frac{\partial^2\boldsymbol{A}}{\partial t^2} = -\mu\boldsymbol{J}_0 \tag{11.169}$$

$$\nabla^2\phi - \varepsilon\mu\frac{\partial^2\phi}{\partial t^2} = -\frac{\rho}{\varepsilon} \tag{11.170}$$

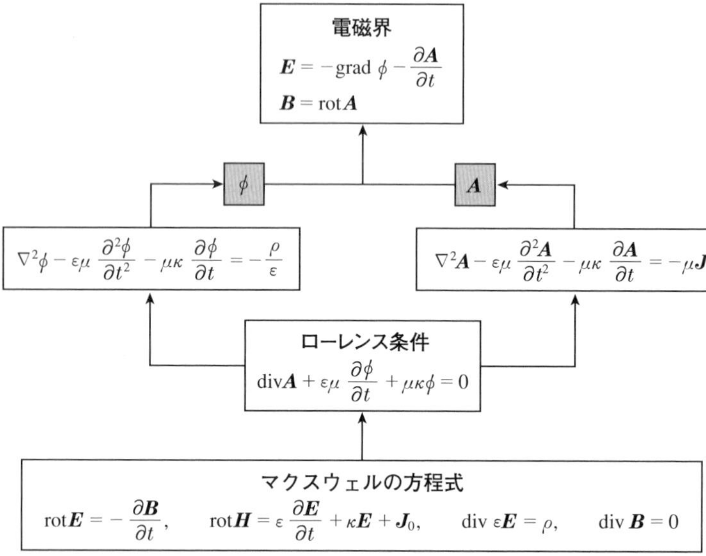

図 11.14　ローレンス条件を用いた電磁界解析の流れ

ローレンス条件 (11.165) または (11.168) を**ローレンスゲージ** (Lorenz gauge) という.

なお, クーロンゲージ $\mathrm{div}\,A = 0$ は, ローレンス条件 (11.165) において電磁界の時間変化がなく, 導電率が 0 の場合であることがわかる.

ここで, (11.169) ならびに (11.170) の左辺は, 波動方程式と同じ形をしている. また両式とも左辺第 2 項を 0 とした場合には, ポアソンの式である. すなわち, (11.169) ならびに (11.170) の解は, 波動方程式の解 $f(t - r/c)$ とポアソンの式の解を同時に満足すると予想される.

ところで, 電磁界の観測点を $\mathrm{P}(\boldsymbol{r})$, 時間変化をしている電荷密度を $\rho(\boldsymbol{r}', t)$ とする. 位置 $\boldsymbol{r}'$ にある微小体積 dv' 内の電荷 $\rho\,dv'$ が観測点に作るスカラポテンシャル $d\phi$ は, 波動方程式とポアソンの式の解からの類推により, 次式で与えられる.

$$d\phi' = \frac{1}{4\pi\varepsilon}\frac{\rho(\boldsymbol{r}', t-d/c)}{d}dv' \tag{11.171}$$

ただし，d は観測点と電荷との距離であり $d=|\boldsymbol{r}-\boldsymbol{r}'|$，$c$ は光速である．また，$t-d/c$ は時間変化する電荷のスカラポテンシャルが，観測点に到達するまでに d/c の時間を要することを意味している．したがって電荷分布全体の体積を V とすれば，観測点Pのスカラポテンシャル ϕ' は次式で与えられる．

$$\phi'(\boldsymbol{r}, t) = \frac{1}{4\pi\varepsilon}\int_{\mathrm{V}}\frac{\rho(\boldsymbol{r}', t-d/c)}{d}dv' \tag{11.172}$$

これを**遅延スカラポテンシャル** (retarded scala potential) という．

同様に，ベクトルポテンシャル $\boldsymbol{A}'$ も次式で与えられる．

$$\boldsymbol{A}'(\boldsymbol{r}, t) = \frac{\mu}{4\pi}\int_{\mathrm{V}}\frac{\boldsymbol{i}(\boldsymbol{r}', t-d/c)}{d}dv' \tag{11.173}$$

これを**遅延ベクトルポテンシャル** (retarded vector potential) といい，両者をまとめて**遅延ポテンシャル** (retarded potential) という．

11. 11 ヘルツベクトル

11.11.1　ヘルツベクトル

前節で，電磁波に対する電界と磁束密度は，電磁ポテンシャル ϕ と $\boldsymbol{A}$ から計算できることを述べた．さらに電磁ポテンシャルは，ローレンス条件を用いて，マクスウェルの方程式から誘導される方程式 (11.166) ならびに (11.167) を解くことにより計算できることを述べた．実際に方程式を解く場合，電荷密度と電流密度ならびに電磁ポテンシャルはそれぞれが独立した物理量ではないため，連続の方程式とローレンス条件を同時に満足するように解く必要がある．

この計算の流れを自動的に行えるものが**ヘルツベクトル** (Hertz vector)

である．ヘルツベクトルは，電磁ポテンシャルに対するポテンシャルに相当するので，**超ポテンシャル** (super potential) とよばれる．

新しいベクトル量 $\boldsymbol{\Pi}$ を用いて，スカラポテンシャル ϕ ならびにベクトルポテンシャル $\boldsymbol{A}$ を次のように記述する．

$$\phi = -\mathrm{div}\,\boldsymbol{\Pi} \tag{11.174}$$

$$\boldsymbol{A} = \kappa\mu\boldsymbol{\Pi} + \varepsilon\mu\frac{\partial\boldsymbol{\Pi}}{\partial t} \tag{11.175}$$

(11.174)，(11.175) を (11.165) に代入すれば，

$$\mathrm{div}\left(\kappa\mu\boldsymbol{\Pi} + \varepsilon\mu\frac{\partial\boldsymbol{\Pi}}{\partial t}\right) + \varepsilon\mu\frac{\partial}{\partial t}(-\mathrm{div}\,\boldsymbol{\Pi}) + \kappa\mu(-\mathrm{div}\,\boldsymbol{\Pi}) = 0 \tag{11.176}$$

となり，ローレンス条件を満足する．さらに，(11.174) を (11.167) に，あるいは (11.175) を (11.166) に代入すれば，

$$\nabla^2\boldsymbol{\Pi} = \varepsilon\mu\frac{\partial^2\boldsymbol{\Pi}}{\partial t^2} + \kappa\mu\frac{\partial\boldsymbol{\Pi}}{\partial t} \tag{11.177}$$

が得られる．

したがって，ヘルツベクトルから電界は次のように計算できる．

$$\begin{aligned}\boldsymbol{E} &= -\mathrm{grad}\,\phi - \frac{\partial\boldsymbol{A}}{\partial t}\\ &= -\mathrm{grad}(-\mathrm{div}\,\boldsymbol{\Pi}) - \frac{\partial}{\partial t}\left(\kappa\mu\boldsymbol{\Pi} + \varepsilon\mu\frac{\partial\boldsymbol{\Pi}}{\partial t}\right)\\ &= \mathrm{grad}(\mathrm{div}\,\boldsymbol{\Pi}) - \nabla^2\boldsymbol{\Pi}\\ &= \mathrm{rot}(\mathrm{rot}\,\boldsymbol{\Pi})\end{aligned} \tag{11.178}$$

また，磁束密度は

$$\boldsymbol{B} = \mathrm{rot}\,\boldsymbol{A} = \mathrm{rot}\left(\kappa\mu\boldsymbol{\Pi} + \varepsilon\mu\frac{\partial\boldsymbol{\Pi}}{\partial t}\right) \tag{11.179}$$

となる．

真空の場合は$\kappa = 0$, $\varepsilon = \varepsilon_0$, $\mu = \mu_0$であるから，それぞれ

$$\nabla^2 \boldsymbol{\Pi} = \varepsilon_0 \mu_0 \frac{\partial^2 \boldsymbol{\Pi}}{\partial t^2} = \frac{1}{c^2} \frac{\partial^2 \boldsymbol{\Pi}}{\partial t^2} \tag{11.180}$$

$$\phi = -\mathrm{div}\, \boldsymbol{\Pi} \tag{11.181}$$

$$\boldsymbol{A} = \varepsilon_0 \mu_0 \frac{\partial \boldsymbol{\Pi}}{\partial t} = \frac{1}{c^2} \frac{\partial \boldsymbol{\Pi}}{\partial t} \tag{11.182}$$

$$\boldsymbol{E} = \mathrm{rot}(\mathrm{rot}\, \boldsymbol{\Pi}) \tag{11.183}$$

$$\boldsymbol{B} = \varepsilon_0 \mu_0 \frac{\partial}{\partial t}(\mathrm{rot}\, \boldsymbol{\Pi}) = \frac{1}{c^2} \frac{\partial}{\partial t}(\mathrm{rot}\, \boldsymbol{\Pi}) \tag{11.184}$$

の関係が成り立つ．

11.11.2 分極ポテンシャル

任意の媒質の場合は，以下の手順によりヘルツベクトルを求めることができる．

初めに媒質中を流れる全電流$\boldsymbol{i}$は，伝導電流$\boldsymbol{J}_{\mathrm{c}}$，分極電流$\boldsymbol{J}_{\mathrm{p}}$，磁化電流$\boldsymbol{J}_{\mathrm{m}}$および外部からの電流$\boldsymbol{J}_0$の和であるから次式が成り立つ．

$$\begin{aligned} \boldsymbol{i} &= \boldsymbol{J}_{\mathrm{c}} + \boldsymbol{J}_{\mathrm{p}} + \boldsymbol{J}_{\mathrm{m}} + \boldsymbol{J}_0 \\ &= \boldsymbol{J}_{\mathrm{c}} + \frac{\partial \boldsymbol{P}}{\partial t} + \mathrm{rot}\, \boldsymbol{M} + \boldsymbol{J}_0 \end{aligned} \tag{11.185}$$

ここで，$\boldsymbol{J}_{\mathrm{p}} = \partial \boldsymbol{P}/\partial t$は (5.27)，$\boldsymbol{J}_{\mathrm{m}} = \mathrm{rot}\, \boldsymbol{M}$は (8.9) をそれぞれ参照のこと．

次に電荷を求める．アンペール - マクスウェルの法則 (11.5) の両辺の発散をとるとベクトルの公式$\mathrm{div}(\mathrm{rot}\, \boldsymbol{H}) = 0$より，次の電荷の保存則が得られる．

$$\mathrm{div}(\mathrm{rot}\, \boldsymbol{H}) = \frac{\partial}{\partial t} \mathrm{div}\, \boldsymbol{D} + \mathrm{div}\, \boldsymbol{J} = \frac{\partial \rho}{\partial t} + \mathrm{div}\, \boldsymbol{J} = 0 \tag{11.186}$$

電荷の保存則を時間について積分し，(11.172) を代入すれば次式を得る．

$$\int \frac{\partial \rho}{\partial t}\,dt = -\int \operatorname{div} \boldsymbol{J}\,dt = -\int \operatorname{div} \frac{\partial \boldsymbol{P}}{\partial t}\,dt \tag{11.187}$$

ここで，$\operatorname{div} \boldsymbol{J}_{\mathrm{c}} = 0$，$\operatorname{div}(\operatorname{rot} \boldsymbol{H}) = 0$，$\operatorname{div} \boldsymbol{J}_0 = 0$ を用いた．上式を積分すると電荷について次式が得られる．

$$\rho(\boldsymbol{r},\, t) = \rho_0(\boldsymbol{r},\, 0) - \operatorname{div} \boldsymbol{P}(\boldsymbol{r},\, t) \tag{11.188}$$

続いて，ベクトルポテンシャル $\boldsymbol{A}$ を求める．ベクトルポテンシャルは第 9 章で述べたように電流から計算される．(11.185) において伝導電流と外部からの電流が 0 の場合，電流密度は次式のように分極と磁化で表すことができる．

$$\boldsymbol{i} = \frac{\partial \boldsymbol{P}}{\partial t} + \operatorname{rot} \boldsymbol{M} \tag{11.189}$$

したがってベクトルポテンシャル $\boldsymbol{A}$ は，電流との対応から電気分極に対応するベクトル $\boldsymbol{\Pi}_{\mathrm{e}}$ と，磁化に対応するベクトル $\boldsymbol{\Pi}_{\mathrm{m}}$ を用いて次式のように書くことができる．

$$\boldsymbol{A} = \varepsilon\mu \frac{\partial \boldsymbol{\Pi}_{\mathrm{e}}}{\partial t} + \operatorname{rot} \boldsymbol{\Pi}_{\mathrm{m}} \tag{11.190}$$

次に，スカラポテンシャルを求める．ローレンス条件 (11.168) を時間について積分すると次式を得る．

$$\int \operatorname{div} \boldsymbol{A}\,dt + \int \varepsilon\mu \frac{\partial \phi}{\partial t}\,dt = 0 \tag{11.191}$$

この式に (11.190) を代入すれば，次式が得られる．

$$\begin{aligned}\phi(\boldsymbol{r},\, t) &= \phi_0(\boldsymbol{r},\, 0) - \frac{1}{\varepsilon\mu}\left\{\int \varepsilon\mu \frac{\partial(\operatorname{div} \boldsymbol{\Pi}_{\mathrm{e}})}{\partial t}\,dt + \int \operatorname{div}(\operatorname{rot} \boldsymbol{\Pi}_{\mathrm{m}})\,dt\right\}\\ &= \phi_0(\boldsymbol{r},\, 0) - \operatorname{div} \boldsymbol{\Pi}_{\mathrm{e}}\end{aligned} \tag{11.192}$$

最後に，電磁ポテンシャルを求める．まず，(11.170) に (11.192) ならびに (11.188) を代入する．

$$\nabla^2(\phi_0 - \operatorname{div}\boldsymbol{\varPi}_{\mathrm{e}}) - \varepsilon\mu\frac{\partial^2}{\partial t^2}(\phi_0 - \operatorname{div}\boldsymbol{\varPi}_{\mathrm{e}}) = -\frac{1}{\varepsilon}(\rho_0 - \operatorname{div}\boldsymbol{P}) \tag{11.193}$$

式を整理すると次のようになる.

$$\nabla^2\phi_0 - \operatorname{div}\left(\nabla^2\boldsymbol{\varPi}_{\mathrm{e}} - \varepsilon\mu\frac{\partial^2\boldsymbol{\varPi}_{\mathrm{e}}}{\partial t^2}\right) = -\frac{\rho_0}{\varepsilon} + \frac{1}{\varepsilon}\operatorname{div}\boldsymbol{P} \tag{11.194}$$

ここで $\nabla^2\phi_0 = -\rho_0/\varepsilon$ であるから，次式が得られる.

$$\nabla^2\boldsymbol{\varPi}_{\mathrm{e}} - \varepsilon\mu\frac{\partial^2\boldsymbol{\varPi}_{\mathrm{e}}}{\partial t^2} = -\frac{1}{\varepsilon}\boldsymbol{P} \tag{11.195}$$

この解は，グリーン関数を用いて次のように与えられる.

$$\boldsymbol{\varPi}_{\mathrm{e}}(\boldsymbol{r},\, t) = \frac{1}{4\pi\varepsilon}\int_{\mathrm{v}}\frac{\boldsymbol{P}(\boldsymbol{r}', t - |\boldsymbol{r} - \boldsymbol{r}'|\sqrt{\varepsilon\mu})}{|\boldsymbol{r} - \boldsymbol{r}'|}dv' \tag{11.196}$$

次に (11.169) において，(11.190)，(11.189) を代入する.

$$\nabla^2\left(\varepsilon\mu\frac{\partial\boldsymbol{\varPi}_{\mathrm{e}}}{\partial t} + \operatorname{rot}\boldsymbol{\varPi}_{\mathrm{m}}\right) - \varepsilon\mu\frac{\partial^2}{\partial t^2}\left(\varepsilon\mu\frac{\partial\boldsymbol{\varPi}_{\mathrm{e}}}{\partial t} + \operatorname{rot}\boldsymbol{\varPi}_{\mathrm{m}}\right) = -\mu\left(\frac{\partial\boldsymbol{P}}{\partial t} + \operatorname{rot}\boldsymbol{M}\right) \tag{11.197}$$

式を整理すると次式が得られる.

$$\varepsilon\mu\left\{\nabla^2\frac{\partial\boldsymbol{\varPi}_{\mathrm{e}}}{\partial t} - \varepsilon\mu\frac{\partial^2}{\partial t^2}\left(\frac{\partial\boldsymbol{\varPi}_{\mathrm{e}}}{\partial t}\right)\right\} + \operatorname{rot}\left(\nabla^2\boldsymbol{\varPi}_{\mathrm{m}} - \varepsilon\mu\frac{\partial^2\boldsymbol{\varPi}_{\mathrm{m}}}{\partial t^2}\right) = -\mu\frac{\partial\boldsymbol{P}}{\partial t} - \mu\operatorname{rot}\boldsymbol{M} \tag{11.198}$$

ここで (11.182) を用いると次のようになる.

$$\nabla^2\boldsymbol{\varPi}_{\mathrm{m}} - \varepsilon\mu\frac{\partial^2\boldsymbol{\varPi}_{\mathrm{m}}}{\partial t^2} = -\mu\boldsymbol{M} \tag{11.199}$$

この解はグリーン関数により，次のように与えられる.

$$\boldsymbol{\varPi}_{\mathrm{m}}(\boldsymbol{r},\, t) = \frac{\mu}{4\pi}\int_{\mathrm{v}}\frac{\boldsymbol{M}(\boldsymbol{r}', t - |\boldsymbol{r} - \boldsymbol{r}'|\sqrt{\varepsilon\mu})}{|\boldsymbol{r} - \boldsymbol{r}'|}dv' \tag{11.200}$$

$\boldsymbol{\Pi}$，あるいは $\boldsymbol{\Pi}_{\rm e}$ と $\boldsymbol{\Pi}_{\rm m}$ を**ヘルツベクトル**という．ヘルツベクトルは (11.196) ならびに (11.200) に示されるように，電気分極と磁化のそれぞれが作るポテンシャルに帰着されるので，**分極ポテンシャル** (polarization potentials) とも称される．

分極ポテンシャルを用いると，電界と磁界は次のように計算できる．

$$\boldsymbol{E} = \mathrm{rot}(\mathrm{rot}\,\boldsymbol{\Pi}_{\rm e}) - \mathrm{rot}\,\frac{\partial \boldsymbol{\Pi}_{\rm m}}{\partial t} = \left(\nabla^2 \boldsymbol{\Pi}_{\rm e} - \varepsilon\mu\,\frac{\partial^2 \boldsymbol{\Pi}_{\rm e}}{\partial t^2}\right) - \mathrm{rot}\,\frac{\partial \boldsymbol{\Pi}_{\rm m}}{\partial t} \tag{11.201}$$

$$\boldsymbol{H} = \varepsilon\,\mathrm{rot}\,\frac{\partial \boldsymbol{\Pi}_{\rm e}}{\partial t} + \frac{1}{\mu}\,\mathrm{rot}(\mathrm{rot}\,\boldsymbol{\Pi}_{\rm m}) = \varepsilon\,\mathrm{rot}\,\frac{\partial \boldsymbol{\Pi}_{\rm e}}{\partial t} + \left(\frac{1}{\mu}\,\nabla^2 \boldsymbol{\Pi}_{\rm m} - \varepsilon\,\frac{\partial^2 \boldsymbol{\Pi}_{\rm m}}{\partial t^2}\right) \tag{11.202}$$

例題 11.3

電気双極子による電界と磁界を求めよ．

解　電気双極子を $\boldsymbol{p}(t)$ とすれば，電気分極は δ 関数を用いて次のように表せる．

$$\boldsymbol{P}(\boldsymbol{r},\,t) = \boldsymbol{p}(t)\,\delta(\boldsymbol{r}) \tag{11.203}$$

また，$\boldsymbol{M}_{\rm m} = 0$ である．よって，これらを (11.195) ならびに (11.199) に代入すれば，次式を得る．

$$\boldsymbol{\Pi}_{\rm e} = \frac{\boldsymbol{P}(\boldsymbol{r},\,t)}{4\pi\varepsilon r}, \qquad \boldsymbol{\Pi}_{\rm m} = 0 \tag{11.204}$$

これらを (11.201)，(11.202) に代入すれば電界と磁界は次のように求められる．

$$\boldsymbol{E} = \mathrm{rot}(\mathrm{rot}\,\boldsymbol{\Pi}_{\rm e}) = \mathrm{rot}\,\mathrm{rot}\left(\frac{\boldsymbol{P}(\boldsymbol{r},\,t)}{4\pi\varepsilon r}\right) = \frac{1}{4\pi\varepsilon}\,\mathrm{rot}\left(\mathrm{rot}\,\frac{\boldsymbol{P}(\boldsymbol{r},\,t)}{r}\right) \tag{11.205}$$

$$\boldsymbol{H} = \varepsilon\,\mathrm{rot}\,\frac{\partial \boldsymbol{\Pi}_{\rm e}}{\partial t} = \varepsilon\,\mathrm{rot}\,\frac{\partial}{\partial t}\,\frac{\boldsymbol{P}(\boldsymbol{r},\,t)}{4\pi\varepsilon r} = \frac{1}{4\pi}\,\mathrm{rot}\,\frac{\partial}{\partial t}\,\frac{\boldsymbol{P}(\boldsymbol{r},\,t)}{r} \tag{11.206}$$

例題 11.4

磁気双極子による電界と磁界を求めよ.

解　磁気双極子を $\boldsymbol{m}(t)$ とすれば，磁化ベクトルは δ 関数を用いて次のように表せる.

$$\boldsymbol{M}(\boldsymbol{r},t) = \boldsymbol{m}(t)\,\delta(\boldsymbol{r}) \tag{11.207}$$

また，$\boldsymbol{P}=0$ であることから，これらを (11.196) ならびに (11.200) に代入すれば次式を得る.

$$\boldsymbol{\Pi}_{\mathrm{e}} = 0, \qquad \boldsymbol{\Pi}_{\mathrm{m}} = \frac{\mu\,\boldsymbol{M}(\boldsymbol{r},t)}{4\pi r} \tag{11.208}$$

これらを (11.201)，(11.203) に代入すれば電界と磁界は次のように求められる.

$$\boldsymbol{E} = -\,\mathrm{rot}\,\frac{\partial \boldsymbol{\Pi}_{\mathrm{m}}}{\partial t} = -\frac{\mu}{4\pi}\,\mathrm{rot}\,\frac{\partial}{\partial t}\frac{\boldsymbol{M}(\boldsymbol{r},t)}{r} \tag{11.209}$$

$$\boldsymbol{H} = \frac{1}{\mu}\,\mathrm{rot}(\mathrm{rot}\,\boldsymbol{\Pi}_{\mathrm{m}}) = \frac{1}{4\pi}\,\mathrm{rot}\left\{\mathrm{rot}\,\frac{\boldsymbol{M}(\boldsymbol{r},t)}{r}\right\} \tag{11.210}$$

11. 12　E - B 対応と E - H 対応

誘電体，磁性体を含む任意の物質中のマクスウェルの方程式を，$\boldsymbol{E}$，$\boldsymbol{B}$ のみで表せば，次のようになる.

$$\mathrm{rot}\,\boldsymbol{E} = -\frac{\partial \boldsymbol{B}}{\partial t} \tag{11.211}$$

$$\mathrm{rot}\,\boldsymbol{B} = \mu_0\left(\boldsymbol{J} + \varepsilon_0\frac{\partial \boldsymbol{E}}{\partial t} + \frac{\partial \boldsymbol{P}}{\partial t} + \mathrm{rot}\,\boldsymbol{M}\right) = \mu_0 \boldsymbol{i} \tag{11.212}$$

$$\mathrm{div}\,\boldsymbol{E} = \frac{1}{\varepsilon_0}(\rho - \mathrm{div}\,\boldsymbol{P}) \tag{11.213}$$

$$\mathrm{div}\,\boldsymbol{B} = 0 \tag{11.214}$$

このような表し方を E - B 対応または EB 系という．E - B 対応のマクスウェル方程式は，電界と磁束密度との対応関係が対称な形になっていない．この原因は，正または負の電荷は単独でも存在するが，磁荷は正または負の単極（モノポール）では存在できず正負が対になって存在することによる．

マクスウェルの方程式を，$\boldsymbol{E}$，$\boldsymbol{H}$ のみで表したものを E‐H 対応または EH 系という．E‐H 対応のマクスウェル方程式は N 極と S 極に磁荷が正負の対をなして存在すると仮定し，正と負の電荷からなる電気双極子と正と負の磁荷から構成される磁気双極子とを対応させることにより，ガウスの法則やアンペール‐マクスウェルの法則が成り立つと考える．

この場合，E‐B 対応と E‐H 対応では磁荷の基本単位が異なる．E‐H 対応の磁気分極 $\boldsymbol{P}_{\mathrm{m}}$ は磁化 $\boldsymbol{M}$ との間に，

$$\mu_0 \boldsymbol{M} = \boldsymbol{P}_{\mathrm{m}} \tag{11.215}$$

の関係がある．E‐H 対応では正負が対になった磁荷の存在を仮定するため，磁荷密度 ρ_{m} や，磁化電流密度 $\boldsymbol{j}_{\mathrm{m}}$ が新たに定義される．このように考えると，電界と磁界のマクスウェル方程式は次のように対称な形になる．

$$\mathrm{rot}\,\boldsymbol{E} = -\left(\boldsymbol{j}_{\mathrm{m}} + \mu_0 \frac{\partial \boldsymbol{H}}{\partial t}\right) \tag{11.216}$$

$$\mathrm{rot}\,\boldsymbol{H} = \boldsymbol{j}_{\mathrm{e}} + \varepsilon_0 \frac{\partial \boldsymbol{E}}{\partial t} \tag{11.217}$$

$$\varepsilon_0\,\mathrm{div}\,\boldsymbol{E} = \rho_{\mathrm{e}} \tag{11.218}$$

$$\mu_0\,\mathrm{div}\,\boldsymbol{H} = \rho_{\mathrm{m}} \tag{11.219}$$

磁荷は常に磁気双極子として存在し，磁荷密度と磁気分極との間には

$$\rho_{\mathrm{m}} = -\mathrm{div}\,\boldsymbol{P}_{\mathrm{m}} \tag{11.220}$$

の関係がある．

第 11 章のまとめ

- 変位電流：電界が時間的に変化する場合，電束密度の時間変化に比例した電流が流れる．(11.2 節)
- アンペール－マクスウェルの法則：変位電流を仮定することにより，導体がない空間に対してもアンペール周回積分の法則が成り立つ．(11.2 節)
- マクスウェルの方程式：電気磁気現象の基本法則と電磁波の発生・伝搬を表す方程式．(11.3 節)
- 波動方程式：マクスウェルの方程式から導かれる電磁波の伝搬特性を表す方程式．(11.4 節)
- 固有インピーダンス (波動インピーダンス)：進行波を構成する電界と磁界の比．インピーダンスの次元をもつ．(11.5 節)
- 位相速度：電磁波の伝搬において同一位相の波面が移動する速度．
- 分散：物質中の誘電率，透磁率，導電率の影響を受けて，位相速度が波長により異なる現象．(11.6 節)，(11.7 節)
- 屈折率：光速と位相速度の比．物質中は光の速度が真空中よりも遅くなる．(11.7 節)
- 平面波：位相面が平面である波．(11.5 節)
- 境界面における電磁波の入射，透過，反射：入射波は電界，磁界に対する境界条件を満足するよう透過波と反射波に分かれる．(11.8 節)
- 電磁ポテンシャル：静電ポテンシャルと磁気ポテンシャルを合せたもので，これらを用いて電界と磁界を計算できる．(11.9 節)
- ゲージ：電磁ポテンシャルの解を特定するためにつけ加える条件．クローンゲージやローレンス条件が知られている．(11.10 節)
- 遅延ポテンシャル：観測点まで電磁波が伝搬する時間を考慮した電磁ポテンシャル．(11.10 節)
- ヘルツベクトル：電磁ポテンシャルの計算において，(11.174)，(11.175)

で定義されるヘルツベクトルを導入すると，連続の方程式とローレンス条件を同時に満足する解を得ることができる．（11.11 節）

・分極ポテンシャル：ヘルツベクトルの解．（11.11 節）

章末問題

【11.1】 次に示される周波数をもつ電磁波の，真空中における波長はいくらか．ただし，波長 λ と周波数 f との間には，$f\lambda = c$ の関係が成り立つ．ただし c は光速である．（11.6 節）

（1） 50 Hz の商用周波

（2） 500 kHz の中波

（3） 80 MHz の超短波

（4） 3 GHz のマイクロ波

【11.2】 可視光線は波長が約 380 nm から約 770 nm の範囲にある．周波数はいくらか．（11.6 節）

【11.3】 電界が原点から距離 r のみの関数と仮定したとき，マクスウェルの式より球面波を求めよ．（11.4 節）

【11.4】 積分形で記述されたマクスウェルの方程式を微分形にせよ．（11.3 節）

【11.5】 直角座標の z 軸方向に微小双極子がある場合，極座標 (r, θ, φ) 表示による電磁界の各成分を求めよ．（11.4 節）

【11.6】 極座標 (r, θ, φ) の z 軸方向に，電流要素 $i\,dl$ があるときの電磁界の極座標成分を求めよ．（11.4 節）

【11.7】 (11.52)，(11.53) ならびに (11.55)，(11.56) はマクスウェルの方程式の解であることを確かめよ．（11.4 節）

第12章

電気エネルギーと仮想変位

学習目標

a) 電気エネルギー（電力）は電圧と電流の積で表されることを説明できる.
b) 導体に蓄えられる電気エネルギーと空間に蓄えられる静電エネルギーについて，電気力線束を用いた計算過程を理解し説明できる.
c) 空間に蓄えられる磁界のエネルギーを説明できる.
d) ポインティングベクトルを説明できる.
e) 仮想変位の考え方を理解し説明できる.
f) マクスウェルの応力を理解し説明できる.

キーワード

電力，電力量，電気エネルギー，静電エネルギー，磁気エネルギー，ポインティングベクトル，仮想変位の原理，マクスウェルの応力，電気光学効果

12．1 電気回路と電力

図 12.1 に示す電池と抵抗からなる電気回路において，電圧 V の導体に電流 I が流れているときの電力は，電圧と電流の積 $P = VI$ で計算できる．この式は，電圧 V のポテンシャルをもつ電荷が電流 I として移動していくことにより，電気エネルギー（電力）が移動することを示している.

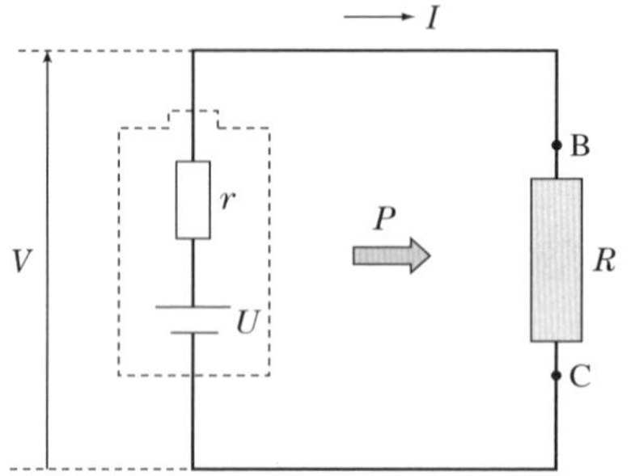

図 12.1　電力の移動

このとき電池から供給された電力は，抵抗で熱エネルギーとして消費されている．このように，抵抗に電流が流れることにより発生する熱エネルギーを**ジュール熱** (Joule's heat) という．

一般に，毎秒当りのエネルギーを**仕事率** (power) というが，電気エネルギーに対しては，これを**電力** (electric power) とよぶ．電力は

$$P = VI = RI^2 = \frac{V^2}{R} \quad [\mathrm{W}] \tag{12.1}$$

である．電力の単位は [J/s] (ジュール/秒) であるが，これを [W] (watt, ワット) で表す．また，電力に時間を掛けたものが**電力量** (electric energy) であり単位は [W・s] であるが，これは [J] に等しい．通常 1 kW の電力が 1 時間にする仕事を 1 キロワット時 [kWh] として表している．

抵抗に電流が流れていることは，$\varDelta t$ 時間当り $\varDelta Q = I\varDelta t$ [Q] の電荷が移動することを意味する．この電荷が抵抗値 R の抵抗内を $\varDelta l$ の距離を移動したときの電圧降下が $\varDelta V$ であったとすれば，$\varDelta t$ 時間の間に単位長さ当り $\varDelta Q \cdot \varDelta V$ のポテンシャルエネルギーが失われ，これが熱として発生する．$\varDelta V$ の総和は抵抗両端の電位降下 $V = RI$ であるから，$\varDelta Q \cdot V = IV\varDelta t = (I \times IR)\varDelta t$ となり，毎秒 I^2R の電力 (電気エネルギー) が抵抗 R で消費されることになる．これを**ジュールの法則** (Joule's law) という．

ここで抵抗内の電界は電界方向の微小距離を dl とすれば $E = -dV/dl$ で

あるから，電界ベクトル $\boldsymbol{E}$ を用いれば抵抗の端子間の電位差は

$$V = -\int_{\mathrm{C}}^{\mathrm{B}} \boldsymbol{E} \cdot d\boldsymbol{l} = \int_{\mathrm{B}}^{\mathrm{C}} \boldsymbol{E} \cdot d\boldsymbol{l} \tag{12.2}$$

である．この式の最初の積分は電位差の定義式である．また，2 番目の積分は，電界が単位電荷を B から C まで運ぶときにする仕事が電圧に等しいことを意味している．すなわち電力は，抵抗に運ばれてくる $\varDelta t$ 時間当りの電荷 $\varDelta Q = I\varDelta t$ に対して，電界が単位時間になす仕事に等しい．

図 12.1 において電池の内部抵抗にも電流が流れるが，これによりジュール熱が発生し損失となる．このような抵抗の発熱に起因する損失を**ジュール損** (Joule loss) あるいは**抵抗損** (resistance loss) という．

電流が分布して流れているときは，単位体積当りの電力 p[W/m^3] が用いられる．図 6.4 に示した体積電流の場合，

$$\begin{aligned}\varDelta p &= \int_{\varDelta l} \boldsymbol{E} \cdot d\boldsymbol{l} \int_{\varDelta S} \boldsymbol{J} \cdot \boldsymbol{n}\, dS = \int_{\varDelta l} \boldsymbol{E} \cdot d\boldsymbol{l} \int_{\varDelta S} \kappa \boldsymbol{E} \cdot \boldsymbol{n}\, dS = \kappa |\boldsymbol{E}|^2\, \varDelta l\, \varDelta S \\ &= \kappa |\boldsymbol{E}|^2\, \varDelta v\end{aligned}$$

より

$$\begin{aligned}p &= \sum \varDelta p = \lim_{\varDelta v \to 0} \sum \kappa |\boldsymbol{E}|^2 \varDelta v = \kappa |\boldsymbol{E}|^2 = \eta |\boldsymbol{J}|^2 \\ &= \boldsymbol{E} \cdot \boldsymbol{J} \quad [\mathrm{W/m^3}]\end{aligned} \tag{12.3}$$

となる．

12．2　回路理論と電気磁気学との関係

これまで学んできたように，導体に電圧が加わると電界が発生する．また導体に電流が流れると，導体の周囲に磁界が発生する．電圧 (起電力)，電流，電力，抵抗，静電容量，インダクタンス，相互誘導係数はいずれもスカラである．これに対して，電界 (電束密度)，磁界 (磁束密度) はベクトルである．

この場合，電圧と電流，電界と磁界，あるいは電気エネルギーとの関係はどのようになっているのか疑問に思ったのではと思う．さらには電気回路と電気磁気学との関係は，どのようになっているのであろうか．以下，これらについて考える．

マクスウェルの方程式は次式で表せる．

$$\mathrm{rot}\,\boldsymbol{E} = -\frac{\partial \boldsymbol{B}}{\partial t} \tag{12.4}$$

$$\mathrm{rot}\,\boldsymbol{H} = \boldsymbol{J} + \frac{\partial \boldsymbol{D}}{\partial t} \tag{12.5}$$

$$\mathrm{div}\,\boldsymbol{D} = \rho \tag{12.6}$$

$$\mathrm{div}\,\boldsymbol{B} = 0 \tag{12.7}$$

これらの式は，電磁現象を $\boldsymbol{E}, \boldsymbol{D}, \boldsymbol{H}, \boldsymbol{B}$ を用いて表現しているので，EDHB 系のマクスウェルの方程式とよぶ．実際の物質を取り扱う場合，分極電流や磁化電流は不明なことが多く，測定可能な真電荷と真電流だけで表現されている EDHB 系は，回路理論を考察するには便利である．

実際に電界や磁界を計算するためには，計算の対象となる物質の $\boldsymbol{B}$ と $\boldsymbol{H}$ との関係，$\boldsymbol{D}$ と $\boldsymbol{E}$ との関係，さらには $\boldsymbol{i}$ と $\boldsymbol{E}$ との関係を知る必要がある．一般には次の関係が成り立つので，これらを実験から求めることになる．

$$\boldsymbol{B} = \mu_0(\boldsymbol{H} + \boldsymbol{M}) = \mu \boldsymbol{H} \tag{12.8}$$

$$\boldsymbol{D} = \varepsilon_0 \boldsymbol{E} + \boldsymbol{P} = \varepsilon \boldsymbol{E} \tag{12.9}$$

$$\boldsymbol{J} = \kappa(\boldsymbol{E} + \boldsymbol{E}_{\mathrm{e}}) + \boldsymbol{J}_0 \tag{12.10}$$

ここで，$\boldsymbol{E}_{\mathrm{e}}$ は電源の起電力であり，$\boldsymbol{J}_0$ と共に電磁界の発生源である．

以下の議論においては，μ, ε, κ は，いずれも時間 t に依存しないスカラと仮定する．

(12.5) の右辺を

$$\boldsymbol{i} = \boldsymbol{J} + \frac{\partial \boldsymbol{D}}{\partial t} \tag{12.11}$$

とおくと，次式が成り立つ．

$$\mathrm{rot}\,\boldsymbol{H} = \boldsymbol{i} \tag{12.12}$$

また，ベクトルの公式 $\mathrm{div}(\mathrm{rot}\,\boldsymbol{H}) = 0$ を用いると

$$\mathrm{div}\,\boldsymbol{i} = 0 \tag{12.13}$$

となる．これらの式からわかるように，$\boldsymbol{i}$ の流線は閉曲面となる．一方，(12.7) より磁束密度の流線も閉曲面となる．さらに (12.12) より，$\boldsymbol{i}$ と $\boldsymbol{H}$ は直交している．

ここで電気回路との対応を考えるために，図 12.2 に示すように $\boldsymbol{i}$ の 1 つの力線 C を内部に含み，その側面がすべて $\boldsymbol{i}$ の流れが作る閉ループからなる環状領域 v を考える．その境界面を S，S の外向きの単位法線ベクトルを $\boldsymbol{n}$ とすれば，S 上では電流ならびに磁界の法線方向の成分はないので

$$\boldsymbol{i} \cdot \boldsymbol{n} = 0, \qquad \boldsymbol{H} \cdot \boldsymbol{n} = 0 \tag{12.14}$$

が成り立つ．

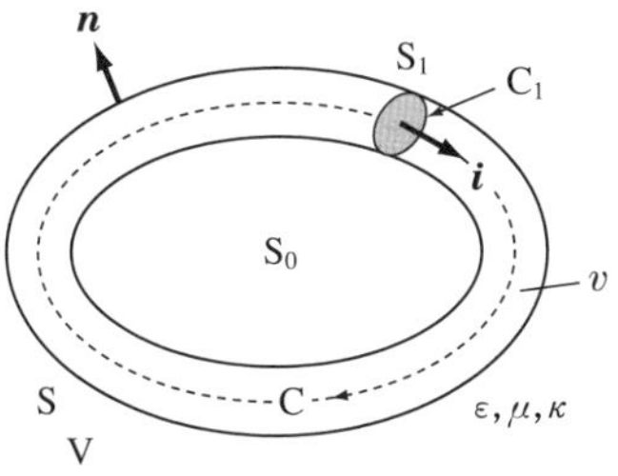

図 12.2　物質内の電流の流れが作る閉ループ C とこれに沿う環状領域

また，環状領域の任意の断面を S_1 とすると，$\boldsymbol{i}$ の総和は S_1 の選び方には無関係になり，次式で表すことができる．

$$I = \int_{S_1} \boldsymbol{i} \cdot d\boldsymbol{S} \tag{12.15}$$

これは環状領域 v に流れている電流に等しい．また，この式に (12.12) を代入し，さらに断面 S_1 が環状領域 v と接する境界を C_1，$d\boldsymbol{l}$ を C_1 上の線要素べ

クトルとし，ストークスの定理を適用すれば次式が得られる．

$$I = \int_{S_1} \mathrm{rot}\, \boldsymbol{H} \cdot d\boldsymbol{S} = \oint_{C_1} \boldsymbol{H} \cdot d\boldsymbol{l} \tag{12.16}$$

次に，閉曲線（電流 $\boldsymbol{i}$ の力線）C に沿った誘導起電力

$$U = -\oint_{C} \boldsymbol{E} \cdot d\boldsymbol{l} = V_1 + V_2 \tag{12.17}$$

を考える．ここで V_1，V_2 は以下のように計算される．(12.17) の中央の式にストークスの定理を適用し，さらに (12.4) を代入すれば次式が得られる．

$$U = -\int_{S_0} \mathrm{rot}\, \boldsymbol{E} \cdot d\boldsymbol{S} = \int_{S_0} \frac{\partial \boldsymbol{B}}{\partial t} \cdot d\boldsymbol{S} = \frac{d}{dt}\int_{S_0} \boldsymbol{B} \cdot d\boldsymbol{S} \tag{12.18}$$

ただし，S_0 は閉曲線 C によって囲まれる内側の面積である．また，磁束密度 $\boldsymbol{B}$ は電流 I によって誘導されている．この誘導起電力は閉曲線 C に沿った電圧降下に等しい．すなわち，以下に述べる関係が成り立つ．

まず，インダクタンス L の定義から $LI = \int \boldsymbol{B} \cdot d\boldsymbol{S}$ であるので，(12.18) より次式が成り立つ．

$$\frac{d}{dt}(LI) = \frac{d}{dt}\int_{S_0} \boldsymbol{B} \cdot d\boldsymbol{S} = V_1 \tag{12.19}$$

次に (12.15) に (12.11) を代入すれば次式が得られる．

$$I = \int_{S_1} \boldsymbol{J} \cdot d\boldsymbol{S} + \frac{d}{dt}\int_{S_1} \boldsymbol{D} \cdot d\boldsymbol{S} = I_R + I_C \tag{12.20}$$

ここで，

$$I_R = \int_{S_1} \boldsymbol{J} \cdot d\boldsymbol{S} = \frac{V_2}{R} \tag{12.21}$$

$$I_C = \frac{d}{dt}\int_{S_1} \boldsymbol{D} \cdot d\boldsymbol{S} = \frac{d}{dt}(CV_2) \tag{12.22}$$

であり，R は抵抗，C は静電容量を意味する．また V_2 は，抵抗または静電容量の両端の電圧である．これらの関係を集中定数回路として表すと，図 12.3 に

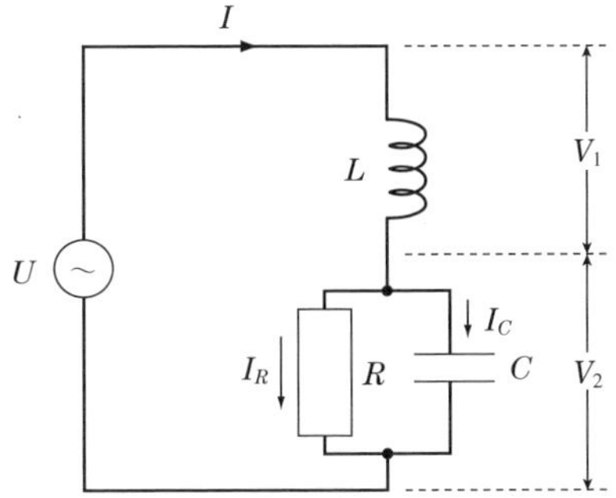

図 12.3　電流の力線に沿う環状領域の等価回路

なる．この等価回路は，交流に対する**インピーダンス**（impedance）あるいは**アドミッタンス**（admittance）を構成する回路成分になっている．なお，抵抗の逆数を**コンダクタンス**（conductance），**リアクタンス**（reactance）の逆数を**サセプタンス**（susceptance）という．

実際の物質は（12.8），（12.9），（12.10）に示したように，物質の性質が非線形性を有しているため，上述の議論は，物質の性質に対する時間変化が電磁界の変化に比べて緩やかな場合に限られるが，多くの場合，この近似が成り立つ．

さらに以上の議論は１つの電流の力線に沿う環状領域 V に対するものであり，電気力線や磁力線の分布が時間的に変化しない限り正しい．また，実際には導体とこれを絶縁する周囲の媒体では導電率が大きく異なるため，電流は導体のみを流れ，周囲の媒体に流れる電流を無視すると仮定しても実用上は問題がない．このように，１つの電流の力線（電流線）に着目し電圧と電流との関係を論じるのが回路理論であり，電磁界理論における極めて重要な近似理論となっている．

12．3　導体系の電気エネルギー

帯電した導体は電気エネルギーを蓄えている．この大きさを計算するために帯電のプロセスを考えてみる．初めに導体は電圧が 0 であるが，電荷を与えることにより電圧が現れる．与えた電荷 Q と電圧 V との関係は，静電容量 C を用いて $Q=CV$ で表すことができる．あるいは $C=Q/V$ である．

ここで電圧 V かつ電荷 Q をもつ導体に，さらに微小電荷 dQ を運ぶのに必要な仕事（エネルギー）dW_{e} は，

$$dW_{\mathrm{e}} = V\,dQ \tag{12.23}$$

で与えられる．これは，導体が有する電荷と運んでくる電荷が互いに反発するので，これに対抗して，電荷を導体の位置まで運ぶためにはエネルギーが必要となるからである．したがって，電荷を 0 から Q まで増加させるのに必要な仕事，すなわち導体に蓄えられる**静電エネルギー** (electrostatic energy) は次式で計算できる．

$$W_{\mathrm{e}} = \int_0^Q V\,dQ = \int_0^Q \frac{Q}{C}\,dQ = \frac{1}{2}\frac{Q^2}{C} = \frac{1}{2}VQ = \frac{1}{2}CV^2 \quad [\mathrm{J}] \tag{12.24}$$

これを n 個の導体がある場合に拡張する．図 12.4 において，それぞれの導体の電位 V_i と電荷 Q_i が与えられたときの静電エネルギーは，次式で与えられる．

$$W_{\mathrm{e}} = \frac{1}{2}\sum_{i=1}^{n} V_i Q_i \tag{12.25}$$

ここで，V_i は (4.40) より電位係数 p_{ij} を用いて表すことができるので，上式を次のように書くことができる．

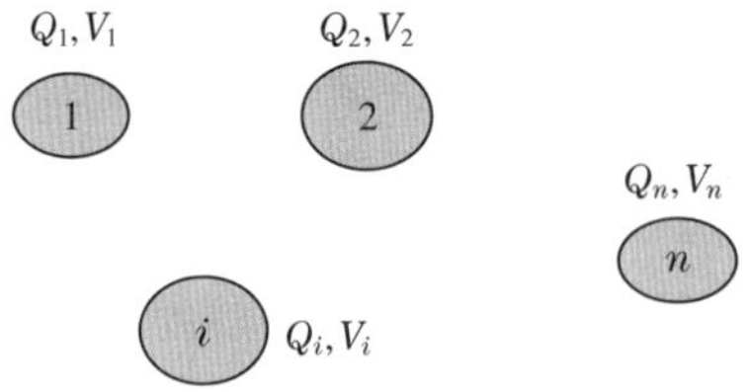

図 12.4　複数の導体がもつ静電エネルギー

$$W_{\mathrm{e}} = \frac{1}{2}\sum_{i=1}^{n} V_i Q_i = \frac{1}{2}\sum_{i=1}^{n}\left(\sum_{j=1}^{n} p_{ij} Q_j\right) Q_i = \frac{1}{2}\sum_{i=1}^{n}\sum_{j=1}^{n} p_{ij} Q_j Q_i \qquad (12.26)$$

さらに，電荷 Q_i は (4.44) より容量係数 q_{ij} を用いて，次のように書きかえることができる．

$$W_{\mathrm{e}} = \frac{1}{2}\sum_{i=1}^{n}\sum_{j=1}^{n} p_{ij} Q_j Q_i = \frac{1}{2}\sum_{i=1}^{n} V_i \left(\sum_{j=1}^{n} q_{ij} V_j\right) = \frac{1}{2}\sum_{i=1}^{n}\sum_{j=1}^{n} q_{ij} V_i V_j \qquad (12.27)$$

これらの式によれば，静電エネルギーは帯電している導体系に集中して蓄えられていると解釈できる．

12．4　体積電荷による静電エネルギー

図 2.9 に示したように，空間に体積電荷 $\rho(\boldsymbol{r}')$ が分布している場合の静電エネルギーを考える．点 P$(\boldsymbol{r})$ の電位 $\phi(\boldsymbol{r})$ は (3.21) で計算できることから，微小体積 $\varDelta v$ 内に含まれる電荷の静電エネルギー $\varDelta W_{\mathrm{e}}$ は次のようになる．

$$\varDelta W_{\mathrm{e}} = \frac{1}{2}\phi(\boldsymbol{r})\,\rho(\boldsymbol{r}')\,\varDelta v \qquad (12.28)$$

ただし，$\phi(\boldsymbol{r})$ は以下のように表される．

$$\phi(\boldsymbol{r}) = \frac{1}{4\pi\varepsilon_0}\int_{\mathrm{V}} \frac{\rho(\boldsymbol{r}')}{|\boldsymbol{r} - \boldsymbol{r}'|}\,dv' \qquad (3.21)$$

極限操作により微小体積を限りなく小さくすれば，体積電荷による静電エネルギー W_{e} は次式で計算される．

$$W_{\mathrm{e}} = \oint_{\mathrm{V}} dW_{\mathrm{e}} = \frac{1}{2}\int_{\mathrm{V}} \phi(\boldsymbol{r})\,\rho(\boldsymbol{r})\,dv \qquad (12.29)$$

静電エネルギーは以下に示すように，ポアソンの式 (3.54) からも計算できる．これは，静電エネルギーの最小条件が，ポアソンの式で与えられることを意味している．

$$\mathrm{div}(\mathrm{grad}\phi) = \nabla^2\phi = -\frac{\rho}{\varepsilon_0} \tag{3.54}$$

上式において，両辺に ϕ と微小体積 dv を掛けて空間全体で積分すると次式が得られる．

$$\int_{\mathrm{V}} \phi\, \nabla^2\phi\, dv = -\int_{\mathrm{V}} \phi \frac{\rho}{\varepsilon_0}\, dv \tag{12.30}$$

上式の左辺は

$$\iiint_{\mathrm{V}} \phi\left(\frac{\partial^2\phi}{\partial x^2} + \frac{\partial^2\phi}{\partial y^2} + \frac{\partial^2\phi}{\partial z^2}\right) dx\, dy\, dz \tag{12.31}$$

であるので，第 1 項のみに着目し部分積分を行うと次のようになる．

$$\iiint_{\mathrm{V}} \phi \frac{\partial^2\phi}{\partial x^2}\, dx\, dy\, dz = \int_{-\infty}^{\infty}\int_{-\infty}^{\infty} \left[\frac{\partial\phi}{\partial x}\,\phi\right]_{x=-\infty}^{x=\infty} dy\, dz - \iiint_{\mathrm{V}} \left(\frac{\partial\phi}{\partial x}\right)^2 dx\, dy\, dz \tag{12.32}$$

電荷分布が有限の広さであれば，$x \to \pm\infty$ において $\phi \to 0$ となるので右辺第 1 項は 0 になる．(13.31) の第 2 項，第 3 項についても同様であるので，(12.30) の左辺は次式となる．

$$-\iiint_{\mathrm{V}} \left\{\left(\frac{\partial\phi}{\partial x}\right)^2 + \left(\frac{\partial\phi}{\partial y}\right)^2 + \left(\frac{\partial\phi}{\partial z}\right)^2\right\} dx\, dy\, dz \tag{12.33}$$

ここで，静電界は

$$\boldsymbol{E} = -\mathrm{grad}\,\phi = \left(-\frac{\partial\phi}{\partial x},\ -\frac{\partial\phi}{\partial y},\ -\frac{\partial\phi}{\partial z}\right) \tag{3.24}$$

であるので，(12.33) は

$$-\iiint_{\mathrm{V}} \left\{\left(\frac{\partial\phi}{\partial x}\right)^2 + \left(\frac{\partial\phi}{\partial y}\right)^2 + \left(\frac{\partial\phi}{\partial z}\right)^2\right\} dx\, dy\, dz = -\iiint_{\mathrm{V}} |\boldsymbol{E}|^2\, dx\, dy\, dz \tag{12.34}$$

と表すことができる．

したがって，(12.30) より次式が得られる．

$$W_e = \frac{1}{2}\int_V \phi\rho\, dv = \frac{1}{2}\varepsilon_0 \int_V |\boldsymbol{E}|^2\, dv \qquad (12.35)$$

この式は，第2式目が帯電した物体がもつ静電エネルギーは電位と電荷密度から計算されるのに対して，第3式目では周囲の空間に形成される電界のみで静電エネルギーを計算でき，両者は等しいことを意味している．また，単位体積当りの静電エネルギー w_e は

$$w_e = \frac{1}{2}\varepsilon_0 |\boldsymbol{E}|^2 \quad [\mathrm{J/m^3}] \qquad (12.36)$$

であることがわかる．

このように体積電荷が有する静電エネルギーは，電荷自体が有するエネルギーとして表す方法と，物体とその周辺の空間に形成される電界のエネルギーとして表す，2通りの方法があることがわかる．

12．5　誘電体に蓄えられるエネルギー

12.3節において，静電容量 C をもつコンデンサに電圧 V を加えると，

$$W = \frac{1}{2}CV^2 \qquad (12.37)$$

の電気エネルギーが蓄えられることを述べた．電荷 Q を用いる場合は $Q = CV$ の関係より $Q^2/2C$ となるが，この場合の電荷 Q は真電荷である．

図5.9において平行平板電極に蓄えられている静電エネルギーは，電極間の距離を d，電極面積を S とすると，静電容量は $\varepsilon S/d$ [F] であるから単位体積当りの静電エネルギーは次式となる．

$$\frac{\frac{1}{2}CV^2}{Sd} = \frac{\frac{1}{2}\frac{\varepsilon S}{d}V^2}{Sd} = \frac{1}{2}\left(\frac{V}{d}\right)\left(\varepsilon\frac{V}{d}\right) = \frac{1}{2}ED \quad [\mathrm{J/m^3}] \qquad (12.38)$$

この式は，単位体積当り $ED/2$ のエネルギーが蓄えられていることを意味す

る．厳密には，電界と電束密度が線形の関係にある場合に限られるが，媒質が誘電体の場合にも近似的に成り立つ．

ここで，同じ形状で同じ電位差が加えられた，平行平板コンデンサに蓄えられる静電エネルギーを比較してみる．図 5.9 (a) は電極間が真空であるので，静電容量を C_0 とすれば静電エネルギー W_0 は

$$W_0 = \frac{1}{2} C_0 V^2 \tag{12.39}$$

である．一方，図 5.9 (b) は電極間が誘電体であるので，静電容量を C とすれば静電エネルギーは (12.37) がそのまま成り立つ．ここで (b) の誘電体の比誘電率を ε_s とすると，$C = \varepsilon_s C_0$ であるので $W = \varepsilon_s W_0$ となり，(b) の方が (a) より多くのエネルギーを蓄えることができる．

すなわち，誘電体を挿入することにより真空の場合よりも $(\varepsilon_s - 1)$ 倍，エネルギーが増加している．これは誘電体を分極させるためのエネルギーとして，誘電体中に蓄えられている．これは以下のように導かれる．図 5.4 において，電界 $\boldsymbol{E}$ により電気双極子が $\boldsymbol{\delta}$ だけ変位しているとする．このときの分極は $\boldsymbol{p} = Q\boldsymbol{\delta}$ で与えられる．この状態から電界がさらに $d\boldsymbol{E}$ 増加することにより，電気双極子が $d\boldsymbol{\delta}$ 変位したとする．このとき，電気双極子が電界 $\boldsymbol{E}$ からなされる仕事 du_p は次式で与えられる．

$$du_p = Q\boldsymbol{E} \cdot d\boldsymbol{\delta} = \boldsymbol{E} \cdot d\boldsymbol{p} \tag{12.40}$$

このエネルギーは，誘電体の分極を変化させるためのエネルギーとして誘電体に蓄えられる．分極密度 n を考慮して，単位体積当りの分極エネルギーの変化 dw_p を求めると次のようになる．

$$dw_p = n\, du_p = \boldsymbol{E} \cdot d(n\boldsymbol{p}) = \boldsymbol{E} \cdot d\boldsymbol{P} \tag{12.41}$$

なお，$\boldsymbol{P} = n\boldsymbol{p}$ は電気分極である．単位体積当りの分極エネルギー w_p は $\boldsymbol{P} = \chi_e \varepsilon_0 \boldsymbol{E}$ の関係を用いて次式となる．

$$w_p = \int_0^P \boldsymbol{E} \cdot d\boldsymbol{P} = \chi_e \varepsilon_0 \int_0^E \boldsymbol{E} \cdot d\boldsymbol{E} = \frac{1}{2} \chi_e \varepsilon_0 E^2 \tag{12.42}$$

誘電体に蓄えられる単位体積当りの静電エネルギー w は，真空中の静電エネルギー $w_0 = (1/2)\,\varepsilon_0 E^2$ と分極エネルギーの和であるので

$$w = w_0 + w_\mathrm{p} = \frac{1}{2}\varepsilon_0(1 + \chi_\mathrm{e})E^2 = \frac{1}{2}\varepsilon E^2 \qquad (12.43)$$

となる．ここで，$\varepsilon = \varepsilon_0(1 + \chi_\mathrm{e})$ である．誘電率 ε が定数として取り扱えるとき，静電エネルギーの式の形は，真空中の静電エネルギー $w_0 = (1/2)\varepsilon_0 E^2$ において ε_0 を ε におきかえたものになっている．誘電率 ε を定数として取り扱うことが難しい強誘電体などに対しては，

$$w_\mathrm{e} = \int_0^D \boldsymbol{E}\cdot d\boldsymbol{D} \qquad (12.44)$$

が用いられる．比誘電率が大きい物質では，大半が分極のエネルギーで占められることがわかる．

一般の場合，誘電体に蓄えられる静電エネルギーは誘電体の電荷密度を ρ，電位を ϕ とすれば (12.29) の類推から次式で与えられる．

$$W_\mathrm{e} = \frac{1}{2}\int_\mathrm{V} \rho\phi\, dv \qquad (12.45)$$

ここで，(5.24) の関係ならびにベクトル公式を用いると次式が得られる．

$$\rho\phi = \phi\,\mathrm{div}\,\boldsymbol{D} = -\boldsymbol{D}\cdot\mathrm{grad}\,\phi + \mathrm{div}(\phi\boldsymbol{D}) \qquad (12.46)$$

最右辺第 2 項は，表面積分におきかえて計算すると 0 になる．また，最右辺第 1 項に $\boldsymbol{E} = -\mathrm{grad}\,\phi$ を代入すると (12.46) は，

$$W_\mathrm{e} = \frac{1}{2}\int_\mathrm{V} \rho\phi\, dv = \frac{1}{2}\int_\mathrm{V} \boldsymbol{E}\cdot\boldsymbol{D}\, dv \qquad (12.47)$$

となる．この式は一般の場合の静電エネルギーを与える．

12．6　電界により空間に蓄えられるエネルギー

前節で静電エネルギーは，空間全体に電界のエネルギーとして蓄えられて

いるとも解釈できることを述べた．これをもう少し詳しく考えてみる．

2.7 節で述べたように，導体表面 A 上の面電荷密度 $\sigma[\mathrm{C/m^2}]$ からは単位面積当り σ/ε_0 本の電気力線が出て行く．導体全体では，導体表面に存在する電荷から発生する電気力線束で全空間が分割されている．よって，電気力線束に蓄えられる静電エネルギーを考え，この総和が静電エネルギーに等しいとも考えることができる．この様子を図 12.5 に示す．ある電気力線束において微小区間 $\boldsymbol{dl}$ を考えると，この区間内においては電界 $\boldsymbol{E}$，単位法線ベクトル $\boldsymbol{n}$，線素ベクトル $\boldsymbol{dl}$ の向きはいずれも同じである．

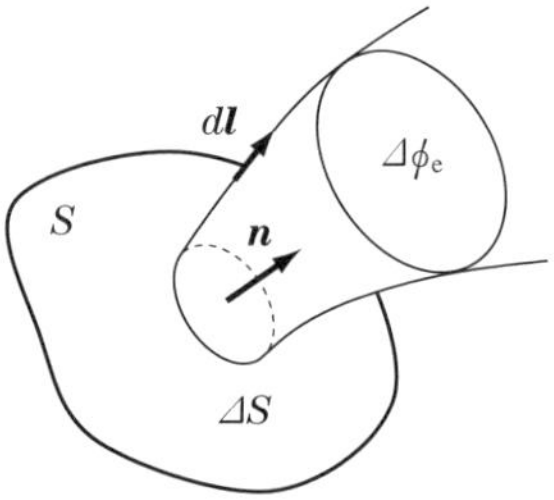

図 12.5　電気力線束（電気力管）

したがって，導体の表面から無限遠に至る電気力線束に蓄えられる静電エネルギー W_e は次式のように計算できる．まず電位 0 の導体に，微小電荷 dQ を運んで帯電させると導体は電位 V となる．ここで $V = dQ/C$ である．次に，電位 V をもつ導体に，さらに，微小電荷 dQ を運んで帯電させるためには，すでに導体表面にある電荷から受けるクーロン力に逆らって微小電荷を導体表面に運ぶ必要があるので，外力によって仕事をする必要がある．この操作を繰り返すと，導体に電荷を 0 から Q まで帯電させるために必要な仕事は次式となる．

$$W_\mathrm{e} = \int_0^Q V\,dQ = \int_0^Q \frac{Q}{C}\,dQ = \frac{1}{2C}Q^2 \tag{12.48}$$

一方，導体の位置を点 A とすると，導体の電位と電界との間には (3.5) の関係がある．すなわち，

$$V = -\int_\infty^\mathrm{A} \boldsymbol{E}\cdot\boldsymbol{dl} = \int_\mathrm{A}^\infty \boldsymbol{E}\cdot\boldsymbol{dl} \tag{12.49}$$

である．

ここで，電気力線束のもつエネルギーについて考えてみる．図 12.5 において，電気力線束 $\varDelta\phi_e$ の電気力線の数は一定であるので，その断面積を $\varDelta S$ とすれば微小電荷 dQ は $dQ = d(\sigma\varDelta S) = \varepsilon_0\, d\boldsymbol{E}\cdot\boldsymbol{n}\,\varDelta S$ となる．すなわち，次式が成り立つ．

$$dW_e = \int_0^Q V\,dQ = \int_0^Q \left(\int_A^\infty \boldsymbol{E}\cdot d\boldsymbol{l}\right)(d(\sigma\,\varDelta S))$$
$$= \int_0^Q \left(\int_A^\infty \boldsymbol{E}\cdot d\boldsymbol{l}\right)\varepsilon_0(d\boldsymbol{E}\cdot\boldsymbol{n}\,\varDelta S) \tag{12.50}$$

さらに式を変形すれば，次式が得られる．

$$dW_e = \int_0^{\varepsilon_0 E}\left(\int_A^\infty E\,dl\right)\varepsilon_0(dE\,\varDelta S) = \varepsilon_0\int_0^{\varepsilon_0 E}\frac{1}{2}E^2\varDelta S\,dl = \int_{\varDelta v}\frac{1}{2}\varepsilon_0 E^2\,dv \tag{12.51}$$

なお，dv は電気力線束 1 本分の体積である．したがって，全空間に蓄えられる静電エネルギーは次のようになる．

$$W_e = \int_V\left(\int_0^{\varepsilon_0 E}\varepsilon_0 E\,dE\right)dv = \int_V \varepsilon_0\frac{E^2}{2}\,dv \tag{12.52}$$

これを単位体積当りに直すと

$$w_e = \frac{1}{2}\varepsilon_0 E^2 = \frac{1}{2}\boldsymbol{E}\cdot\boldsymbol{D}\quad [\mathrm{J/m^3}] \tag{12.53}$$

の，静電エネルギーが空間に分布して蓄えられている．

静電エネルギーは，後述する磁気エネルギーと共に**電気エネルギー**（electric energy）として，電力輸送や電磁波によるエネルギー輸送において重要な意味をもつ．

12．7　磁界により空間に蓄えられるエネルギー

図 12.6 に示すようにコイルに電流 I が流れているとき，コイルには磁界による**磁気エネルギー**（magnetic energy）が蓄えられている．このエネル

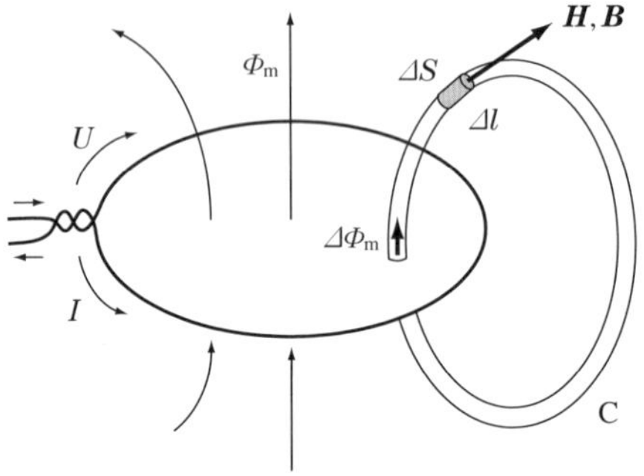

図 12.6　コイルの磁気エネルギー

ギーは電流が 0 の状態から I の値になるまでに電源から供給されたエネルギーに等しい．コイルを貫く磁束を Φ_m とすると，磁気エネルギーはコイル内の誘導逆起電力 U と電流 I の積の時間積分であるから，

$$W_m = \int UI\,dt = \int I\frac{d\Phi_m}{dt}\,dt = \int_0^{\Phi_m} I\,d\Phi_m \tag{12.54}$$

となる．

Φ_m はコイルの自己インダクタンスを用いて $\Phi_m = LI$ と表せるから，電流 I が流れているコイルの磁気エネルギーは次式となる．

$$W_m = \int_0^I I(L\,dI) = \frac{1}{2}LI^2 = \frac{1}{2}I\Phi_m = \frac{\Phi_m^2}{2L} \tag{12.55}$$

n 個の回路がある場合，i 番目の回路の自己インダクタンスを L_{ii} で表し，i 番目と j 番目の回路間の相互インダクタンスを $L_{ij}(i \neq j)$ で表せば，回路全体の磁気エネルギーは次式となる．

$$W_m = \frac{1}{2}\sum_{i=1}^{n}\sum_{j=1}^{n} L_{ij}I_iI_j \tag{12.56}$$

図 10.8 に示したようにコイルが 2 個の場合は，それぞれの自己インダクタンスを L_1, L_2，相互インダクタンスを M とすれば，

$$W_m = \frac{1}{2}L_1I_1^2 + \frac{1}{2}L_2I_2^2 + MI_1I_2 \tag{12.57}$$

となる．

図 12.6 において，コイルが作る閉曲面と鎖交するように $\varDelta\varPhi_{\rm m}$ の磁束が通る細い磁束の管を考える．これを**磁束管** (magnetic flux tube) という．$\varDelta\varPhi_{\rm m}$ に対する磁気エネルギー $\varDelta W_{\rm m}$ は，

$$\varDelta W_{\rm m} = \int_0^{\varDelta\varPhi_{\rm m}} I\, d(\varDelta\varPhi_{\rm m}) \tag{12.58}$$

である．磁力線に沿って磁束管が作る閉ループを C とし，磁束管の任意の場所の断面積を $\varDelta S$, 線要素を $\varDelta l$, その位置における磁界ならびに磁束密度を $\boldsymbol{H}, \boldsymbol{B}$ とする．磁束管内の任意の場所で

$$\varDelta\varPhi_{\rm m} = B\,\varDelta S \tag{12.59}$$

である．

また，アンペール周回積分の法則より

$$\oint_{\rm C} \boldsymbol{H}\cdot d\boldsymbol{l} = I \tag{12.60}$$

が成り立つ．これらの式を (12.58) に代入すれば，次式を得る．

$$\varDelta W_{\rm m} = \int_0^{\varDelta\varPhi_{\rm m}} I\, d(\varDelta\varPhi_{\rm m}) = \int_0^{B}\left(\oint_{\rm C} \boldsymbol{H}\cdot dl\right)\varDelta(\boldsymbol{n}S\, d\boldsymbol{B}) = \oint_{\rm C}\left(\int_0^{B} \boldsymbol{H}\cdot d\boldsymbol{B}\right)\boldsymbol{n}\varDelta S\, dl \tag{12.61}$$

ここで，$\boldsymbol{n}\varDelta S\, dl$ は磁束管の体積要素 $\varDelta v$ であるから

$$w_{\rm m} = \frac{\varDelta W_{\rm m}}{\varDelta v} = \int_0^{B} \boldsymbol{H}\cdot d\boldsymbol{B} \quad [{\rm J/m^3}] \tag{12.62}$$

とおくと，これは磁束管内の単位体積当りの磁気エネルギーとなる．コイルがもつすべての磁気エネルギーは，磁界中のすべての磁束管の磁気エネルギーの和であるから，磁界が及ぶ全領域を V とすれば

$$W_{\rm m} = \int_{\rm V} w_{\rm m}\, dv \tag{12.63}$$

となる．

強磁性体に対して (12.62) は，$\boldsymbol{B}$ と $\boldsymbol{H}$ との関係，すなわち磁化特性が必要である．透磁率が一定であれば $\boldsymbol{B} = \mu\boldsymbol{H}$ の関係を用いて

$$w_{\mathrm{m}} = \int_0^B \frac{\boldsymbol{B}}{\mu} \cdot d\boldsymbol{B} = \frac{B^2}{2\mu} = \frac{1}{2}\mu H^2 = \frac{1}{2}\boldsymbol{H} \cdot \boldsymbol{B} \qquad (12.64)$$

となる．

例題 12.1

透磁率 μ，半径 a の円形断面をもつ無限長円柱導体に，一様に電流が流れているときの内部インダクタンス L を，次のエネルギーの関係式から計算せよ．

$$\frac{1}{2}LI^2 = \int_{\mathrm{V}} \frac{1}{2}\boldsymbol{H} \cdot \boldsymbol{B}\, dv \qquad (12.65)$$

解　中心軸から距離 $r\ (0 < r < a)$ の位置の磁界は，アンペール周回積分の法則から

$$H = \frac{I}{2\pi r}\left(\frac{r}{a}\right)^2 = \frac{Ir}{2\pi a^2} \qquad (12.66)$$

が得られ，導体の単位長さ当りの磁気エネルギーは

$$\int_{\mathrm{V}} \frac{1}{2}\boldsymbol{H} \cdot \boldsymbol{B}\, dv = \frac{1}{2}\mu \int_0^a H^2 \cdot 2\pi r\, dr$$

$$= \frac{\mu I^2}{4\pi a^4}\int_0^a r^3\, dr = \frac{\mu I^2}{16\pi} \qquad (12.67)$$

となる．

したがって，$L = \mu/8\pi$ [H/m] となる．これは (10.59) の結果と一致している．

12. 8　真空中を伝搬する電磁波のエネルギー

電磁波は電界と磁界から構成されている．したがって，単位体積当りに蓄えられているエネルギーは，電界によるエネルギーと磁界のエネルギーの和となるから次式で与えられる．

$$w = \frac{1}{2}\varepsilon_0 E^2 + \frac{1}{2}\mu_0 H^2 \quad [\mathrm{J/m^3}] \tag{12.68}$$

このエネルギーが $c_0 = 1/\sqrt{\varepsilon_0\mu_0}$ の速度で移動するので，単位面積当り，次式で示されるエネルギーの流れ S があると考えられる．

$$S = c_0\left(\frac{1}{2}\varepsilon_0 E^2 + \frac{1}{2}\mu_0 H^2\right) \quad [\mathrm{W/m^2}] \tag{12.69}$$

さらに $c_0 = 1/\sqrt{\varepsilon_0\mu_0}$ であるので上式は

$$S = \frac{1}{2}\sqrt{\frac{\varepsilon_0}{\mu_0}}E^2 + \frac{1}{2}\sqrt{\frac{\mu_0}{\varepsilon_0}}H^2 \tag{12.70}$$

となる．

ここで，$E/H = \sqrt{\mu_0/\varepsilon_0}$ の関係を代入すれば，次式が得られる．

$$\begin{aligned} S &= \frac{1}{2}EH + \frac{1}{2}EH = EH \\ &= \sqrt{\frac{\mu_0}{\varepsilon_0}}H^2 = \sqrt{\frac{\varepsilon_0}{\mu_0}}E^2 \quad [\mathrm{W/m^2}] \end{aligned} \tag{12.71}$$

この式より，電磁波エネルギーの半分は電界により，残り半分が磁界により運ばれることがわかる．電磁波の電界と磁界は時間的に変化するので，平均的なエネルギーの流れを示すためには，上式の値は実効値を用いる必要がある．

12．9　ポインティングの定理

12.9.1　ポインティングベクトル

電磁界の単位体積当りのエネルギー密度 w は，電界によるエネルギー密度と磁気エネルギー密度の和であるから，以下のように

$$
\begin{aligned}
W &= W_{\mathrm{e}} + W_{\mathrm{m}} \\
&= \int_{\mathrm{V}} \left(\frac{1}{2} \boldsymbol{E} \cdot \boldsymbol{D} + \frac{1}{2} \boldsymbol{H} \cdot \boldsymbol{B} \right) dv \\
&= \frac{1}{2} \int_{\mathrm{V}} (\boldsymbol{E} \cdot \boldsymbol{D} + \boldsymbol{H} \cdot \boldsymbol{B}) \, dv
\end{aligned}
\tag{12.72}
$$

として表わせる.

(12.72) を時間で微分すると,

$$
\begin{aligned}
\frac{dW}{dt} &= \frac{d}{dt} \left\{ \frac{1}{2} \int_{\mathrm{V}} (\boldsymbol{D} \cdot \boldsymbol{E} + \boldsymbol{B} \cdot \boldsymbol{H}) \, dv \right\} \\
&= \int_{\mathrm{V}} \left(\frac{d\boldsymbol{D}}{dt} \cdot \boldsymbol{E} + \frac{d\boldsymbol{B}}{dt} \cdot \boldsymbol{H} \right) dv
\end{aligned}
\tag{12.73}
$$

を得る. ここでマクスウェルの方程式

$$
\left.
\begin{aligned}
&\mathrm{rot}\, \boldsymbol{H} = \boldsymbol{J} + \frac{d\boldsymbol{D}}{dt} \ \text{より} \ \frac{d\boldsymbol{D}}{dt} = \mathrm{rot}\, \boldsymbol{H} - \boldsymbol{J} \\
&\mathrm{rot}\, \boldsymbol{E} = -\frac{d\boldsymbol{B}}{dt} \ \text{より} \ \frac{d\boldsymbol{B}}{dt} = -\mathrm{rot}\, \boldsymbol{E}
\end{aligned}
\right\}
\tag{12.74}
$$

を (12.73) に代入すれば, 次式が得られる.

$$
\begin{aligned}
\frac{dW}{dt} &= \int_{\mathrm{V}} \{ (\mathrm{rot}\, \boldsymbol{H} - \boldsymbol{J}) \cdot \boldsymbol{E} + (-\mathrm{rot}\, \boldsymbol{E}) \cdot \boldsymbol{H} \} \, dv \\
&= \int_{\mathrm{V}} (\boldsymbol{E} \cdot \mathrm{rot}\, \boldsymbol{H} - \boldsymbol{H} \cdot \mathrm{rot}\, \boldsymbol{E} - \boldsymbol{J} \cdot \boldsymbol{E}) \, dv
\end{aligned}
\tag{12.75}
$$

また, ベクトルの公式 $\mathrm{div}(\boldsymbol{A} \times \boldsymbol{B}) = \boldsymbol{B}\, \mathrm{rot}\, \boldsymbol{A} - \boldsymbol{A}\, \mathrm{rot}\, \boldsymbol{B}$ より,

$$
\begin{aligned}
\boldsymbol{E} \cdot \mathrm{rot}\, \boldsymbol{H} - \boldsymbol{H} \cdot \mathrm{rot}\, \boldsymbol{E} &= \mathrm{div}(\boldsymbol{H} \times \boldsymbol{E}) \\
&= -\mathrm{div}(\boldsymbol{E} \times \boldsymbol{H})
\end{aligned}
\tag{12.76}
$$

と表せる. さらに, $\boldsymbol{J} = \kappa \boldsymbol{E}$ および (12.76) を (12.75) に代入すると,

$$\frac{dW}{dt} = \int_{\mathrm{V}} \{-\mathrm{div}(\boldsymbol{E} \times \boldsymbol{H}) - \kappa \boldsymbol{E}^2\}\, dv$$

$$= -\int_{\mathrm{V}} \kappa \boldsymbol{E}^2\, dv - \int_{\mathrm{V}} \mathrm{div}(\boldsymbol{E} \times \boldsymbol{H})\, dv \qquad (12.77)$$

となる．

考えている空間の外向き単位法線ベクトルを $\boldsymbol{n}$ とすれば，ガウスの定理より第2項は面積分に改められ，

$$\frac{dW}{dt} = -\int_{\mathrm{V}} \kappa \boldsymbol{E}^2\, dv - \int_{\mathrm{S}} (\boldsymbol{E} \times \boldsymbol{H}) \cdot \boldsymbol{n}\, dS \qquad (12.78)$$

と表すことができる．

(12.78) の第1項は，考えている領域内におけるジュール熱発生による損失を表している．第2項は，$\boldsymbol{n}$ が，$\boldsymbol{E} \times \boldsymbol{H}$ というベクトルの外向き法線方向ベクトルを表していることを考慮すると，考えている領域の境界面を通って外部へ出ていくエネルギーを表している．$\boldsymbol{E} \times \boldsymbol{H}$ はエネルギーの流れの密度を表すベクトルであり，

$$\boldsymbol{S} = \boldsymbol{E} \times \boldsymbol{H} \quad [\mathrm{W/m^2}] \qquad (12.79)$$

を**ポインティングベクトル** (Poynting vector) とよぶ．なお，電界と磁界の単位はそれぞれ，[V/m]，[A/m] であるから，ポインティングベクトルの単位は $[\mathrm{V \cdot A/m^2}] = [\mathrm{W/m^2}] = [\mathrm{J/(s \cdot m^2)}]$ となり，単位面積，単位時間当りの電気エネルギーの流れを表している．

このように任意の閉曲面Sと，Sで囲まれた領域Vに対して (12.78) が成り立つことを**ポインティングの定理** (Poynting theorem) という．

外部電界 $\boldsymbol{E}_{\mathrm{e}}$ により電流 $\boldsymbol{J}_0$ が供給されるときは，(12.78) のポインティングの定理は次のように修正される．

$$\frac{dW}{dt} = -\int_{\mathrm{S}} \boldsymbol{S} \cdot \boldsymbol{n}\, dS - \int_{\mathrm{V}} \kappa \boldsymbol{E}^2\, dv + \int_{\mathrm{V}} \boldsymbol{E}_{\mathrm{e}} \cdot \boldsymbol{J}_0\, dv \qquad (12.80)$$

なお，この項にて解説したポインティングベクトルの名前の由来になったの

が，イギリスの物理学者のポインティングである．彼は，1884年にこの概念を電気磁気学に導入した．

なお，真空中を進む電磁波では，その進行方向とポインティングベクトルの向きは一致するが，異方性媒質では両者は異なる．

12.9.2　同軸ケーブルのエネルギー

内部導体の外半径が a，外部導体の内半径が b である同軸ケーブルにおいて，電圧 V と電流 I が与えられているとき，単位長さ当りの（1）静電エネルギー，（2）磁気エネルギー，（3）ポインティングベクトルを以下で考える．

（1）　静電エネルギー

2種類の考え方を示す．

まず，同軸ケーブルの単位長さ当りの静電容量は (4.80) で与えられるので，導体に蓄えられる静電エネルギーは単位長さ当り

$$w_{e1} = \frac{1}{2}CV^2 = \frac{1}{2}\left\{\frac{2\pi\varepsilon}{\ln(b/a)}\right\}V^2 = \frac{\pi\varepsilon}{\ln(b/a)}V^2 \tag{12.81}$$

となる．

一方，半径 r の位置における電界は

$$E_r = \frac{V}{r\ln(b/a)} \tag{12.82}$$

であるから，同軸ケーブルの導体間の空間に電界によって蓄えられる静電エネルギーは，

$$\begin{aligned} w_{e2} &= \int_V \frac{1}{2}\varepsilon E_r^2\,dv = \int_a^b \frac{1}{2}\varepsilon\left\{\frac{V}{r\ln(b/a)}\right\}^2 2\pi r\,dr\cdot 1 \\ &= \frac{1}{2}\varepsilon\left\{\frac{V}{\ln(b/a)}\right\}^2 2\pi\int_a^b \frac{1}{r}\,dr \\ &= \frac{1}{2}\varepsilon\left\{\frac{V}{\ln(b/a)}\right\}^2 2\pi[\ln r]_a^b = \frac{\pi\varepsilon}{\ln(b/a)}V^2 \end{aligned} \tag{12.83}$$

となる.

どちらの場合も結果は同じとなる.

（2） **磁気エネルギー**

これについても，2 種類の考え方を示す.

同軸ケーブルにおける単位長さ当りの外部インダクタンスは (10.59) より与えられるので導体に蓄えられる磁気エネルギーは，単位長さ当り次式で与えられる.

$$w_{m1} = \frac{1}{2}LI^2 = \frac{1}{2}\left(\frac{\mu}{2\pi}\ln\frac{b}{a}\right)I^2 = \frac{\mu I^2}{4\pi}\ln\frac{b}{a} \tag{12.84}$$

一方，半径 r (ただし $a < r < b$) の位置における円周方向の磁界は

$$H = \frac{I}{2\pi r} \tag{12.85}$$

であるから，同軸ケーブルにおける導体間の空間に磁界によって蓄えられる磁気エネルギーは，

$$w_{m2} = \int_V \left(\int_0^B \boldsymbol{H}\cdot d\boldsymbol{B}\right)dv = \int_V \left(\int_0^H \boldsymbol{H}\cdot \mu\, d\boldsymbol{H}\right)dv = \mu\int_V \left(\frac{1}{2}H^2\right)dv$$

$$= \frac{\mu}{2}\int_a^b \left(\frac{I}{2\pi r}\right)^2 2\pi r\, dr = \frac{\mu I^2}{2}\int_a^b \frac{dr}{2\pi r} = \frac{\mu I^2}{4\pi}\ln\frac{b}{a} \tag{12.86}$$

となる.

同様に，どちらの場合も結果は同じになる.

（3） **ポインティングベクトル**

エネルギーの流れは同軸ケーブルの長さ方向であるから，半径 r の位置におけるポインティングベクトルは

$$S = |\boldsymbol{E}\times\boldsymbol{H}| = E_r H_\theta = \frac{V}{r\ln(b/a)}\cdot\frac{I}{2\pi r} = \frac{VI}{2\pi r^2\ln(b/a)} \tag{12.87}$$

となる．同軸ケーブルの導体間の空間全体では，単位長さ当り次のようになる.

$$w = \int_V S\,dv = \int_a^b \frac{VI}{2\pi r^2 \ln(b/a)} 2\pi r\,dr \cdot 1 = \frac{VI}{\ln(b/a)}[\ln r]_a^b = VI \quad (12.88)$$

すなわち，同軸ケーブルにおける導体間の空間を移動するエネルギーは，同軸ケーブルの導体間の電圧と導体を流れている電流の積に等しい．

12. 10 マクスウェルの応力

第2章で述べたクーロン力は電荷間にはたらく力であったが，導体表面に面電荷が存在する場合，導体表面にはたらく力を考えてみる．

図12.7に示すように導体表面に微小な面積 dS をとる．この部分の面電荷密度を σ とすると，電荷は $\sigma\,dS$ となる．導体表面の電界は，電荷 $\sigma\,dS$ が作る電界と，これ以外の電荷が作る電界のベクトル和からなると考えることができる．

ここで，電荷 $\sigma\,dS$ が作る電界は導体表面の外側の電界 $\boldsymbol{E}_1$ と，内側における電界 $\boldsymbol{E}_1'$ に分けられる．$\boldsymbol{E}_1$ と $\boldsymbol{E}_1'$ は大きさが等しくお互いに逆向きであるから次式が成り立つ．

$$\boldsymbol{E}_1' = -\boldsymbol{E}_1 \quad (12.89)$$

また，$\sigma\,dS$ 以外の電荷が作る電界は導体表面の外側を $\boldsymbol{E}_2$，内側を $\boldsymbol{E}_2'$ とすれば，両者は等しい．すなわち，次式が成り立つ．

$$\boldsymbol{E}_2' = \boldsymbol{E}_2 \quad (12.90)$$

さらに，導体の内側では $\boldsymbol{E}_1'$ と $\boldsymbol{E}_2'$ が打ち消し合って電界が0となってい

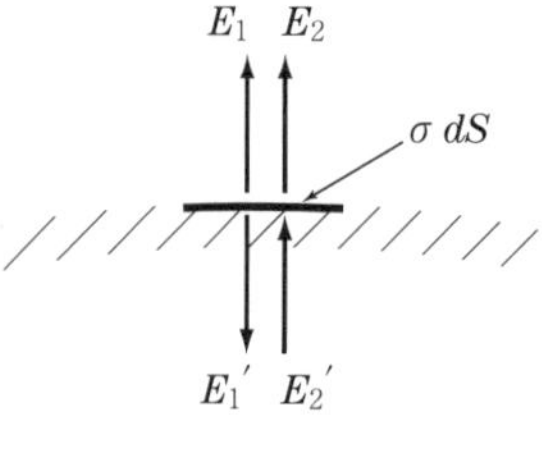

図 12.7　導体表面の電荷が作る電界とそれ以外の電荷が作る電界

るので

$$\boldsymbol{E}_1' + \boldsymbol{E}_2' = 0 \tag{12.91}$$

となる．導体の外側の電界 $\boldsymbol{E}$ は

$$\boldsymbol{E} = \boldsymbol{E}_1 + \boldsymbol{E}_2 \tag{12.92}$$

となる．以上の関係式より，

$$\boldsymbol{E}_1 = \boldsymbol{E}_2 = \frac{1}{2}\boldsymbol{E} \tag{12.93}$$

が得られる．これは，導体表面の電界において，$\sigma\,dS$ 自身が作る電界とこれ以外の電荷が作る電界が，それぞれ半分ずつ寄与していることを意味する．さらに電荷 $\sigma\,dS$ が受ける力 $\boldsymbol{F}$ は，$\sigma\,dS$ 以外の電荷が作る電界からであり，自分が作る電界からは力を受けない．すなわち，

$$\boldsymbol{F} = \boldsymbol{E}_2\sigma\,dS = \frac{1}{2}\boldsymbol{E}\sigma\,dS = \frac{1}{2}E_n\boldsymbol{n}\,\sigma\,dS \tag{12.94}$$

また，クーロンの定理より $\sigma = \varepsilon_0 E_n$ であるから以下の通りである．

$$\boldsymbol{F} = \frac{\sigma^2}{2\varepsilon_0}\boldsymbol{n}\,dS = \frac{1}{2}\varepsilon_0 E^2\boldsymbol{n}\,dS \tag{12.95}$$

ここで，

$$f = \frac{\sigma^2}{2\varepsilon_0} = \frac{1}{2}\varepsilon_0 E^2 \tag{12.96}$$

とおけば，ε_0 は単位面積当りにはたらく力の大きさを表す．また，力の向きは電荷の極性によらず，導体の内側から外側に向かう単位法線ベクトル $\boldsymbol{n}$ の向きに等しい．これを**静電張力**（electrostatic tension）または**静電応力**（electrostatic stress）という．単位は [N/m^2] であり，圧力の単位と同じである．

一方，電荷からは電界が発生し，その向きは電気力線で示される．2つの電荷間にはたらくクーロン力は電荷の極性が同極性の場合は斥力が，また異極性の場合は引力がはたらく．これは，電荷が作る電気力線に沿ってできる

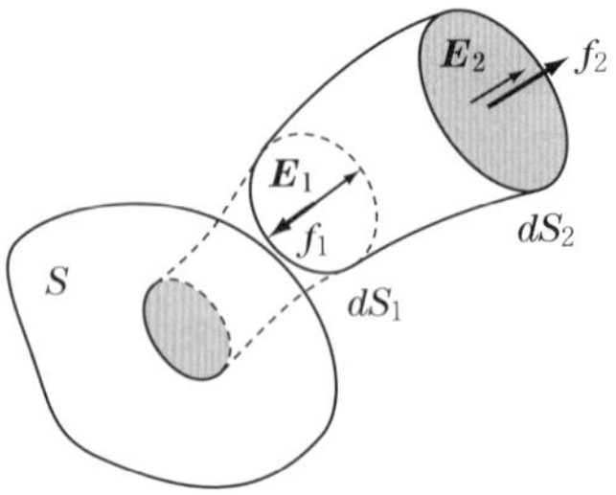

（a）電気力管にはたらく張力

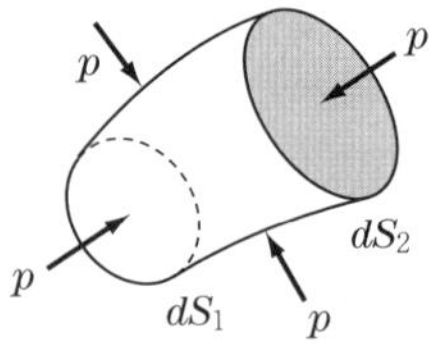

（b）電気力管にはたらく圧力

図 12.8　電気力管にはたらく張力と圧力

電気力管は電気的な歪みを受けた弾性体のように振舞い，電気力管に沿った方向には張力 f が，また電気力管の面に垂直な方向には圧力 p がはたらいていると考えることができる．この様子を図 12.8 に示す．帯電した導体表面から発生する細い電気力管を考える．導体表面の張力は

$$f = \frac{\sigma^2}{2\varepsilon_0} = \frac{1}{2}\varepsilon_0 E^2 \tag{12.97}$$

である．

電気力管から任意の位置に柱体を考え，底面における電界をそれぞれ E_1, E_2，底面積を dS_1, dS_2 とする．電束の連続性から，常に $E_1 \cdot dS_1 = E_2 \cdot dS_2$ が成り立つ．また柱体の底面には単位面積当りそれぞれ $f_1 = (1/2)\varepsilon_0 E_1^2$，$f_2 = (1/2)\varepsilon_0 E_2^2$ の電界方向の張力（引っ張り応力）が作用している．すなわち，電気力線は張力により電界方向に伸びようとする力がはたらいていると考えられる．さらに電気力管の任意の面の垂直方向には，圧力 p がはたらいているので，圧力に対抗する力がはたらくため外側に広がろうとする．

その大きさは力のつり合いから真空中では

$$f = p = \frac{1}{2}\varepsilon_0 E^2 \quad [\mathrm{N/m^2}] \tag{12.98}$$

で与えられる．

誘電体の界面に対しては，(12.118) あるいは (12.122) で与えられるように電界の方向に ED/2 の引っ張り応力 (張力) や，電界と垂直方向に ED/2 の圧縮応力 (圧力) が静電気力としてはたらく．

一般に，微小体積の表面に対して，電界と電束密度の垂直成分を E_n, D_n，接線成分を E_t, D_t とすると，面と垂直な方向には単位面積当り

$$F_n = \frac{1}{2}E_n D_n - \frac{1}{2}E_t D_t \quad [\mathrm{Pa}] \tag{12.99}$$

の張力がはたらき，面の接線方向には

$$F_t = E_t D_n \quad [\mathrm{Pa}] \tag{12.100}$$

の力がはたらいている．これらの応力を**マクスウェルの応力**と名づけている．

例題 12.2

2つの電荷にはたらくクーロン力を，電気力管にはたらく張力から計算せよ．

解　正負の電荷が，それぞれ点 A$(a, 0, 0)$，B$(-a, 0, 0)$ におかれたとき，$x = 0$ の断面における電界の各成分は次のようになる．

$$E_x = \frac{-2aq}{4\pi\varepsilon_0}\frac{1}{(a^2 + r^2)^{3/2}},\ E_y = 0,\ E_z = 0 \tag{12.101}$$

応力(張力)は

$$f = \frac{1}{2}\varepsilon_0 E^2 \tag{12.102}$$

であるから，これを y - z 平面全体で積分すればよい．

$$F = \frac{q^2}{4\pi\varepsilon_0 (2a)^2} \tag{12.103}$$

これより張力は，距離 $2a$ 隔てておかれた2つの正負電荷にはたらくクーロン力に等しい．

12.11 仮想変位の原理

12.11.1 仮想変位

仮想変位 (virtual displacement) とは，静止状態（つり合い状態）にある物体に対して仮に微小変化を与えたときの変位量であり，その変位量にエネルギー保存則を適用して問題を解く方法を**仮想変位法** (virtual displacement method) という．

一般に，仕事（エネルギー）は力 × 距離で表される．物体に複数の外力がはたらくとき，物体の仮想変位を $d\boldsymbol{r}_i$ とすれば，仮想変位によってなされる仕事 dW について次式が成り立つ．

$$dW = \sum \boldsymbol{F}_i \cdot d\boldsymbol{r}_i \tag{12.104}$$

これがつり合いの状態にあるとすれば $dW = 0$ となる．

次に図12.9に示すように，面Sにはたらく単位面積当りの力 $\boldsymbol{f}$ に抗した力 $\boldsymbol{f}' = -\boldsymbol{f}$ により，面Sの法線方向に $d\boldsymbol{\xi}$ だけ変位が生じ，面Sが面S′になったとする．この時，力 $\boldsymbol{f}'$ が面全体に対してなす仕事に対して次式が成り立つ．

$$\int_{S'} (\boldsymbol{f}' \cdot d\boldsymbol{\xi})\, dS' = -\int_{S} (\boldsymbol{f} \cdot d\boldsymbol{\xi})\, dS \tag{12.105}$$

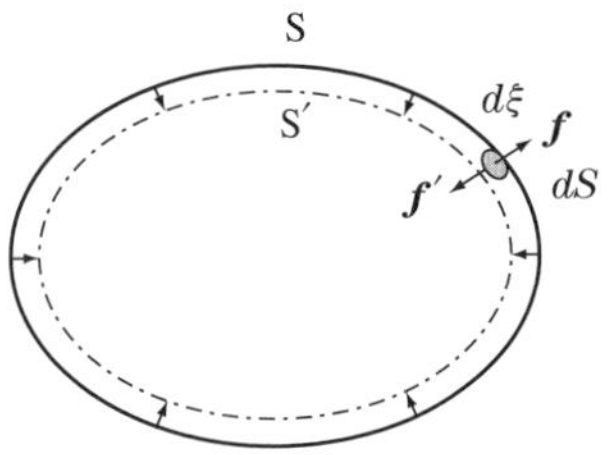

図12.9　仮想変位

この式は右辺を左辺に移項すれば0であり，つり合いの条件と同じである．一般に，ある面に作用する力を $\boldsymbol{F}$ とすれば，$\Delta\boldsymbol{r}$ の微小距離を移動したときの仕事 ΔW との和は，系全体として保存されるので次式が成り立つ．

$$\Delta W + \boldsymbol{F} \cdot \Delta \boldsymbol{r} = 0 \tag{12.106}$$

ここで，例えば $\Delta x \to 0$ の極限を考えると x 方向の力 F_x は次式から計算できる．

$$F_x = -\lim_{\Delta x \to 0} \frac{\Delta W}{\Delta x} = -\frac{\partial W}{\partial x} \tag{12.107}$$

以上は1次元の場合であるが，3次元に拡張すればベクトルを用いて次のように表せる．

$$\boldsymbol{F} = -\mathrm{grad}\, W \tag{12.108}$$

このようにエネルギーをもつ系には常に力がはたらいているが，検討の対象となるものを実際に動かすことができなくても，動くと仮定したときの結果にエネルギー保存則を適用することにより，力を計算できるところに仮想変位法の特徴がある．変位量を限りなく小さくすることにより，導体間や誘電体間にはたらく静電力を計算できることを，**仮想変位の原理** (principle of virtual displacement) という．

12.11.2　導体間にはたらく静電力と静電エネルギー

静電界中で作用する力は，クーロン力の重ね合わせである．しかし導体を含む場合，導体の変位（移動）により導体内の電荷の移動が起こる．このため，その計算は一般には容易ではない．このような場合でも，仮想変位法を用いれば導体にはたらく力を計算できる．

電極間の方向に x 軸をもつ平行平板コンデンサを例にとる．この電荷 Q が一定である場合，すなわちコンデンサが回路から切り離されて単独で存在している場合のエネルギーを W_e とすれば，F_x により Δx 動いたときの静電エネルギーの増加分は ΔW_e になる．すなわち，次式が成り立つ．

$$\Delta W_e = -F_x \Delta x \tag{12.109}$$

ここで，電極にかかる力は外力と反対方向に生じるので，x 方向の静電力 F_x

は $\varDelta x \to 0$ とすれば，

$$F_x = -\lim_{\varDelta x \to 0} \frac{\varDelta W_{\mathrm{e}}}{\varDelta x} = -\left.\frac{\partial W_{\mathrm{e}}}{\partial x}\right|_{Q=\mathrm{constant}} \tag{12.110}$$

となる．これを一般化すれば，次式で表される．

$$\boldsymbol{F} = -\nabla W_{\mathrm{e}}|_{Q=\mathrm{constant}} \tag{12.111}$$

一方，電位が一定の場合，すなわちコンデンサが外部回路に接続されている場合には，静電力 F_x によって導体が dx の変形を受けると，電位を一定にするために外部回路との間で電荷 dQ の移動が行われる．このとき，外部回路とのやりとりにおいて VdQ だけのエネルギーの授受が起こる．すなわち次式が成り立つ．

$$dW_{\mathrm{e}} + F_x\,dx = V\,dQ \tag{12.112}$$

したがって，静電力は次式のように計算できる．

$$\begin{aligned} F_x &= -\frac{\partial W_{\mathrm{e}}}{\partial x} + V\frac{\partial Q}{\partial x} = -\frac{\partial}{\partial x}\left(\frac{1}{2}VQ\right) + V\frac{\partial Q}{\partial x} = \frac{\partial}{\partial x}\left(\frac{1}{2}VQ\right) \\ &= \left.\frac{\partial W_{\mathrm{e}}}{\partial x}\right|_{V=\mathrm{constant}} \end{aligned} \tag{12.113}$$

上式を一般化し，ベクトルで表せば次式となる．

$$\boldsymbol{F} = \nabla W_{\mathrm{e}}|_{V=\mathrm{constant}} \tag{12.114}$$

12.11.3　誘電体間にはたらく力と静電エネルギー

図 12.10 (a) に示すように，それぞれの誘電率が ε_1, ε_2 である誘電体の境界面と電界の向きが垂直である場合を考える．誘電体に蓄えられる単位体積当りの静電エネルギーは

$$w_{\mathrm{e}} = \frac{1}{2}\boldsymbol{E}\cdot\boldsymbol{D} \quad [\mathrm{J/m^3}] \tag{12.115}$$

である．ここで，境界面が微小距離 dx 移動したと仮定すると，最初は ε_2 であった誘電率が ε_1 に変化するので，その単位体積当りのエネルギー変化量

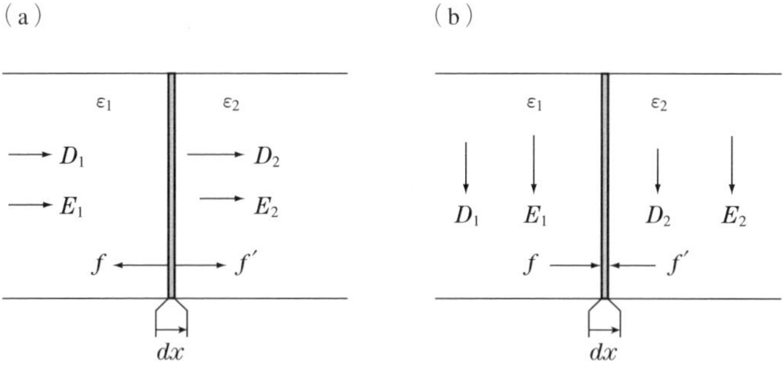

$f=\frac{1}{2}\frac{D^2}{\varepsilon_1}$,　$f'=\frac{1}{2}\frac{D^2}{\varepsilon_2}$
$D_1=D_2=D$

$f=\frac{1}{2}\varepsilon_1 E^2$,　$f'=\frac{1}{2}\varepsilon_2 E^2$
$E_1=E_2=E$

図 12.10　誘電体界面にはたらく力.（a）電界が界面に垂直な場合,（b）電界が界面と平行な場合.

dw_e は次のようになる.

$$dw_e=\left(\frac{1}{2}\boldsymbol{E}_2\cdot\boldsymbol{D}_2-\frac{1}{2}\boldsymbol{E}_1\cdot\boldsymbol{D}_1\right)dx=\frac{1}{2}(\boldsymbol{E}_2\cdot\boldsymbol{D}_2-\boldsymbol{E}_1\cdot\boldsymbol{D}_1)\,dx \tag{12.116}$$

なお，境界面における電束密度の垂直成分は等しいので，$D_1=D_2=D$ とおくと上式は

$$dw_e=\frac{1}{2}\left(\frac{D^2}{\varepsilon_2}-\frac{D^2}{\varepsilon_1}\right)dx=\frac{1}{2}\left(\frac{1}{\varepsilon_2}-\frac{1}{\varepsilon_1}\right)D^2\,dx \tag{12.117}$$

となる．したがって，誘電体にはたらく単位面積当りの力は次式で与えられる．

$$f=-\frac{dw}{dx}=-\frac{1}{2}\left(\frac{1}{\varepsilon_2}-\frac{1}{\varepsilon_1}\right)D^2=\frac{1}{2}\left(\frac{1}{\varepsilon_1}-\frac{1}{\varepsilon_2}\right)D^2 \tag{12.118}$$

次に図 12.10（b）に示すように，誘電体の境界面と電界の向きが平行である場合を考える．境界面が微小距離 dx 移動したと仮定すると，境界面の電束密度が変化するので界面で分極している電荷も変化する．この電荷の変化

は，誘電体に外部電源が接続されており，電荷が外部電源から供給されると考える．

このときの静電エネルギーの変化 dw は，静電力を F，電源がする仕事を dE とすれば，エネルギーの保存則から次式が成り立つ．

$$dw = -F\,dx + dE \tag{12.119}$$

電源から供給された電荷を dQ，電源電圧を V とすれば，$dw = (1/2)\ V \times dQ$，$dE = V\,dQ$ であるから $dE = 2\,dw$ となる．これを (12.104) に代入すれば $dw = -F\,dx + 2\,dw$ となるので，これより

$$F = \frac{dw}{dx} \tag{12.120}$$

が得られる．電界の境界面における平行な成分は等しいので $E_1 = E_2 = E$ となり，これを (12.116) に代入すれば，

$$dw = \left(\frac{1}{2}\boldsymbol{E}_2 \cdot \boldsymbol{D}_2 - \frac{1}{2}\boldsymbol{E}_1 \cdot \boldsymbol{D}_1\right) dx = \frac{1}{2}(\varepsilon_2 E^2 - \varepsilon_1 E^2)\ dx = \frac{1}{2}(\varepsilon_2 - \varepsilon_1)E^2\,dx \tag{12.121}$$

となる．

したがって，誘電体界面にはたらく単位面積当りの力は次式で与えられる．

$$f = \frac{dw}{dx} = \frac{1}{2}(\varepsilon_2 - \varepsilon_1)E^2 \tag{12.122}$$

ここで，力の向きはどちら共 ε_2 から ε_1 に向かう向きを正とした．

よって，$\varepsilon_2 > \varepsilon_1$ のとき $f > 0$ となるので，図 12.8 に示したように誘電体界面には誘電率の大きい方から小さい方に向かう向きの力がはたらく．このように (12.118) あるいは (12.122) は，力の方向により張力や圧力として静電気力がはたらく．これを**マクスウェルの応力** (Maxwell's stress) という．また，誘電体は静電力による電気的な歪みにより，弾性エネルギーとして電気エネルギーを蓄えていると考えられる．

12.11.4　磁界のエネルギーと磁性体の境界面にはたらく力

空間に蓄えられる単位体積当りの磁気エネルギーは

$$w_{\mathrm{m}} = \frac{1}{2}\boldsymbol{H}\cdot\boldsymbol{B} \tag{12.123}$$

によって与えられる．空間全体の磁気エネルギーは

$$W_{\mathrm{m}} = \int_{\mathrm{V}} w_{\mathrm{m}}\, dv \tag{12.124}$$

であるので鎖交磁束 Φ_{m} が一定の場合，磁性体の境界面には仮想変位の原理より

$$\boldsymbol{F} = -\,\mathrm{grad}\, W_{\mathrm{m}} \tag{12.125}$$

の磁気力がはたらく．

図 12.11 (a) に示すように，磁性体の境界面に磁界が垂直な場合を考える．磁束密度の法線方向成分は等しいので，磁性体にはたらく力は，仮想変位に対する磁気エネルギーの変化から次式で与えられる．

$$dw = \left(\frac{B^2}{2\mu_1} - \frac{B^2}{2\mu_2}\right) S\, dx \tag{12.126}$$

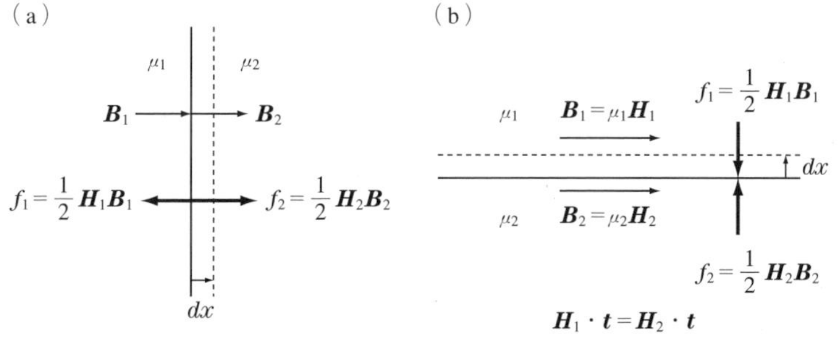

図 12.11　磁性体にはたらく力．(a) 磁性体の境界面に垂直な磁界，(b) 磁性体の境界面に平行な磁界．

したがって，境界面の単位面積当りにはたらく力は

$$\frac{F}{S} = -\frac{1}{S}\frac{dw}{dx} = -\frac{B^2}{2}\left(\frac{1}{\mu_1} - \frac{1}{\mu_2}\right) > 0 \quad (反発力) \qquad (12.127)$$

となり反発力がはたらく．

また図 12.11 (b) のように，磁性体の境界面に磁界が平行な場合は，境界面の両側における磁界の平行成分は等しいので，磁気エネルギーの変化は

$$dw = \left(\frac{1}{2}\mu_1 H^2 - \frac{1}{2}\mu_2 H^2\right) S\,dx \qquad (12.128)$$

となる．よって，境界面の単位面積当りに次式の吸引力がはたらく．

$$\frac{F}{S} = \frac{1}{S}\frac{dw}{dx} = \frac{1}{2}(\mu_1 - \mu_2) H^2 \quad (吸引力) \qquad (12.129)$$

(12.127) は磁界が境界面に垂直な場合，(12.129) は磁界が平行な場合に境界面にはたらく力を表しているが，どちらの場合も透磁率の大きな磁性体が，透磁率の小さい磁性体に吸引される方向に力がはたらくことを意味している．また，境界面にはたらく単位面積当りの力の大きさは，境界面の両側の磁性体が有するエネルギーの差に等しい．

ここで図 12.12 に示す磁束管を考える．磁界と垂直な面には，(12.127) に示すように，反発力がはたらくので磁束管には縮もうとする力がはたらく．また，磁界と平行な磁力線には (12.129) に示したように広がろうとする力がはたらく．これらの力はいずれも単位面積当り

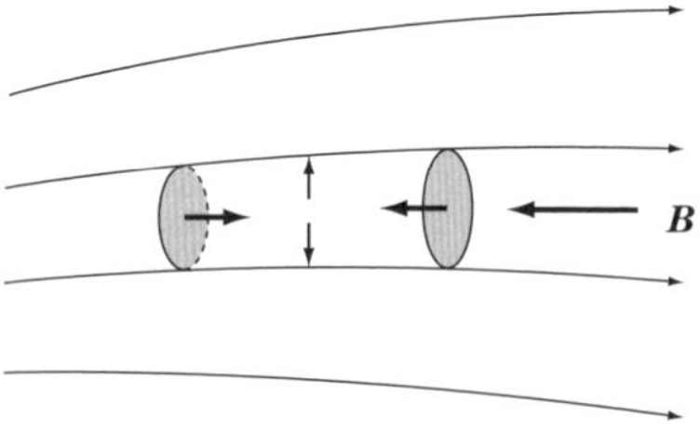

図 12.12　磁束管にはたらくマクスウェルの応力

$$f = \frac{1}{2} H \cdot B \quad [\mathrm{N/m^2}] \tag{12.130}$$

となる．この力をマクスウェルの応力という．

12.11.5　コイルの磁気エネルギーとコイルにはたらく力

この場合，静電エネルギーと異なり電流を流すために電源が必要である．コイルのループが力 F の下で微小距離 dx だけ移動したとき，系全体のエネルギー変化は $d\Phi_\mathrm{m} = -V\,dt$ の関係を用いると

$$dw = VI\,dt = -I\,d\Phi_\mathrm{m} \tag{12.131}$$

である．したがって，電流が一定の下での力は次式で計算できる．

$$F = -\frac{dw}{dx} = I\frac{d\Phi_\mathrm{m}}{dx} \tag{12.132}$$

コイルが2つある場合は，双方のコイルが蓄えた磁気エネルギーの変化から力を計算できる．すなわち，

$$F = \frac{\partial}{\partial x}\left(\frac{1}{2}L_1 I_1^2 + MI_1 I_2 + \frac{1}{2}L_2 I_2^2\right) = \frac{1}{2}I_1^2\frac{\partial L_1}{\partial x} + I_1 I_2\frac{\partial M}{\partial x} + \frac{1}{2}I_2^2\frac{\partial L_2}{\partial x} \tag{12.133}$$

となる．このとき，電流 I_1, I_2 は一定とする．

一般に，n 個の回路電流に対する磁界のエネルギー W_m は，それぞれの回路に流れる電流と，この回路電流に差交する磁束との積の和であるので，力は次式で与えられる．

$$\boldsymbol{F} = -\mathrm{grad}\,W_\mathrm{m} = -\mathrm{grad}\left(\frac{1}{2}\sum_{i=1}^{n} L_i I_i^2 + \frac{1}{2}\sum_{i=1}^{n}\sum_{j=1(i\neq j)}^{n} M_{ij} I_i I_j\right) \tag{12.134}$$

ここで，L_i は i 番目の自己インダクタンスを，また M_{ij} は i 番目の回路と j 番目の回路との相互インダクタンスを表す．

また，強磁性体のように非線形な磁気特性の場合には，次式から計算でき

る.

$$F = \mathrm{grad}\int_{\mathrm{V}} \frac{1}{2}\boldsymbol{H}\cdot\boldsymbol{B}\,dv \tag{12.135}$$

12. 12 ローレンツ力とマクスウェルの応力との関係

誘電性と磁性を併せもつ物質が，電界が $\boldsymbol{E}(\boldsymbol{r},t)$，磁束密度が $\boldsymbol{B}(\boldsymbol{r},t)$ である空間に置かれたとき，物質全体に加わる力について考える．物質の真電荷密度を $\rho(\boldsymbol{r},t)$，分極を $\boldsymbol{P}(\boldsymbol{r},t)$，磁化を $\boldsymbol{M}(\boldsymbol{r},t)$ とする．また真電流密度を $\boldsymbol{J}(\boldsymbol{r},t)$ とする．

このような場合，真電荷，真電流の他に

$$\text{分極電荷密度}\quad \rho_{\mathrm{p}} = -\mathrm{div}\,\boldsymbol{P} \tag{12.136}$$

$$\text{磁化電流密度}\quad \boldsymbol{J}_{\mathrm{m}} = \mathrm{rot}\,\boldsymbol{M} \tag{12.137}$$

$$\text{分極電流密度}\quad \boldsymbol{J}_{\mathrm{p}} = \frac{\partial \boldsymbol{P}}{\partial t} \tag{12.138}$$

が存在する．

この物質にはたらくローレンツ力は次のように計算できる．

$$\begin{aligned}\boldsymbol{F} &= \int_{\mathrm{V}}\{(\rho+\rho_{\mathrm{p}})\boldsymbol{E} + (\boldsymbol{J}+\boldsymbol{J}_{\mathrm{m}}+\boldsymbol{J}_{\mathrm{p}})\times\boldsymbol{B}\}\,dv \\ &= \int_{\mathrm{V}}\left\{(\rho - \mathrm{div}\,\boldsymbol{P})\boldsymbol{E} + \left(\boldsymbol{J} + \mathrm{rot}\,\boldsymbol{M} + \frac{\partial \boldsymbol{P}}{\partial t}\right)\times\boldsymbol{B}\right\}dv\end{aligned} \tag{12.139}$$

ここで，

$$\rho = \mathrm{div}\,\boldsymbol{D} = \mathrm{div}(\varepsilon_0\boldsymbol{E} + \boldsymbol{P}) \tag{12.140}$$

$$\mathrm{rot}\,\boldsymbol{H} = \mathrm{rot}\left(\frac{\boldsymbol{B}}{\mu_0} - \boldsymbol{M}\right) = \boldsymbol{J} + \frac{\partial}{\partial t}(\varepsilon_0\boldsymbol{E} + \boldsymbol{P}) \tag{12.141}$$

を代入すれば，次式が得られる．

$$\boldsymbol{F} = \int_{\mathrm{V}} \left[\mathrm{div}\,(\varepsilon_0 \boldsymbol{E}) \cdot \boldsymbol{E} + \left\{ \mathrm{rot}\,\frac{\boldsymbol{B}}{\mu_0} - \frac{\partial}{\partial t}(\varepsilon_0 \boldsymbol{E}) \right\} \times \boldsymbol{B} \right] dv \qquad (12.142)$$

また，

$$\frac{\partial}{\partial t}(\varepsilon_0 \boldsymbol{E} \times \boldsymbol{B}) = \frac{\partial}{\partial t}(\varepsilon_0 \boldsymbol{E}) \times \boldsymbol{B} + \varepsilon_0 \boldsymbol{E} \times \frac{\partial \boldsymbol{B}}{\partial t} \qquad (12.143)$$

の関係を用いれば，

$$\boldsymbol{F} = -\int_{\mathrm{V}} \frac{\partial}{\partial t}(\varepsilon_0 \boldsymbol{E} \times \boldsymbol{B})\, dv + \int_{\mathrm{V}} \left(\varepsilon_0 \boldsymbol{E} \times \frac{\partial \boldsymbol{B}}{\partial t} \right) dv + \int_{\mathrm{V}} \left[\mathrm{div}\,(\varepsilon_0 \boldsymbol{E}) \cdot \boldsymbol{E} + \left(\mathrm{rot}\,\frac{\boldsymbol{B}}{\mu_0} \right) \times \boldsymbol{B} \right] dv \qquad (12.144)$$

と表すことができる．

さらに，ファラデーの法則 $\mathrm{rot}\,\boldsymbol{E} = -\partial \boldsymbol{B}/\partial t$，磁気に関するクーロンの法則 $\mathrm{div}\,\boldsymbol{B} = 0$ を適用すれば，次式が得られる．

$$\boldsymbol{F} = -\varepsilon_0 \mu_0 \int_{\mathrm{V}} \frac{\partial}{\partial t}(\boldsymbol{E} \times \boldsymbol{H})\, dv + \int_{\mathrm{V}} [\varepsilon_0 (\mathrm{rot}\,\boldsymbol{E} \times \boldsymbol{E}) + \mathrm{div}\,(\varepsilon_0 \boldsymbol{E}) \cdot \boldsymbol{E}]\, dv + \int_{\mathrm{V}} [\mu_0 (\mathrm{rot}\,\boldsymbol{H} \times \boldsymbol{H} + (\mathrm{div}\,\boldsymbol{H})\boldsymbol{H})]\, dv \qquad (12.145)$$

ここで，右辺第1項の $\boldsymbol{E} \times \boldsymbol{H}$ はポインティングベクトルであり，$\varepsilon_0 \mu_0 \boldsymbol{E} \times \boldsymbol{H} = \boldsymbol{E} \times \boldsymbol{H}/c^2$ は電磁界によって形成される場が有する運動量密度に相当する．

また，右辺第2項については，x，y，z それぞれの成分を F_x，F_y，F_z とおけば次のようになる．

$$F_x = \varepsilon_0 \int_{\mathrm{V}} \left[\left(\frac{\partial E_x}{\partial z} - \frac{\partial E_z}{\partial x} \right) E_z - \left(\frac{\partial E_y}{\partial x} - \frac{\partial E_x}{\partial y} \right) E_y + \frac{\partial E_x}{\partial x} E_x + \frac{\partial E_y}{\partial y} E_y + \frac{\partial E_z}{\partial z} E_z \right] dv \qquad (12.146)$$

式を整理すれば次のようになる．

$$F_x = \int_{\mathrm{V}} \mathrm{div}\left(\varepsilon_0 E_x E_x - \frac{1}{2}\varepsilon_0(\boldsymbol{E}\cdot\boldsymbol{E}),\ \varepsilon_0 E_x E_y,\ \varepsilon_0 E_x E_z\right) dv \quad (12.147)$$

この式にガウスの定理を用いて，体積積分を面積分に変換すると次式が得られる．

$$\begin{aligned} F_x &= \int_{\mathrm{S}}\left(\varepsilon_0 E_x E_x - \frac{1}{2}\varepsilon_0(\boldsymbol{E}\cdot\boldsymbol{E}),\ \varepsilon_0 E_x E_y,\ \varepsilon_0 E_x E_z\right)\cdot\boldsymbol{n}\, dS \\ &= \int_{\mathrm{S}} \boldsymbol{T}_x\cdot\boldsymbol{n}\, dS \end{aligned} \quad (12.148)$$

ここで，

$$\boldsymbol{T}_x = \left(\varepsilon_0 E_x E_x - \frac{1}{2}\varepsilon_0(\boldsymbol{E}\cdot\boldsymbol{E}),\ \varepsilon_0 E_x E_y,\ \varepsilon_0 E_x E_z\right) \quad (12.149)$$

である．$\boldsymbol{T}_x$ のそれぞれの成分は，それぞれの軸に垂直な面を通してはたらく力になっている．そして，$\boldsymbol{T}_x$ と面の単位法線ベクトル $\boldsymbol{n}$ との内積 $\boldsymbol{T}_x\cdot\boldsymbol{n}$ が，微小面積 dS にはたらく力の x 成分になっている．

同様にして，y, z 成分 F_y, F_z は

$$\begin{aligned} F_y &= \int_{\mathrm{S}}\left(\varepsilon_0 E_y E_x,\ \varepsilon_0 E_y E_y - \frac{1}{2}\varepsilon_0(\boldsymbol{E}\cdot\boldsymbol{E}),\ \varepsilon_0 E_y E_z\right)\cdot\boldsymbol{n}\, dS \\ &= \int_{\mathrm{S}} \boldsymbol{T}_y\cdot\boldsymbol{n}\, dS \end{aligned} \quad (12.150)$$

$$\begin{aligned} F_z &= \int_{\mathrm{S}}\left(\varepsilon_0 E_z E_x,\ \varepsilon_0 E_z E_y,\ \varepsilon_0 E_z E_z - \frac{1}{2}\varepsilon_0(\boldsymbol{E}\cdot\boldsymbol{E})\right)\cdot\boldsymbol{n}\, dS \\ &= \int_{\mathrm{S}} \boldsymbol{T}_z\cdot\boldsymbol{n}\, dS \end{aligned} \quad (12.151)$$

となる．

さらに，第 3 項は第 2 項と数学的に同じ形式をしているので，$\boldsymbol{E}$ を $\boldsymbol{H}$ に，ε_0 を μ_0 におきかえればよい．よって，第 2 項と第 3 項をまとめて力全体を次のように書き直すことができる．

$$\boldsymbol{F} = -\frac{\partial}{\partial t}\int_{\mathrm{V}} \frac{\boldsymbol{E}\times\boldsymbol{H}}{c^2}\, dv + \int_{\mathrm{S}} \boldsymbol{T}\cdot\boldsymbol{n}\, dS \quad (12.152)$$

ここで，$\boldsymbol{T}$ は**マクスウェルの応力**とよばれる2階テンソルであり，次のように表される．

$$Tn = \begin{bmatrix} T_x \\ T_y \\ T_z \end{bmatrix} n$$

$$= \begin{bmatrix} \varepsilon_0 E_x E_x - \frac{\varepsilon_0 E^2}{2} + \mu_0 H_x H_x - \frac{\varepsilon_0 H^2}{2} & \varepsilon_0 E_x E_y + \mu_0 H_x H_y & \varepsilon_0 E_x E_z + \mu_0 H_x H_z \\ \varepsilon_0 E_y E_x + \mu_0 H_y H_x & \varepsilon_0 E_y E_y - \frac{\varepsilon_0 E^2}{2} + \mu_0 H_y H_y - \frac{\varepsilon_0 H^2}{2} & \varepsilon_0 E_y E_z + \mu_0 H_y H_z \\ \varepsilon_0 E_z E_x + \mu_0 H_z H_x & \varepsilon_0 E_z E_y + \mu_0 H_z H_y & \varepsilon_0 E_z E_z - \frac{\varepsilon_0 E^2}{2} + \mu_0 H_z H_z - \frac{\varepsilon_0 H^2}{2} \end{bmatrix} \begin{bmatrix} n_x \\ n_y \\ n_z \end{bmatrix} \tag{12.153}$$

これらの成分は，

$$T_{ij} = \varepsilon_0 E_i E_j - \frac{\varepsilon_0 E^2}{2}\delta_{ij} + \mu_0 H_i H_j - \frac{\mu_0 H^2}{2}\delta_{ij} \tag{12.154}$$

として書くことができる．

これを**応力テンソル** (stress tensor) という．

以上は E - H 対応による表記であったが，E - B 対応による応力テンソルは次のように書き改められる．

$$T_{ij} = \varepsilon\left(E_i E_j - \frac{E^2}{2}\delta_{ij}\right) + \frac{1}{\mu}\left(B_i B_j - \frac{B^2}{2}\delta_{ij}\right) \tag{12.155}$$

ここで述べたように，ローレンツ力とマクスウェルの応力の関係は表裏一体であることがわかる．また，クーロンの法則，フレミングの法則も電束管や磁束管にはたらくマクスウェルの応力として理解することができる．

さらに，(12.152) の第1項である．

$$-\frac{\partial}{\partial t}\left(\frac{\boldsymbol{E} \times \boldsymbol{H}}{c^2}\right) \tag{12.156}$$

は運動量と同じ単位をもっている．式にマイナスがついているのは，電磁界の運動量変化の反作用として物体が力を受けることを意味している．すなわち，運動量の保存則を意味している．

12.13 運動する電荷間にはたらく力

2つの電荷はお互いにクーロン力を受けると運動を始める．電荷がそれぞれ質量 m_1 と m_2，速度 $\boldsymbol{v}_1$ と $\boldsymbol{v}_2$ をもつとすると，電荷は次の運動方程式に従って運動する．

$$m_1 \frac{d\boldsymbol{v}_1}{dt} = \frac{q_1 q_2}{4\pi\varepsilon_0} \frac{\boldsymbol{r}_1 - \boldsymbol{r}_2}{r^3} \tag{12.157}$$

$$m_2 \frac{d\boldsymbol{v}_2}{dt} = -\frac{q_1 q_2}{4\pi\varepsilon_0} \frac{\boldsymbol{r}_1 - \boldsymbol{r}_2}{r^3} = \frac{q_1 q_2}{4\pi\varepsilon_0} \frac{\boldsymbol{r}_2 - \boldsymbol{r}_1}{r^3} \tag{12.158}$$

ここで電荷の位置をそれぞれ $\boldsymbol{r}_1, \boldsymbol{r}_2$ とすれば，$r = |\boldsymbol{r}_1 - \boldsymbol{r}_2|$ である．この2つの運動方程式から，エネルギー，運動量，角運動量のそれぞれの保存則が次のように導かれる．

$$\frac{d}{dt}\left(\frac{1}{2} m_1 \boldsymbol{v}_1^2 + \frac{1}{2} m_2 \boldsymbol{v}_2^2 + \frac{1}{4\pi\varepsilon_0} \frac{q_1 q_2}{r}\right) = 0 \tag{12.159}$$

$$\frac{d}{dt}(m_1 \boldsymbol{v}_1 + m_2 \boldsymbol{v}_2) = 0 \tag{12.160}$$

$$\frac{d}{dt}(m_1 \boldsymbol{r}_1 \times \boldsymbol{v}_1 + m_2 \boldsymbol{r}_2 \times \boldsymbol{v}_2) = 0 \tag{12.161}$$

電荷が複数の場合も同様である．なお，上記の運動方程式は，電荷が運動している場合もクーロン力のみがはたらくことを前提としている．

クーロン力は，両方の電荷が静止しているか力を及ぼす電荷が静止している場合に限られ，速度 $\boldsymbol{v}$ を持つ電荷 q，質量 m の荷電粒子にはたらく力はローレンツ力となる．このときの運動方程式は次式で表される．

$$m \frac{d^2 \boldsymbol{r}}{dt^2} = q\{\boldsymbol{E}(\boldsymbol{r}, t) + \boldsymbol{v}(\boldsymbol{r}, t) \times \boldsymbol{B}(\boldsymbol{r}, t)\} \tag{12.162}$$

実際には，この他に速度と加速度を含んだ力がはたらく．このような場合，相対論的効果を考慮する必要がある．

12. 14 電気光学効果

異方性物質の誘電率，透磁率，導電率はそれぞれ誘電率テンソル，透磁率テンソル，導電率テンソルで表されることを述べた．ここでは，異方性誘電体中を電磁波が進む場合について考える．

誘電体に電界が印加されているときの単位体積当りの静電エネルギー w_e は，次式で表される．

$$w_e = \frac{1}{2}\boldsymbol{D}\cdot\boldsymbol{E} \quad [\mathrm{J/m^3}] \tag{12.163}$$

ここで $\boldsymbol{D} = \varepsilon\boldsymbol{E}$ であるので，上式に誘電率テンソル (5.31) を代入すると次のようになる．

$$w_e = \frac{1}{2}\varepsilon_0\begin{bmatrix}\varepsilon_{11} & \varepsilon_{12} & \varepsilon_{13}\\ \varepsilon_{21} & \varepsilon_{22} & \varepsilon_{23}\\ \varepsilon_{31} & \varepsilon_{32} & \varepsilon_{33}\end{bmatrix}\begin{bmatrix}E_x\\ E_y\\ E_z\end{bmatrix}\cdot[\,E_x \quad E_y \quad E_z] \tag{12.164}$$

この式を展開し整理すると次式が得られる．

$$\frac{\varepsilon_0}{2w_e}\Big\{\varepsilon_{11}E_x^2 + \varepsilon_{22}E_y^2 + \varepsilon_{33}E_z^2 + (\varepsilon_{12} + \varepsilon_{21})E_xE_y + (\varepsilon_{23} + \varepsilon_{32})E_yE_z + (\varepsilon_{13} + \varepsilon_{31})E_zE_x\Big\} = 1 \tag{12.165}$$

さらに，$\varepsilon_{11}E_x/\sqrt{2w_e} = x$，$\varepsilon_{22}E_y/\sqrt{2w_e} = y$，$\varepsilon_{33}E_z/\sqrt{2w_e} = z$ とおき，$\varepsilon_{ij} = \varepsilon_{ji}$ の関係を用いると

$$\varepsilon_0\left\{\frac{x^2}{\varepsilon_{11}} + \frac{y^2}{\varepsilon_{22}} + \frac{z^2}{\varepsilon_{33}} + \frac{2\varepsilon_{12}}{\varepsilon_{11}\varepsilon_{22}}xy + \frac{2\varepsilon_{23}}{\varepsilon_{22}\varepsilon_{33}}yz + \frac{2\varepsilon_{13}}{\varepsilon_{33}\varepsilon_{11}}zx\right\} = 1 \tag{12.166}$$

となる．誘電率 ε と屈折率 n との間には $n^2 = \varepsilon$ の関係が成り立つので，(12.166) は x, y, z それぞれの軸方向の誘電率の変化，すなわち，屈折率と電界との関係を表す楕円体の式になっている．透明な物質に磁界を印加したときも同様な関係が成り立つ．

このように電界や磁界を加えることによって，物性が変化することを**電気光学効果**（EO（electro-optic）effect）という．

第12章のまとめ

- 電力：毎秒当りの電気エネルギー．（12.1節）
- 電力量：電力を時間積分したもの．（12.1節）
- ジュールの法則：抵抗値 R の抵抗に電流 I が流れると，毎秒 I^2R の電気エネルギーが消費される．（12.1節）
- ジュール損（抵抗損）：抵抗に起因する損失．（12.1節）
- 静電エネルギー：導体に電荷が蓄えられたときのエネルギー．電界が存在する空間には，その強さに応じたエネルギーが存在する．（12.3節），（12.6節）
- 誘電体の静電エネルギー：真空中のエネルギーと分極のエネルギーの和．（12.5節）
- 磁気エネルギー：コイルに電流が流れているときに蓄えられるエネルギー．磁界や磁束密度から計算する方法と回路のインダクタンスから求める方法がある．（12.7節），（12.9節）
- 電磁波のエネルギー：真空中を電磁波が進むとき，電界と磁界によって運ばれるエネルギー．電界と磁界はそれぞれエネルギーの半分ずつを運ぶ．（12.8節）
- ポインティングベクトル：電界ベクトルと磁界ベクトルの外積で表されるベクトルで，電気エネルギーの密度の大きさと流れの方向を表す．（12.9節）
- ポインティングの定理：任意の体積内における電気エネルギーの時間変化は，体積内のジュール損，境界面から外部に流出するエネルギー，外部から供給されるエネルギーの和になっている．（12.9節）

・仮想変位の原理：エネルギー保存則に基づいて，微小変位に対するエネルギーの変化量から境界面にはたらく力を計算する方法．(12.10 節)
・マクスウェルの応力：界面にはたらく張力あるいは圧力としての静電気力．電気力線がもつ重要な性質である．(12.10 節)，(12.12 節)
・ローレンツ力とマクスウェルの応力とは表裏一体の関係にある．(12.12 節)
・運動する電荷間にはたらく力：電荷にはクーロン力に加えて，速度と加速度に依存した力がはたらく．(12.11 節)
・電気光学効果：異方性物質中を電磁波が進む場合，電界あるいは磁界により屈折率（誘電率）などの物性が変化すること．(12.11 節)

章末問題

【12.1】 誘電率 ε の誘電体中に半径 a の球状領域があり，この中に真電荷 Q が一様に分布している．このときの電気エネルギーを求めよ．(12.4 節)

【12.2】 真空中に置かれた電極面積 S，電極間距離 h の平行平板コンデンサに電圧 V を印加したのち回路から切り離す．電極間の電界が均一であると仮定したとき，電極間にはたらく力を求めよ．(12.11 節)

【12.3】 円環形状をした鉄心を半弧状に中央で 2 分割し，上側鉄心にコイルを N 回巻き電流 I を流す（図 12.13）．このとき鉄心が引き合う力を求め

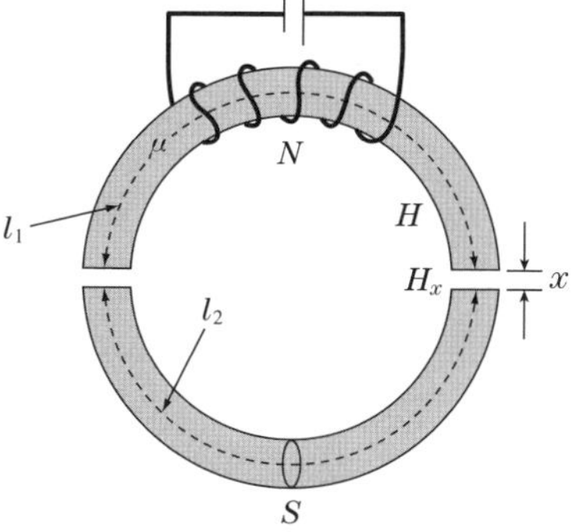

図 12.13

よ．ただし鉄心の断面積を S，透磁率を μ とする．また，ギャプの透磁率は μ_0 とする．(12.11 節)

【12.4】 導体の半径が a である無限長円柱導体の内部インダクタンスを磁気エネルギーから求めよ．ただし，電流は導体断面を一様に流れると仮定する．(12.7 節)

【12.5】 内側導体の半径が a，外側導体の内径が b である円形断面をもつ無限長同軸線路の外部インダクタンスを磁気エネルギーから求めよ．(12.7 節)

【12.6】 速度 v の荷電粒子が，一様な磁束密度 B に対して垂直に入射するときの電子の軌道を求めよ．(12.13 節)

章末問題略解

第1章

【1.1】 略.

【1.2】 図 1.2 参照.

【1.3】 略.

【1.4】 1.6 節参照.

【1.5】 略. (3.1 節, 6.1 節, 6.5 節, 7.1 節参照)

【1.6】 略. (6.1 節, 10.1 節参照)

【1.7】 略. (2.1 節, 7.2 節, 9.1 節参照)

第2章

【2.1】 $$E_x = \frac{Q}{4\pi\varepsilon_0}\left[\frac{x-d}{\{(x-d)^2+y^2+z^2\}^{3/2}} + \frac{x+d}{\{(x+d)^2+y^2+z^2\}^{3/2}}\right]$$

$$E_y = \frac{Q}{4\pi\varepsilon_0}\left[\frac{y}{\{(x-d)^2+y^2+z^2\}^{3/2}} + \frac{y}{\{(x+d)^2+y^2+z^2\}^{3/2}}\right]$$

$$E_z = \frac{Q}{4\pi\varepsilon_0}\left[\frac{z}{\{(x-d)^2+y^2+z^2\}^{3/2}} + \frac{z}{\{(x+d)^2+y^2+z^2\}^{3/2}}\right]$$

【2.2】 $r \geq a : E = \dfrac{a^3\rho}{3\varepsilon_0 r^2}$, $r < a : E = \dfrac{\rho r}{3\varepsilon_0}$

【2.3】 $F = Q\dfrac{\sigma}{2\varepsilon_0}\left(1 - \dfrac{d}{\sqrt{a^2+d^2}}\right)$

【2.4】 $E_{z\max} = \dfrac{\lambda}{3\sqrt{3}\,\varepsilon_0 a}$, 位置 : $a/\sqrt{2} \approx 0.7a$ なので $(0, 0, 0.7a)$ の場所

【2.5】 (1) $\mathrm{div}\,\boldsymbol{A} = 2xy + z + 3xy^2 + z + 2yz + x^2$

(2) $\mathrm{div}\,\boldsymbol{A}\,(2, 1, 3) = 26$

【2.6】 (1) $\mathrm{div}\,\boldsymbol{A} = -\dfrac{x+y+z}{(x^2+y^2+z^2)^{3/2}}$ (2) $\mathrm{div}\,\boldsymbol{A}(2, 1, 3) = \dfrac{3\sqrt{14}}{98}$

第3章

【3.1】 $E = \dfrac{Q}{4\pi\varepsilon_0 r^2}$, $V = \dfrac{Q}{4\pi\varepsilon_0}\left(\dfrac{1}{a} - \dfrac{1}{b}\right)$

【3.2】 $\phi(x) = -\dfrac{\rho}{2\varepsilon_0}x^2 + \left(\dfrac{V}{d} + \dfrac{\rho d}{2\varepsilon_0}\right)x$, $E(x) = \dfrac{V}{d} + \dfrac{\rho}{\varepsilon_0}\left(\dfrac{d}{2} - x\right)$

【3.3】 $\phi(r, z) = \dfrac{\lambda}{\pi\varepsilon_0}\dfrac{r_1}{\sqrt{(r+r_1)^2 + (z-z_1)^2}}\displaystyle\int_0^{\pi/2}\dfrac{d\varphi}{\sqrt{1 - k^2\sin^2\varphi}}$

ただし $k = \sqrt{\dfrac{4rr_1}{(r+r_1)^2 + (z-z_1)^2}}$

【3.4】 $\phi = \dfrac{\lambda}{4\pi\varepsilon_0}\ln\dfrac{\sqrt{4x^2 + l^2} + l}{\sqrt{4x^2 + l^2} - l}$

【3.5】

$$\begin{aligned}\phi = aV_0\Bigg[&\left\{\frac{1}{\sqrt{x^2 + (y-h)^2}} - \frac{1}{\sqrt{x^2 + (y+h)^2}}\right\}\\ &+ m\left\{\frac{1}{\sqrt{x^2 + \{y - (h - ma)\}^2}} - \frac{1}{\sqrt{x^2 + \{y + (h - ma)\}^2}}\right\}\\ &+ \frac{m^2}{1-m^2}\left\{\frac{1}{\sqrt{x^2 + [y - \{h - (ma/(1-m^2))\}]^2}}\right.\\ &\left. - \frac{1}{\sqrt{x^2 + [y + \{h - (ma/(1-m^2))\}]^2}}\right\}\\ &+ \frac{3m^2}{1-2m^2}\left\{\frac{1}{\sqrt{x^2 + [y - \{h - ((1-m^2)ma/(1-2m^2))\}]^2}}\right.\\ &\left. - \frac{1}{\sqrt{x^2 + [y + \{h - ((1-m^2)ma/(1-2m^2))\}]^2}}\right\} + \cdots\Bigg]\end{aligned}$$

【3.6】 $r \geq a : \phi = -\dfrac{a^3\rho}{3\varepsilon_0 r}$, $r < a : \phi = \dfrac{\rho}{\varepsilon_0}\left(\dfrac{1}{2}a^2 - \dfrac{1}{6}r^2\right)$

【3.7】 線電荷から r_0 離れた点の電位を V_0 とすれば $\phi(r) = \dfrac{\lambda}{2\pi\varepsilon}\ln r_0/r + V_0$

第4章

【4.1】 $C_0 = \dfrac{\varepsilon_0}{d}$ [F/m^2], $C = \varepsilon_0\dfrac{S}{d}$ [F]

【4.2】 $C = 708$ [μF]

【4.3】 $\dfrac{C_1C_2(V_1 - V_2)^2}{2(C_1 + C_2)}$

【4.4】 等価静電容量は (4.88) ならびに (4.89) で与えられる.

$C_1 = q_{11} + q_{12},\ C_2 = q_{21} + q_{22},\ C_{12} = -q_{12} = -q_{21}$

【4.5】 $\boldsymbol{E}(r,\theta) = E_0\left\{\left(\dfrac{2a^3}{r^3} + 1\right)\cos\theta\,\boldsymbol{e}_r + \left(\dfrac{a^3}{r^3} - 1\right)\sin\theta\,\boldsymbol{e}_\theta\right\},$

$\sigma = \varepsilon_0 E_r(a) = 3\varepsilon_0 E_0 \cos\theta\ [\mathrm{C/m^2}]$

第5章

【5.1】 $E_2 = E_1\sqrt{\left(\dfrac{\varepsilon_1}{\varepsilon_2}\right)^2\cos^2\theta_1 + \sin^2\theta_1}$

【5.2】 誘電体内：$\boldsymbol{E}_1(r,\theta) = \left\{1 + \dfrac{2(\varepsilon_2 - \varepsilon_1)}{2\varepsilon_1 + \varepsilon_2}\left(\dfrac{a}{r}\right)^3\right\}E_0\cos\theta\,\boldsymbol{e}_r + \left\{\dfrac{\varepsilon_2 - \varepsilon_1}{2\varepsilon_1 + \varepsilon_2}\left(\dfrac{a}{r}\right)^3 - 1\right\}E_0\sin\theta\,\boldsymbol{e}_\theta$

誘電体外：$\boldsymbol{E}_2(r,\theta) = \dfrac{3\varepsilon_1}{2\varepsilon_1 + \varepsilon_2}E_0(\cos\theta\,\boldsymbol{e}_r - \sin\theta\,\boldsymbol{e}_\theta)$

【5.3】 略.

【5.4】 $Q = -5.36 \times 10^4\ [\mathrm{C}]$

【5.5】 $V = \dfrac{eN_\mathrm{d}N_\mathrm{a}}{2\varepsilon(N_\mathrm{d} + N_\mathrm{a})}t^2$

【5.6】 $C = \dfrac{\lambda}{V} = \dfrac{2\pi\varepsilon_1\varepsilon_2}{\varepsilon_2\ln(b/a) + \varepsilon_1\ln(c/b)}\ [\mathrm{F/m}]$

第6章

【6.1】 (1) 6.2×10^{18} 個　(2) $500\ \mathrm{kA/m^2}$　(3) $I^2R = 0.1\ \mathrm{W}$

(4) $3.68 \times 10^{-5}\ \mathrm{m/s}$　(5) $2.44 \times 10^{-14}\ \mathrm{s}$

【6.2】 $R = \dfrac{\eta}{4\pi l}\ln\dfrac{(\sqrt{d^2 + l^2} + l)^2}{(\sqrt{d^2 + l^2} - l)(\sqrt{d^2 + l^2} + l)} \approx \dfrac{\eta}{2\pi l}\ln\dfrac{4l}{d}$

【6.3】 $\sigma = \varepsilon_0 E_1 - \varepsilon_0 E_2 = \varepsilon_0\left(\frac{J}{\kappa_1} - \frac{J}{\kappa_2}\right) = \varepsilon_0 \frac{\kappa_2 - \kappa_1}{\kappa_1\kappa_2} J$

【6.4】 $R = \frac{\eta L}{\pi ab}$

【6.5】 略.

【6.6】 抵抗：$R = \frac{\eta}{4\pi}\left(\frac{1}{a} - \frac{1}{b}\right)$，発熱量：$P = \frac{4\pi V^2 ab}{\eta(b-a)}$

第7章

【7.1】 $H = 63.7$ A/m，$B = 8 \times 10^{-5}$ T $= 80\,\mu$T

【7.2】 直線導体から 10 cm 離れた点で 15 A の電流による磁束密度に相当する.

【7.3】 (a) 電流が逆向きの場合

$$H_x = \frac{I}{2\pi}\left[\frac{y}{(x+d)^2+y^2} - \frac{y}{(x-d)^2+y^2}\right]$$

$$H_y = \frac{I}{2\pi}\left[-\frac{x+d}{(x+d)^2+y^2} + \frac{x-d}{(x-d)^2+y^2}\right]$$

(b) 電流が同じ向きの場合

$$H_x = \frac{I}{2\pi}\left[\frac{y}{(x+d)^2+y^2} + \frac{y}{(x-d)^2+y^2}\right]$$

$$H_y = -\frac{I}{2\pi}\left[\frac{x+d}{(x+d)^2+y^2} + \frac{x-d}{(x-d)^2+y^2}\right]$$

【7.4】 $H_x = \frac{a^2 I}{2(a^2+x^2)^{3/2}}$，中心軸を x 軸とした.

【7.5】 略.

【7.6】 $H = \frac{I}{2}$ [A/m]

第8章

【8.1】 磁気モーメント：$m = IS = (J_m l)\,S = 2 \times 10^5 \times 0.15 \times 3.14 \times 10^{-4} = 9.42$ Am^2

磁極の強さ：$2 \times 10^5 \times 3.14 \times 10^{-4} \approx 63$ Am

【8.2】（1）$B = \dfrac{\mu I}{2\pi r}$ [T]　（2）$\Phi = \dfrac{\mu I}{2\pi} l \ln \dfrac{b}{a}$ [Wb]

【8.3】略.

【8.4】（1）2000 A　（2）3183 A/m　（3）4 T　（4）10^6 A/Wb
（5）2×10^{-3} Wb

【8.5】$p_{\mathrm{m}} = 9.4 \times 10^{-24} \mathrm{Am^2}$

【8.6】
$$y \geq 0 : \frac{I}{2\pi}\left(-\frac{y-d}{x^2+(y-d)^2} - \frac{y+d}{x^2+(y+d)^2},\ \frac{x}{x^2+(y-d)^2} + \frac{x}{x^2+(y+d)^2},\ 0\right)$$
$$y < 0 : \frac{I}{2\pi}\frac{2\mu_0}{\mu+\mu_0}\left(-\frac{y-d}{x^2+(y-d)^2},\ \frac{x}{x^2+(y-d)^2},\ 0\right)$$

第9章

【9.1】$H_r = \dfrac{p_m \cos\theta}{2\pi r^3}$，$H_\theta = \dfrac{p_m \sin\theta}{4\pi r^3}$

【9.2】$\boldsymbol{A} = \left(0,\ 0,\ \dfrac{\mu_0 I}{2\pi} \ln \dfrac{r_2}{r_1}\right)$

ただし，$r_1 = \sqrt{(x-d)^2+y^2}$，$r_2 = \sqrt{(x+d)^2+y^2}$

【9.3】
$$B_x = \frac{\partial A_z}{\partial y} - \frac{\partial A_y}{\partial z} = 0,$$
$$B_y = \frac{\partial A_x}{\partial z} - \frac{\partial A_z}{\partial x} = \frac{\mu_0 K}{2\pi}\int_{-\infty}^{\infty} \frac{2z/\{2\sqrt{(y-y')^2+z^2}\}}{\sqrt{(y-y')^2+z^2}}\,dy' = \frac{\mu_0 K}{2},$$
$$B_z = \frac{\partial A_y}{\partial x} - \frac{\partial A_x}{\partial y} = -\frac{\mu_0 K}{2\pi}\int_{-\infty}^{\infty} \frac{y-y'}{(y-y')^2+z^2}\,dy' = 0$$

【9.4】
$$\boldsymbol{A} = \left(0,\ 0,\ \frac{\mu_0}{4\pi} \ln \frac{\sqrt{x^2+y^2+(L-z)^2}+(L-z)}{\sqrt{x^2+y^2+z^2}-z}\right)$$
$$B_x = \frac{\partial A_z}{\partial y} - \frac{\partial A_y}{\partial z}$$
$$= \frac{\mu_0 I}{4\pi}\left(\frac{y/\sqrt{x^2+y^2+(L-z)^2}}{\sqrt{x^2+y^2+(L-z)^2}+(L-z)} - \frac{y/\sqrt{x^2+y^2+z^2}}{\sqrt{x^2+y^2+z^2}-z}\right)$$
$$B_y = \frac{\partial A_x}{\partial z} - \frac{\partial A_z}{\partial x}$$

$$= \frac{\mu_0 I}{4\pi}\left(\frac{x/\sqrt{x^2+y^2+(L-z)^2}}{\sqrt{x^2+y^2+(L-z)^2}+(L-z)} - \frac{x/\sqrt{x^2+y^2+z^2}}{\sqrt{x^2+y^2+z^2}-z}\right)$$

$$B_z = \frac{\partial A_y}{\partial x} - \frac{\partial A_x}{\partial y} = 0$$

【9.5】 $B_x = \frac{\partial A_z}{\partial y} - \frac{\partial A_y}{\partial z} = 0 - 0 = 0,\ B_y = \frac{\partial A_x}{\partial z} - \frac{\partial A_z}{\partial x} = 0 - 0 = 0,$

$$B_z = \frac{\partial A_y}{\partial x} - \frac{\partial A_x}{\partial y} = B - (-B) = 2B$$

$$\Phi_{\mathrm{m}} = \oint_{\mathrm{C}} \boldsymbol{A}\cdot d\boldsymbol{l} = \int_{\mathrm{P}}^{\mathrm{Q}} \boldsymbol{A}\cdot d\boldsymbol{l} + \int_{\mathrm{Q}}^{\mathrm{R}} \boldsymbol{A}\cdot d\boldsymbol{l} + \int_{\mathrm{R}}^{\mathrm{S}} \boldsymbol{A}\cdot d\boldsymbol{l} + \int_{\mathrm{S}}^{\mathrm{P}} \boldsymbol{A}\cdot d\boldsymbol{l}$$

$$= B\frac{d}{2}(d + d + d + d) = 2Bd^2$$

第10章

【10.1】 $E_\varphi = -\frac{1}{2\pi r}\frac{d\Phi_{\mathrm{m}}}{dt}$．アンペール周回積分の法則は $\oint_{\mathrm{C}} \boldsymbol{H}\cdot d\boldsymbol{l} = I$ であるので，$\boldsymbol{E}$ と $\boldsymbol{H}$，$-\frac{\partial \Phi_{\mathrm{m}}}{\partial t}$ と I が対応する．

【10.2】 相互インダクタンス：$M = \frac{\mu_0 b}{2\pi}\ln\frac{d+a}{d}$，

起電力：$u(t) = -\frac{\mu_0 b}{2\pi}\ln\frac{d+a}{d} I_0\omega\cos\omega t$

【10.3】 自己インダクタンス：$L = \frac{\mu N^2 h}{2\pi}\ln\frac{b}{a}$

【10.4】 巻き数：$N = \frac{\sqrt{2}\times(20\times 10^3)}{2\pi\times 50\times 0.314} \approx 287$

【10.5】 回路を N 個に分割し，i 番目と j 番目の分割点に対し次式が成立する．

$$i_i R_i + \sum_{j=1}^{N} L_{pij}\frac{\partial i_j}{\partial t} + \phi_{l(i)} - \phi_{k(i)} = 0$$

第11章

【11.1】 （1）6000 km　　（2）600 m　　（3）3.75 m　　（4）10 cm

【11.2】 約 790 THz から約 390 THz

【11.3】 $E_\theta = \frac{1}{r} f\left(t - \frac{r}{c}\right) + \frac{1}{r} g\left(t + \frac{r}{c}\right)$

【11.4】 略.

【11.5】 $E_r = \frac{pe^{-jkR}}{2\pi\varepsilon}\left(\frac{1}{R^3} + \frac{jk}{R^2}\right)\cos\theta,\ \ E_\theta = \frac{pe^{-jkR}}{4\pi\varepsilon}\left(\frac{1}{R^3} + \frac{jk}{R^2} - \frac{k^2}{R}\right)\sin\theta,$

$E_\varphi = 0.$

$H_r = 0,\ \ H_\theta = 0,\ \ H_\varphi = \frac{j\omega pe^{-jkR}}{4\pi}\left(\frac{1}{R^2} + \frac{jk}{R}\right)\sin\theta.$

($k = \omega\sqrt{\varepsilon_0\mu_0} = \omega/c = 2\pi/\lambda$：波数, R：微小ダイポールと計算点との距離)

【11.6】 $\boldsymbol{E} = (E_r,\ E_\theta,\ 0)$

$$E_r = \frac{dl}{2\pi\varepsilon_0}\left[\frac{1}{r^3}\int i\left(t - \frac{r}{c}\right)dt + \frac{1}{cr^2} i\left(t - \frac{r}{c}\right)\right]\cos\theta$$

$$E_\theta = \frac{dl}{4\pi\varepsilon_0}\left[\frac{1}{r^3}\int i\left(t - \frac{r}{c}\right)dt + \frac{1}{cr^2} i\left(t - \frac{r}{c}\right) + \frac{1}{c^2 r}\frac{\partial}{\partial t} i\left(t - \frac{r}{c}\right)\right]\sin\theta$$

$\boldsymbol{H} = (0,\ 0,\ H_\varphi)$

$$H_\varphi = \frac{dl}{4\pi}\left[\frac{1}{r^2} i\left(t - \frac{r}{c}\right) + \frac{1}{cr}\frac{\partial}{\partial t} i\left(t - \frac{r}{c}\right)\right]\sin\theta$$

【11.7】 略.

第 12 章

【12.1】 $\frac{3Q^2}{20\pi\varepsilon a}$

【12.2】 $F = -\frac{1}{2} CV^2 \frac{1}{h}$

【12.3】 $F = -2S\frac{B^2}{2\mu_0}$

【12.4】 単位長さ当り $L_{\text{in}} = \frac{\mu}{8\pi}$ [H/m]

【12.5】 単位長さ当り $L_{\text{ext}} = \frac{\mu}{2\pi}\ln\frac{b}{a}$ [H/m]

【12.6】 $x^2 + (y \pm R)^2 = R^2,\ \ R = \frac{mv_0}{|q|B}$

事 項 索 引

B

B-H 曲線（磁気ヒステリシス曲線） B-H curve (magnetic hysteresis loop) 194

D

div (divergence) 43, 67, 115, 138, 211, 274

E

E-B 対応 311
EDHB 系 EDHB analogy 318
E-H 対応 311

G

grad (gradient) 57, 212, 347

M

M-H 曲線 M-H curve 194

N

N 極 N pole 151, 197, 226

S

S 極 S pole 151, 197, 226
SI 単位系（国際単位系） SI units (international system of units) 10

R

rot (rotation) 53, 212, 268, 275, 299

ア

アース earth 96
アドミッタンス admittance 321
アンチフェロ磁性 antiferromagnetic 179
アンペア 〔A〕 11, 135, 152, 160
アンペール周回積分の法則（アンペールの法則） Ampère's circuital law (Ampère's law) 155, 190, 212
アンペールの法則の微分形 differential form for Ampère's law 158
アンペールの右ねじの法則 Ampère's right-handed screw rule 151, 152, 153
アンペール-マクスウェルの法則 Ampère-Maxwell's law 2, 3, 269
アンペール力 Ampère's force 159

イ

イオン分極 ionic polarization 106, 108
位相 phase 287
——角 phase angle 287
——速度 phase velocity 287, 294, 295
位相差 phase difference 287
位相定数 phase constant 292
一意性の原理（解の一意性） uniqueness of electrostatic solution 74
位置エネルギー potential energy 52, 55
位置ベクトル position vector 7
一様電界（平等電界） uniform field 42
移動速度（ドリフト速度） drift velocity 134
移動度 mobility 134
異方性物質 anisotropic material 116, 139, 190, 355
異方性誘電体 anisotropic dielectrics 355
インダクタ inductor 239
インダクタンス inductance 239, 321
インピーダンス impedance 285, 321
インピーダンス整合 impedance matching 298

ウ

ウェーバ 〔Wb〕 171
渦電流 eddy current 204, 259
——損 eddy current loss 262
右旋性円偏波 right-handed circular polarization wave 284
渦なしの場 curl-free field 53
運動電磁誘導（速度起電力） motional electromagnetic induction (motional electromotive force) 235
運動量 momentum 354

エ

永久磁石 permanent magnet 180
影像 image 75
影像電荷 image charge 75

影像電流法　image current method　251
影像力　image force　77
エネルギー　energy　322, 327, 329, 332, 333, 336, 337
——密度　energy density　333
エネルギー最小の原理　principle of energy minimization　25
遠隔作用論　theory of action at adistance　20
円形コイル　circular coil　222
円柱導体　cylindrical conductor　82, 157, 247
円柱磁性体　cylindrical magnet　200
円筒導体　cylindrical conductor　53, 91
円筒座標（系）　cylindrical coordinates　191, 222
円偏電磁波　circularly polarized electromagnetic waves　283
円偏波　circularly polarized wave　283

オ

往復線路　round transmission lines　175
応力テンソル　stress tensor　353
オーム　〔Ω〕　131, 285
オームの法則　Ohm's law　131, 206
——の微分形　138
温度係数　temperature coefficient　140

カ

界　field　20
回転密度（rot），回転　rotation　53
回転モーメント　moment of rotation, turque　168
解の一意性（一意性の原理）　uniqueness of electrostatic solution　74
外部インダクタンス　external inductance　249
外部電界　external electric field　111
外部電流　external current　188
界面電荷　interfacial charge　124
界面分極　interfacial polarization　124
ガウスの定理　Gauss' divergence theorem　172
ガウスの法則　Gauss' law　38, 74, 114, 172, 199, 211
——の積分形　integral form for Gauss' law　43
——の微分形　differential form for Gauss' law　44
可逆透磁率　reversible permeability　196
角運動量　angular mumentum　354
拡散電流　diffusion current　138
拡散方程式　diffusion equation　260
角周波数　angular frequency　286
角速度　angular velocity　238
重ねの理（重ね合わせの原理）　principle of superposition　20, 33, 86
仮想変位　virtual displacement　342
——の原理　principle of virtual displacement　343
——法　virtual displacement method　342
荷電粒子　charged particle　133
雷　lightning　288
環状ソレノイド（トロイダルコイル）　ring-shaped solenoid (troidal coil)　156, 201, 242
環状電流　loop current　5, 155, 167, 168, 185, 186
緩和時間　relaxation time　72, 146

キ

90度磁壁　90° domain wall　184
幾何学的平均距離　geometrical mean distance　257
起磁力　magnetmotive force　189, 206
起電力　electromotive force　141, 143, 233, 236
基本単位　coherent units　10
基本ベクトル　fundamental vector　34
逆起電力（電圧降下）　counter electromotive force (voltage drop)　141, 143
逆2乗則　law of inverse square　16, 18
キャパシタ（コンデンサ）　capacitor (condenser)　94
キャパシタンス（静電容量，容量）　capacitance (electrostatic capacity, capacity)　94, 320, 326
キャリア（電荷担体）　carrier　133
球状磁性体　sphere magnet　200
球導体（球電極）　sphere electrode　77, 88, 96
球面電荷　sphere surface charge　31
球面波　spherical wave　314

キュリー温度　Curie temperature　185
境界条件　boundary condition　75, 120, 201, 297
強磁性　ferromagnetism　181
強磁性体　ferromagnetic material　178
鏡像法（電気影像法）　electric image method　75
強誘電体　ferroelectrics　116, 327
距離ベクトル　distance vector　16
キルヒホフの第 1 法則（キルヒホフの電流則）　Kirchhoff's first law (Kirchhoff's current law)　138
キルヒホフの第 2 法則（キルヒホフの電圧則）　Kirchhoff's second law (Kirchhoff's voltage law)　143
キルヒホフの法則　Kirchhoff's law　207
キロワット時〔kWh〕　316
近接作用論　theory of action through medium　20

ク

屈折　refraction　288
　――率　refractive index　293
組立単位　derived unit　10
グリーン関数　Green function　310
グリーンの相反定理　Green's reciprocity theorem　101
クーロン〔C〕　17, 135
クーロンゲージ　Coulomb gauge　211, 302, 305
クーロンの定理　Coulomb's theory　74
クーロンの法則　Coulomb's law　2, 16
クーロンポテンシャル　Coulomb potential　52
クーロン力　Coulomb force　16, 20
クーロン力に関する重ねの理　principle of superposition　20
群速度　group velocity　294

ケ

ゲージ　gauge　302
結合係数　coupling coefficient　243
原子核　atomic nucleus　2
減磁曲線　demagnetizing curve　195
原子分極　atomic polarization　106
　――率　atomic polarizability　107

コ

コイル　coil　156
構成関係式　constitutive relations　3
合成定理　synthetic theorem　258
光速　light velocity　7, 276, 294
光電効果（光起動力効果）　photo electric effect　141
勾配（grad）　gradient　57, 210, 302
交流　alternating current　204
国際単位系（SI 単位系）　international system of units (SI units)　10
コヒーレント　coherent　288
固有インピーダンス（波動インピーダンス）　intrinsic impedance　285
固有双極子モーメント　intrinsic dipole moment　108
固有抵抗（体積抵抗率，抵抗率）　intrinsic resistance　132
コンダクタンス　conductance　132, 321
コンデンサ（キャパシタ）　condenser　94

サ

最大エネルギー積　maximum energy product　195
最大透磁率　maximum permeability　195
鎖交　interlinkage　153
鎖交磁束数　number of flux interlinkage　154, 233
サセプタンス　susceptance　321
左旋性円偏波　left - handed circular polarization wave　284
差動結合　differential coupling　241
残留磁気（残留磁化）　magnetic remanence, residual magnetism　194
残留磁束密度　remanent magnetic flux density　194

シ

磁位　magnetic potential　225
磁化　magnetization　177, 182, 186, 198
　――曲線　magnetization curve　194
　――の強さ　intensity of magnetization　182, 185, 186, 198
　――ベクトル　magnetization vector　182, 183, 312
　――容易軸　axis of easy magnetization

177
—— 率　magnetic susceptibility　189
磁化電流　magnetizing current　180, 185, 186, 188
磁荷　magnetic charge　172, 199
磁界　magnetic field　150, 151, 189
—— に関するガウスの法則　Gauss's law for magnetic field　199
磁気　magnetization　150
—— 異方性エネルギー　magnetic anisotropy energy　177
—— に関するクーロンの法則　Coulomb's law for magnetization　227
—— ヒステリシス曲線 (B - H 曲線) magnetic hysteresis loop (B - H curve) 194
磁気エネルギー　magnetic energy　329, 347
磁気回路　magnetic circuit　205
磁気作用　magnetic effect　149
磁気遮蔽　magnetic shield　204
磁気双極子　magnetic dipole　177, 179, 226, 312
磁気抵抗　magnetic resistance　206
磁気分極　magnetic polarization　177
磁気モーメント　magnetic moment　5, 167, 168, 177, 180, 181, 185, 199, 226
磁気誘導　magnetic induction　177
磁気力　magnetic force　150
磁極　magnetic pole　187, 199
—— の強さ　intensity of magnetic pole 199
磁極モデル　model for magnetic pole　197
磁区　magnetic domain　183
試験電荷　test charge　23
自己インダクタンス　self - inductance　239, 253, 330
自己減磁界 (反磁界)　demagnetizing field 200
自己減磁作用　self - demagnetization　200
自己減磁率　self - demagnetization factor 200
仕事　work　50, 342
仕事率　power　316
自己誘導　self-induction　239
—— 起電力 (逆起電力)　electromotive force of self - induction　240
—— 係数　cofficient of self - induction 239
磁石　magnet　176
磁針　magnetic needle　149, 152
磁性　magnetism　177
—— 材料　magnetic materials　177
磁性体　magnetic material　177
—— の境界条件　201
磁束　magnetic flux　151, 171, 224
—— 管　magnetic flux tube　151, 173, 331
—— 線　line of magnetic flux density　197
磁束密度　magnetic flux density　150, 169
—— に関するガウスの法則　Gauss's law for magnetic flux density　172
自発磁化　spontaneous magnetization　179
自発分極　spontaneous polarization　116
磁壁　magnetic domain wall　183, 204
ジーメンス 〔S〕 132
周期　cycle, period　287
集中定数回路　lumped constant type circuit 320
自由電荷　free charge　71, 113
自由電子　free electron　133, 135
自由電流 (真電流)　free current (true current)　181
周波数　frequency　288
主磁束　main magnetic flux　244
ジュール 〔J〕 12, 13, 316
ジュール損 (抵抗損)　Joule loss (resistance loss)　317
ジュール熱　Joule's heat　139, 171, 316
ジュールの法則　Joule's laws　316
準静的電磁界　quasi - static electromagnetic field　274
消磁状態　demagnetization neutralization, deganssing　184
常磁性　paramagnetism　181
常磁性体　paramagnetic material　178, 189
衝突　collision　133
初期磁化曲線　initial magnetization curve 194
初透磁率　initial permeability　195
磁力線　line of magnetic force　151, 197
磁路　magnetic path　205
—— に対するオームの法則　Ohm's law for magnetic circuit　206
磁歪 (磁気歪)　magnetostriction　177, 204
真空の誘電率　permittivity of free space　17

真空の透磁率 vacuum permeability 150
進行波 propagation wave (traveling wave) 277
真電荷 true charge 105, 113
真電流 true current 181, 188
振幅 amplitude 286

ス

吸い込み suction 34, 44, 173, 199
垂直偏波 vertical polarization 283
水平偏波 horizontally polarized wave 283
スカラ scalar 317
—— 関数 scalar function 68, 303
—— 積 scalar product 8
—— ポテンシャル scalar potential 6
ストークスの定理 Stokes' theorem 158, 224, 269
スピン spin 181, 182

セ

正イオン positive ion 133
正弦波 sinusoidal wave 286
静磁界 (静磁場) static magnetic field 150, 225, 274
正接則 tangential law 122
静的電磁界 static electromagnetic field 274
静電エネルギー electrostatic energy 25, 322, 325, 326, 344
静電応力 electrostatic stress 339
正電荷 positive charge 1
静電界 electrostatic field 6, 47, 143, 274
静電気 static electricity 18
静電状態 electrostatic state 72
静電シールド (静電遮蔽) electrostatic shielding 100, 203
静電張力 electrostatic tension 339
静電ポテンシャル electrostatic potential 211, 300
静電誘導 electrostatic induction 72
—— 係数 coefficient of electrostatic induction 87
静電容量 (キャパシタンス, 容量) electrostatic capacity (capacitance, capacity) 94, 320, 326
静電力 electrostatic force 16
正に鎖交 positive interlinkage 153
正方向進行波 traveling wave moving to positive direction 278
絶縁体 insulator 105, 134
接地 ground, earth 96
—— 面 (大地面) grounding plane 75
ゼーベック効果 Seebeck effect 141
線素ベクトル line elemnt vector 253
線電荷 line charge 26, 76, 78
—— 密度 line charge density 56
線電流 line current 135

ソ

双極子 (ダイポール) dipole 59, 105, 177, 179, 311, 312, 326
—— 電荷 dipole charge 76
—— 分極 dipole polarization 109
—— モーメント dipole moment 59, 61, 108
相互インダクタンス mutual inductance 240, 330
相互誘導 mutual induction 241
—— 起電力 electromotive force of mutual induction 241
—— 係数 coefficient of mutual induction 240
相反関係 reciprocity 88
増分透磁率 incremental permeability 196
速度起電力 (運動電磁誘導) motional electromotive force (motional electromagnetic induction) 235
速度ベクトル velocity vector 7
ソレノイド solenoid 156, 242, 246

タ

体積抵抗率 (抵抗率, 固有抵抗) volume resistivity (resistivity) 132
体積電荷 volume charge 26, 27, 323
—— 密度 volume charge density 56
体積電流 volume current 136
体積力密度 density of volume force 170
対地静電容量 earth capacity 96
大地面 earth 96
帯電 electrification 25, 321, 328
ダイポール (双極子) dipole 59, 105, 177, 179, 311, 312, 326
対流電流 convection current 138
楕円体電荷 ellipsoid charge 76

楕円偏波　elliptically polarized wave　283
単位電荷　unit charge　23
単位ベクトル　unit vector　16, 36, 45, 57, 222

チ

遅延スカラポテンシャル　retarded scala potential　305
遅延ベクトルポテンシャル　retarded vector potential　281, 305
遅延ポテンシャル　retarded potential　282, 305
地磁気　geomagnetism　174
着磁　magnetization　184
超ポテンシャル　super potentials　306
直線電荷　straight line charge　28, 40, 80
直線電流　151, 164
直線偏波　linearly polarized wave　283
直流　direct current　11, 132, 196

テ

抵抗（電気抵抗）　resistance (electric resistance)　131, 320
—— 損（ジュール損）　resistance loss (Joule loss)　317
—— 率（体積抵抗率，固有抵抗）　resistivity (volume resistivity)　132, 140
定常電流　stationary current　137
—— 界　static current field　137
テスラ　〔T〕　152, 171
鉄損　iron loss　204, 246
デルタ関数　Dirac δ - function　311
電圧　voltage　51
—— 降下（逆起電力）　voltage drop (counter electromotive force)　141
電位　electric potential　52, 55
—— 係数　coefficient of potential　86
電位傾度（—— の傾き）　potential gradient　57
電位差　electric potential difference　51
電荷　electric charge　1, 17, 71
—— の分布　charge distribution　25
—— の保存則　law of conservation of electric charge　3, 137, 274
電荷担体（キャリア）　carrier　133
電荷分離　charge separation　3
電荷保存の式　charge conservation equation　138, 273
電界　electric field　22
—— ベクトル　electric field vector　23
電気影像法（鏡像法）　electric image method　75, 125
電気エネルギー　electric energy　8, 329
電気回路　electric circuit　9, 318
電気感受率（分極率）　electric susceptibility (polarizability)　116
電気光学効果　EO effect　356
電気 4 重極子　electric quadrupole　66
電気双極子　electric dipole　59, 105, 311, 326
—— モーメント　electric dipole moment　59
電気素量　elementary charge　17
電気多重極子　electric multipole　64
電気抵抗（抵抗）　electric resistance　131
電気 2 重層　electric double layer　63
電気 8 重極子　electric octapole　66
電気分極（分極）　electric polarization (polarization)　105, 108, 326
電極　electrode　94
電気力管（電束管，ファラデー管）　tube of electric force　36
電気力線　line of electric force, electric line of force　33, 58, 84, 92
—— の発散密度　Gauss' divergence theorem　44
電気力線束　line of electric flux density　36, 328
電源　electric power source　141
点磁荷　point magnetic charge　228
点磁極　point magnetic pole　227
電磁界　electromagnetic field　274
電磁鋼板　magnetic steel　204, 262
電磁石　electromagnet　190
電磁波　electromagnetic wave　7, 275, 289
電子　electron　2, 135
電子分極　electronic polarization　106, 108
電子密度　electron density　135
電磁ポテンシャル　electromagnetic potentials　6, 300
電子ボルト　electron volt　52
電磁誘導　electromagnetic induction　230
電磁力　electromagnetic force　167
電束　electric flux　36, 114, 123
電束管（電気力管，ファラデー管）　tube of

electric flux density　36
電束密度　electric flux density　114, 123
—— に関するガウスの法則　Gauss's law for electric flux density　114
テンソル透磁率　permeability tensor　190
テンソル導電率　conductivity tensor　139
テンソル誘電率　permittivity tensor　116
点電荷　point charge　16, 20, 22, 23, 26, 40, 74
電導体（伝導体，導体）　conductor　71, 134
電導電流（伝導電流）　conduction current　133, 268
伝搬速度　wave velocity　287
電流　electric current　133, 136
—— 間に作用する力　159
—— の磁気作用　149
電流界（電流場）　current field　136
電流管　tube of current density　136
電流線　line of current density　136, 321
電流密度　current density　134, 135
電流密度ベクトル　136
電流モデル　current model　197
電流要素　partial element for current　161, 165, 213, 222, 282
電力　electric power　316
電力量　electric energy　316

ト

透過　transmission　297
透過係数　transmission coefficient　300
等価静電容量　equivalent capacitance　99
透過波　transmitted wave　298
同軸円筒導体　coaxial cylindrical conductor　91, 96
同軸ケーブル（同軸線路）　coaxial cable　251, 336
同次ベクトル波動方程式　homogeneous vector wave equation　290
透磁率　permeability　189
同心球導体（同心球電極）　concentric sphere conductor　96
導体（電導体，伝導体）　conductor　72, 134
等電位線　equipotential line　58, 84
等電位面　equipotential surface　58
導電率　conductivity　132
等方性物質　isotropic material　115
特性インピーダンス　characteristic impedance　300
トムソンの原子模型　Thomson's atomic model　106
トムソンの定理　Thomson theorem　25
ドリフト　drift　133
—— 速度（平均移動速度）　drift velocity　134
トルク　torque　62, 169
トロイダルコイル（環状ソレノイド）　toroidal coil (ring-shaped solenoid)　156, 201, 242
トロイダルベクトル　toroidal vector　222

ナ

内部インダクタンス　internal inductance　249
内部抵抗　internal resistance　142
長岡係数　Nagaoka coefficient　247
波　wave　288

ニ

入射波　incident wave　298, 299

ノ

ノイマンの公式　Neuman formula　251
ノイマンの式　Neumann equation　231, 236, 240
ノイマンの法則　Neumann's law　231

ハ

場（界）　field　20
配向分極　orientation polarization　106, 108
波数　wave number　286, 291
波束　wave packet　294
波長　wave length　286
発散密度（div），発散　divergence　43, 44, 114, 138, 211, 274
波動　vidration　275
—— インピーダンス（固有インピーダンス）　intrinsic impedance　285
—— 方程式　wave equation　275
パーミアンス係数　permeance coefficient　201
波面　wavefront　284
バルクハウゼン効果　Barkhausen effect　185
反強磁性　diamagnetic material　179

反磁界（自己減磁界）　demagnetizing field　200
反磁性　diamagnetism　181
反磁性体　diamagnetic material　179, 189
反射　reflection　297
——係数　reflection coefficient　300
反射波　reflected wave　298, 299
半頂角　half angle of right circular cone　42
半導体　semiconductor　129
万有引力　universal gravitation　16, 18

ヒ

180 度磁壁　180° domain wall　184
ビオ－サバールの法則　Biot－Savart's law　162, 163, 217
ヒステリシス現象　magnetic hysteresis phenomenon　116, 195
ヒステリシス損　hysteresis loss　204
ヒステリシス特性　hysteresis　194
ヒステリシスループ　hysteresis loop　195
非定常電流界　nonsteady state current field　137
非同次ベクトル波動方程式　inhomogeneous vector wave equation　290
比透磁率　relative permeability　189
非分散性の波　nondispersive wave　288
微分透磁率　differential permeability　195
比誘電率　relative permittivity　117
平等電界（一様電界）　uniform electric field　42
表皮厚さ　skin depth　261
表皮効果　skin effect　258, 264
表面磁化電流密度　surface magnetization current density　186
表面電流　surface current　170, 186, 192, 193

フ

ファラッド　〔F〕　94
ファラデー管（電気力管，電束管）　Faraday tube　36
ファラデー－ノイマンの電磁誘導の法則　Faraday－Neumann law　232
ファラデーの電磁誘導の法則　Faraday's law of electromagnetic induction　2, 232, 236, 237
ファラデー－フレミングの法則　Faraday－Fleming's law　7
フェライト磁石　Ferrite　180
フェリ磁性　ferrimagnetism　179
フェリ磁性体　ferrimagnetic material　178, 179
フェロ　ferro　179
フェロ磁性　ferromagnetism　179
フェロ磁性体　ferromagnetic material　178, 179
複合誘電体　composite dielectrics　122
負電荷　negative charge　1
負方向進行波　traveling wave moving to negative direction　278
負に鎖交　negative interlinkage　153
フレミングの左手の法則　Fleming's left-hand rule　166
フレミングの法則　Fleming's law　3
フレミングの右手の法則　Fleming's right－hand rule　236
分極（電気分極）　polarization (electric polarization)　105, 109
——電荷　polarized charge　105, 109, 112
——電流　polarization current　115
——ポテンシャル　polarization potentials　310
——率（電気感受率）　polarizability (electric susceptibility)　116
分散性の波　dispersive wave　288

ヘ

平均移動速度（ドリフト速度）　drift velocity　134
平衡状態　equilibrium state　72
平板電荷　plane charge　76
平面角　angle　39
平面波　plane wave　284
平面偏波　plane－polarized wave　283
ベクトル　vector　317
ベクトルポテンシャル　vector potential　6, 211, 224, 300, 303, 306
ヘルツ　〔Hz〕　12
ヘルツベクトル　Hertz vector　305, 310
ヘルムホルツの定理　Helmholtz's theorem　211
変圧器　transformer　244
変圧器起電力　transformer electromotive force　235

変位電流　displacement current　268, 269
偏波　polarized wave　282
ヘンリー〔H〕 239, 241

ホ

ボーア磁子　Bohr magneton　182
ポアソンの式　Poisson's equation　67, 212, 300, 323
ポインティングの定理　Poynting theorem　335
ポインティングベクトル　Poynting vector　9, 281, 335
法線ベクトル　normal vector　36
放電　discharge　288
飽和現象　saturation　194
飽和磁束密度　saturated magnetic flux density　194
保磁力　coercive force　195
保存場　conservative field　6, 53, 210, 225
ポテンシャル　potential　52, 68, 210
ポテンシャルエネルギー　potential energy　52, 55
ホール起電力　Hall electromotive force　171
ホール効果　Hall effect　171
ボルタの電池　voltaic cell　152
ボルト〔V〕 52, 55

マ

マイスナー効果　Meissner effect　261
マイナーループ　minor loop　196
巻数　turn　156
マクスウェルの応力　Maxwell's stress　9, 341, 346, 349, 353
マクスウェルの方程式　Maxwell's equations　5, 271

ミ

右ねじの法則（アンペールの右ねじの法則） 151
密結合　close coupling　243

メ

面電荷　surface charge　26, 27, 41, 111
——密度　surface charge density　56, 73
面電流　surface current　136
——密度　surface current density　170, 213

モ

モード分離　mode separation　281
モーメント　moment　167
漏れ磁束　leakage flux　243, 245

ユ

有極性分子　polar molecule　108
誘電体　dielectrics　72, 105
——間にはたらく力　344
——に蓄えられるエネルギー　325
——の境界条件　120
誘電分極　dielectric polarization　105
誘電率　permittivity　117, 119, 327
誘導起電力　induced electromotive force　230
誘導電圧　induced voltage　245
誘導電荷　induced charge　72
誘導電界　induced electric field　231, 262
誘導電流　induced current　230

ヨ

容量（キャパシタンス，静電容量） capacity (electrostatic capacity, capacitance) 94, 320, 326
——係数　coefficient of elecrostatic capacity　87
横波　transverse wave　284

ラ

ラプラシアン（ラプラスの演算子） Laplacian　67
ラプラスの式　Laplace's equation　67

リ

リアクタンス　reactance　321
立体角　solid angle　39
リッツ線　Litz wire　264
リング電荷　ring charge　29, 76

ル

ループ電流（環状電流） loop current　5, 155, 167, 168, 185, 186

レ

励磁インダクタンス　exciting inductance　244

励磁電流　exciting current　244
レラクタンス　magnetic reluctance　206
レンツの法則　Lenz's law　231

ロ

ローレンスゲージ　Lorenz gauge　304
ローレンス条件　Lorenz gauge condition for potentials　303
ローレンツ磁気力　Lorentz magnetic force　4
ローレンツ収縮　Lorentz contraction　4
ローレンツの式　Lorentz equation　169
ローレンツ力　Lorentz's force　4, 9, 169, 170, 236

ワ

湧き出し　source　34, 44, 173, 199
ワット　Watt 〔W〕 316

人 名 索 引

A

Ampère, A. M.（アンペール，フランス，1775－1836） 152, 159, 162, 226

B

Barkhausen, H. G.（バルクハウゼン，ドイツ，1881－1956） 185
Biot, J.-B.（ビオ，フランス，1774－1862） 162

C

Canton, J.（カントン，イギリス，1718－1772） 72
Cavendish, H.（キャベンディシュ，イギリス，1731－1810） 18, 25, 68
Coulomb, C. A.（クーロン，フランス，1736－1806） 15, 25
Curie, P.（キュリー，フランス，1859－1906） 185

D

d`Alembert, J. R.（ダランベール，フランス，1717－1783） 276
Desagulier, J. T.（デザギュリエ，フランス，1683－1744） 71
Dwight, H. B.（ドワイト，アメリカ） 264

F

Faraday, M.（ファラデー，イギリス，1791－1867） 94, 231, 275
Fleming, J. A.（フレミング，イギリス，1849－1945） 166, 236
Franklin, B.（フランクリン，アメリカ，1706－1790） 18

G

Gauss, K. F.（ガウス，ドイツ，1777－1855） 38, 43, 172
Gilbert, W.（ギルバート，イギリス，1544－1603） 152
Goss, N. P.（ゴス，アメリカ，1902－1977） 204
Gray, S.（グレイ，イギリス，1666－1736） 71

H

Hadfield, R. A.（ハドフィールド，イギリス，1858－1940） 204
Hall E. H（ホール，アメリカ，1855－1938） 171
Heaviside, O.（ヘビサイド，イギリス，1850－1925） 10, 264
Helmholtz, H. L. F.（ヘルムホルツ，ドイツ，1821－1894） 64
Henry, J.（ヘンリー，アメリカ，1797－1878） 232, 239
Hertz, H. R.（ヘルツ，ドイツ，1857－1894） 264, 275, 288
Hughes, D. E.（ヒューズ，イギリス，1831－1900） 264

J

Joule, J. P.（ジュール，イギリス，1818－1889） 141

K

Kelvin, L.（ケルビン，Thomson, W. と同一人物，イギリス，1824－1907） 77, 224, 264
Kennelly, A. E.（ケネリー，インド，1861－1939） 264
Kirchhoff, G. R.（キルヒホフ，ロシア（プロイセン），1824－1887） 138, 143

L

Lagrange, J.-L.（ラグランジュ，イタリア，1736－1813） 68
Laplace, P.-S. M.（ラプラス，フランス，1749－1827） 68
Lenz, H. F. E.（レンツ，エストニア，1804－1865） 232
Lorentz, H. A.（ローレンツ，オランダ，1853－1928） 9, 171
Lorenz, L. V.（ローレンス，デンマーク，1829－1891） 304

M

Maxwell, J. C.（マクスウェル，イギリス，1831 - 1879） 5, 10, 25, 264, 275
Mossotti, O. F.（モソッティ，イタリア，1719 - 1863） 108

N

Neumann, F. E.（ノイマン，ドイツ，1798 - 1895） 213, 232
長岡半太郎（日本，1865 - 1950） 247

O

Ørsted, H. C.（エルステズ，デンマーク，1777 - 1851） 152
Ohm, G. S.（オーム，ドイツ，1789 - 1854） 132

P

Poisson, S. D.（ポアソン，フランス，1781 - 1840） 68
Poynting, J. H.（ポインティング，イギリス，1852 - 1914） 264, 336
Priestley, J.（プリーストリー，イギリス，1733 - 1804） 18

R

Rayleigh, L.（レイリー，イギリス，1842 - 1919） 264
Robinson, J.（ロビンソン，スコットランド，1739 - 1805） 18

S

Savart, F.（サバール，フランス，1791 - 1841） 162
Siemens, E. W.（ジーメンス，ドイツ，1816 - 1892） 132
Sturgeon, W.（スタージャン，イギリス，1785 - 1850） 190
Swinburne, J.（スウィンバーン，スコットランド，1858 - 1958） 264
佐川眞人（日本，1943 -） 180

T

Tesla, N.（テスラ，セルビア，1856 - 1943） 152
Thomson, J. J.（トムソン，イギリス，1856 - 1940） 264
Thomson, W.（トムソン，Kelvin, L. と同一人物，イギリス，1824 - 1907） 77, 224

V

Volta, A. G. A. A.（ボルタ，イタリア，1745 - 1827） 55, 152

W

Watt, J.（ワット，スコットランド，1736 - 1819） 316
Weber, W. E.（ウェーバ，ドイツ，1804 - 1891） 171

Z

Zantedeschi, F.（ツァンテデシ，イタリア，1797 - 1873） 232

著者略歴

まつもと　さとし
松本　聡

1955 年　栃木県生まれ
1984 年　東京大学大学院工学系研究科電気工学専攻博士課程修了，工学博士．
1984 年～2007 年　株式会社 東芝
2004 年～2007 年　九州工業大学工学部客員教授
2007 年～2021 年　芝浦工業大学工学部電気工学科教授
現在　芝浦工業大学名誉教授
専攻　高電圧工学，電気材料

工学の基礎 **電気磁気学**（修訂版）

2013 年 11 月 15 日　　第 1 版 1 刷発行
2017 年 9 月 15 日［修訂］第 1 版 1 刷発行
2023 年 3 月 20 日［修訂］第 4 版 1 刷発行

検印省略

定価はカバーに表示してあります．

著作者　松　本　　聡
発行者　吉　野　和　浩
発行所　東京都千代田区四番町 8-1
電　話　03-3262-9166（代）
郵便番号　102-0081
株式会社　裳　華　房
印刷所　三報社印刷株式会社
製本所　牧製本印刷株式会社

NSPA 自然科学書協会
一般社団法人
自然科学書協会会員

ISBN 978-4-7853-2258-8

本質から理解する 数学的手法

荒木　修・齋藤智彦 共著　Ａ５判／210頁／定価 2530円（税込）

大学理工系の初学年で学ぶ基礎数学について，「学ぶことにどんな意味があるのか」「何が重要か」「本質は何か」「何の役に立つのか」という問題意識を常に持って考えるためのヒントや解答を記した．話の流れを重視した「読み物」風のスタイルで，直感に訴えるような図や絵を多用した．

【主要目次】 1．基本の「き」　2．テイラー展開　3．多変数・ベクトル関数の微分　4．線積分・面積分・体積積分　5．ベクトル場の発散と回転　6．フーリエ級数・変換とラプラス変換　7．微分方程式　8．行列と線形代数　9．群論の初歩

力学・電磁気学・熱力学のための 基礎数学

松下　貢 著　Ａ５判／242頁／定価 2640円（税込）

「力学」「電磁気学」「熱力学」に共通する道具としての数学を一冊にまとめ，豊富な問題と共に，直観的な理解を目指して懇切丁寧に解説．取り上げた題材には，通常の「物理数学」の書籍では省かれることの多い「微分」と「積分」，「行列と行列式」も含めた．

【主要目次】 1．微分　2．積分　3．微分方程式　4．関数の微小変化と偏微分　5．ベクトルとその性質　6．スカラー場とベクトル場　7．ベクトル場の積分定理　8．行列と行列式

大学初年級でマスターしたい 物理と工学の ベーシック数学

河辺哲次 著　Ａ５判／284頁／定価 2970円（税込）

手を動かして修得できるよう具体的な計算に取り組む問題を豊富に盛り込んだ．

【主要目次】 1．高等学校で学んだ数学の復習 －活用できるツールは何でも使おう－　2．ベクトル －現象をデッサンするツール－　3．微分 －ローカルな変化をみる顕微鏡－　4．積分 －グローバルな情報をみる望遠鏡－　5．微分方程式 －数学モデルをつくるツール－　6．２階常微分方程式 －振動現象を表現するツール－　7．偏微分方程式 －時空現象を表現するツール－　8．行列 －情報を整理・分析するツール－9．ベクトル解析 －ベクトル場の現象を解析するツール－　10．フーリエ級数・フーリエ積分・フーリエ変換 －周期的な現象を分析するツール－

物理数学 ［物理学レクチャーコース］

橋爪洋一郎 著　Ａ５判／354頁／定価 3630円（税込）

物理学科向けの通年タイプの講義に対応したもので，数学に振り回されずに物理学の学習を進められるようになることを目指し，学んでいく中で読者が疑問に思うこと，躓きやすいポイントを懇切丁寧に解説している．また，物理学科の学生にも人工知能についての関心が高まってきていることから，最後に「確率の基本」の章を設けた．

【主要目次】 0．数学の基本事項　1．微分法と級数展開　2．座標変換と多変数関数の微分積分　3．微分方程式の解法　4．ベクトルと行列　5．ベクトル解析　6．複素関数の基礎　7．積分変換の基礎　8．確率の基本

表 3　電磁波の分類

周波数（波長）	名称	波数（cm^{-1}）	主な用途
0 ～ 3 kHz (100 km)			電磁石，電力輸送，回転機制御
3 kHz (100 km) ～ 30 kHz (10 km)	超長波：VLF (Very Low Frequency)		オメガ航法（船舶）
30 kHz (10 km) ～ 300 kHz (1 km)	長波：LF (Low Frequency)		デッカ航法（船舶），IH 調理器
300 kHz (1 km) ～ 3 MHz (100 m)	中波：MF (Medium Frequency)		ラジオ（AM）放送，移動無線，アマチュア無線
3 MHz (100 m) ～ 30 MHz (10 m)	短波：HF (High Frequency)		短波放送，移動無線，アマチュア無線
30 MHz (10 km) ～ 300 MHz (1 m)	超短波：VHF (Very High Frequency)		ラジオ（FM）放送，テレビ（VHF）放送，航空無線，ポケットベル
300 MHz (1 m) ～ 3 GHz (10 cm)	極超短波：UHF (Ultra High Frequency)		テレビ（UHF）放送，海事衛星通信，携帯・自動車電話，電子レンジ
3 GHz (10 cm) ～ 30 GHz (1 cm)	マイクロ波：SHF (Super High Frequency)		マイクロ波通信，衛星通信（CS），衛星放送（BS）
30 GHz (1 cm) ～ 300 GHz (1 mm)	ミリ波：EHF (Extremely High Frequency)		
300 GHz (1 mm) ～ 3 THz (100 μm)	サブミリ波	10 ～	
3 THz (100 μm)	赤外線 (0.77 μm ～ 100 μm)	100 ～	光通信システム 0.85 μm 帯
30 THz (10 μm)		1000 ～	光通信システム 1.31 μm，1.55 μm 帯
300 THz (1 μm)	可視光 (0.38 μm ～ 0.77 μm)	10000 ～	
3 PHz (100 nm)			
30 PHz (10 nm)	紫外線 (10 nm ～ 0.38 μm)，真空紫外光 (10 nm ～ 200 nm)		
300 PHz (1 nm)			

波数 $k = 2\pi/\lambda[\mathrm{m}] = \omega\,[\mathrm{rad}]/c[\mathrm{m/s}]$